技術士技能檢定

電腦軟體應用

丙級術科解題教本 | Office 2021

《使用 Word 2021 解題》

作者序

文書編輯已是所有學生、職場人士必備的基本技能，然而超過半數以上的人還是將 Word 視為高級打字機，遇到短文件或許花個 10 分鐘就能將作業或工作應付過去，但一旦面對長文件就顯得力不從心了，即使通宵熬夜文件格式還是一團亂。我經常告訴學生，加班的員工不僅是效率低落、也是資源的浪費，反映出技能上的不足。並非老闆沒良心，是自己沒本事以「智」取勝，只能靠賣「力」工作了。

本檢定分為 4 個獨立單元，介紹如下：

檔案管理

- 檢核能力：建立資料夾、檔案搜尋、檔案複製、資料排序。

合併列印

- 檢核能力：「標籤」列印，這是辦公室中最高效的應用。

目錄製作

- 檢核能力：相同格式內容的選取、段落階層設定、圖表標記、目錄設定、頁碼設定，這些都是長文件編輯的基本技巧。

文書編輯

- 檢核能力：版面設定、打字速度、內容取代、段落格式設定、多欄式設定、圖片格式設定、表格設定、中式文件設定、頁面框線設定、首字放大，這些都是文書編輯基本技能。

由於是「丙」級檢定，因此考題難度不高，檢測範圍卻相當全面，以「目錄製作」而言，考出了長文件編輯的基本能力，以「文書編輯」而言，提供考生學習的方向，15 個題組包含了常用文件樣式，筆者深深認為這是一份有良心的考題，更推薦所有學生及職場新鮮人參與本職類檢定。

林文恭、葉冠君

2025/6/16

目錄

1 檔案管理
- 1-01 解題環境介紹 1-2
- 1-02 考題分析 1-9
- 1-03 主題講解：以 Windows 10 為例 1-11
- 1-04 考題 1-15
- 1-05 參考答案 1-23

2 目錄製作
- 2-01 考題分析 2-2
- 2-02 基礎教學 2-4
- 2-03 解題實作 2-8
- 2-04 考題與參考答案 2-23

3 合併列印
- 3-01 考題分析 3-2
- 3-02 解題程序 3-6
- 3-03 解題實作 3-7
- 3-04 考題與參考答案 3-19

4 文書處理
- 4-01 基礎教學 4-2
- 4-02 解題實作與參考答案 4-15

術科解題實作教學影片
請連結 GOGO123 網站
http://gogo123.com.tw/?page_id=12925

iii

檔案管理

1-01 ■ 解題環境介紹

1-02 ■ 考題分析

1-03 ■ 主題講解：以 Windows 10 為例

1-04 ■ 考題

1-05 ■ 參考答案

1-01 解題環境介紹

▶ Word 報表設定

為了讓擷取的圖盡量不跑至第 2 頁,因此我們將報表邊界設成「窄」

版面配置→邊界:窄

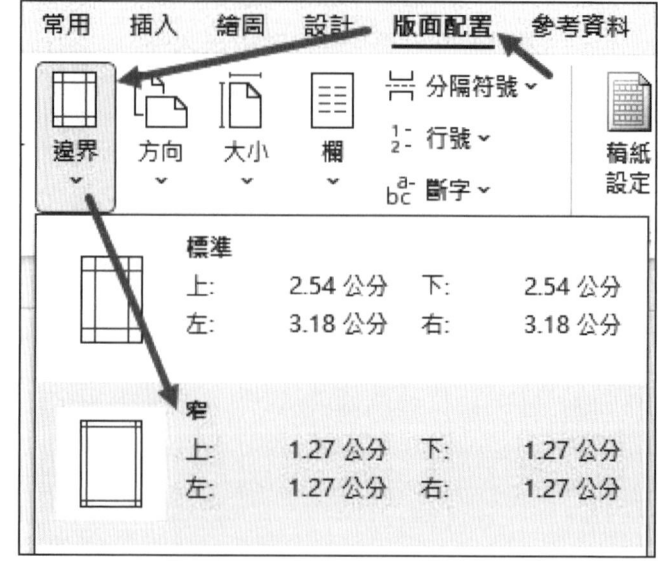

▶ 檔案總管視窗大小設定

先確認 Word 檢視比例是 100%(右下角查看)

將檔案總管視窗寬度調整比 Word 文件寬度左右多出一些,參考如圖:

將檔案總管視窗高度調整到能讓所有檔案皆顯示出來，參考如圖：

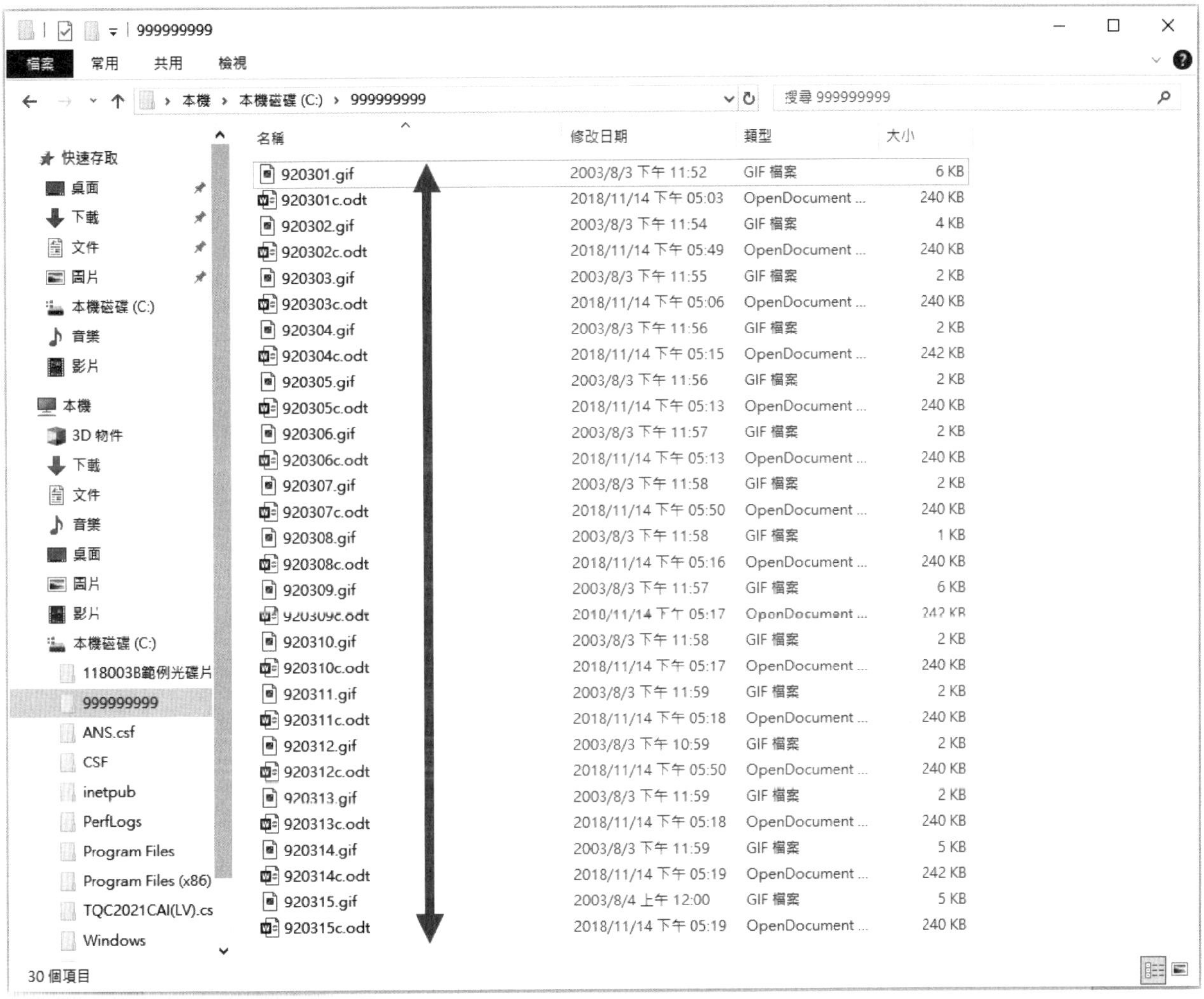

▶ 擷取畫面

完成答案的操作畫面必須被擷取下來，按鍵盤 Alt + Print Screen 鍵即可將作用中的視窗畫面複製下來成為圖片。

▶ 「我的電腦」

本單元解題所用的工具便是「檔案總管」，Windows 2000 版以上的作業系統中，桌面上便有「檔案總管」圖示，有的版本稱為「我的電腦」，其實功能、操作方式都是類似的，但由操作介面不同，因此設定方式有小小差異，我們分別以 Windows 7、Windows 10、Windows 11 三個版本作比較說明。

我們必須對檔案總管做一些功能設定，調整資料顯示方式，完成答案才能符合考題要求，說明如下：

Windows 7 檔案總管功能介紹

1. 啟動：檔案總管
   在螢幕最下方「工作列」
   檔案總管圖示上點一下

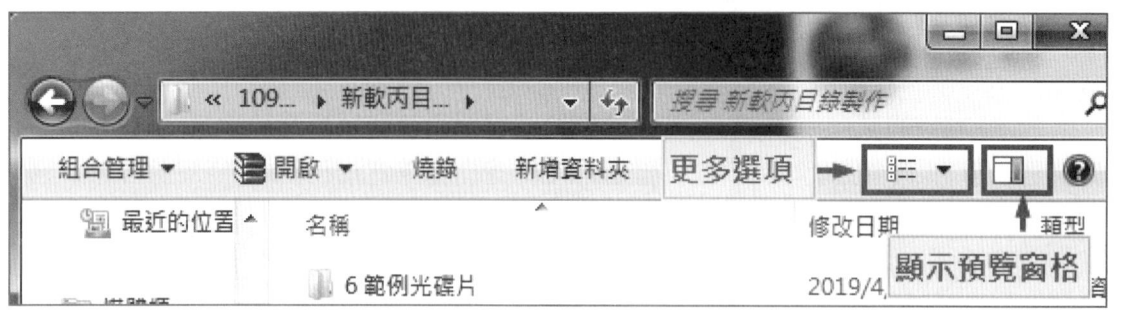

2. 題目要求顯示明細資料，因此必須設定顯示模式：

   按【更多選項】下拉鈕
   選取：詳細資料，如右圖：

3. 為避免出現無關資料
   請勿開啟「顯示預覽窗格」

4. 題目要求顯示：檔案名稱、類型、大小、修改日期
   在欄位名稱上按右鍵，選取：修改日期、類型、大小，如下圖：

5. 題目要求顯示：副檔名
   選取：組合管理→資料夾和搜尋選項，如下圖：

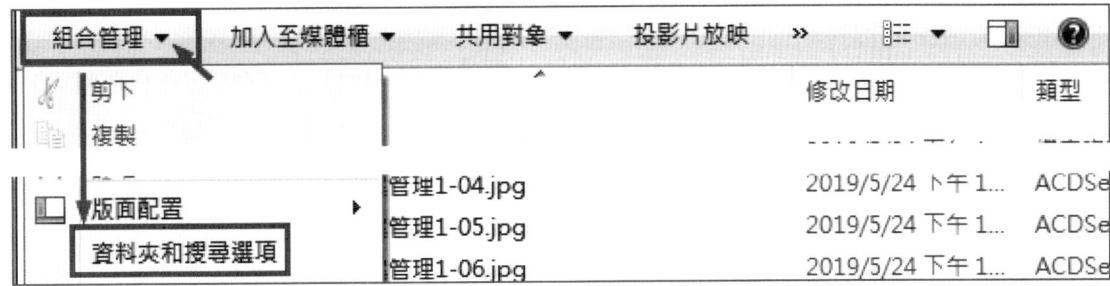

   選取：檢視標籤
   進階設定：
   取消：隱藏已知檔案類型的副檔名

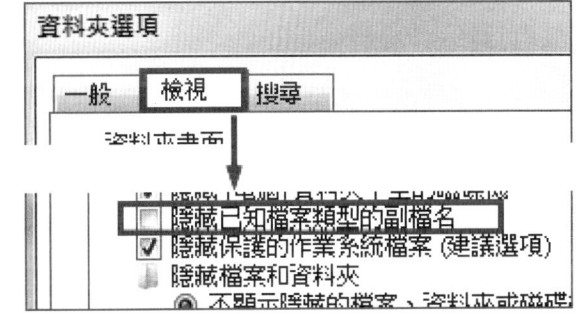

6. 為了讓所有內容可以完整顯示
   在欄位名稱上按右鍵，選取：調整所有欄位至最適大小，如下圖：

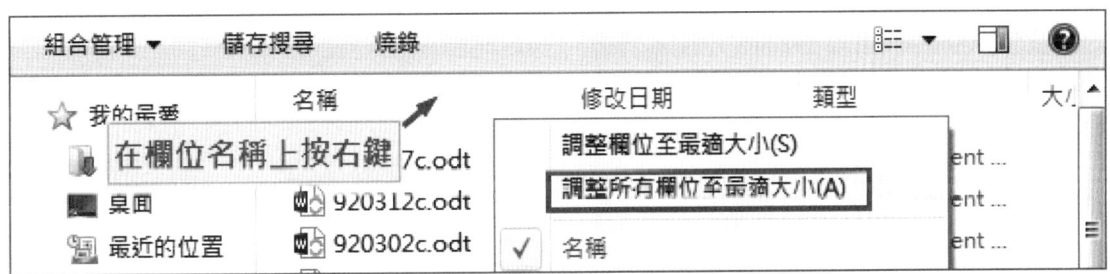

7. 題目要求：(1)依檔案名稱遞增排序、(2)依檔案大小遞減排序
   在欄位名稱上點左鍵，按一下遞增排序，再按一下遞減排序
   如下圖所示，在【名稱】、【大小】上按滑鼠左鍵即可做資料排序：

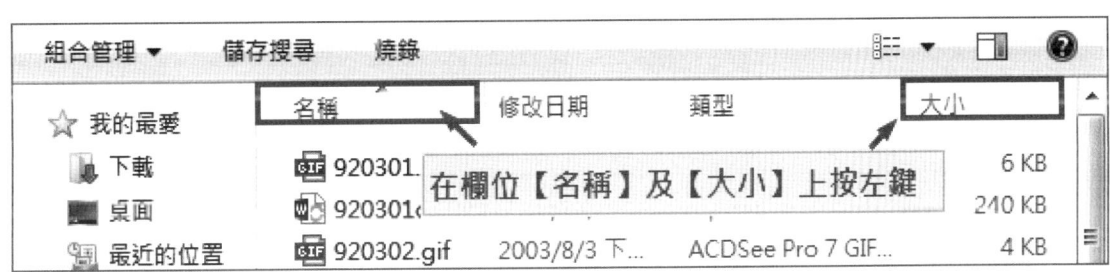

Windows 10 檔案總管功能設定

1. 啟動：檔案總管
   在螢幕最下方「工作列」
   檔案總管圖示上點一下

2. 設定檢視項目：
   選取【檢視】功能表列，並選取設定如下圖：
   ●詳細資料，●副檔名，●新增欄：大小、項目類型、修改日期

   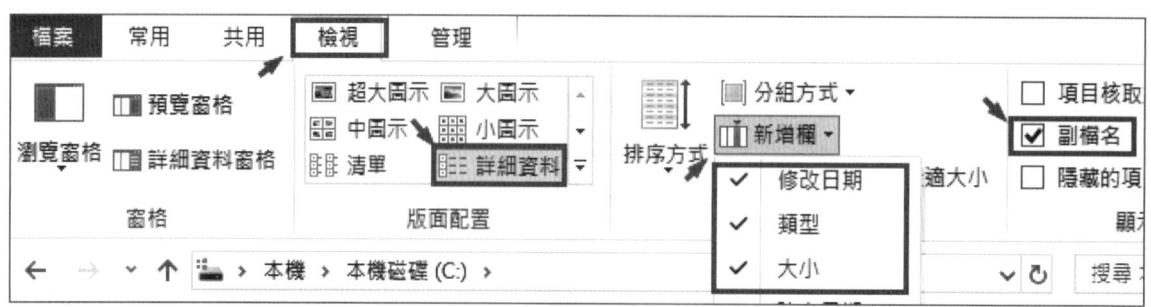

3. 設定欄位寬度：調整所有欄位至最適大小，如下圖：

   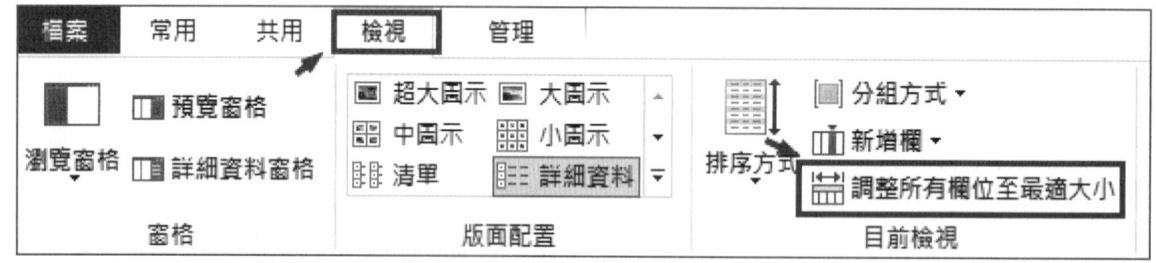

4. 資料排序：(1)依檔案名稱遞增排序、(2)依檔案大小遞減排序
   在欄位名稱上點左鍵，按一下遞增排序，再按一下遞減排序
   如下圖所示，在【名稱】、【大小】上按滑鼠左鍵即可做資料排序：

   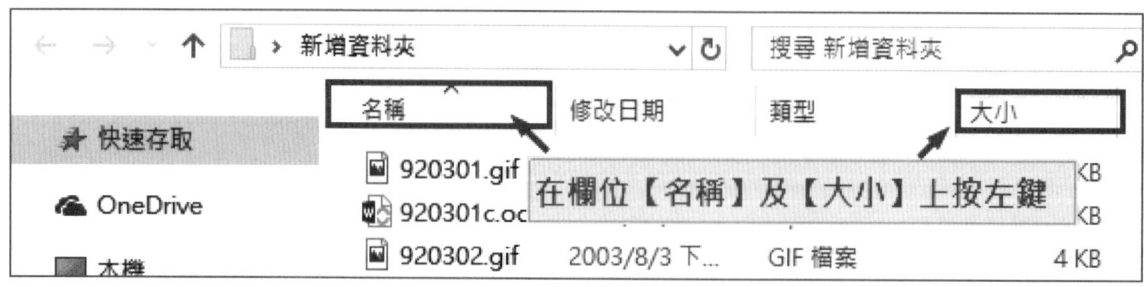

Windows 11 檔案總管功能設定

1. 啟動：檔案總管
   在螢幕最下方「工作列」
   檔案總管圖示上點一下

2. 左方窗格中「本機」旁箭頭點一下
   選取展開後的「本機磁碟(C):」

   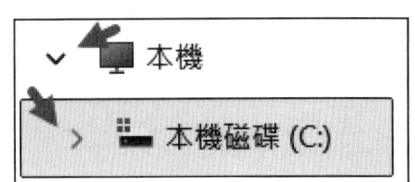

3. 設定檢視項目：
   選取【檢視】功能表列，並選取設定如下圖：
   ●詳細資料　●副檔名

   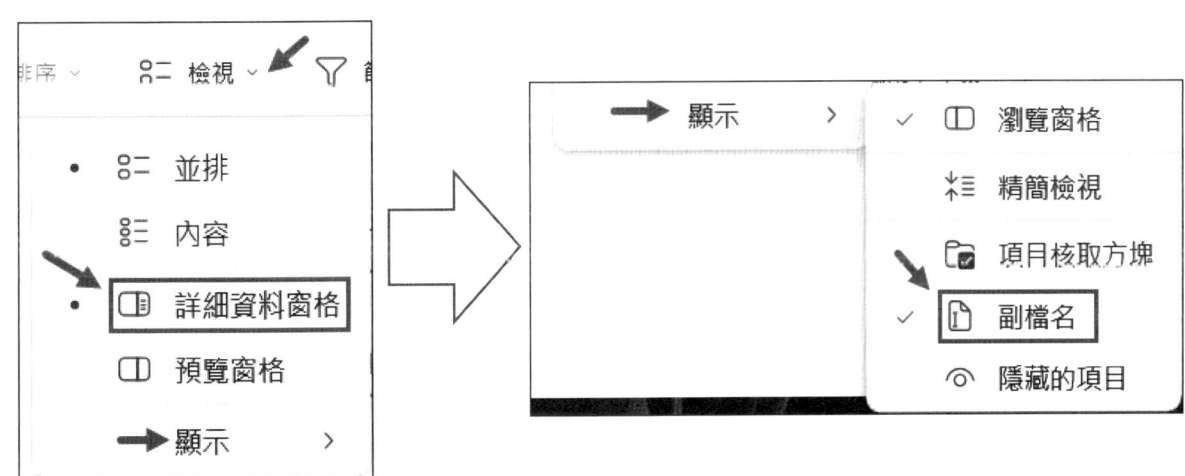

4. 新增欄位項目及設定欄位寬度：在「名稱」標題欄位上按滑鼠右鍵並調整，如下圖：

   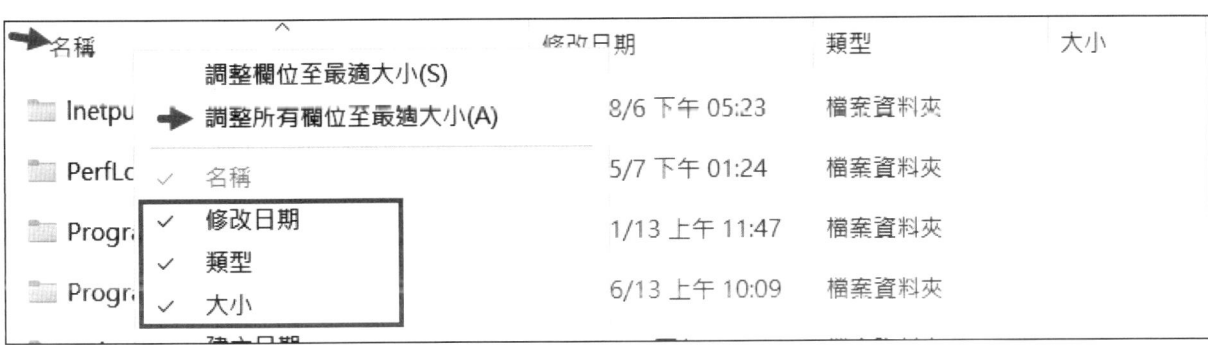

1-7

5. 資料排序：(1) 依檔案名稱遞增排序　(2) 依檔案大小遞減排序

   在欄位名稱上點左鍵，按一下遞增排序，再按一下遞減排序

   如下圖所示，在【名稱】、【大小】上按滑鼠左鍵即可做資料排序：

6. 功能區顯示及隱藏：於考題一檔案管理操作到最後要擷取結果視窗畫面，為了能更好的呈現結果畫面，在擷擷視窗畫之前先將功能區隱藏起來再擷取。

   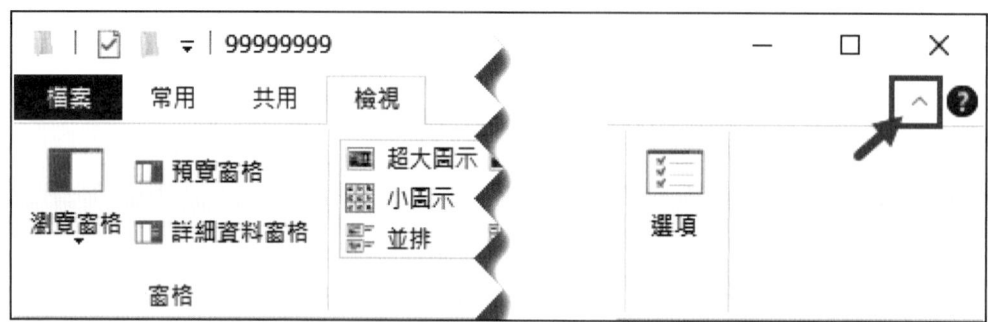

   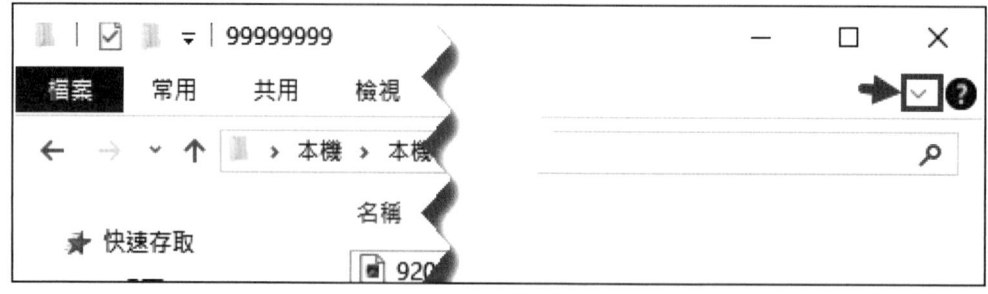

1-02 考題分析

1. 檔案管理

【動作要求】

◎ 本題答案列印結果共一頁，以「直向方式」列印，將以下(1)的結果畫面顯示在報表紙的上半部，(2)的結果畫面顯示在同一張報表紙的下半部。

(1)、建立資料夾及複製檔案

- 在 C: 的根目錄下，以「您的准考證號碼」建立一個資料夾。在「丙級檢定用檔案」的各資料夾內，將檔名是「*c.odt」、「*.gif」的所有檔案複製到您建立的資料夾內。按「檔案名稱」由小到大排序，以「檔案總管」顯示詳細資料(含檔案名稱及副檔名、檔案的大小、檔案的類型、修改日期)。

(2)、建立子資料夾檔案的操作

- 在您建立的資料夾內，以「您的姓名」建立一個子資料夾。將檔名是「*c.odt」的檔案複製到此子資料夾，並按檔案的大小，由大到小，以「檔案總管」顯示詳細資料(含檔案名稱及副檔名、檔案的大小、檔案的類型、修改日期)。

本單元 15 個題目的架構都與上圖所示是完全一模一樣，題目中共同的要求有以下幾點：

- 題組 1~15→紙張方向：直向

- 題組 1~12→主資料夾排序：檔案名稱、由小到大
  題組 13~15→主資料夾排序：檔案名稱、由大到小

- 題組 1~12→子資料夾排序：檔案大小、由大到小
  題組 13~15→子資料夾排序：檔案名稱、由小到大

15 個考題要求差異如下表：

	第 1 小題		第 2 小題	
題組	主資料夾	搜尋檔案類型	子資料夾	複製檔案類型
1	C:\99999999	*c.odt、*.gif	C:\趙自強	*c.odt
2	C:\99	*c.odt、*.gif	C:\趙自強	*.gif
3	C:\趙自強	*c.odt、*.tab	C:\趙自強	*c.odt
4	C:\99999999	*c.odt、*.tab	C:\趙自強	*.tab
5	C:\99	*c.odt、*m.odt	C:\趙自強	*c.odt
6	C:\趙自強	*c.odt、*m.odt	C:\99999999	*m.odt
7	C:\99999999	*m.odt、*.gif	C:\趙自強	*m.odt
8	C:\99	*m.odt、*.gif	C:\趙自強	*.gif
9	C:\趙自強	*m.odt、*.tab	C:\99	*m.odt
10	C:\99999999	*m.odt、*.tab	C:\趙自強	*.tab
11	C:\99	*.gif、*.tab	C:\趙自強	*.gif
12	C:\99999999	*.gif、*.tab	C:\趙自強	*.tab
13	C:\99999999	*m.odt、*.tab	C:\趙自強	*.tab
14	C:\99	*.gif、*.tab	C:\趙自強	*.gif
15	C:\99999999	*.gif、*.tab	C:\99	*.tab

由上表分析可知，15 個題組解題的步驟與程序幾乎是完全相同的，差異的部分在於：「資料夾名稱、檔案類型」，因此本單元解題將以題組 1 為範例解題，題組 13~15 差異部份作講解說明，其餘題組請讀者自行演練，本單元將提供各題組完成解答供讀者比對。

1-03 主題講解：以 Windows 10 為例

本單元 15 個考題我們的模擬考生資料如下：

准考證號碼	座號	考生姓名
99999999	99	趙自強

▶ 1. 建立「主資料夾」

1. 在 C:磁碟機圖示上按右鍵
   選取：新增→資料夾

2. 輸入：「99999999」
   按 Enter 鍵

   (C:磁碟機下方多了「99999999」資料夾)

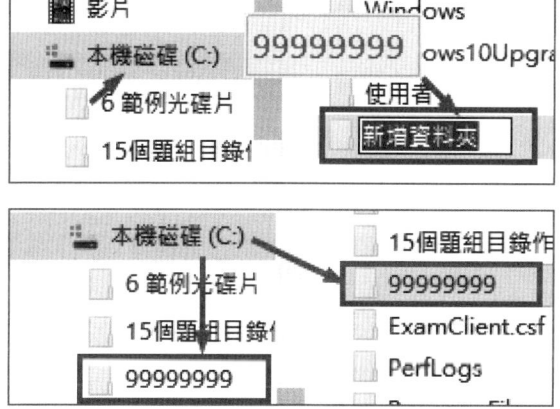

▶ 2. 搜尋、複製檔案

1. 選取「C:\118003B 範例」資料夾
   在視窗右上方「搜尋輸入方塊」中輸入：*c.odt OR *.gif

解說 odt：副檔名為 odt 的所有檔案，gif：副檔名為 gif 的所有檔案。
OR：必須字母大寫，OR 指令為「或」。表示要搜尋的檔案為：檔案名稱中包含 c.odt 或 gif 的檔案，搜尋條件為：*c.odt OR *.gif。

2. 在視窗右下方的檔案顯示區點一下滑鼠左鍵
   按 Ctrl + A：全選，按 Ctrl + C：複製 (複製所有搜尋到的檔案)

3. 選取 C:\99999999 資料夾，按 Ctrl + V：貼上

4. 設定檢視模式：詳細資料、調整所有欄位至最適大小，如下圖：

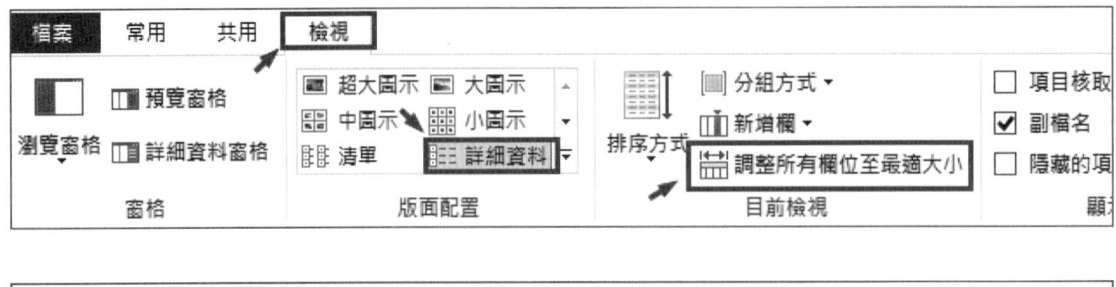

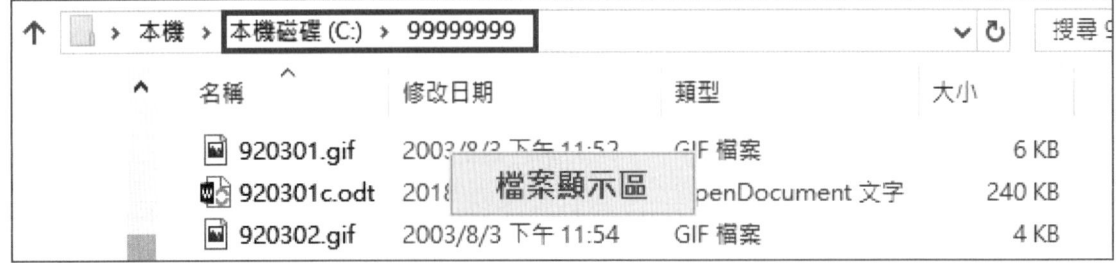

▶ 3. 第一小題答案

1. 檔案名稱排序：在「名稱」欄位上點一下 (點一下遞增，再點一下遞減)

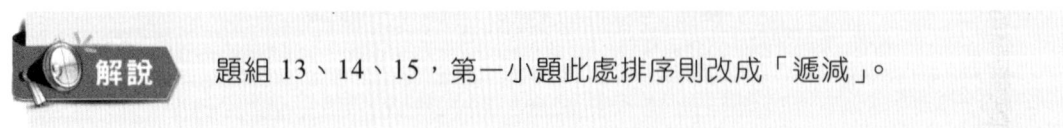

解說　題組 13、14、15，第一小題此處排序則改成「遞減」。

1-12

2. 開啟 Word 文書編輯軟體
   開新檔案
   版面配置\邊界：窄
   調整檔案總管視窗至適當大小
   (見 1-01 檔案總管視窗大小設定)
   按下鍵盤「Alt + Print Screen」鍵
   回到 Word 空白文件 點一下
   按 [貼上] 鈕
   為圖片加上框線
   按 Enter 鍵

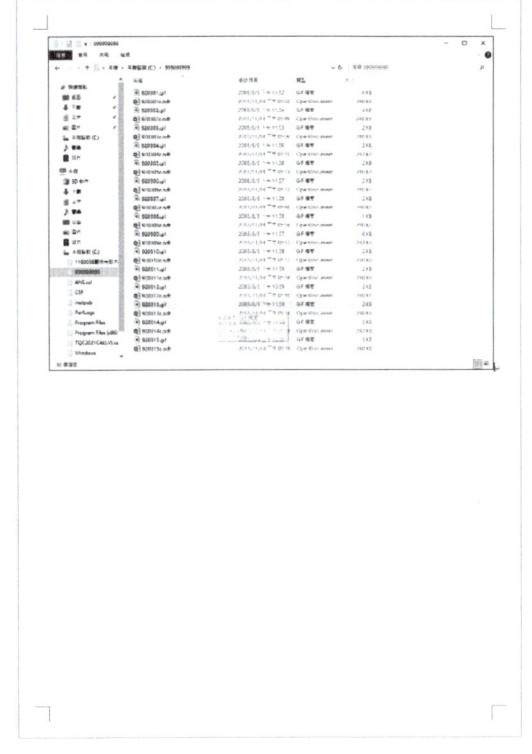

▶ 4. 建立子資料夾

1. 在 C:\99999999 資料夾上按右鍵
   選取：新增→資料夾

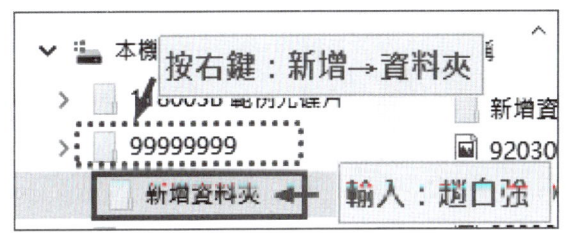

2. 輸入：「趙自強」，按 Enter 鍵
   (99999999 下方多了「趙自強」資料夾)

▶ 5. 複製 odt 檔案至子資料夾

1. 選取「99999999」資料夾，在「類型」欄上點 2 下 (所有 odt 檔案排在一起)

2. 拖曳選取所有 odt 檔案，在選取的檔案上按右鍵：複製

3. 選取「趙自強」資料夾，在檔案顯示區按右鍵：貼上

4. 設定檢視模式：詳細資料、調整所有欄位至最適大小，如下圖：

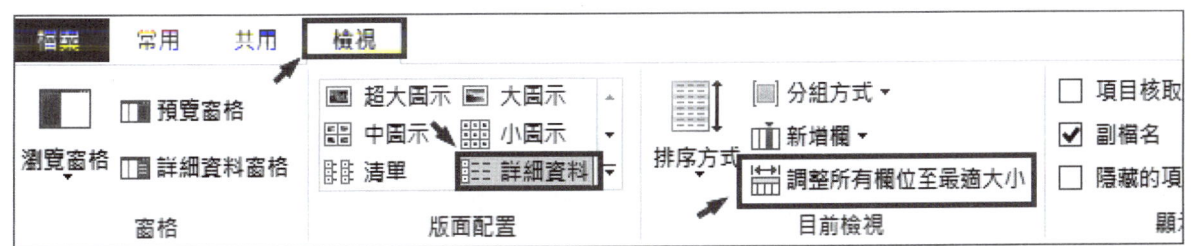

5. 檔案大小排序：在「大小」欄位上點 2 下 (點一下遞增，再點一下遞減)

 題組 13、14、15，第二小題此處排序則改成「遞增」。

▶ 6. 第二小題答案

1. 調整檔案總管視窗至適當大小
   (見 1-01 檔案總管視窗大小設定)
2. 按下鍵盤「Alt + Print Screen」鍵
3. 回到 Word 文件
   按 [貼上] 鈕
4. 為圖片加上框線
5. 按 [存檔] 鈕
   檔案名稱：01-1

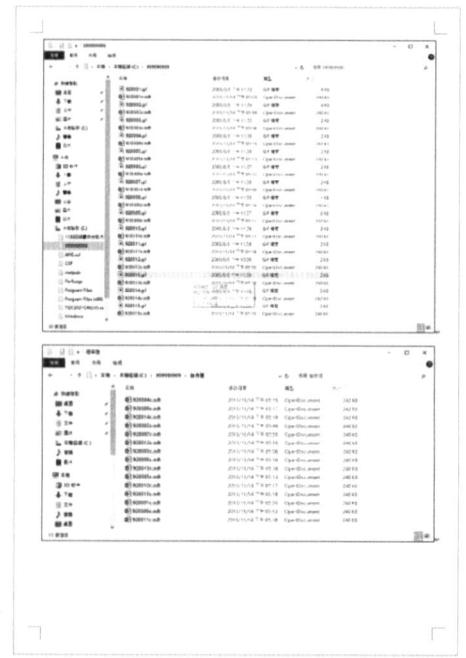

 本單元會產生答案檔案，命名規則如下：
- 題號 + "- 1"，以題組 01 為例：01-1。
- 題目只要求列印結果，命名規則為作者個人建議。

特別說明

題組 5、6 題目的兩個篩選條件都是 odt 類型檔案，若採用標準的解法，*c.odt 與 *m.odt 檔案將會混雜在一起。題組五第 2 小題要求的 *c.odt 及題組六第二小題要求的 *m.odt 將無法分離出來，我們利用 *c.odt 檔案大小都是 3 位數、*m.odt 檔案都是 1~2 位數的特性，利用檔案大小鈕來做排序。

1-04 考題

題組一

◎ 本題答案列印結果共一頁，以「直向方式」列印，將以下(1)的結果畫面顯示在報表紙的上半部，(2)的結果畫面顯示在同一張報表紙的下半部。

(1)、建立資料夾及複製檔案

- 在 C: 的根目錄下，以「您的准考證號碼」建立一個資料夾。在「丙級檢定用檔案」的各資料夾內，將檔名是「*c.odt」、「*.gif」的所有檔案複製到您建立的資料夾內。按「檔案名稱」由小到大排序，以「檔案總管」顯示詳細資料(含檔案名稱及副檔名、檔案的大小、檔案的類型、修改日期)。

(2)、建立子資料夾檔案的操作

- 在您建立的資料夾內，以「您的姓名」建立一個子資料夾。將檔名是「*c.odt」的檔案複製到此子資料夾，並按檔案的大小，由大到小，以「檔案總管」顯示詳細資料(含檔案名稱及副檔名、檔案的大小、檔案的類型、修改日期)。

題組二

◎ 本題答案列印結果共一頁，以「直向方式」列印，將以下(1)的結果畫面顯示在報表紙的上半部，(2)的結果畫面顯示在同一張報表紙的下半部。

(1)、建立資料夾及複製檔案

- 在 C: 的根目錄下，以「您的座號」建立一個資料夾。在「丙級檢定用檔案」的各資料夾內，將檔名是「*c.odt」、「*.gif」的所有檔案複製到您建立的資料夾下。按「檔案名稱」由小到大排序，以「檔案總管」顯示詳細資料(含檔案名稱及副檔名、檔案的大小、檔案的類型、修改日期)。

(2)、建立子資料夾檔案的操作

- 在您建立的資料夾下，以「您的姓名」建立一個子資料夾。將檔名是「*.gif」的檔案複製到此目錄，並按檔案的大小，由大到小，以「檔案總管」顯示詳細資料(含檔案名稱及副檔名、檔案的大小、檔案的類型、修改日期)。

題組三

◎ 本題答案列印結果共一頁,以「直向方式」列印,將以下(1)的結果畫面顯示在報表紙的上半部,(2)的結果畫面顯示在同一張報表紙的下半部。

(1)、建立資料夾及複製檔案

- 在 C: 的根目錄下,以「您的姓名」建立一個資料夾。在「丙級檢定用檔案」的各資料夾內,將檔名是「*c.odt」、「*.tab」的所有檔案複製到您建立的資料夾下。按「檔案名稱」由小到大排序,以「檔案總管」顯示詳細資料(含檔案名稱及副檔名、檔案的大小、檔案的類型、修改日期)。

(2)、建立子資料夾檔案的操作

- 在您建立的資料夾下,以「您的姓名」建立一個子資料夾。將檔名是「*c.odt」的檔案複製到此目錄,並按檔案的大小,由大到小,以「檔案總管」顯示詳細資料(含檔案名稱及副檔名、檔案的大小、檔案的類型、修改日期)。

題組四

◎ 本題答案列印結果共一頁,以「直向方式」列印,將以下(1)的結果畫面顯示在報表紙的上半部,(2)的結果畫面顯示在同一張報表紙的下半部。

(1)、建立資料夾及複製檔案

- 在 C: 的根目錄下,以「您的准考證號碼」建立一個資料夾。在「丙級檢定用檔案」的各資料夾內,將檔名是「*c.odt」、「*.tab」的所有檔案複製到您建立的資料夾下。按「檔案名稱」由小到大排序,以「檔案總管」顯示詳細資料(含檔案名稱及副檔名、檔案的大小、檔案的類型、修改日期)。

(2)、建立子資料夾檔案的操作

- 在您建立的資料夾下,以「您的姓名」建立一個子資料夾。將檔名是「*.tab」的檔案複製到此目錄,並按檔案的大小,由大到小,以「檔案總管」顯示詳細資料(含檔案名稱及副檔名、檔案的大小、檔案的類型、修改日期)。

題組五

◎ 本題答案列印結果共一頁，以「直向方式」列印，將以下(1)的結果畫面顯示在報表紙的上半部，(2)的結果畫面顯示在同一張報表紙的下半部。

(1)、建立資料夾及複製檔案

- 在 C: 的根目錄下，以「您的座號」建立一個資料夾。在「丙級檢定用檔案」的各資料夾內，將檔名是「*c.odt」、「*m.odt」的所有檔案複製到您建立的資料夾下。按「檔案名稱」由小到大排序，以「檔案總管」顯示詳細資料(含檔案名稱及副檔名、檔案的大小、檔案的類型、修改日期)。

(2)、建立子資料夾檔案的操作

- 在您建立的資料夾下，以「您的姓名」建立一個子資料夾。將檔名是「*c.odt」的檔案複製到此目錄，並按檔案的大小，由大到小，以「檔案總管」顯示詳細資料(含檔案名稱及副檔名、檔案的大小、檔案的類型、修改日期)。

題組六

◎ 本題答案列印結果共一頁，以「直向方式」列印，將以下(1)的結果畫面顯示在報表紙的上半部，(2)的結果畫面顯示在同一張報表紙的下半部。

(1)、建立資料夾及複製檔案

- 在 C: 的根目錄下，以「您的姓名」建立一個資料夾。在「丙級檢定用檔案」的各資料夾內，將檔名是「*c.odt」、「*m.odt」的所有檔案複製到您建立的資料夾下。按「檔案名稱」由小到大排序，以「檔案總管」顯示詳細資料(含檔案名稱及副檔名、檔案的大小、檔案的類型、修改日期)。

(2)、建立子資料夾檔案的操作

- 在您建立的資料夾下，以「您的准考證號碼」建立一個子資料夾。將檔名是「*m.odt」的檔案複製到此目錄，並按檔案的大小，由大到小，以「檔案總管」顯示詳細資料(含檔案名稱及副檔名、檔案的大小、檔案的類型、修改日期)。

題組七

◎ 本題答案列印結果共一頁，以「直向方式」列印，將以下(1)的結果畫面顯示在報表紙的上半部，(2)的結果畫面顯示在同一張報表紙的下半部。

(1)、建立資料夾及複製檔案

- 在 C: 的根目錄下，以「您的准考證號碼」建立一個資料夾。在「丙級檢定用檔案」的各資料夾內，將檔名是「*m.odt」、「*.gif」的所有檔案複製到您建立的資料夾下。按「檔案名稱」由小到大排序，以「檔案總管」顯示詳細資料(含檔案名稱及副檔名、檔案的大小、檔案的類型、修改日期)。

(2)、建立子資料夾檔案的操作

- 在您建立的資料夾下，以「您的姓名」建立一個子資料夾。將檔名是「*m.odt」的檔案複製到此目錄，並按檔案的大小，由大到小，以「檔案總管」顯示詳細資料(含檔案名稱及副檔名、檔案的大小、檔案的類型、修改日期)。

題組八

◎ 本題答案列印結果共一頁，以「直向方式」列印，將以下(1)的結果畫面顯示在報表紙的上半部，(2)的結果畫面顯示在同一張報表紙的下半部。

(1)、建立資料夾及複製檔案

- 在 C: 的根目錄下，以「您的座號」建立一個資料夾。在「丙級檢定用檔案」的各資料夾內，將檔名是「*m.odt」、「*.gif」的所有檔案複製到您建立的資料夾下。按「檔案名稱」由小到大排序，以「檔案總管」顯示詳細資料(含檔案名稱及副檔名、檔案的大小、檔案的類型、修改日期)。

(2)、建立子資料夾檔案的操作

- 在您建立的資料夾下，以「您的姓名」建立一個子資料夾。將檔名是「*.gif」的檔案複製到此目錄，並按檔案的大小，由大到小，以「檔案總管」顯示詳細資料(含檔案名稱及副檔名、檔案的大小、檔案的類型、修改日期)。

題組九

◎ 本題答案列印結果共一頁，以「直向方式」列印，將以下(1)的結果畫面顯示在報表紙的上半部，(2)的結果畫面顯示在同一張報表紙的下半部。

(1)、建立資料夾及複製檔案

- 在 C: 的根目錄下，以「您的姓名」建立一個資料夾。在「丙級檢定用檔案」的各資料夾內，將檔名是「*m.odt」、「*.tab」的所有檔案複製到您建立的資料夾下。按「檔案名稱」由小到大排序，以「檔案總管」顯示詳細資料(含檔案名稱及副檔名、檔案的大小、檔案的類型、修改日期)。

(2)、建立子資料夾檔案的操作

- 在您建立的資料夾下，以「您的座號」建立一個子資料夾。將檔名是「*m.odt」的檔案複製到此目錄，並按檔案的大小，由大到小，以「檔案總管」顯示詳細資料(含檔案名稱及副檔名、檔案的大小、檔案的類型、修改日期)。

題組十

◎ 本題答案列印結果共一頁，以「直向方式」列印，將以下(1)的結果畫面顯示在報表紙的上半部，(2)的結果畫面顯示在同一張報表紙的下半部。

(1)、建立資料夾及複製檔案

- 在 C: 的根目錄下，以「您的准考證號碼」建立一個資料夾。在「丙級檢定用檔案」的各資料夾內，將檔名是「*m.odt」、「*.tab」的所有檔案複製到您建立的資料夾下。按「檔案名稱」由小到大排序，以「檔案總管」顯示詳細資料(含檔案名稱及副檔名、檔案的大小、檔案的類型、修改日期)。

(2)、建立子資料夾檔案的操作

- 在您建立的資料夾下，以「您的姓名」建立一個子資料夾。將檔名是「*.tab」的檔案複製到此目錄，並按檔案的大小，由大到小，以「檔案總管」顯示詳細資料(含檔案名稱及副檔名、檔案的大小、檔案的類型、修改日期)。

題組十一

◎ 本題答案列印結果共一頁,以「直向方式」列印,將以下(1)的結果畫面顯示在報表紙的上半部,(2)的結果畫面顯示在同一張報表紙的下半部。

(1)、建立資料夾及複製檔案

- 在 C: 的根目錄下,以「您的座號」建立一個資料夾。在「丙級檢定用檔案」的各資料夾內,將檔名是「*.gif」、「*.tab」的所有檔案複製到您建立的資料夾下。按「檔案名稱」由小到大排序,以「檔案總管」顯示詳細資料(含檔案名稱及副檔名、檔案的大小、檔案的類型、修改日期)。

(2)、建立子資料夾檔案的操作

- 在您建立的資料夾下,以「您的姓名」建立一個子資料夾。將檔名是「*.gif」的檔案複製到此目錄,並按檔案的大小,由大到小,以「檔案總管」顯示詳細資料(含檔案名稱及副檔名、檔案的大小、檔案的類型、修改日期)。

題組十二

◎ 本題答案列印結果共一頁,以「直向方式」列印,將以下(1)的結果畫面顯示在報表紙的上半部,(2)的結果畫面顯示在同一張報表紙的下半部。

(1)、建立資料夾及複製檔案

- 在 C: 的根目錄下,以「您的准考證號碼」建立一個資料夾。在「丙級檢定用檔案」的各資料夾內,將檔名是「*.gif」、「*.tab」的所有檔案複製到您建立的資料夾下。按「檔案名稱」由小到大排序,以「檔案總管」顯示詳細資料(含檔案名稱及副檔名、檔案的大小、檔案的類型、修改日期)。

(2)、建立子資料夾檔案的操作

- 在您建立的資料夾下,以「您的姓名」建立一個子資料夾。將檔名是「*.tab」的檔案複製到此目錄,並按檔案的大小,由大到小,以「檔案總管」顯示詳細資料(含檔案名稱及副檔名、檔案的大小、檔案的類型、修改日期)。

題組十三

◎ 本題答案列印結果共一頁,以「直向方式」列印,將以下(1)的結果畫面顯示在報表紙的上半部,(2)的結果畫面顯示在同一張報表紙的下半部。

(1)、建立資料夾及複製檔案

- 在 C: 的根目錄下,以「您的准考證號碼」建立一個資料夾。在「丙級檢定用檔案」的各資料夾內,將檔名是「*m.odt」、「*.tab」的所有檔案複製到您建立的資料夾下。按「檔案名稱」由大到小排序,以「檔案總管」顯示詳細資料(含檔案名稱及副檔名、檔案的大小、檔案的類型、修改日期)。

(2)、建立子資料夾檔案的操作

- 在您建立的資料夾下,以「您的姓名」建立一個子資料夾。將檔名是「*.tab」的檔案複製到此目錄,並按檔案的大小,由小到大,以「檔案總管」顯示詳細資料(含檔案名稱及副檔名、檔案的大小、檔案的類型、修改日期)。

題組十四

◎ 本題答案列印結果共一頁,以「直向方式」列印,將以下(1)的結果畫面顯示在報表紙的上半部,(2)的結果畫面顯示在同一張報表紙的下半部。

(1)、建立資料夾及複製檔案

- 在 C: 的根目錄下,以「您的座號」建立一個資料夾。在「丙級檢定用檔案」的各資料夾內,將檔名是「*.gif」、「*.tab」的所有檔案複製到您建立的資料夾下。按「檔案名稱」由大到小排序,以「檔案總管」顯示詳細資料(含檔案名稱及副檔名、檔案的大小、檔案的類型、修改日期)。

(2)、建立子資料夾檔案的操作

- 在您建立的資料夾下,以「您的姓名」建立一個子資料夾。將檔名是「*.gif」的檔案複製到此目錄,並按檔案的大小,由小到大,以「檔案總管」顯示詳細資料(含檔案名稱及副檔名、檔案的大小、檔案的類型、修改日期)。

題組十五

◎ 本題答案列印結果共一頁,以「直向方式」列印,將以下(1)的結果畫面顯示在報表紙的上半部,(2)的結果畫面顯示在同一張報表紙的下半部。

(1)、建立資料夾及複製檔案

- 在 C: 的根目錄下以「您的准考證號碼」建立一個資料夾。在「丙級檢定用檔案」的各資料夾內,將檔名是「*.gif」、「*.tab」的所有檔案複製到您建立的資料夾下。按「檔案名稱」由大到小排序,以「檔案總管」顯示詳細資料(含檔案名稱及副檔名、檔案的大小、檔案的類型、修改日期)。

(2)、建立子資料夾檔案的操作

- 在您建立的資料夾下,以「您的座號」建立一個子資料夾。將檔名是「*.tab」的檔案複製到此目錄,並按檔案的大小,由小到大,以「檔案總管」顯示詳細資料(含檔案名稱及副檔名、檔案的大小、檔案的類型、修改日期)。

1-05 參考答案

▶ 題組一

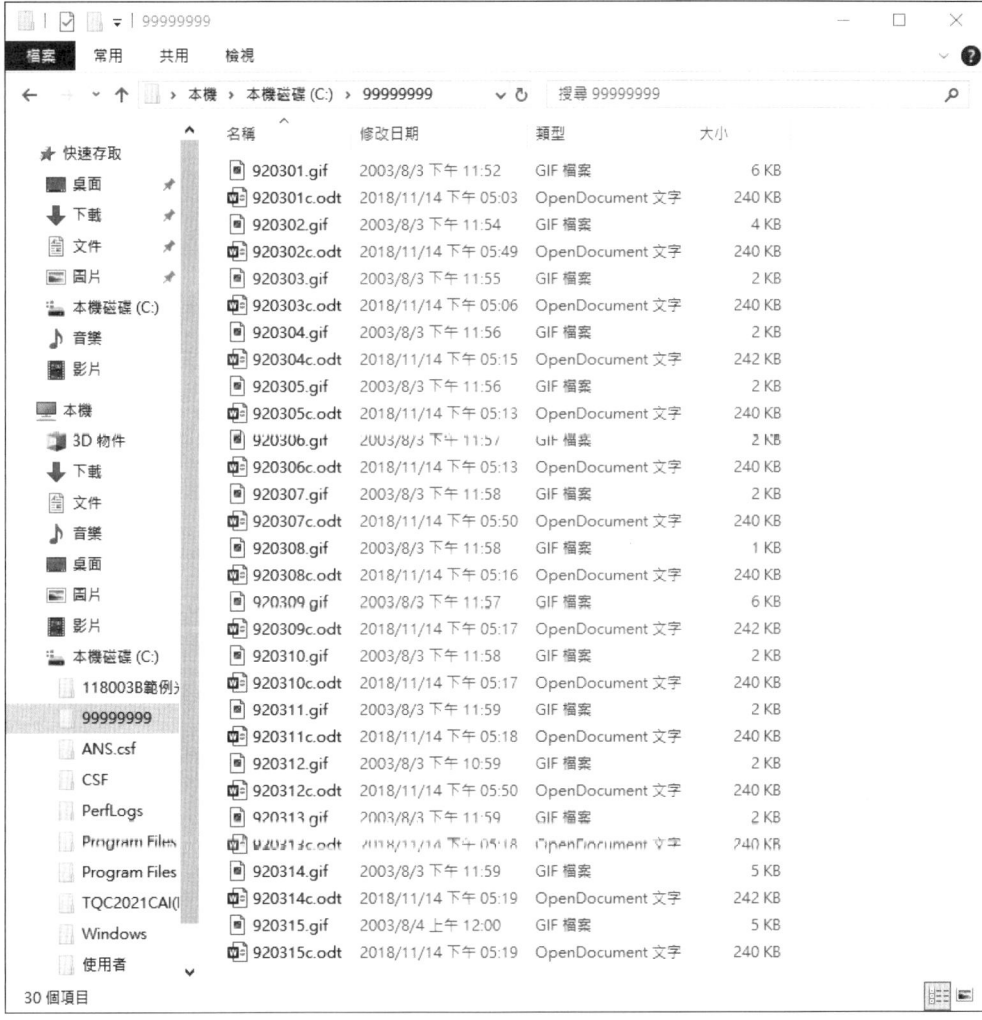

▶ 題組二

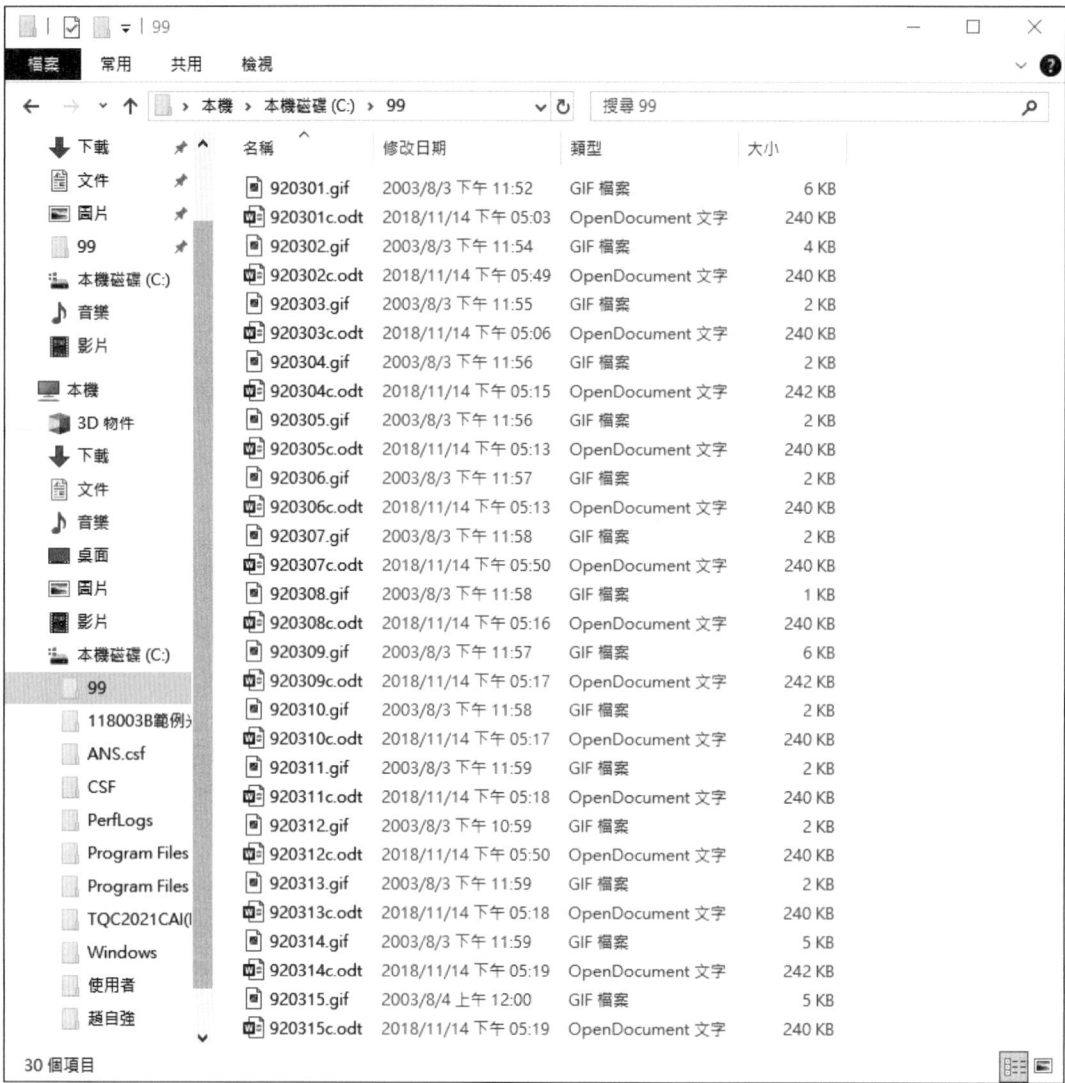

題組三

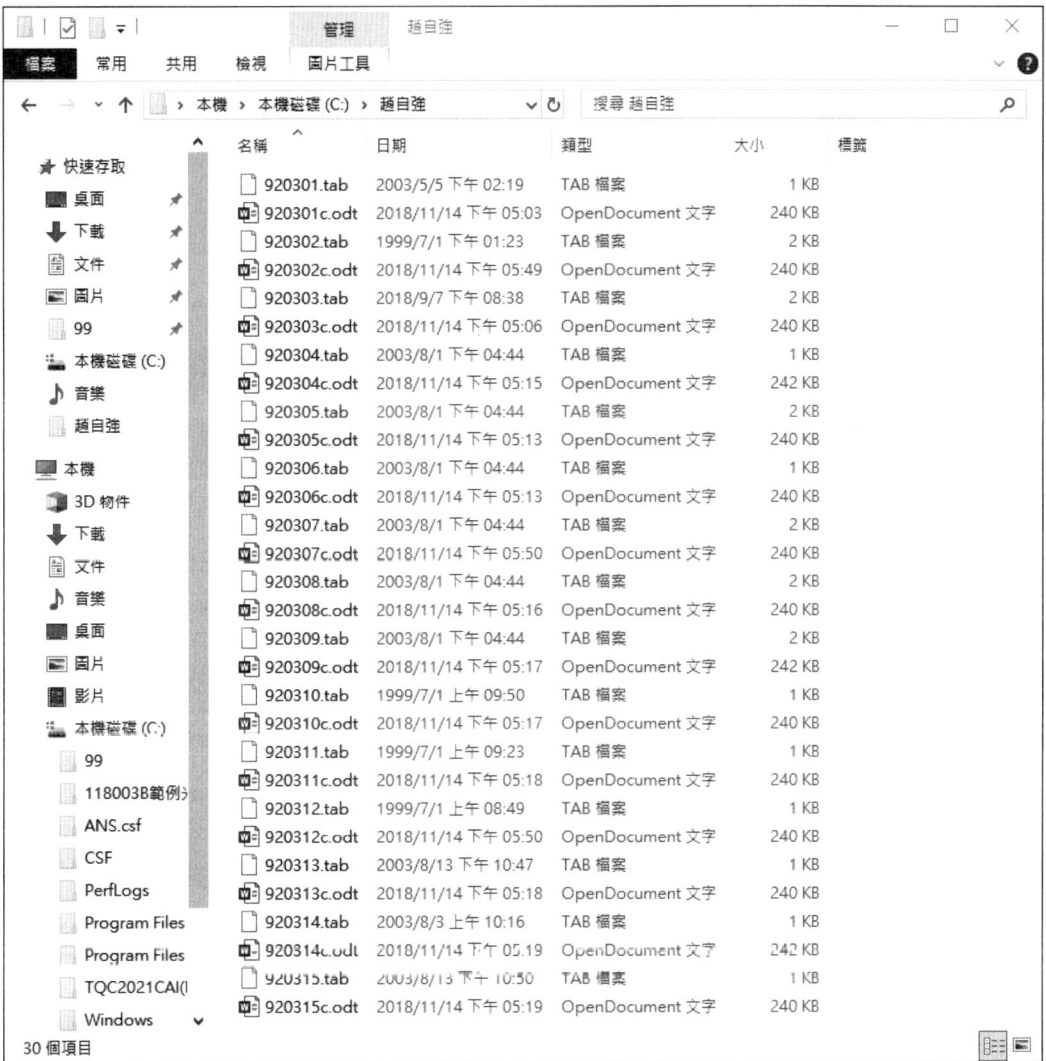

▶ 題組四

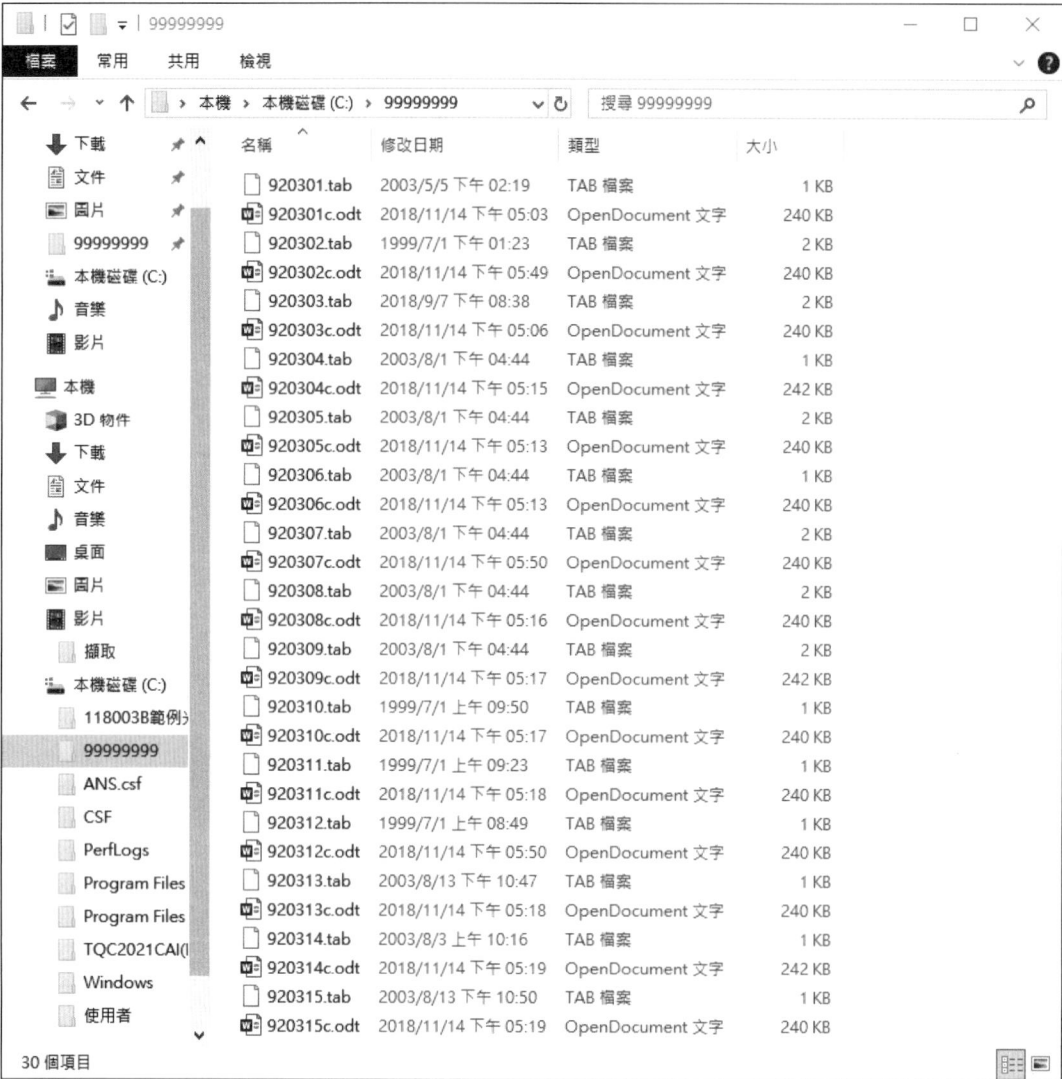

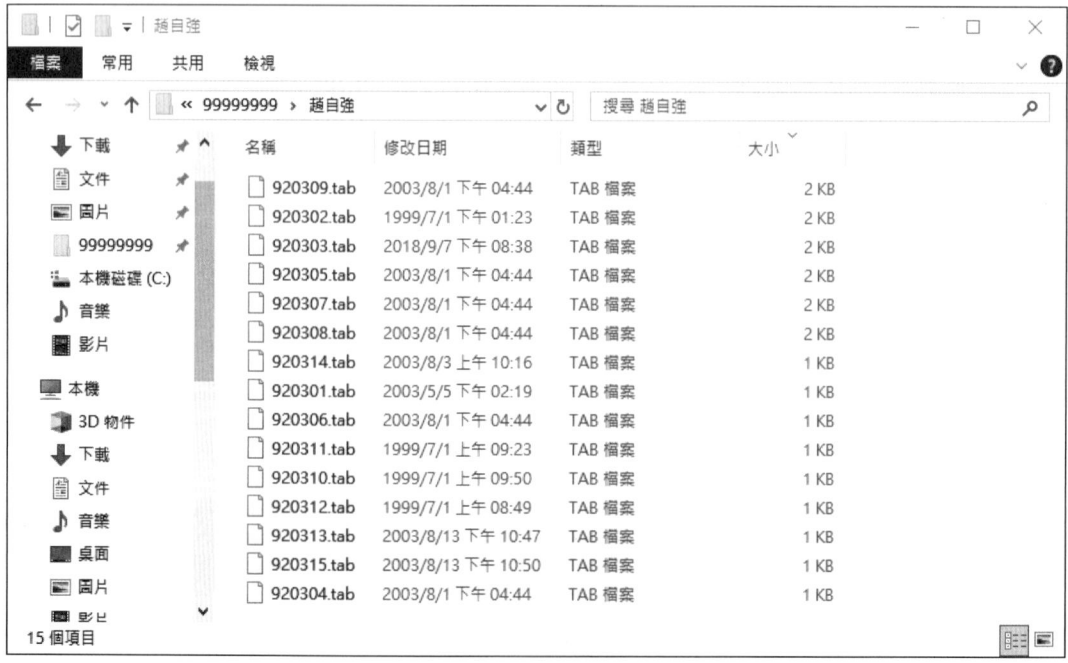

▶ 題組五

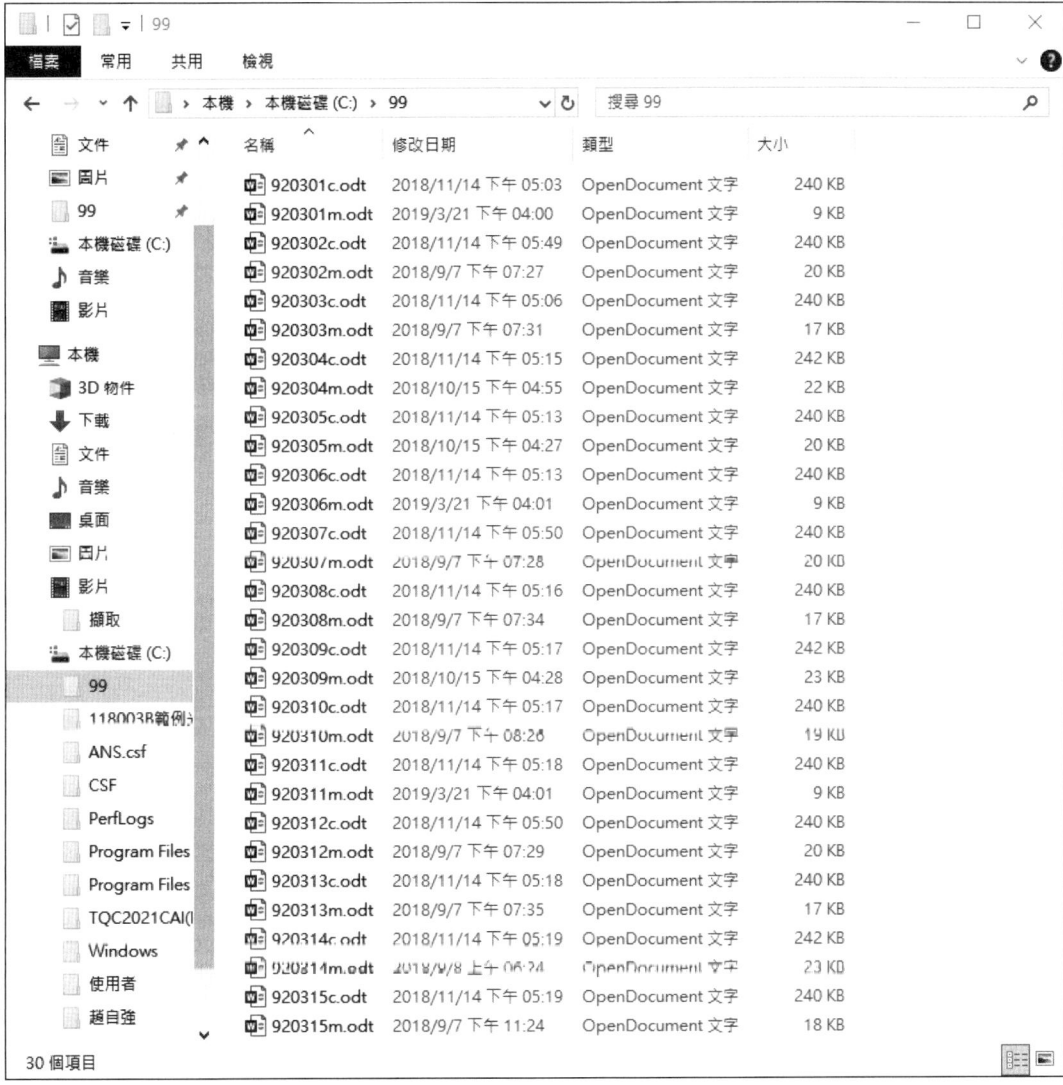

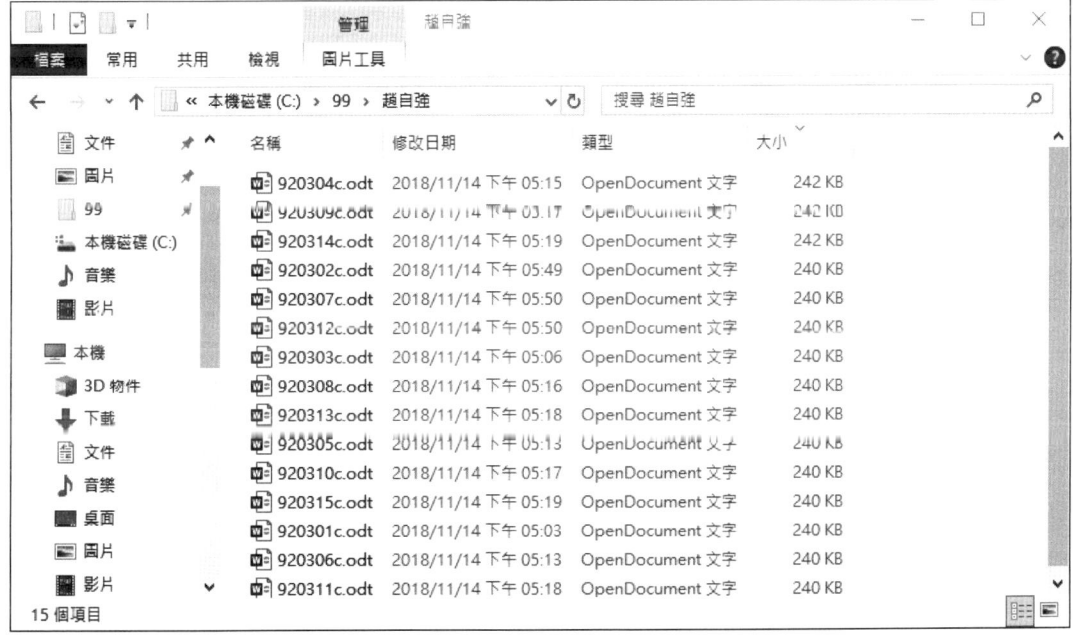

題組六

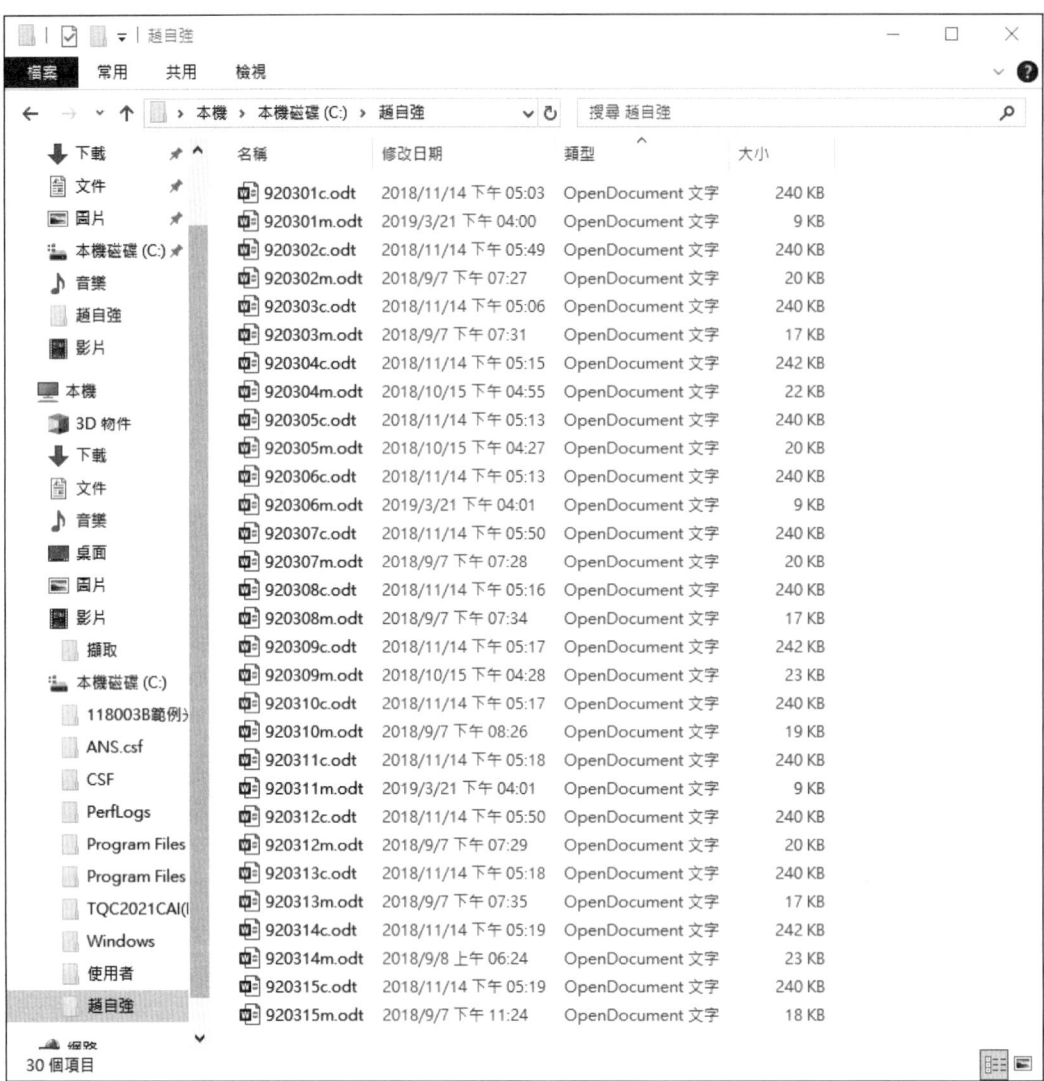

題組七

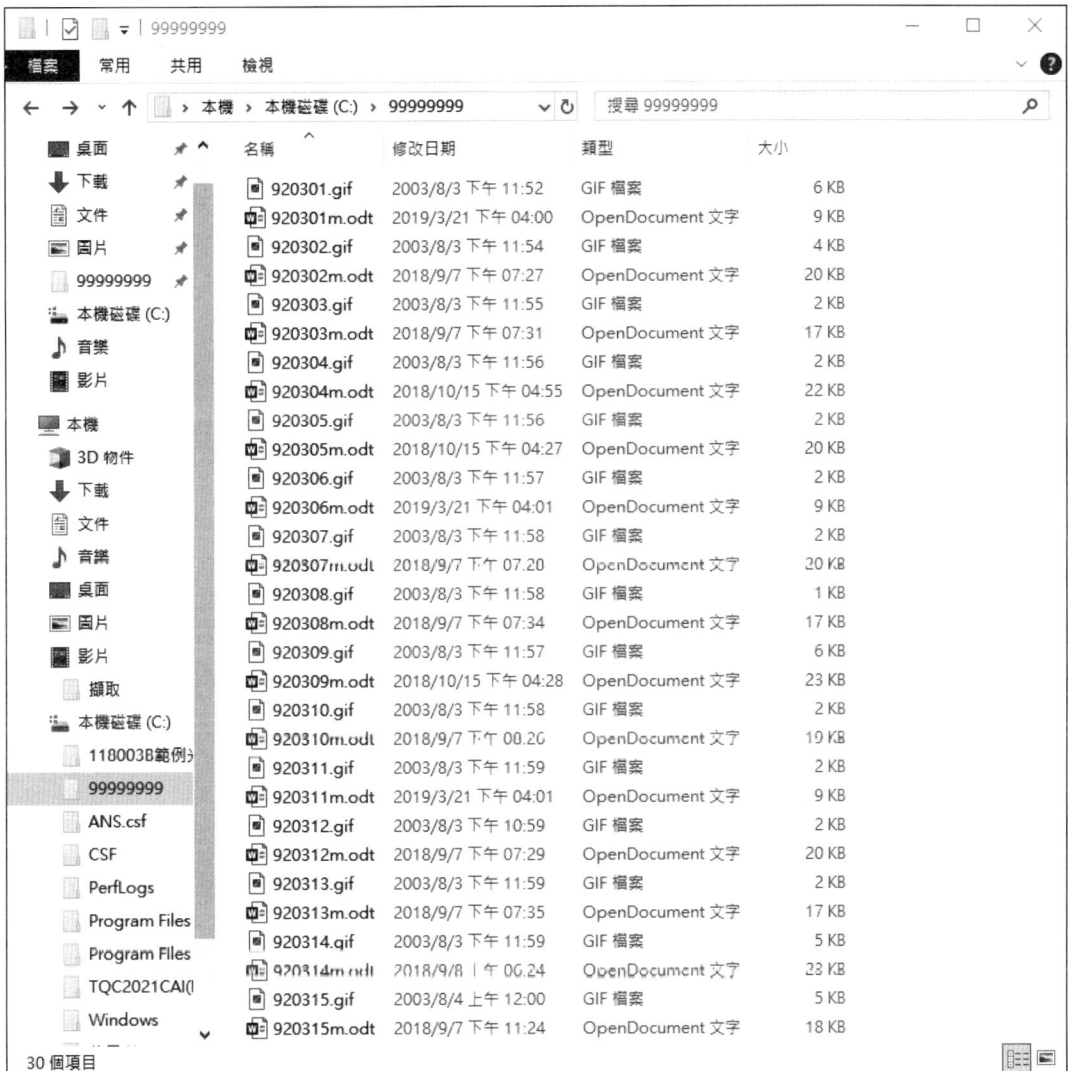

題組八

99
檔案
常用
共用
檢視
本機 › 本機磁碟 (C:) › 99
搜尋 99
桌面
下載
文件
圖片
本機磁碟 (C:)
音樂
影片
本機
3D 物件
下載
文件
音樂
桌面
圖片
影片
擷取
本機磁碟 (C:)
99
118003B範例
ANS.csf
CSF
PerfLogs
Program Files
Program Files
TQC2021CAI(
Windows
使用者
名稱 修改日期 類型 大小
920301.gif 2003/8/3 下午 11:52 GIF 檔案 6 KB
920301m.odt 2019/3/21 下午 04:00 OpenDocument 文字 9 KB
920302.gif 2003/8/3 下午 11:54 GIF 檔案 4 KB
920302m.odt 2018/9/7 下午 07:27 OpenDocument 文字 20 KB
920303.gif 2003/8/3 下午 11:55 GIF 檔案 2 KB
920303m.odt 2018/9/7 下午 07:31 OpenDocument 文字 17 KB
920304.gif 2003/8/3 下午 11:56 GIF 檔案 2 KB
920304m.odt 2018/10/15 下午 04:55 OpenDocument 文字 22 KB
920305.gif 2003/8/3 下午 11:56 GIF 檔案 2 KB
920305m.odt 2018/10/15 下午 04:27 OpenDocument 文字 20 KB
920306.gif 2003/8/3 下午 11:57 GIF 檔案 2 KB
920306m.odt 2019/3/21 下午 04:01 OpenDocument 文字 9 KB
920307.gif 2003/8/3 下午 11:58 GIF 檔案 2 KB
920307m.odt 2018/9/7 下午 07:28 OpenDocument 文字 20 KB
920308.gif 2003/8/3 下午 11:58 GIF 檔案 1 KB
920308m.odt 2018/9/7 下午 07:34 OpenDocument 文字 17 KB
920309.gif 2003/8/3 下午 11:57 GIF 檔案 6 KB
920309m.odt 2018/10/15 下午 04:28 OpenDocument 文字 23 KB
920310.gif 2003/8/3 下午 11:58 GIF 檔案 2 KB
920310m.odt 2018/9/7 下午 08:26 OpenDocument 文字 19 KB
920311.gif 2003/8/3 下午 11:59 GIF 檔案 2 KB
920311m.odt 2019/3/21 下午 04:01 OpenDocument 文字 9 KB
920312.gif 2003/8/3 下午 10:59 GIF 檔案 2 KB
920312m.odt 2018/9/7 下午 07:29 OpenDocument 文字 20 KB
920313.gif 2003/8/3 下午 11:59 GIF 檔案 2 KB
920313m.odt 2018/9/7 下午 07:35 OpenDocument 文字 17 KB
920314.gif 2003/8/3 下午 11:59 GIF 檔案 5 KB
920314m.odt 2018/9/8 上午 06:24 OpenDocument 文字 23 KB
920315.gif 2003/8/4 上午 12:00 GIF 檔案 5 KB
920315m.odt 2018/9/7 下午 11:24 OpenDocument 文字 18 KB
30 個項目

趙自強
檔案
常用
共用
檢視
« 本機磁碟 (C:) › 99 › 趙自強
搜尋 趙自強
桌面
下載
文件
圖片
本機磁碟 (C:)
音樂
影片
本機
3D 物件
下載
文件
音樂
桌面
圖片
影片
名稱 修改日期 類型 大小
920301.gif 2003/8/3 下午 11:52 GIF 檔案 6 KB
920309.gif 2003/8/3 下午 11:57 GIF 檔案 6 KB
920314.gif 2003/8/3 下午 11:59 GIF 檔案 5 KB
920315.gif 2003/8/4 上午 12:00 GIF 檔案 5 KB
920302.gif 2003/8/3 下午 11:54 GIF 檔案 4 KB
920303.gif 2003/8/3 下午 11:55 GIF 檔案 2 KB
920312.gif 2003/8/3 下午 10:59 GIF 檔案 2 KB
920306.gif 2003/8/3 下午 11:57 GIF 檔案 2 KB
920311.gif 2003/8/3 下午 11:59 GIF 檔案 2 KB
920304.gif 2003/8/3 下午 11:56 GIF 檔案 2 KB
920310.gif 2003/8/3 下午 11:58 GIF 檔案 2 KB
920313.gif 2003/8/3 下午 11:59 GIF 檔案 2 KB
920307.gif 2003/8/3 下午 11:58 GIF 檔案 2 KB
920305.gif 2003/8/3 下午 11:56 GIF 檔案 2 KB
920308.gif 2003/8/3 下午 11:58 GIF 檔案 1 KB
15 個項目

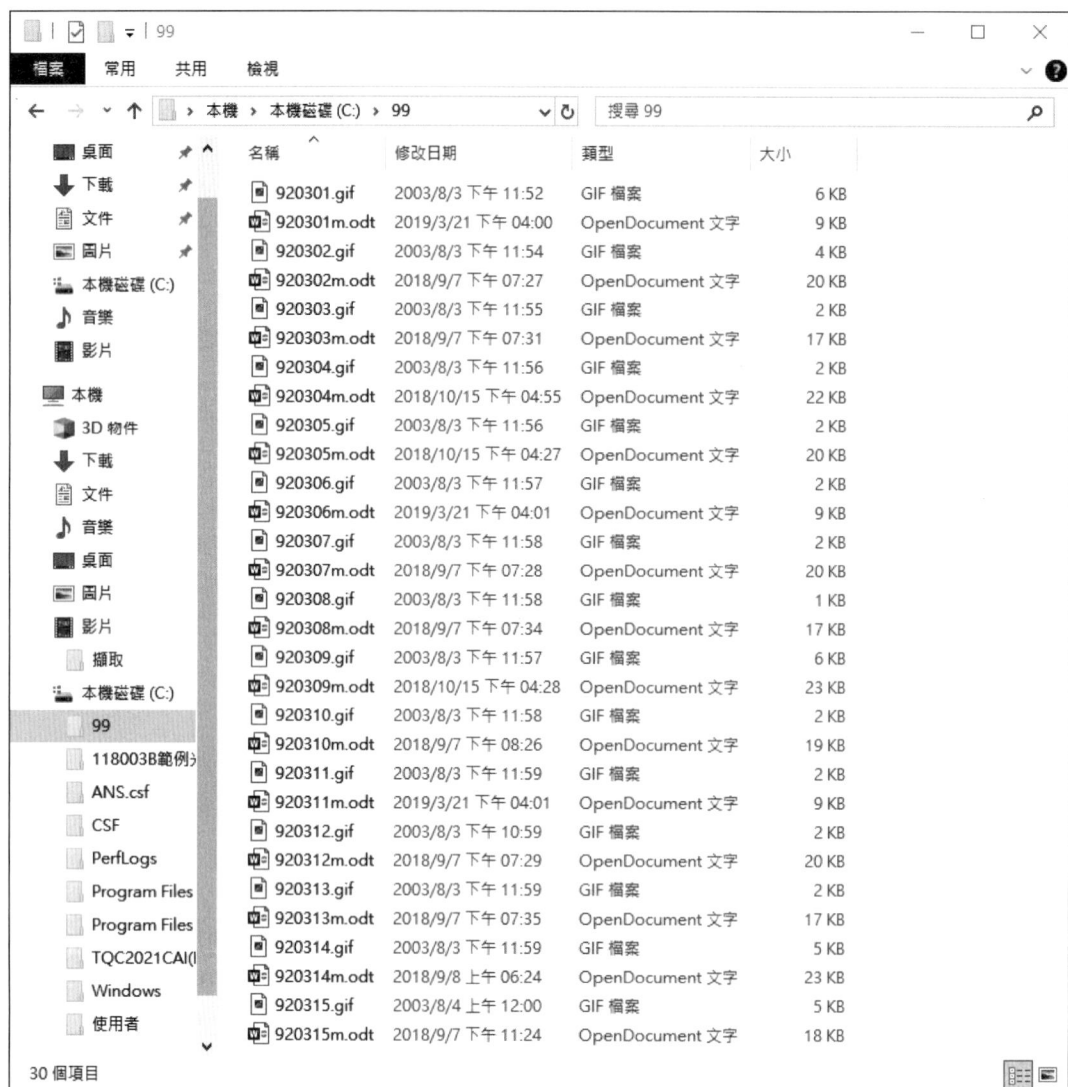

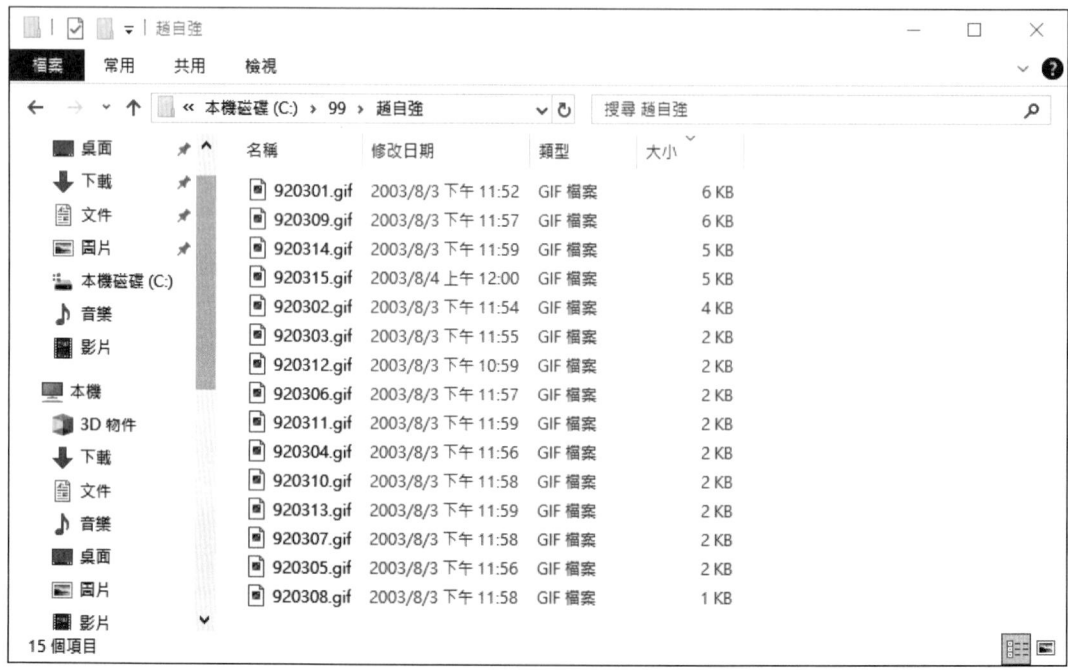

題組九

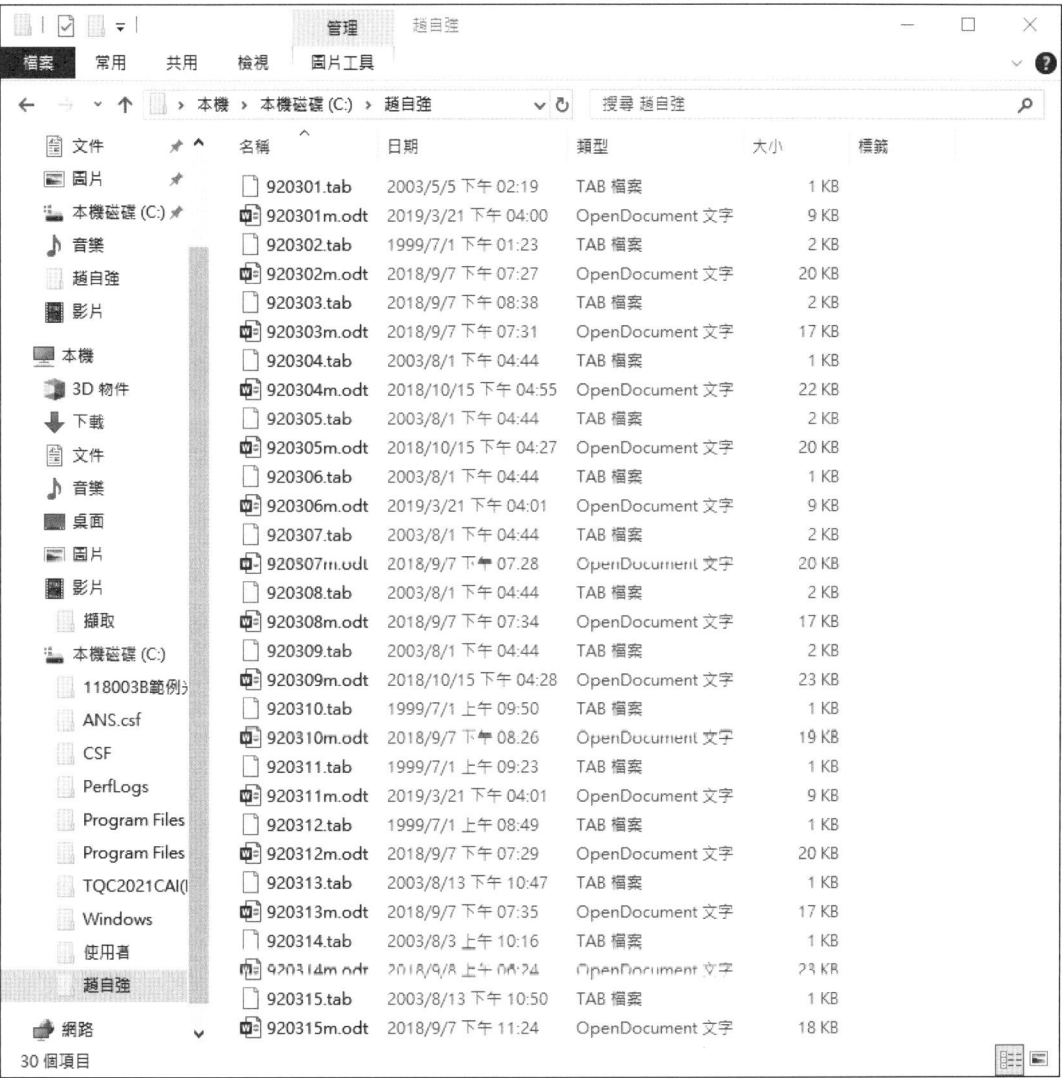

題組十

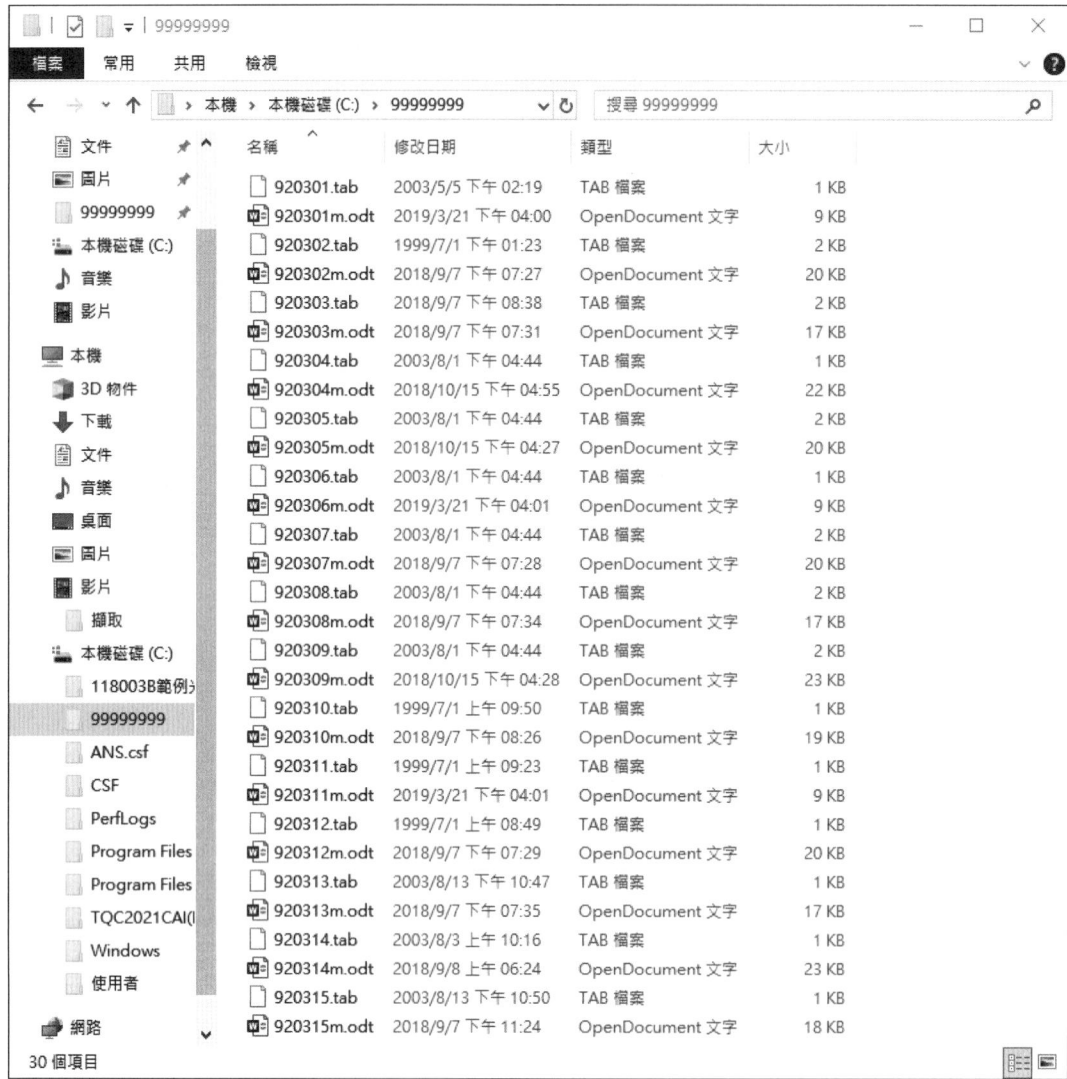

題組十一

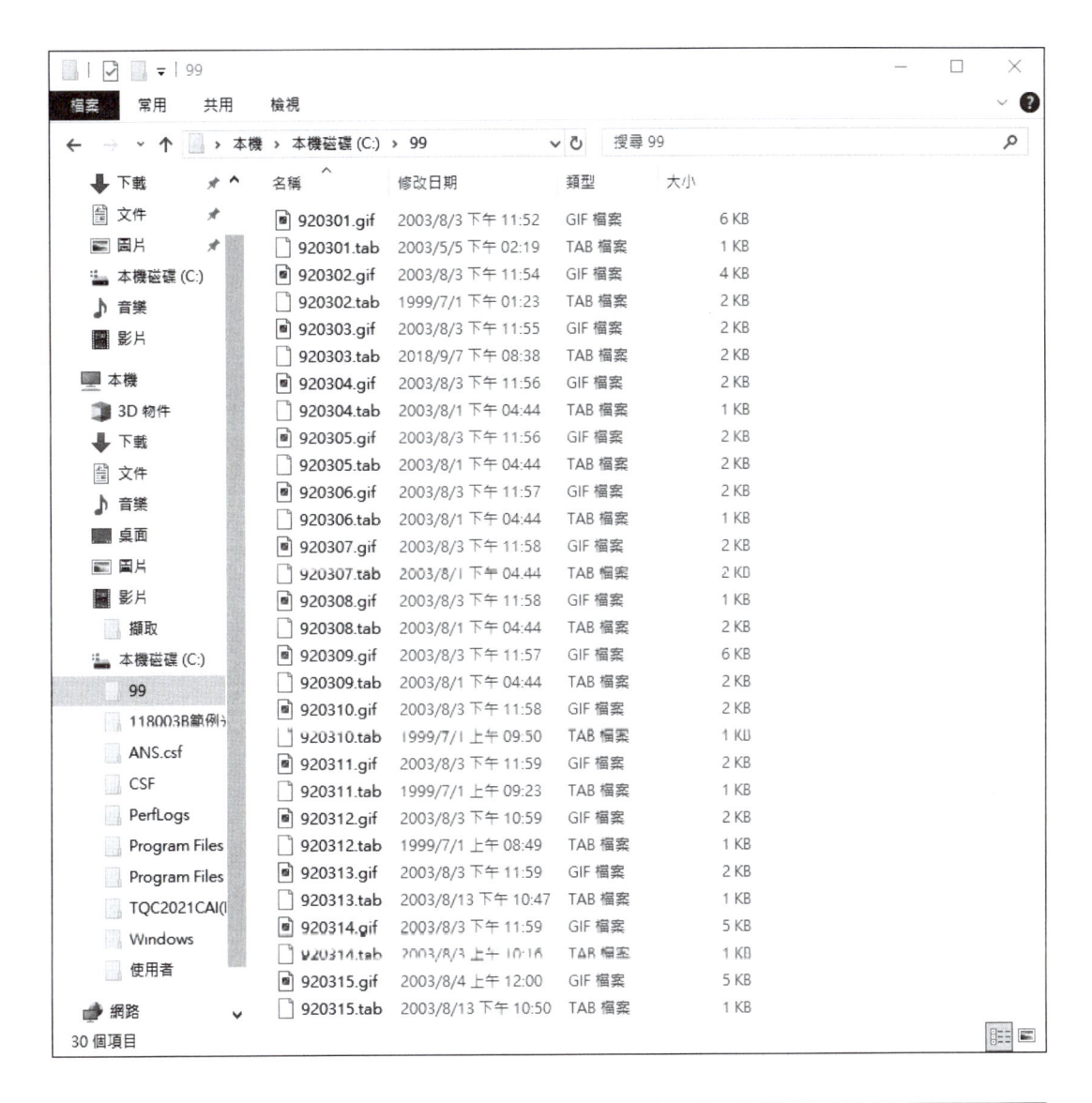

▶ 題組十二

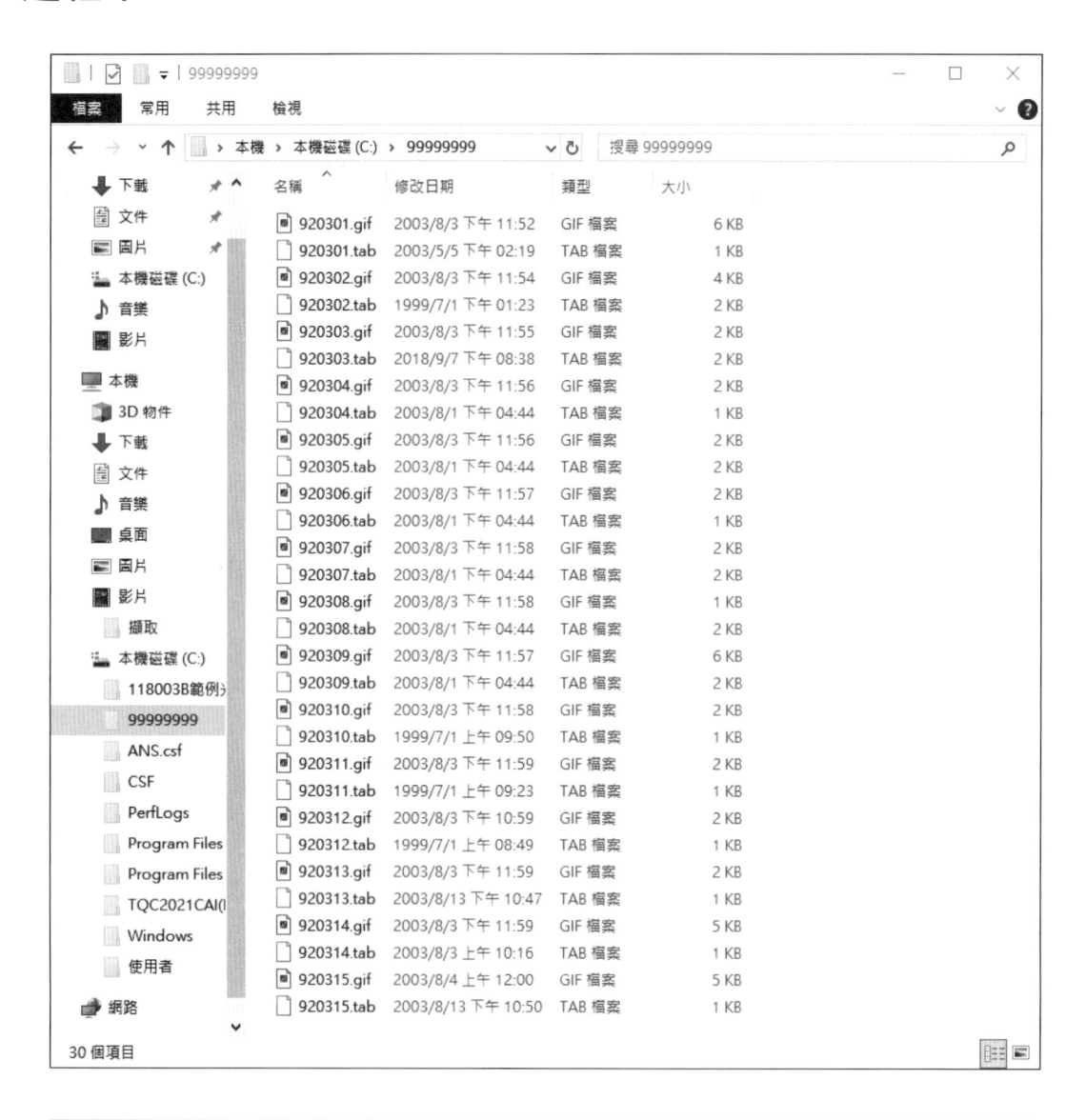

題組十三

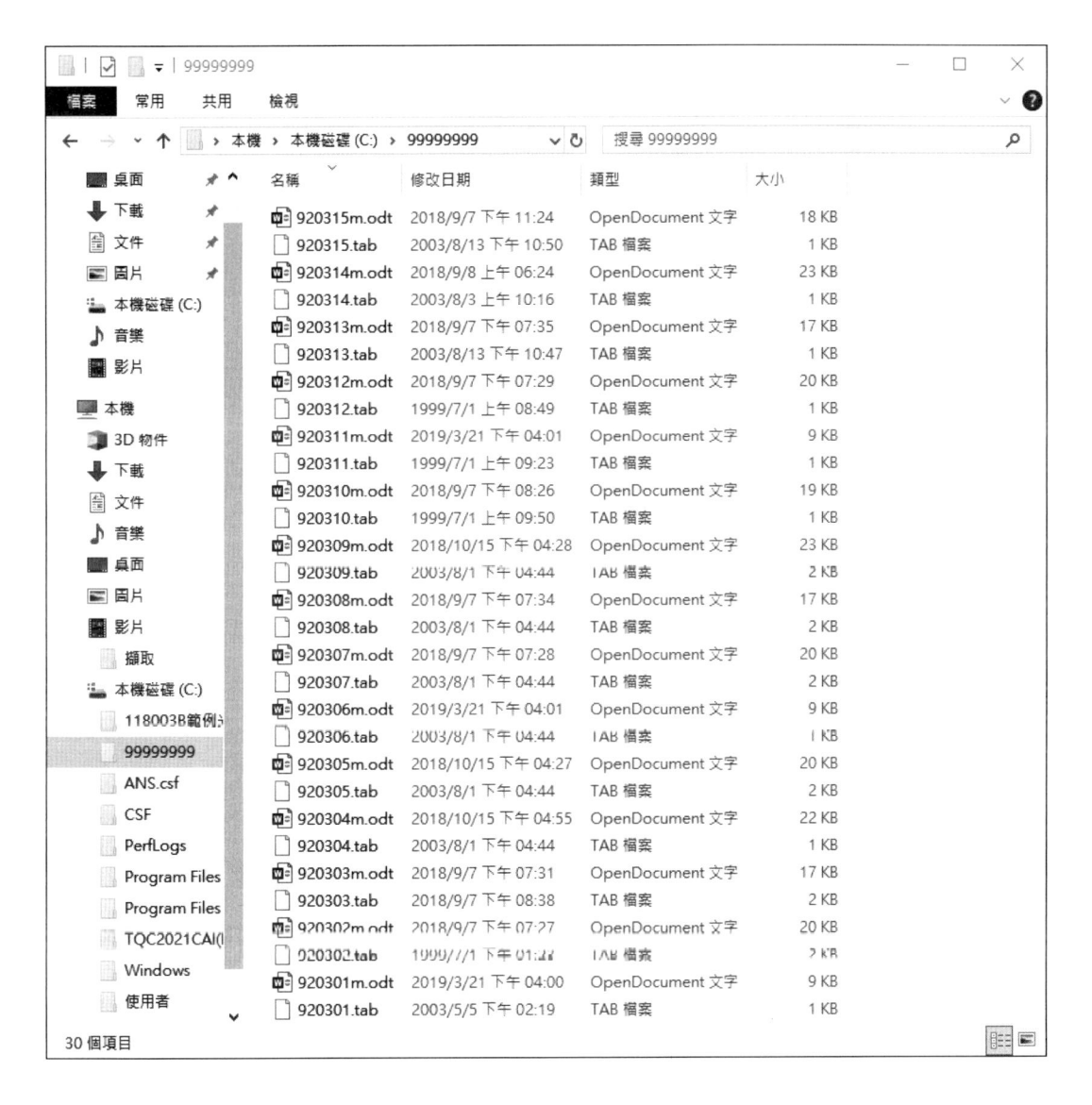

▶ 題組十四

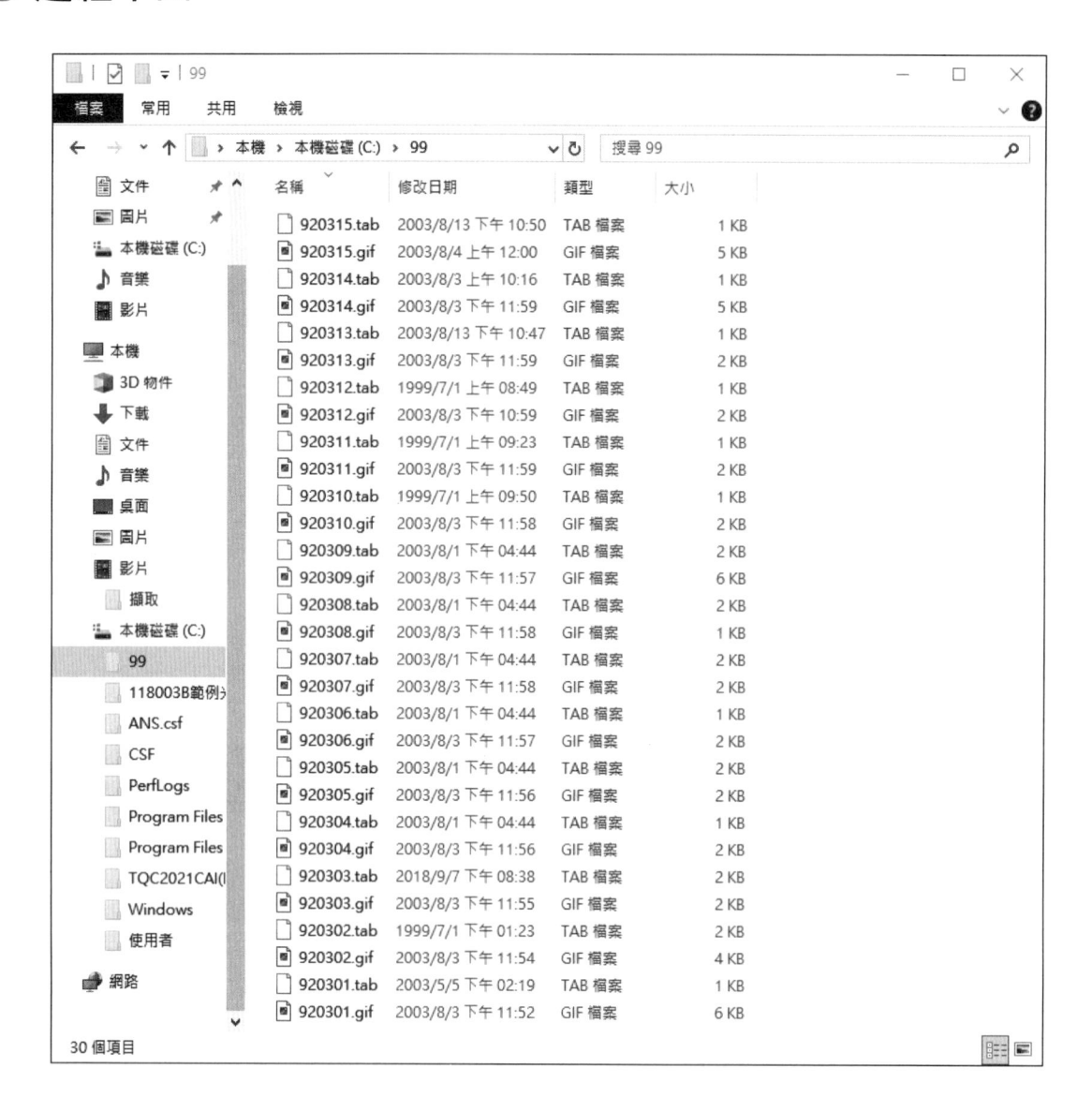

視窗一：C:\99 資料夾（30 個項目）

名稱	修改日期	類型	大小
920315.tab	2003/8/13 下午 10:50	TAB 檔案	1 KB
920315.gif	2003/8/4 上午 12:00	GIF 檔案	5 KB
920314.tab	2003/8/3 上午 10:16	TAB 檔案	1 KB
920314.gif	2003/8/3 下午 11:59	GIF 檔案	5 KB
920313.tab	2003/8/13 下午 10:47	TAB 檔案	1 KB
920313.gif	2003/8/3 下午 11:59	GIF 檔案	2 KB
920312.tab	1999/7/1 上午 08:49	TAB 檔案	1 KB
920312.gif	2003/8/3 下午 10:59	GIF 檔案	2 KB
920311.tab	1999/7/1 上午 09:23	TAB 檔案	1 KB
920311.gif	2003/8/3 下午 11:59	GIF 檔案	2 KB
920310.tab	1999/7/1 上午 09:50	TAB 檔案	1 KB
920310.gif	2003/8/3 下午 11:58	GIF 檔案	2 KB
920309.tab	2003/8/1 下午 04:44	TAB 檔案	2 KB
920309.gif	2003/8/3 下午 11:57	GIF 檔案	6 KB
920308.tab	2003/8/1 下午 04:44	TAB 檔案	2 KB
920308.gif	2003/8/3 下午 11:58	GIF 檔案	1 KB
920307.tab	2003/8/1 下午 04:44	TAB 檔案	2 KB
920307.gif	2003/8/3 下午 11:58	GIF 檔案	2 KB
920306.tab	2003/8/1 下午 04:44	TAB 檔案	1 KB
920306.gif	2003/8/3 下午 11:57	GIF 檔案	2 KB
920305.tab	2003/8/1 下午 04:44	TAB 檔案	2 KB
920305.gif	2003/8/3 下午 11:56	GIF 檔案	2 KB
920304.tab	2003/8/1 下午 04:44	TAB 檔案	1 KB
920304.gif	2003/8/3 下午 11:56	GIF 檔案	2 KB
920303.tab	2018/9/7 下午 08:38	TAB 檔案	2 KB
920303.gif	2003/8/3 下午 11:55	GIF 檔案	2 KB
920302.tab	1999/7/1 下午 01:23	TAB 檔案	2 KB
920302.gif	2003/8/3 下午 11:54	GIF 檔案	4 KB
920301.tab	2003/5/5 下午 02:19	TAB 檔案	1 KB
920301.gif	2003/8/3 下午 11:52	GIF 檔案	6 KB

視窗二：C:\99\趙自強 資料夾（15 個項目）

名稱	修改日期	類型	大小
920308.gif	2003/8/3 下午 11:58	GIF 檔案	1 KB
920305.gif	2003/8/3 下午 11:56	GIF 檔案	2 KB
920307.gif	2003/8/3 下午 11:58	GIF 檔案	2 KB
920313.gif	2003/8/3 下午 11:59	GIF 檔案	2 KB
920304.gif	2003/8/3 下午 11:56	GIF 檔案	2 KB
920310.gif	2003/8/3 下午 11:58	GIF 檔案	2 KB
920311.gif	2003/8/3 下午 11:59	GIF 檔案	2 KB
920306.gif	2003/8/3 下午 11:57	GIF 檔案	2 KB
920303.gif	2003/8/3 下午 11:55	GIF 檔案	2 KB
920312.gif	2003/8/3 下午 10:59	GIF 檔案	2 KB
920302.gif	2003/8/3 下午 11:54	GIF 檔案	4 KB
920315.gif	2003/8/4 上午 12:00	GIF 檔案	5 KB
920314.gif	2003/8/3 下午 11:59	GIF 檔案	5 KB
920309.gif	2003/8/3 下午 11:57	GIF 檔案	6 KB
920301.gif	2003/8/3 下午 11:52	GIF 檔案	6 KB

題組十五

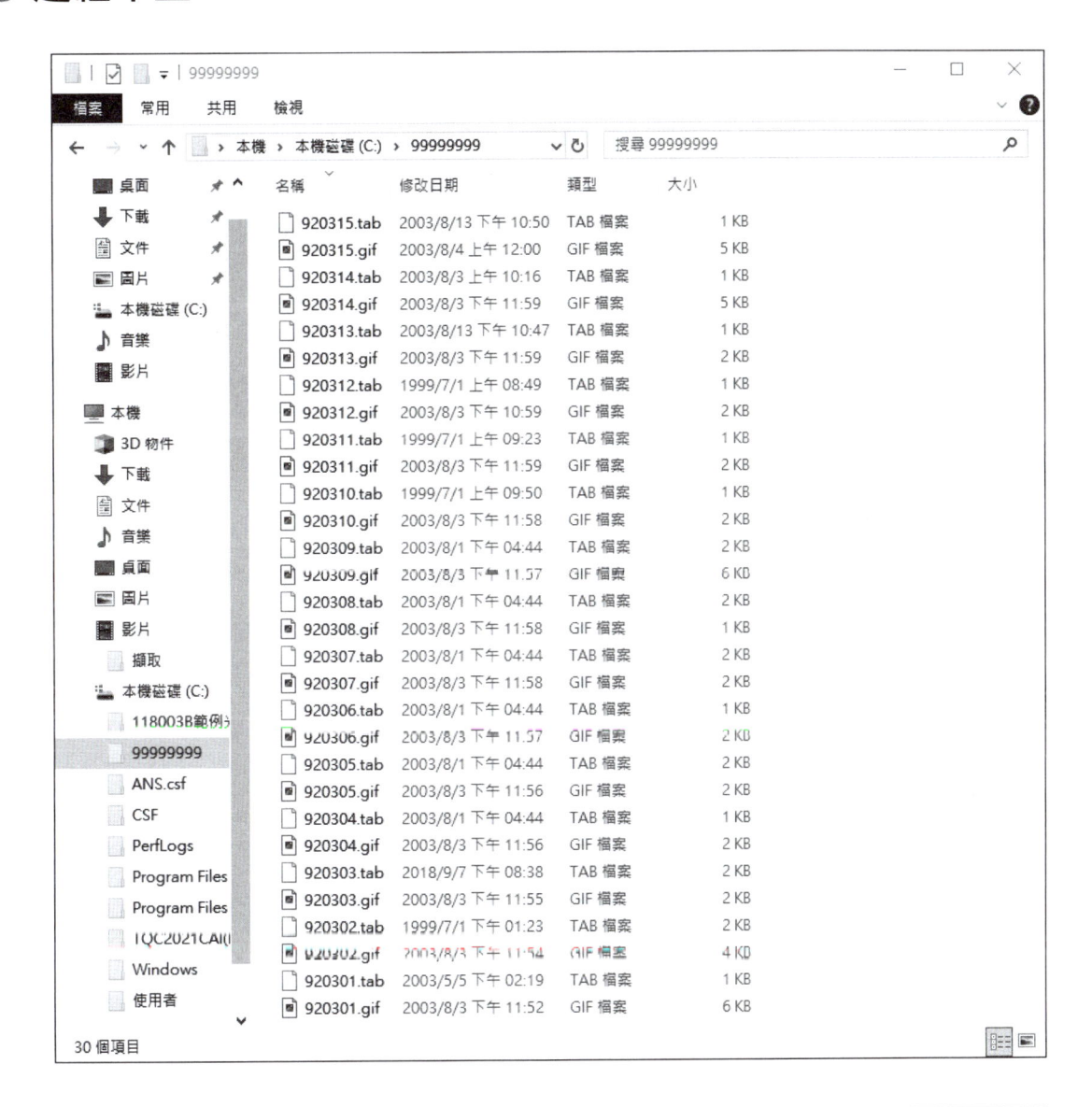

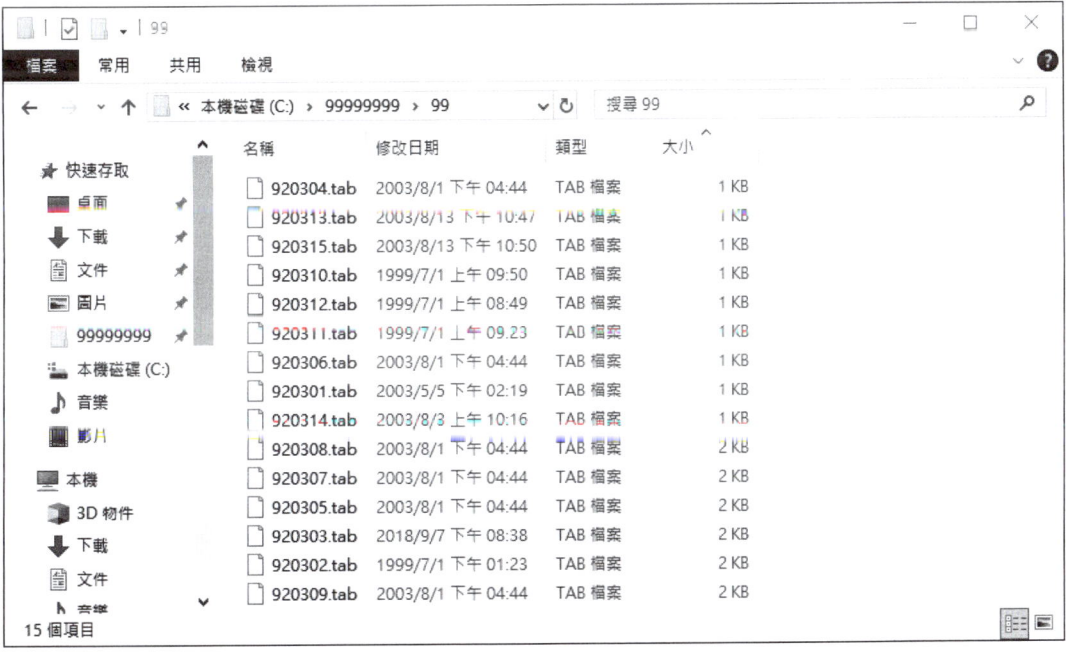

2 目錄製作

- 2-01 考題分析
- 2-02 基礎教學
- 2-03 解題實作
- 2-04 考題與參考答案

2-01 考題分析

本單元目錄製作，【動作要求】一共有九項，除了項目「四、五」，其餘 15 個題組項目之動作要求皆相同，如下圖所示：

---

2. 目錄製作

【動作要求】

- ◎ 本題利用目錄製作檔「920301c.odt」之文件內容編輯「頁碼」與製作「目錄」。

- ● 封面頁製作，「報告文章實務 張三」為單一頁之封面內容，格式保持不變，參照「參考答案」。

- ● 目錄頁之「目錄」及「圖目錄」標題文字置中、字型為「標楷體」、大小設定為 16 點。

- ● 文件頁碼製作，封面頁不加頁碼，目錄及圖目錄之頁碼格式為半形小寫羅馬字(格式為「i, ii, iii…」)，本文內容之頁碼格式則為半形阿拉伯數字(格式為「1, 2, 3…」)；所有「頁碼」位置設定於頁尾靠右，字型設定為「Arial」，字體大小設定為 14 點。

- ● 在每一頁的頁首以靠右方式，輸入「您的座號」及「您的姓名」，中文字型為「標楷體」，英文及數字為「Arial」字型，字體大小則為 14 點。

- ● 在每張圖片加「圖 x」的標號，x 為圖片自動編號，標號之後再加上全形「：」，設定標號字元格式與圖片名稱相同，標號位置及對齊，請參照「參考答案」。

- ● 目錄及圖目錄製作於同一頁，中文字型為「標楷體」，英文及數字字型為「Times New Roman」。目錄第一層標題格式為「壹、」、「貳、」、…等，字體大小設定為 16 點；第二層標題縮排 32 點、格式為「一、」、「二、」、…等，字體大小設定為 14 點，圖目錄格式為「圖 1：」、「圖 2：」、…等，字體大小設定為 12 點。目錄、圖目錄及頁碼，請參照「參考答案」。

- ● 本文內容及相對位置不得增加或刪減、邊界及相對位置不得調整、字型種類或字體大小不得變更。

- ● 文件內容列印設定，採 A4 尺寸報表紙，「每張 2 頁」列印，輸出結果共三張，請參照「參考答案」。

由此得知「目錄製作」唯一差異是在文件的頁首、頁尾內容上；經分析後我們將其分為三類，每一類 5 個相似題目，請看以下分析：

- 第一類

題組	目錄、圖目錄 (頁) 頁碼格式	本文內容 (頁) 頁碼格式	整份文件頁首/頁尾設定 英文字型	位置
1~5	i, ii, iii…	1, 2, 3…	Arial	靠右

A. 15 個題組第一張之頁尾皆無頁碼

B. 題組 1 到題組 5 第二張(目錄、圖目錄頁面)的頁碼格式為「i, ii, iii…」

C. 第三張(本文開始頁面)的頁碼格式為「1, 2, 3…」

D. 整份文件的頁首/尾英文字型為「Arial」，並皆「靠右」對齊

- 第二類

題組	目錄、圖目錄 (頁) 頁碼格式	本文內容 (頁) 頁碼格式	整份文件頁首/頁尾設定 英文字型	位置
6~10	I, II, III…	1, 2, 3…	Times New Roman	置中

A. 15 個題組第一張之頁尾皆無頁碼

B. 題組 6 到題組 10 第二張(目錄、圖目錄頁面)的頁碼格式為「I, II, III…」

C. 第三張(本文開始頁面)的頁碼格式為「1, 2, 3…」

D. 整份文件的頁首/尾英文字型為「Times New Roman」，並皆「置中」對齊

- 第三類

題組	目錄、圖目錄 (頁) 頁碼格式	本文內容 (頁) 頁碼格式	整份文件頁首/頁尾設定 英文字型	位置
11~15	- I -, - II -, - III -…	- 1 -, - 2 -, - 3 -…	Times New Roman	靠左

A. 15 個題組第一張之頁尾皆無頁碼

B. 題組 11 到題組 15 第二張(目錄、圖目錄頁面)的頁碼格式為「- I -, - II -, - III -…」

C. 第三張(本文開始頁面)的頁碼格式為「- 1 -, - 2 -, - 3 -…」

D. 整份文件的頁首/尾英文字型為「Times New Roman」，並皆「靠左」對齊

備註：遇到第三類「-x-」格式的頁碼，頁碼格式請一樣選「1, 2, 3…」，然後自己手動加上前後的橫線，這樣後續的頁碼編號上比較不會遇到問題。

2-02 基礎教學

▶ 1. 設定大綱階層(目錄階層)

選取各章節標題文字

- 利用「選取格式設定類似的所有文字」功能可以快速選取各章節標題

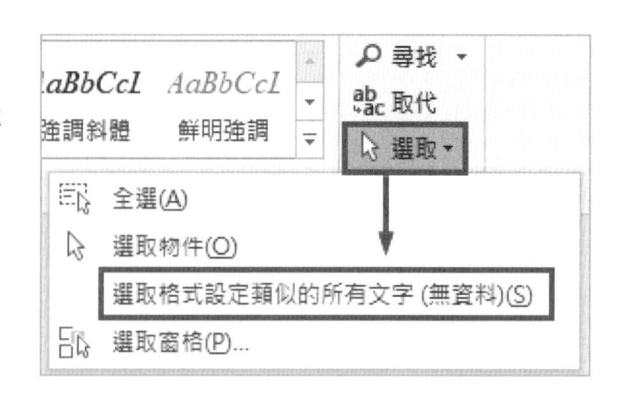

解說 由於考題所提供的文件內容中，各章節內容都有獨特的格式設定，因此可以使用「選取」功能，做一次性快速選取。

設定大綱階層

- 文件內容「壹、…，貳、…」標題段落皆設大綱「階層 1」
  內容「一、…，二、…」標題段落皆設大綱「階層 2」

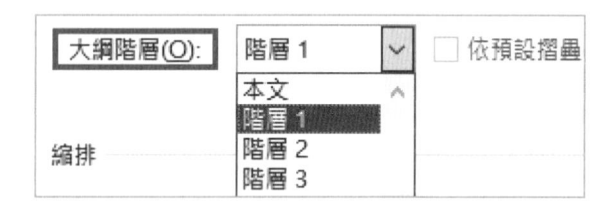

▶ 2. 插入圖片標號

新增標籤

- Word 預設安裝，插入標號中的標籤是沒有題目要求的「圖」標籤，請考生自行新增

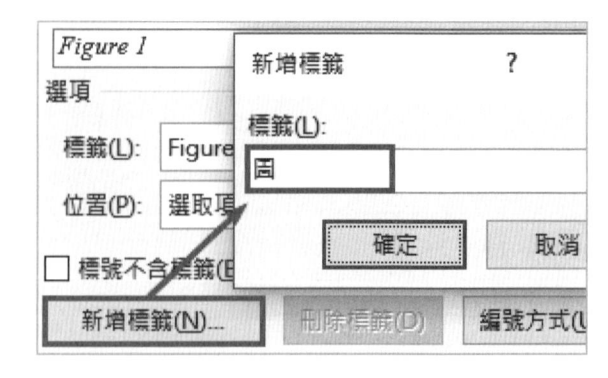

▶ 3. 複製格式

- 標號的格式題目有要求要與圖名稱相同(即圖片下方敘述文字)相同，利用「複製格式」刷子刷過即可

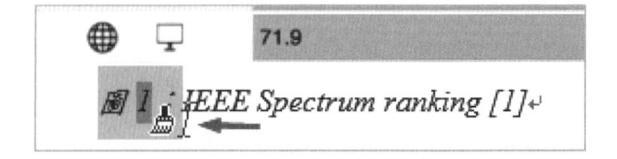

▶ 4. 更新功能變數

圖標號更新

- 文件中有二個圖標號要作,第二個圖標號我們會需要用到「更新功能變數」選項(詳細說明見後面解題實作對應內容)

目錄及圖目錄更新

- 若目錄及圖目錄頁碼有誤時,修正後需要「更新功能變數」作更新的動作

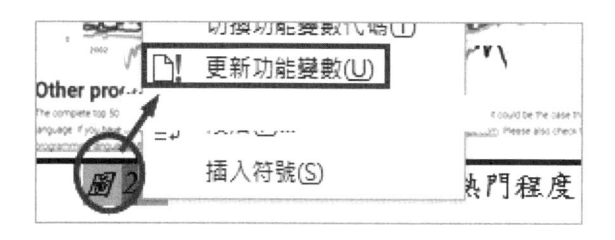

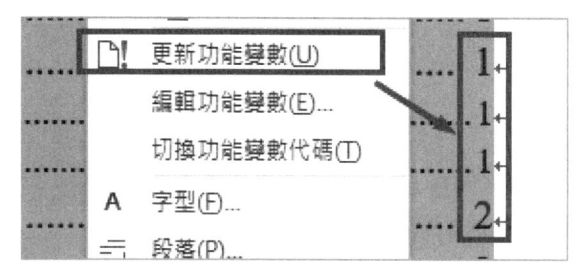

▶ 5. 分節符號

- 因為整份文件頁碼格式並非完全相同,因此必須依題目需求用「分節符號」來為各不同頁碼之頁面作區隔

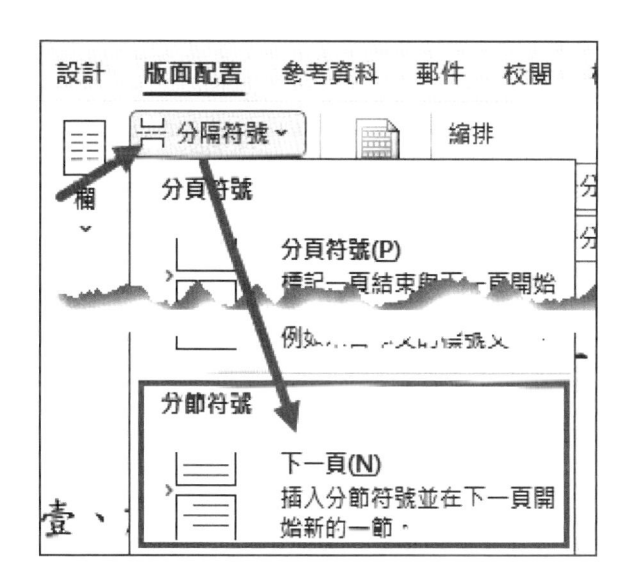

▶ 6. 連結到前一節

- 同前,整份文件頁碼格式有所不同,因此需取消「連結到前一節」按鈕來為不同頁碼之頁面作區隔

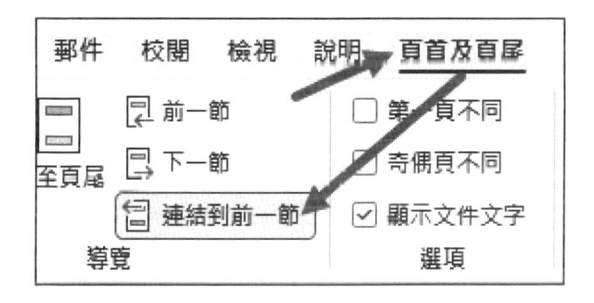

7. 頁碼格式

- 文件目錄頁面及本文頁面的「數字格式」及「起始頁碼」皆不同，需做修改

8. 目錄

- 15 個題組的目錄皆用預設值，也就是點選「目錄→自訂目錄」後，直接按下「確定」鈕即可，無須在圖表目錄設定視窗中作任何變動

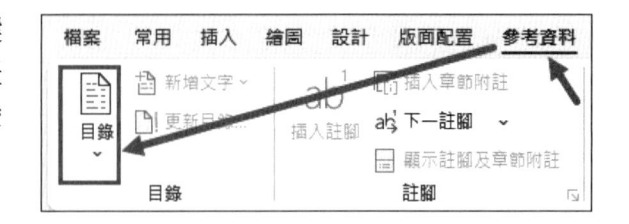

9. 圖目錄

- 15 個題組的圖目錄皆用預設值，也就是點選「插入圖表目錄」後，直接按下「確定」鈕即可，無須在圖表目錄設定視窗中作任何變動

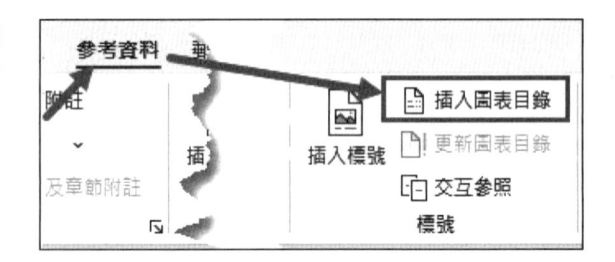

10. 字型設定

- 15 個題組的目錄：
  第一階層文字大小 16 點
  第二階層文字大小 14 點
  圖目錄字型大小為 12 點

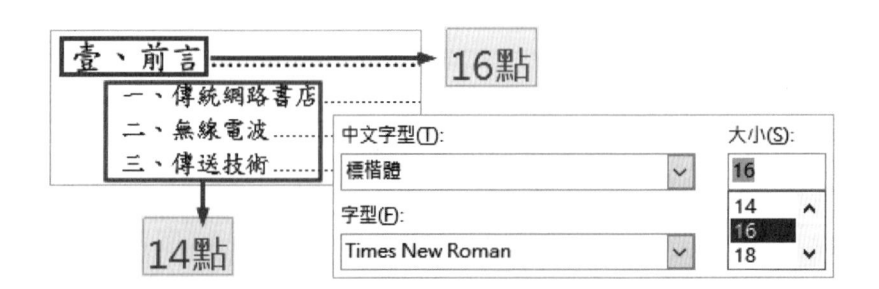

▶ 11. 段落設定

- 15 個題組：
  題目要求目錄第二層標題縮排 32 點

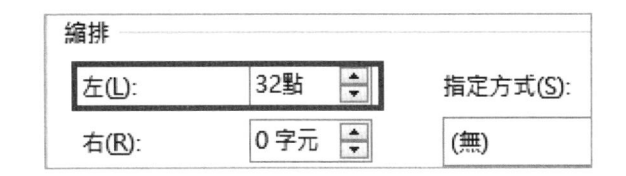

▶ 12. 存檔格式設定

考場提供的作題檔案格式為「.odt」檔，建議考生存檔時存成 Word 檔，也就是副檔名為「.docx」檔案格式。原因是存成「.odt」檔，若檔案關掉重開時，圖目錄格式會跑掉，跟原先做的差很大，因此建議存成 Word 的「.docx」檔案格式就不會有此問題。

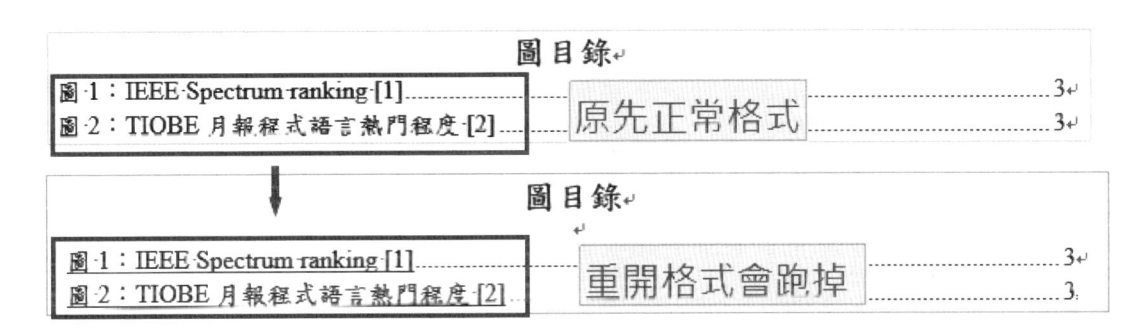

2-03 解題實作

▶ 實作步驟說明

- 所有題目實作步驟中，我們所使用的考生資料如下：
  姓名：林文恭　　座號：99

- 本單元會產生答案檔案，命名規則如下：
  題號 + "-2"，以題組 01 為例：01-2.docx
  題目只要求列印結果，命名規則為作者個人建議！

▶ 解題流程

A. 標題文字：檔案命名→輸入「目錄」及「圖目錄」標題文字

B. 大綱階層：選取標題文字→設定大綱階層 1 及大綱階層 2

C. 圖片標號：插入標號→設定標號格式

D. 建立目錄頁面：在對應位置分別插入分節符號

E. 頁首/頁尾：插入頁碼→設定頁碼字型及對齊位置→刪除第一張(封面頁)頁碼→設定目錄頁及本文內容頁之頁碼格式→輸入頁首文字→設定頁首字型及對齊位置

F. 建立目錄及圖目錄：插入目錄及圖目錄→目錄及圖目錄字型、段落設定

▶ 解題題目說明

由前一節「解題分析」中瞭解到「目錄製作」15 個題組之間的差異，並主要歸納成 3 類，依序第一類(1~5)、第二類(6~10)、第三類(11~15)。

雖然 15 個題組本文內容有些是單欄，有些是分成二欄，但完全不影響解題方式。因此本單元我們針對一、二、三類，分別選擇題組 1、題組 6、題組 11 作解題說明。

▶ 題組一 (類型一)

A. 標題文字

1. 開啟空白文件，命名為：01-2
2. 將插入點置於「張三」文字之後
   連按 2 下 Enter 鍵
   輸入文字內容如右圖：

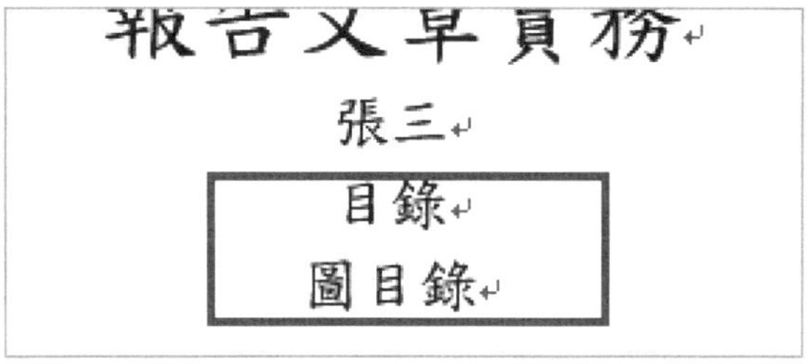

B. 大綱階層

1. 選取文字「壹、前言」
   常用\選取→「選取格式設定類似…」
2. 常用\段落設定→縮排與行距
   大網階層：階層 1
3. 選取文字「一、傳統網路書店」
   常用\選取→「選取格式設定類似…」
4. 常用\段落設定→縮排與行距
   大網階層：階層 2

C. 圖片標號

1. 選取文件末頁的第一個圖片
   參考資料\插入標號 →新增標籤
   標籤：「圖」
   按確定鈕

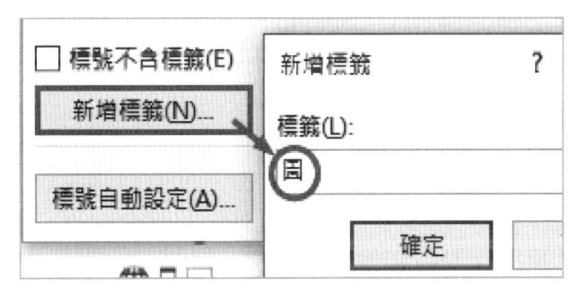

2. 標號欄位：輸入「：」(全形冒號)
   按確定鈕

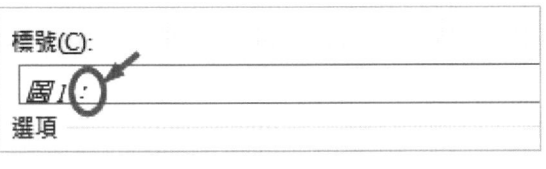

3. 插入點置於標號冒號後方
   按「Delete」鍵

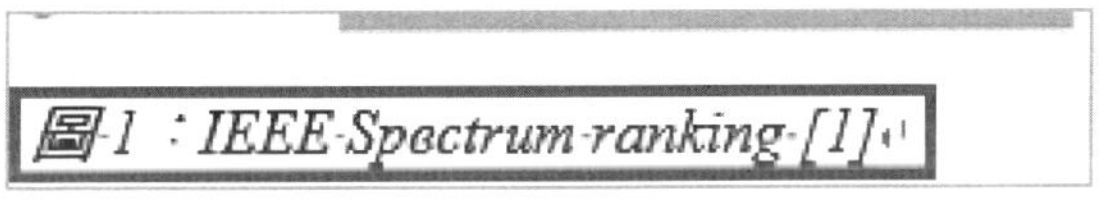

   選取圖片名稱部份內容(除文字「圖 1：」外)
   點選 常用→複製格式
   刷子刷過文字：「圖 1：」
   取消整行文字的斜體

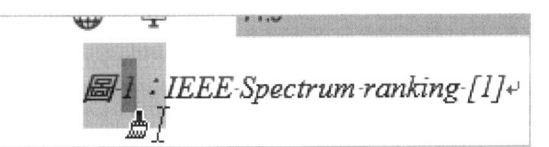

> **解說** 題目要求「標號字元格式與圖片名稱相同」，因此這裡利用複製格式刷子的作法以快速達到題目要求。

4. 複製圖標號文字「圖 1：」貼至第二張圖下方文字之前
   選取文字「圖 1：」
   按滑鼠右鍵→更新功能變數
   取消文字「圖 2：」的斜體

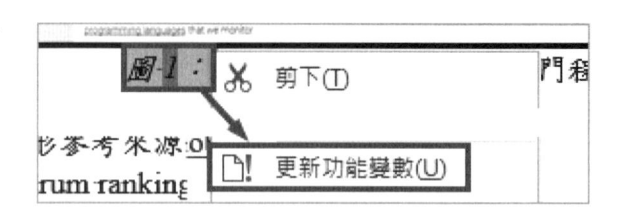

> **解說** 參考答案第二張圖片與文字間距離是很靠近的，若用點選圖片插入標號方式，圖片名稱文字與圖片之間距離會有所變動，因此這裡我們用複製第一個標號並貼上的方式來達到與參考答案一模一樣。

D. 建立目錄頁面

1. 插入點置於最上方文字「目錄」之前
   版面配置\分隔符號\分節符號→下一頁
2. 插入點置於本文內容文字「壹、前言」之前
   版面配置\分隔符號\分節符號→下一頁

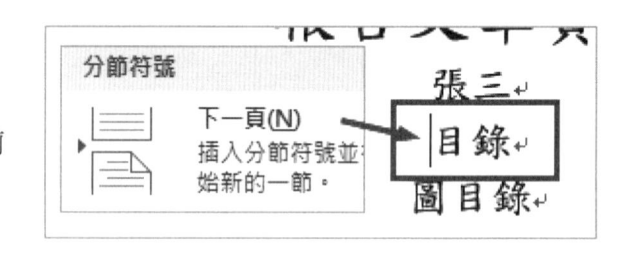

E. 頁尾/頁首

1. 插入點在任一頁面上皆可，插入\頁碼\頁面底端→純數字 1

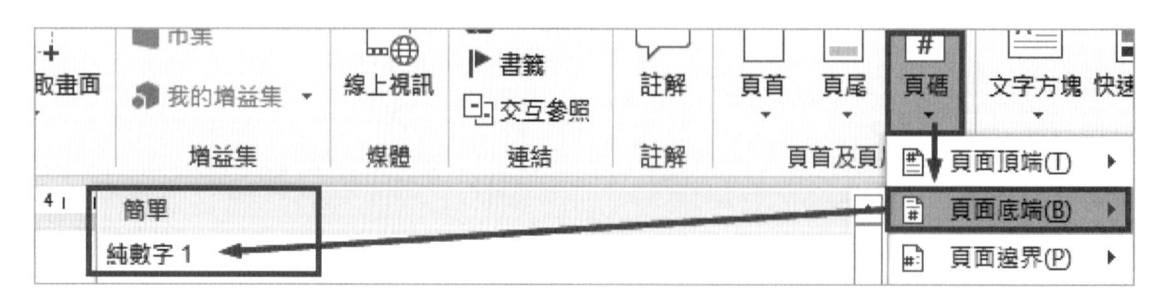

2. 選取頁碼
   設定字型：Arial、14 點
   對齊：靠右對齊

2-10

3. 插入點置於文件第二頁頁尾，取消「連結到前一節」選項設定

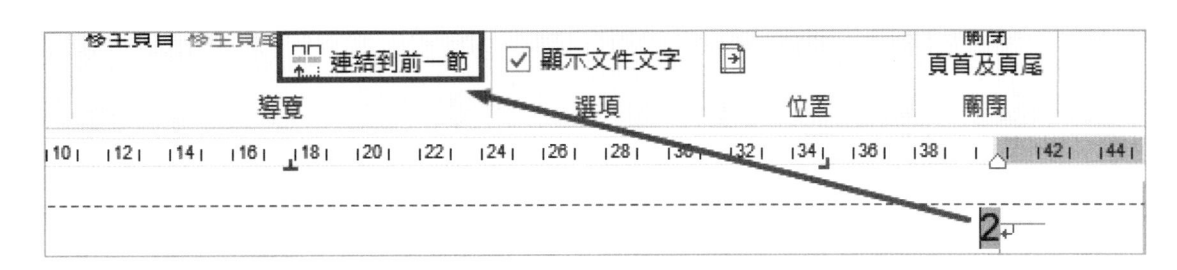

4. 選取第一頁(封面頁)頁尾之頁碼→按「Delete」鍵刪除

5. 選取第二頁(目錄頁)頁尾之頁碼
   按滑鼠右鍵→頁碼格式

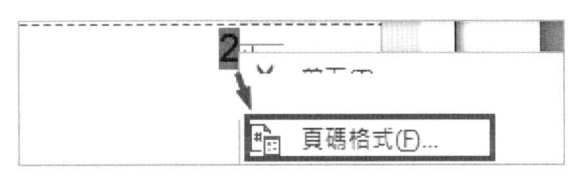

   數字格式：i, ii, iii, ...
   起始頁碼：i
   按確定鈕

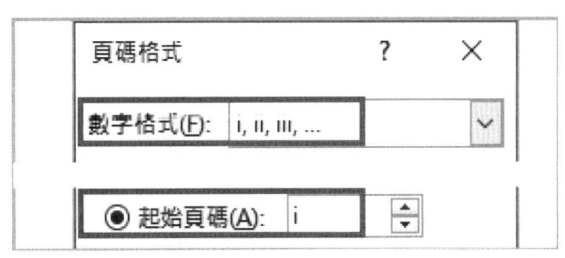

6. 選取本文內容之頁碼
   按滑鼠右鍵→頁碼格式

   數字格式：1, 2, 3, ...
   起始頁碼：1

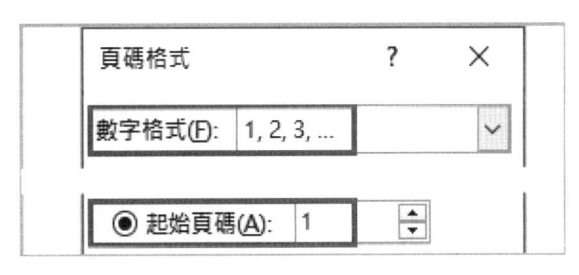

7. 插入點置於任一頁面之頁首編輯區內
   輸入文字：99 林文恭
   設定字體：
   中文字型：標楷體
   英文字型：Arial
   大小：14 點
   對齊：靠右對齊

F. 建立目錄及圖目錄

1. 插入點置於目錄頁文字「目錄」之後
   參考資料\目錄→自訂目錄
   不做任何設定(使用預設值)
   按確定鈕

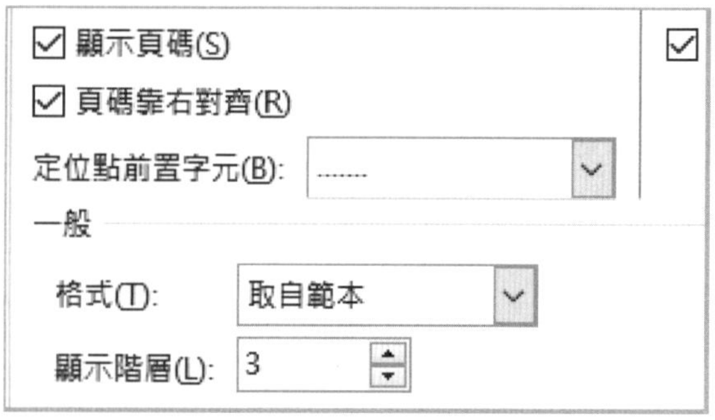

2. 選取目錄段落文字「壹、前言....」
   設定字體
   中文字型：標楷體
   英文字型：Times New Roman
   大小：16 點

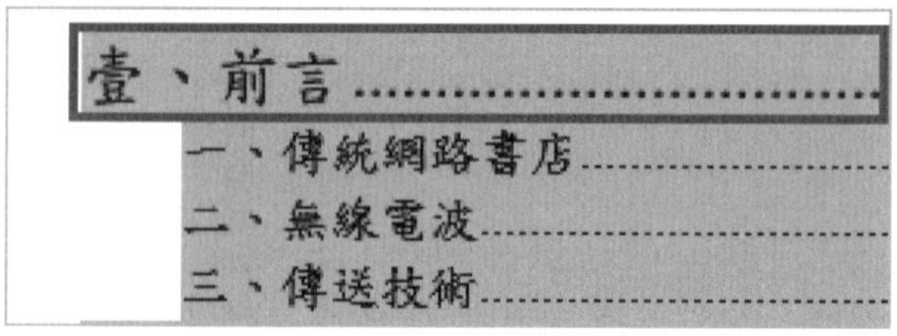

3. 選取目錄段落文字「一、傳統網路書店....」
   設定字體
   中文字型：標楷體
   英文字型：Times New Roman
   大小：14 點
   段落設定→縮排
   左：32 點

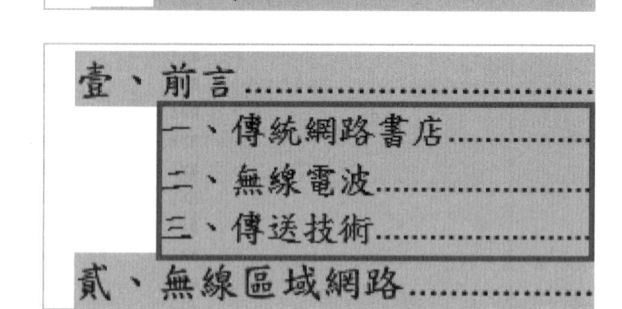

   目錄完成部份參考圖如下：

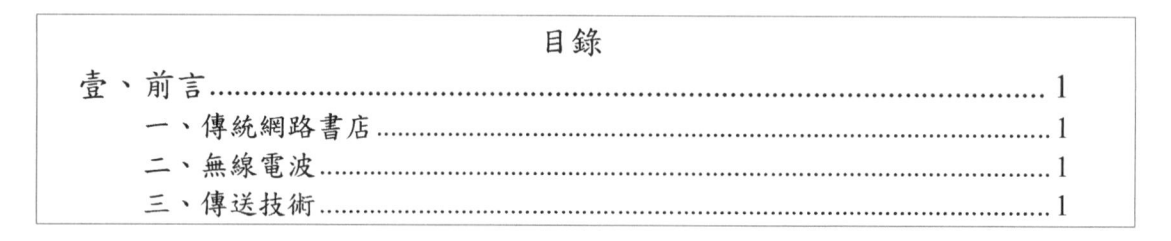

   解說 目錄的格式設定，我們只需選擇其中一段落內容做設定，其他相同階層段落格式也會同時作變動。

4. 插入點置於文字「圖目錄」之後
   參考資料→插入圖表目錄
   不做任何設定(使用預設值)，但若標題標籤顯示「無」，則自行選擇「圖」
   按確定鈕

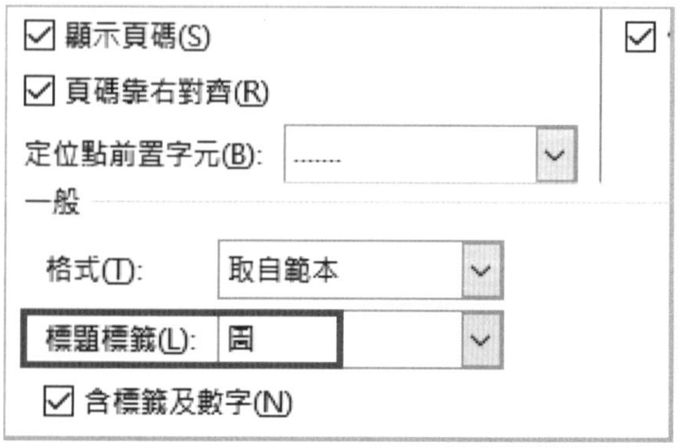

5. 選取圖目錄標題下方「圖1：...」及「圖2：...」
   兩段落文字
   設定字體
   中文字型：標楷體
   英文字型：Times New Roman
   大小：12點
   段落設定→縮排
   左：0點

   圖目錄完成部份參考圖如下：

   解說 選取「圖1：...」及「圖2：...」兩段落文字時，請由下往上拖曳選取，才不會選到圖目錄標題的段落符號而造成左縮0無法作用。

題組六（類型二）

A. 標題文字

1. 開啟空白文件，命名為：06-2
2. 將插入點置於「張三」文字之後
   連按 2 下 Enter 鍵
   輸入文字內容如右圖：

B. 大綱階層

1. 選取文字「壹、前言」
   常用\選取→「選取格式設定類似...」
2. 常用\段落設定→縮排與行距
   大網階層：階層 1
3. 選取文字「一、傳統網路書店」
   常用\選取→「選取格式設定類似...」
4. 常用\段落設定→縮排與行距
   大網階層：階層 2

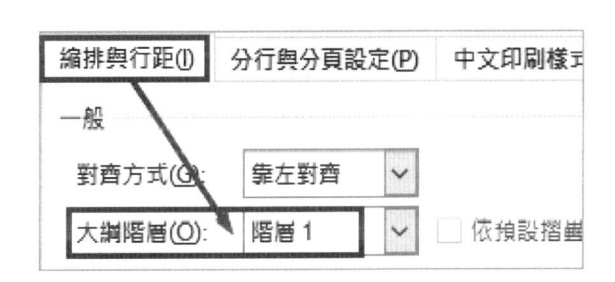

2-13

C. 圖片標號

1. 選取文件末頁的第一個圖片
   參考資料\插入標號→新增標籤
   標籤:「圖」
   按確定鈕

2. 標號欄位:輸入「：」(全形冒號)
   按確定鈕

3. 插入點置於標號冒號後方
   按「Delete」鍵

   選取圖片名稱部份內容(除文字「圖 1：」外)
   點選 常用→複製格式
   刷子刷過文字:「圖 1：」
   取消整行文字的斜體

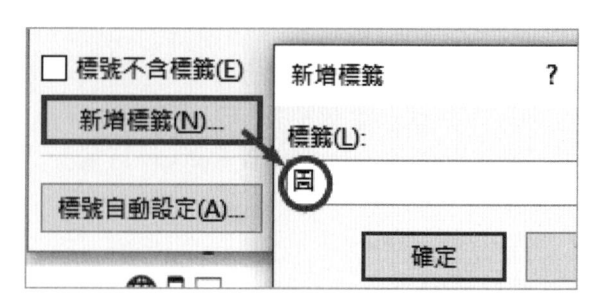

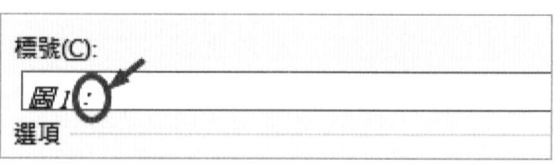

   > **解說** 題目要求「標號字元格式與圖片名稱相同」，因此這裡利用複製格式刷子的作法以快速達到題目要求。

4. 複製圖標號文字「圖 1：」貼至第二張圖下方文字之前
   選取文字「圖 1：」
   按滑鼠右鍵→更新功能變數
   取消文字「圖 2：」的斜體

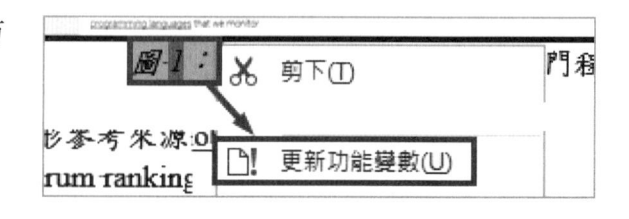

   > **解說** 參考答案第二張圖片與文字間距離是很靠近的，若用點選圖片插入標號方式，圖片名稱文字與圖片之間距離會有所變動，因此這裡我們用複製第一個標號並貼上的方式來達到與參考答案一模一樣。

D. 建立目錄頁面

1. 插入點置於最上方文字「目錄」之前
   版面配置\分隔符號\分節符號→下一頁
2. 插入點置於本文內容文字「壹、前言」之前
   版面配置\分隔符號\分節符號→下一頁

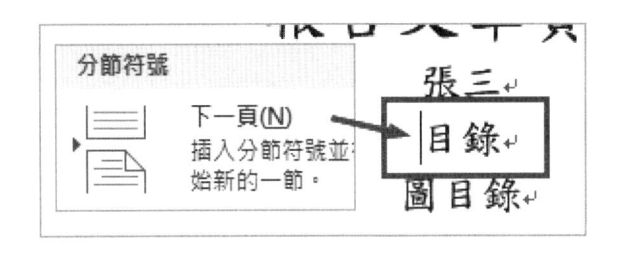

E. 頁尾/頁首

1. 插入點在任一頁面上皆可，插入\頁碼\
   頁面底端→純數字 1

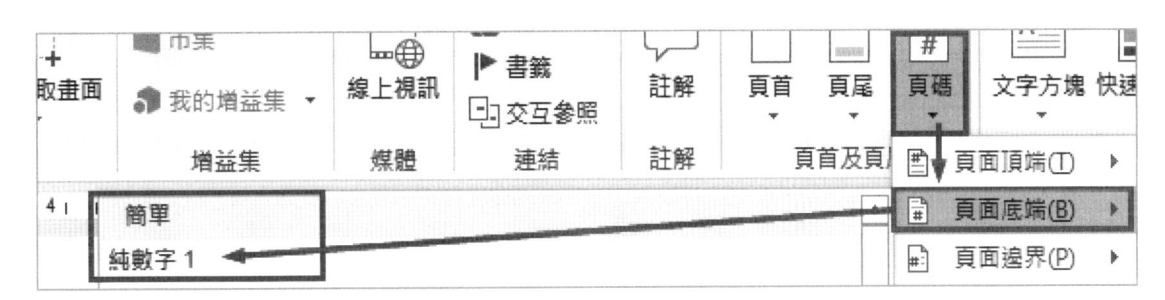

2. 選取頁碼
   設定字型：Times New Roman、14 點
   對齊：置中對齊

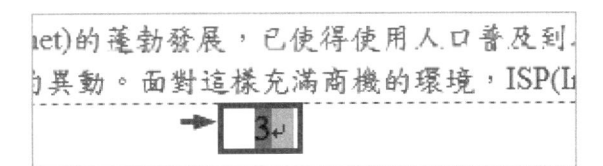

3. 插入點置於文件第二頁頁尾，取消「連結到前一節」選項設定

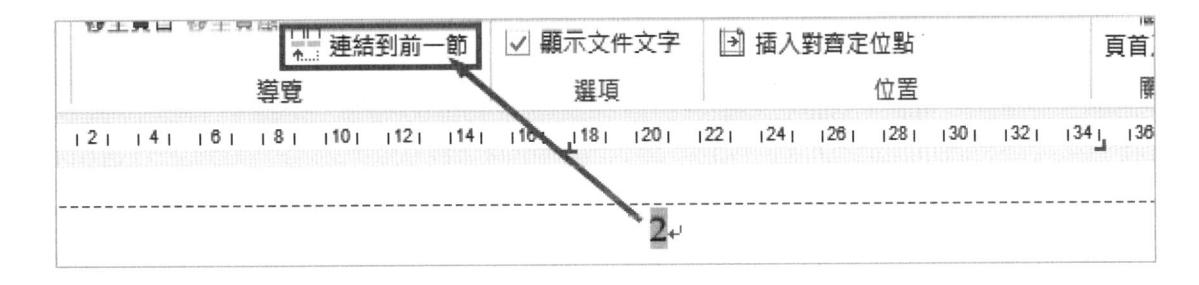

4. 選取第一頁(封面頁)頁尾之頁碼→按「Delete」鍵刪除

5. 選取第二頁(目錄頁)頁尾之頁碼
   按滑鼠右鍵→頁碼格式

   數字格式：I, II, III...
   起始頁碼：I
   按確定鈕

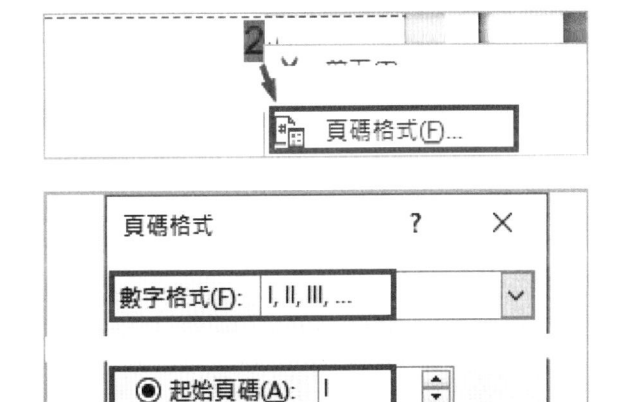

2-15

6. 選取本文內容之頁碼
   按滑鼠右鍵→頁碼格式

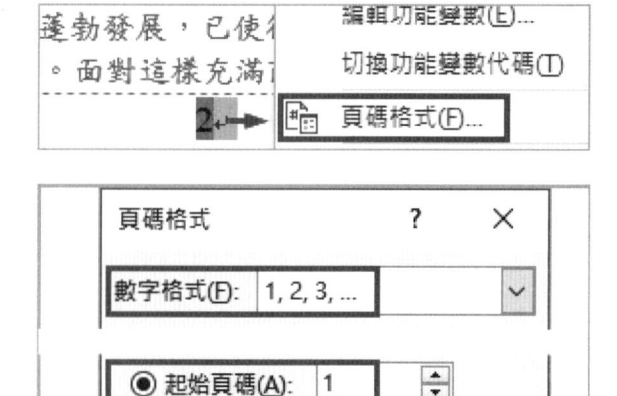

   數字格式：1, 2, 3, ...
   起始頁碼：1

7. 插入點置於任一頁面之頁首編輯區內
   輸入文字：99 林文恭
   設定字體：
   中文字型：標楷體
   英文字型：Times New Roman
   大小：14 點
   對齊：置中對齊

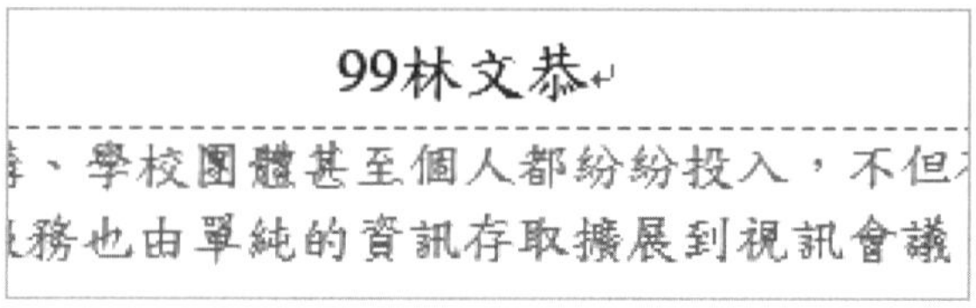

F. 建立目錄及圖目錄

1. 插入點置於目錄頁文字「目錄」之後
   參考資料\目錄→自訂目錄
   不做任何設定(使用預設值)
   按確定鈕

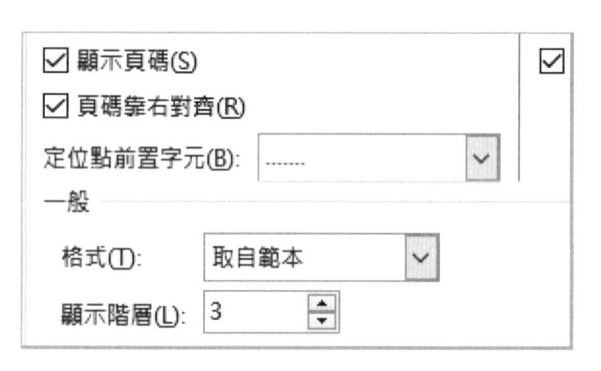

2. 選取目錄段落文字「壹、前言....」
   設定字體
   中文字型：標楷體
   英文字型：Times New Roman
   大小：16 點

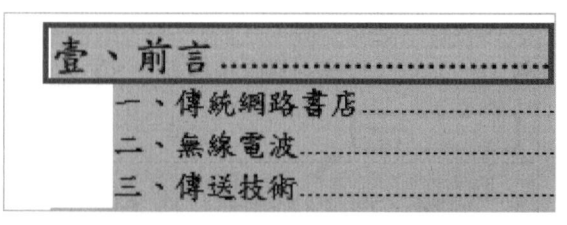

3. 選取目錄段落文字「一、傳統網路書店....」
   設定字體
   中文字型：標楷體
   英文字型：Times New Roman
   大小：14 點
   段落設定→縮排
   左：32 點

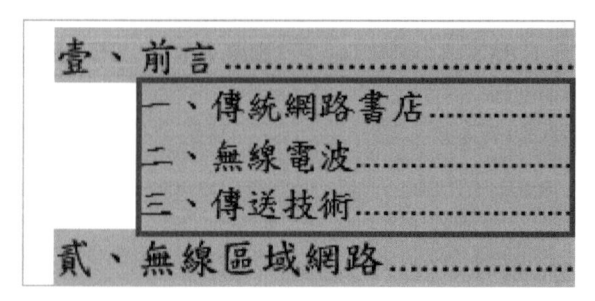

目錄完成部份參考圖如下：

目錄
壹、前言 1
一、傳統網路書店 1
二、無線電波 1
三、傳送技術 1

解說 目錄的格式設定，我們只需選擇其中一段落內容做設定，其他相同階層段落格式也會同時作變動。

4. 插入點置於文字「圖目錄」之後
   參考資料→插入圖表目錄
   不做任何設定(使用預設值)，但若標題標籤顯示「無」，則自行選擇「圖」
   按確定鈕

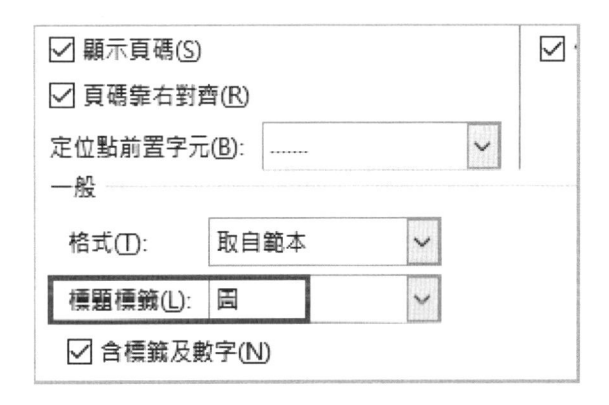

5. 選取圖目錄標題下方「圖1：...」及「圖2：...」兩段落文字
   設定字體
   中文字型：標楷體
   英文字型：Times New Roman
   大小：12點
   段落設定→縮排
   左：0點

圖目錄完成部份參考圖如下：

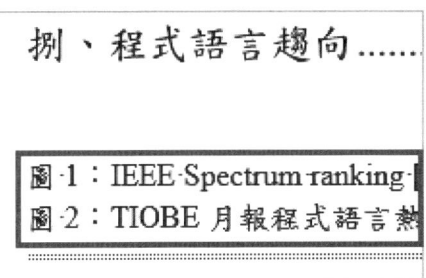

捌、程式語言趨向 2
圖目錄
圖 1：IEEE Spectrum ranking [1] 3
圖 2：TIOBE 月報程式語言熱門程度 [2] 3
分節符號 (下一頁)

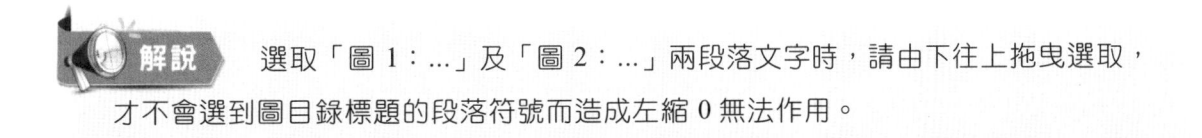

解說 選取「圖1：...」及「圖2：...」兩段落文字時，請由下往上拖曳選取，才不會選到圖目錄標題的段落符號而造成左縮0無法作用。

2-17

▶ 題組十一 (類型三)

A. 標題文字

1. 開啟空白文件，命名為：11-2
2. 將插入點置於「張三」文字之後
   連按 2 下 Enter 鍵
   輸入文字內容如右圖：

B. 大綱階層

1. 選取文字「壹、前言」
   常用\選取→「選取格式設定類似...」
2. 常用\段落設定→縮排與行距
   大網階層：階層 1
3. 選取文字「一、傳統網路書店」
   常用\選取→「選取格式設定類似...」
4. 常用\段落設定→縮排與行距
   大網階層：階層 2

C. 圖片標號

1. 選取文件末頁的第一個圖片
   參考資料\插入標號→新增標籤
   標籤：「圖」
   按確定鈕

2. 標號欄位：輸入「：」(全形冒號)
   按確定鈕

3. 插入點置於標號冒號後方
   按「Delete」鍵

   選取圖片名稱部份內容(除文字「圖 1：」外)
   點選 常用→複製格式
   刷子刷過文字：「圖 1：」
   取消整行文字的斜體

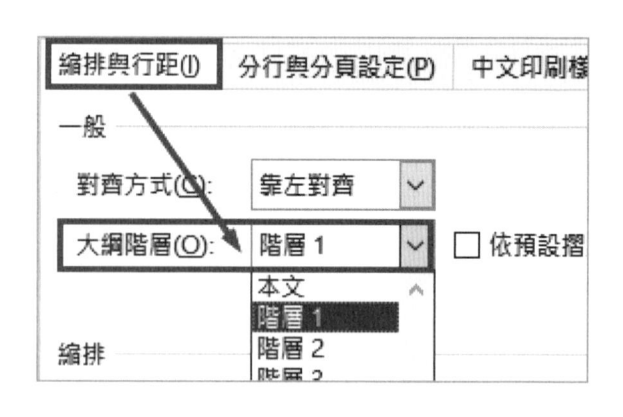

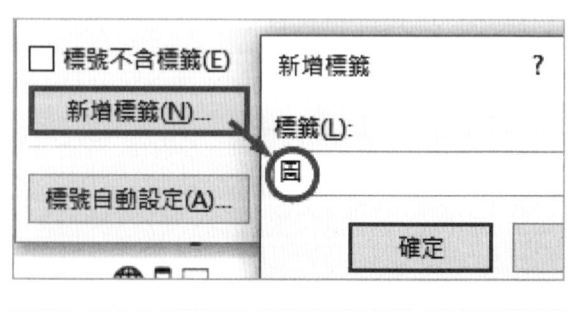

2-18

解說 題目要求「標號字元格式與圖片名稱相同」，因此這裡利用複製格式刷子的作法以快速達到題目要求。

4. 複製圖標號文字「圖 1：」貼至第二張圖下方文字之前
   選取文字「圖 1：」
   按滑鼠右鍵→更新功能變數
   取消文字「圖 2：」的斜體

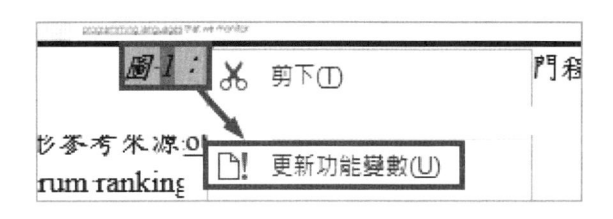

解說 參考答案第二張圖片與文字間距離是很靠近的，若用點選圖片插入標號方式，圖片名稱文字與圖片之間距離會有所變動，因此這裡我們用複製第一個標號並貼上的方式來達到與參考答案一模一樣。

D. 建立目錄頁面

1. 插入點置於最上方文字「目錄」之前
   版面配置\分隔符號\分節符號→下一頁
2. 插入點置於本文內容文字「壹、前言」之前
   版面配置\分隔符號\分節符號→下一頁

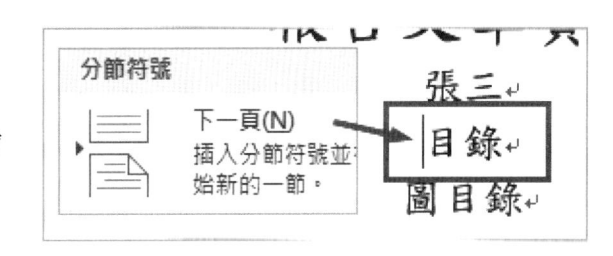

E. 頁尾/頁首

1. 插入點在任一頁面上皆可，插入\頁碼\頁面底端→純數字 1

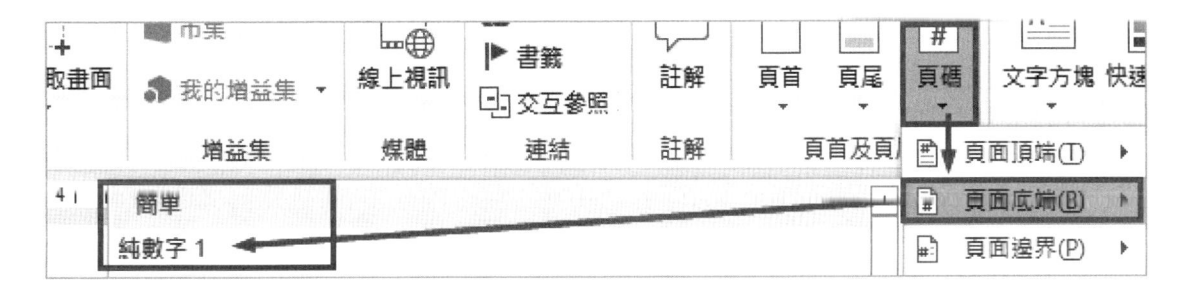

2. 選取頁碼
   設定字型：Times New Roman、14 點
   對齊：靠左對齊

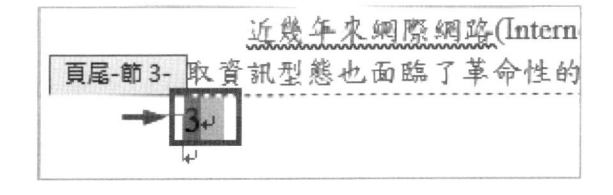

3. 插入點置於文件第二頁頁尾，取消「連結到前一節」選項設定

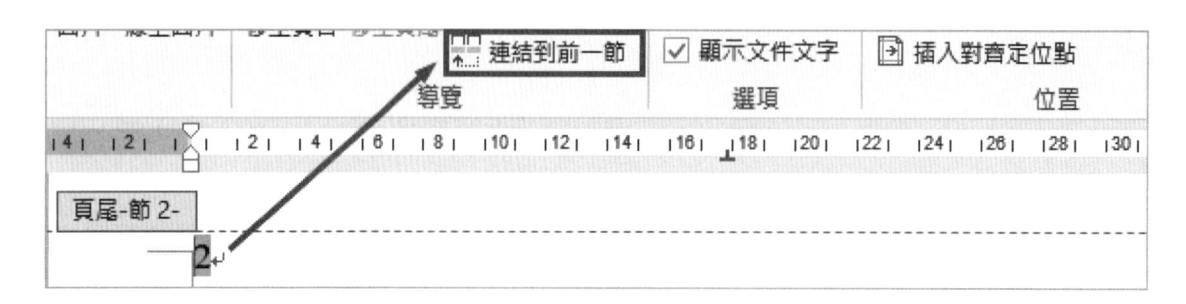

4. 選取第一頁(封面頁)頁尾之頁碼→按「Delete」鍵刪除

5. 選取第二頁(目錄頁)頁尾之頁碼
   按滑鼠右鍵→頁碼格式

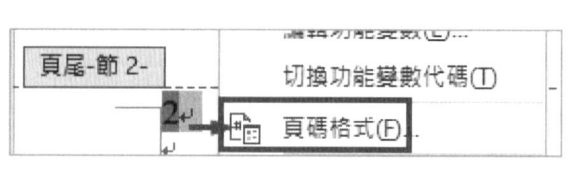

   數字格式：I, II, III...
   起始頁碼：I
   按確定鈕

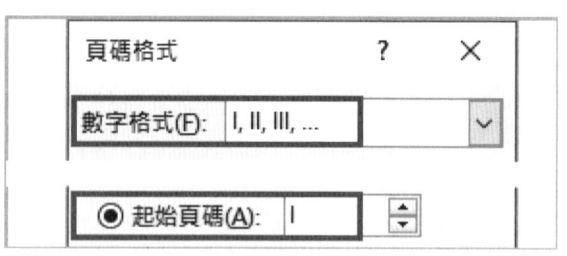

   「I」的左右輸入半形空白及減號
   選取「- I -」
   設定英文字型：Times New Roman

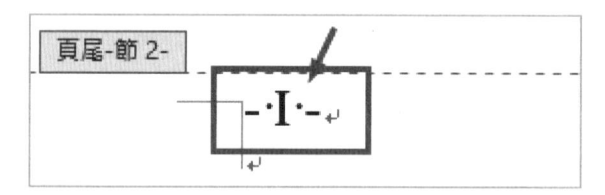

   解說 由於輸入半形空白及減號的字型會變成新細明體，因此這裡我們需選取「- I -」並重設英文字型。

6. 選取本文內容之頁碼
   按滑鼠右鍵→頁碼格式

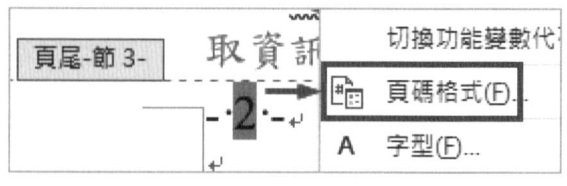

   數字格式：1, 2, 3, ...
   起始頁碼：1

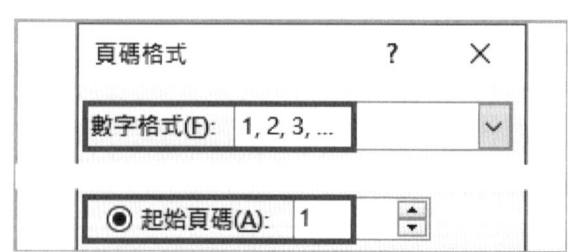

> **解說** 第三類型(題組 11~15)頁碼格式,我們不使用系統提供的格式而是自己手動輸入半形空白及減號來簡化作題流程。

7. 插入點置於任一頁面之頁首編輯區內
   輸入文字:99 林文恭
   設定字體:
   中文字型:標楷體
   英文字型:Times New Roman
   大小:14 點
   對齊:靠左對齊

F. 建立目錄及圖目錄

1. 插入點置於目錄頁文字「目錄」之後
   參考資料\目錄→自訂目錄
   不做任何設定(使用預設值)
   按確定鈕

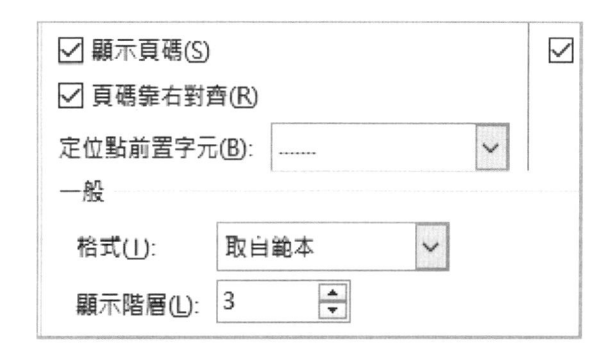

2. 選取目錄段落文字「壹、前言....」
   設定字體
   中文字型:標楷體
   英文字型:Times New Roman
   大小:16 點

3. 選取目錄段落文字「一、傳統網路書店....」
   設定字體
   中文字型:標楷體
   英文字型:Times New Roman
   大小:14 點
   段落設定→縮排
   左:32 點

目錄完成部份參考圖如下:

目錄
壹、前言... 1
一、傳統網路書店.. 1
二、無線電波.. 1
三、傳送技術.. 1

> **解說** 目錄的格式設定，我們只需選擇其中一段落內容做設定，其他相同階層段落格式也會同時作變動。

4. 插入點置於文字「圖目錄」之後
   參考資料→插入圖表目錄
   不做任何設定(使用預設值)，但若標題標籤顯示「無」，則自行選擇「圖」
   按確定鈕

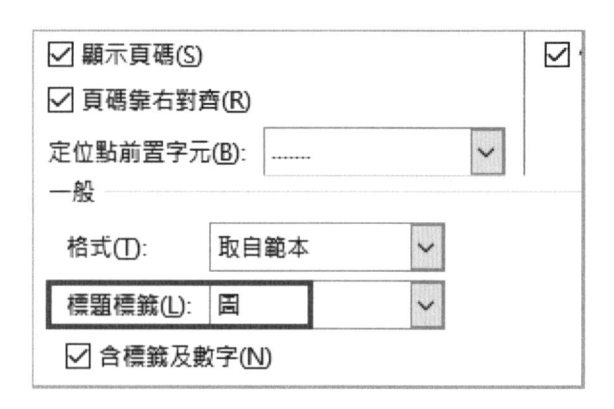

5. 選取圖目錄標題下方「圖 1：...」及「圖 2：...」兩段落文字
   設定字體
   中文字型：標楷體
   英文字型：Times New Roman
   大小：12 點
   段落設定→縮排
   左：0 點

   圖目錄完成部份參考圖如下：

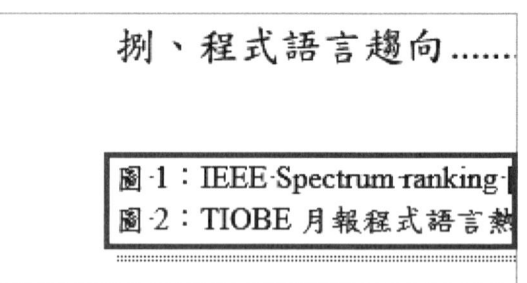

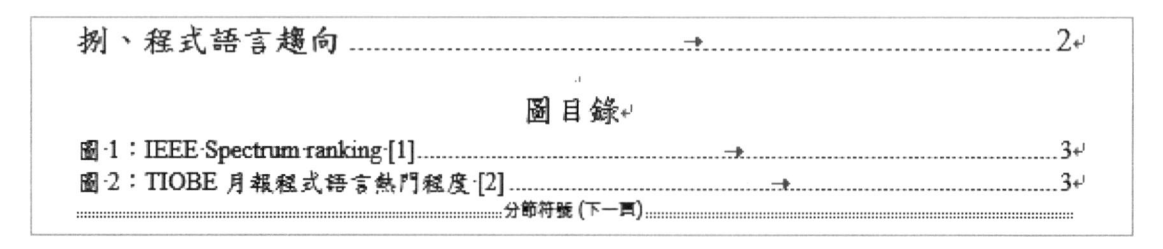

> **解說** 選取「圖 1：...」及「圖 2：...」兩段落文字時，請由下往上拖曳選取，才不會選到圖目錄標題的段落符號而造成左縮 0 無法作用。

2-04 考題與參考答案

題組一

◎ 本題利用目錄製作檔「920301c.odt」之文件內容編輯「頁碼」與製作「目錄」。

● 封面頁製作,「報告文章實務 張三」為單一頁之封面內容,格式保持不變,參照「參考答案」。

● 目錄頁之「目錄」及「圖目錄」標題文字置中、字型為「標楷體」、大小設定為 16 點。

● 文件頁碼製作,封面頁不加頁碼,目錄及圖目錄之頁碼格式為半形小寫羅馬字(格式為「i, ii, iii…」),本文內容之頁碼格式則為半形阿拉伯數字(格式為「1, 2, 3…」);所有「頁碼」位置設定於頁尾靠右,字型設定為「Arial」,字體大小設定為 14 點。

● 在每一頁的頁首以靠右方式,輸入「您的座號」及「您的姓名」,中文字型為「標楷體」,英文及數字為「Arial」字型,字體大小則為 14 點。

● 在每張圖片加「圖 x」的標號,x 為圖片自動編號,標號之後再加上全形「:」,設定標號字元格式與圖片名稱相同,標號位置及對齊,請參照「參考答案」。

● 目錄及圖目錄製作於同一頁,中文字型為「標楷體」,英文及數字字型為「Times New Roman」。目錄第一層標題格式為「壹、」、「貳、」、…等,字體大小設定為 16 點;第二層標題縮排 32 點、格式為「一、」、「二、」、…等,字體大小設定為 14 點,圖目錄格式為「圖 1:」、「圖 2:」、…等,字體大小設定為 12 點。目錄、圖目錄及頁碼,請參照「參考答案」。

● 本文內容及相對位置不得增加或刪減、邊界及相對位置不得調整、字型種類或字體大小不得變更。

● 文件內容列印設定,採 A4 尺寸報表紙,「每張 2 頁」列印,輸出結果共三張,請參照「參考答案」。

目錄

壹、前言 1
　一、傳統網路書店 1
　二、無線電波 1
　三、傳送技術 1
貳、無線區域網路 1
參、電子商務 1
　一、電子商務因素 1
　二、寬頻服務 2
肆、防火牆 2
伍、瀏覽器安全 2
陸、電視數據機 2
柒、電信服務 2
捌、程式語言趨向 2

圖目錄

圖 1：IEEE Spectrum ranking [1] 3
圖 2：TIOBE 月報程式語言熱門程度 [2] 3

壹、前言

近年來資訊硬體產品生命週期越來越短，產品價格亦不斷滑落，銷售毛利日趨微薄，根據 Computer Intelligence 於今年2月調查就已顯示，平均 PC 零售價格較去年同期下降10%以上，因此 PC 大廠獲得空間越來越小。

一、傳統網路書店

傳統圖書業乃是屬於利用進貨、存貨、賺取微薄利潤的行業，存貨週轉率與應收應付帳款交期決定公司獲利水準的主要因素之一，即使是網路書店多也只是簡化使用者訂購之前端作業，無法避免向出版商進書配送這一段後端處理。

二、無線電波

相對於無線電波幾乎沒有不方向性的限制，紅外線的方向性限制顯然是個必須解決的問題。不過不用煩惱，這門現已經有解決辦法，一種叫做純散射式(Pure Diffuse)，另外一種則叫做半散射式(Quasidiffuse)。

三、傳送技術

故針對純散射方式的缺點，有人想出另外一套辦法，也就半散射式的做法是每台電腦對射式的發射端以及接收器以及發射器，有很多個接收器以及發射器，可以準確地接收訊息，這樣的架構是不是很像傳送及接收衛星訊號的辦法呢？讀到這裡，相信你已經知道無線區域網路的傳輸媒介是什麼。

貳、無線區域網路

目前無線區域網路的產品，以傳輸介質來分，大抵可分為兩類。一類是利用無線電(Radio Frequency)來傳送訊息，另外一種則是利用紅外線(Infrared)。

參、電子商務

以電子商務的價值鏈或是供應鏈(Supply Chain)加以分析，除了沒有中游的企業用戶之外的 solution 供應者之外是群雄並起摩拳擦掌的局面，就電子商務的應用軟體發展而言，國內外都有各式產品不斷推出。

一、電子商務因素

現階段的電子商務發展，對大部分的企業而言，仍處於起步的階段，可能並未真正掌握電子商務發展的重點及基本精神，造成發展策略上產生不正確的扭曲，在形成長期作戰的發展策略之前，有一些重要的因素必須先行關照。

二、寬頻服務

近年來網際網路(Internet)的蓬勃發展，已使得使用人口普及到多個層面，連帶地，存取資訊型態也面臨了革命性的異動。面對這樣充滿商機的環境，ISP(Internet Service Provider)

業者、公司行號、政府機構、學校圍團體甚至個人都紛紛投入，不但存取資訊由文字導向轉變成圖文語音並茂，提供的服務也由單純的資訊存取擴展到視訊會議、遠距教學以及各式電子交易。

肆、防火牆

有人說：「沒有防火牆就沒有 Intranet。」這句話絕對不會言過其實，當一個企業要開放 Internet 給企業成員工，並且在企業內部建置 Intranet 以後，如果沒有一個防火牆系統放在 Internet 和 Intranet 之間的話，企業的內部網路和電腦就等於內部網路和電腦系統直接開放給全世界。

- 資料封包過濾式防火牆：資料封包過濾式(Packet Filter)的防火牆將過往的資料封包(packet)仔細地檢查確認，以阻擋不該進出防火牆的交通。

- 應用程式層過濾式的防火牆：應用程式層過濾式(Application Filter)的防火牆屬於代理閘通道的方式，它利用專門性的程式來做一些 Internet 上的應用的佣介者，使主成為閘通道(Gateway)將企業的網路和外界的 Internet 隔開。

伍、瀏覽器安全

網站有機會存取個人電腦，或是有關使用者的其他資訊；除非使用者自己另外做了多餘的設定，此舉，說明了微軟對其瀏覽器 IE 4.0版安全性的信心。

陸、電視機樣機

目前有線電視數據機技術發展的重點仍在標準的制定方面，其中以 IEEE 制定的 802.14 為主流，李與成員多為電腦及電話公司，協定的主體已經確立，預針對今年十一月完成標準草案的制定，1998年六月正式成為 IEEE 802.14 標準。基本上來說，IEEE 802.14 受到四個標準單位影響：

- ATM Forum。
- DAVIC(Digital Audio Visual Council)，即 Set-Top-Box 標準。
- MCNS(Multimedia Cable Network System)，即 CableLabs 之建議標準。
- SCTE(Society of Cable Telecommunications Engineers)，即 ANSI 之標準。

柒、電信服務

在網路上提供的電信服務可以依其性質分成兩類：非即時性(Non-Realtime)和即時性(Realtime)。非即時性的服務就如同傳真，對方並不需要立即接收到訊息並做出反應，只要能在容許的時效內收到即可；而即時性的服務就像電話一樣，幾秒的延遲都無法被容許。

捌、程式語言趨向

程式語言的熱門程度與產業趨勢通常息息相關，一份由 IEEE Spectrum 連續三年和資訊科學家 Nick Diakopoulos 統計今年度最受歡迎程式語言排行版。IEEE 透過分析，歸納出2016年熱門程式語言排行榜，其中前三名是 C、Java 與 Python 語言。

Language Rank	Types	Spectrum Ranking
1. C	□💻🖥	100.0
2. Java	🌐□💻	98.1
3. Python	🌐□	98.0
4. C++	□💻🖥	95.9
5. R	🌐□	87.9
6. C#	🌐□	86.7
7. PHP	🌐	82.8
8. JavaScript	🌐□	82.2
9. Ruby	🌐□	74.5
10. Go	🌐□	71.9

圖 1：IEEE Spectrum ranking [1]

另外由著名的軟體評價公司 TIOBE 公布，熱門程度前三名由 Java、C、與 C++奪冠，Java 與 C 依然是熱門程式語言，與 IEEE 統計類似，但是有差異。該統計是以月分統計，統計2017八月與2016八月，並列出差異值，可觀察出程式語言的發展趨向。

圖 2：TIOBE 月報程式語言熱門程度 [2]

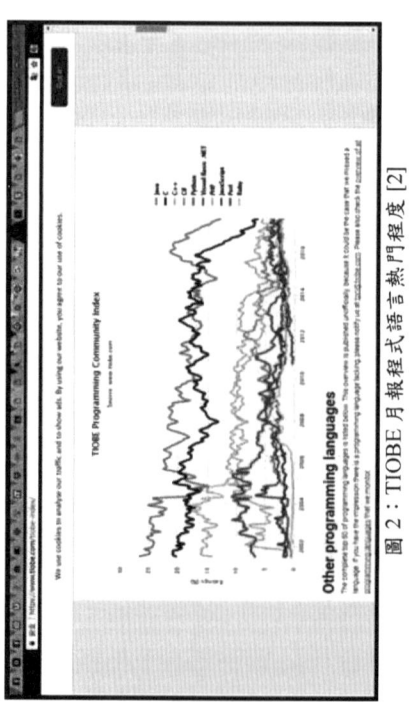

上述內容及圖形參考來源如下：

[1] 2016 IEEE Spectrum ranking, http://spectrum.ieee.org/static/interactive-the-top-programming-languages-2016.
[2] TIOBE Index, https://www.tiobe.com/tiobe-index/.

題組二

◎ 本題利用目錄製作檔「920302c.odt」之文件內容編輯「頁碼」與製作「目錄」。

● 封面頁製作,「報告文章實務 張三」為單一頁之封面內容,格式保持不變,參照「參考答案」。

● 目錄頁之「目錄」及「圖目錄」標題文字置中、字型為「標楷體」、大小設定為 16 點。

● 文件頁碼製作,封面頁不加頁碼,目錄及圖目錄之頁碼格式為半形小寫羅馬字(格式為「i, ii, iii…」),本文內容之頁碼格式則為半形阿拉伯數字(格式為「1, 2, 3…」);所有頁碼」位置設定於頁尾靠右,字型設定為「Arial」,字體大小設定為 14 點。

● 在每一頁的頁首以靠右方式,輸入「您的座號」及「您的姓名」,中文字型為「標楷體」,英文及數字為「Arial」字型,字體大小則為 14 點。

● 在每張圖片加「圖 x」的標號,x 為圖片自動編號,標號之後再加上全形「:」,設定標號字元格式與圖片名稱相同,標號位置及對齊,請參照「參考答案」。

● 目錄及圖目錄製作於同一頁,中文字型為「標楷體」,英文及數字字型為「Times New Roman」。目錄第一層標題格式為「壹、」、「貳、」、…等,字體大小設定為 16 點;第二層標題縮排 32 點、格式為「一、」、「二、」、…等,字體大小設定為 14 點,圖目錄格式為「圖 1:」、「圖 2:」、…等,字體大小設定為 12 點。目錄、圖目錄及頁碼,請參照「參考答案」。

● 本文內容及相對位置不得增加或刪減、邊界及相對位置不得調整、字型種類或字體大小不得變更。

● 文件內容列印設定,採 A4 尺寸報表紙,「每張 2 頁」列印,輸出結果共三張,請參照「參考答案」。

報告文章實務

張三

目錄

壹、前言 1
 一、傳統網路書店 1
 二、無線電波 1
 三、傳送技術 1
貳、無線區域網路 1
參、電子商務 1
 一、電子商務重要因素 1
 二、寬頻服務 1
肆、防火牆 2
伍、瀏覽器安全 2
陸、電視數據機 2
柒、程式語言趨向 3
捌、電信服務 3

圖目錄

圖 1：IEEE Spectrum ranking [1] 2
圖 2：TIOBE 月報程式語言熱門程度 [2] 3

i

壹、前言

近年來資訊硬體產品生命週期越來越短，產品價格不斷消落，銷售毛利日趨微薄，根據 Computer Intelligence 示今年2月調查就已顯示，平均 PC 零售價格較去年同期下降10%以上，因此 PC 大廠獲利空間越來越小。

貳、傳統網路書店

傳統書店圖書業乃是屬於利用進貨、銷貨賺取微薄利潤的行業，存貨週轉率與應收、應付帳款交期控制是決定獲利水準的主要因素之一，即使網路書店也只是簡化使用者訂購之前端作業，無法避免向出版商進書、配送之後端處理。

參、無線電波

相對於無線電波幾乎沒有方向性的限制，紅外線的方向性是個必須解決的問題。不過不用預慮，這問題已經有解決辦法，而且辦法有兩種，一種是做純散射式(Pure Diffuse)，另外一種則叫做準散射式(Quasidiffuse)。

肆、傳送技術

故針對純散射式的缺點，有人想出另外一套辦法，也就是半散射方式，做法是每台電腦上某個固定點，對準天花板上某個固定點，這個固定點放置一台發射器，有很多個接收器，也可以反發射器，可以準確地接收訊息。這樣的架構是不是很像傳送到目的地的衛星網路呢？該到這裡，相信你已經知無線區域網路的傳輸媒介是什麼了。

貳、無線區域網路

目前無線區域網路的產品，以傳輸介質來分，大抵可分為兩類，一類是利用無線電(Radio Frequency)來傳遞訊息，另外一

種則是利用紅外線(Infrared)。不管無線電或是紅外線，它都是數位訊號，然而電腦處理的資訊是數位的東西，因此要利用頻比訊號傳送電腦所能處理的數位資料，這中間必須要有能將數位訊號轉換成頻比訊號的技巧，這技巧就叫做調變(Modulation)。

參、電子商務

以電子商務的價值鏈或是供應鏈(Supply Chain)加以分析，除了中游的企業甲戶及終端用戶之外，上游的 solution 供應者也是該群並且起摩擦掌的對象，就電子商務的應用軟體發展而言，國內外都有各式產品的不斷推出。

一、電子商務要因素

現階段的電子商務發展，對大部分的企業而言，仍然然處走步的階段，可能正未真正掌握電子商務發展的重點及基本精神，造成電子商務發展策略上不正確的理由，在形成電子商務發展策略之前，有一些重要的因素必須先行關照。

二、寬頻服務

近幾年來網際網路(Internet)的蓬勃發展，已使得使用人口普及到各個層面，帶地、存取資訊型態也面臨了革命性的異動。面對這樣充滿商機的環境，ISP(Internet Service Provider)業者、公司行號、政府機構、學校單位甚至個人都紛紛投入，不惜花費取得資訊；提供的服務也由單純的資訊支援音並茂、提供視訊會議、遠距教學以及資訊存取流覽送到目的地，進行各式電子交易。

肆、防火牆

有人說：「沒有防火牆就沒有 Intranet」這句話絕對不會過實，當一個企業要開放 Internet 給企業員工，並且企業內部建置 Intranet 以後，如果沒有一道防火牆系統放在 Internet 和 Intranet 之間的話，企業內部的網路系統和電腦系統，就等於是直接開放給全世界。

資料封包過濾式防火牆：資料封包過濾式(Packet Filter)的防火牆將過往的資料封包(packet)仔細地檢查確認，以阻檔不該進出防火牆的交流。

應用程式層過濾式的防火牆：應用程式層過濾式(Application Filter)的防火牆是屬於代理閘道的方式，它利用專門性的程式來做一些 Internet 上的程式應用的用介子者，使其成為閘通道(Gateway)而將企業的網路和外界的 Internet 隔開。

伍、瀏覽器安全

1997年9月30日，Microsoft 在其網站上宣稱，使用者的瀏覽器接受「Cookie」並不會讓網站有機會取個人電腦、或是有機調使用者的其他資訊；除非使用者自己允許，否則只餘的版 IE 4.0版安全性的信心。

陸、電視數據機

目前有線電視數據機技術發展的重點仍在標準制定方面，其中以 IEEE 制定的

802.14為主流，參與成員多為電話及電腦公司，協定的主體已經成立，預計在今年十一月完成標準草案的制定，1998年六月正式成為 IEEE 標準。基本上來說，IEEE 802.14受到四個標準單位影響：

- ATM Forum。
- DAVIC(Digital Audio Visual Council)，即 Set-Top-Box 標準。
- MCNS(Multimedia Cable Network System)，即 CableLabs 之建議標準。
- SCTE(Society of Cable Telecommunications Engineers)，即 ANSI 之標準。

柒、程式語言趨向

程式語言熱門程度與產業趨勢通常息息相關，一份由 IEEE Spectrum 連續三年和資料科學家 Nick Diakopoulos 統計分析、受歡迎程式語言排行版 IEEE 透過分析、歸納出2016年熱門程式語言排行行，其中前三名是 C、Java、與 Python 語言。

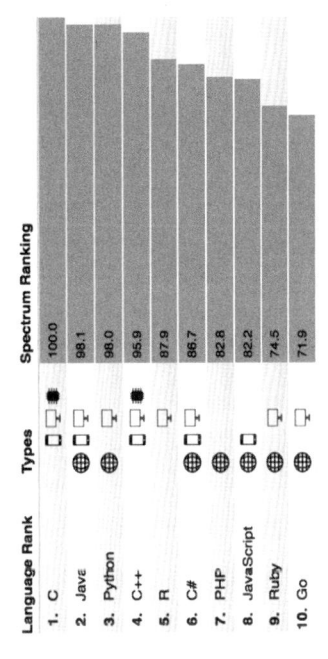

圖1：IEEE Spectrum ranking [1]

IEEE 統計類似，但是有差異。該統計是以月分統計，統計2017年8月與2016年以列出差異值，可觀察出熱門程式語言的發展趨向。

另外由著名的軟體評量公司 TIOBE 公布，熱門程度排行前三名由 Java、C、與 C++ 奪冠，Java 與 C 依然是熱門程式語言，與

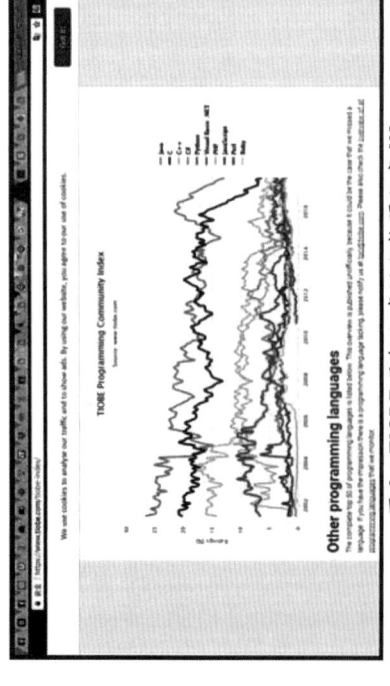

圖 2：TIOBE 月報程式語言熱門程度 [2]

捌、電信服務

在網路上提供的電信服務可以依其性質分成兩類：非即時性(Non-Realtime)和即時性(Realtime)。非即時性的服務就如同傳真，對方並不需要立即接收到訊息並做出反應，只要能在容許的時效內收到即可；而即時性的服務就像電話一樣，幾秒的延遲都無法被容許。

上述內容及圖形參考來源如下：

[1] 2016 IEEE Spectrum ranking, http://spectrum.ieee.org/static/interactive-the-top-programming-languages-2016.
[2] TIOBE Index, https://www.tiobe.com/tiobe-index/.

題組三

◎ 本題利用目錄製作檔「920303c.odt」之文件內容編輯「頁碼」與製作「目錄」。

● 封面頁製作，「報告文章實務 張三」為單一頁之封面內容，格式保持不變，參照「參考答案」。

● 目錄頁之「目錄」及「圖目錄」標題文字置中、字型為「標楷體」、大小設定為 16 點。

● 文件頁碼製作，封面頁不加頁碼，目錄及圖目錄之頁碼格式為半形小寫羅馬字(格式為「i, ii, iii…」)，本文內容之頁碼格式則為半形阿拉伯數字(格式為「1, 2, 3…」)；所有「頁碼」位置設定於頁尾靠右，字型設定為「Arial」，字體大小設定為 14 點。

● 在每一頁的頁首以靠右方式，輸入「您的座號」及「您的姓名」，中文字型為「標楷體」，英文及數字為「Arial」字型，字體大小則為 14 點。

● 在每張圖片加「圖 x」的標號，x 為圖片自動編號，標號之後再加上全形「：」，設定標號字元格式與圖片名稱相同，標號位置及對齊，請參照「參考答案」。

● 目錄及圖目錄製作於同一頁，中文字型為「標楷體」，英文及數字字型為「Times New Roman」。目錄第一層標題格式為「壹、」、「貳、」、…等，字體大小設定為 16 點；第二層標題縮排 32 點、格式為「一、」、「二、」、…等，字體大小設定為 14 點，圖目錄格式為「圖 1：」、「圖 2：」、…等，字體大小設定為 12 點。目錄、圖目錄及頁碼，請參照「參考答案」。

● 本文內容及相對位置不得增加或刪減、邊界及相對位置不得調整、字型種類或字體大小不得變更。

● 文件內容列印設定，採 A4 尺寸報表紙，「每張 2 頁」列印，輸出結果共三張，請參照「參考答案」。

目錄

壹、前言 1
　一、網路資安 1
　二、電子商務 1
貳、直接序列及跳頻 1
　一、網路實體層 1
　二、ADSL 網路 1
參、無線網路 2
肆、瀏覽器的 Cookie 2
伍、防火牆 2
陸、IEEE 802.14 與 MCNS 2
柒、寬頻服務需求 2
捌、電信服務性質 2
玖、Windows NT 系統 3
壹拾、Java 程式開發 3
壹拾壹、程式語言趨向 3

圖目錄

圖 1：IEEE Spectrum ranking [1] 3
圖 2：TIOBE 程式語言熱門趨向 [2] 3

壹、前言

網路的規劃對在頻寬(bandwidth)的考量上是重要且影響深遠的。頻寬本身的需求分頗為複雜，如同容納水流水管一樣，有大有小；水流就像資料流一樣，當它要通過水管時，除非水流的速度夠快，否則必須水管的口徑要夠大，才足夠吸納水的流量。

一、網路資金

今天國內對資金投注管道不豐富國外，可以尚未獲利的時點，便向投資大眾募資(比如Yahoo!是1995年公司上市，卻是在1997年才轉虧為盈)，所以國內業者所要面對的挑戰更大，需謹記在心的是，在網際空間小蝦米對鯨大鯊魚，冷也有被大鯨魚一口吞沒的危險。

二、電子商務

對企業內負責採購的單位來說，其採購的單位「小眾化」的需求將會加速他們的客戶，將無法生產消費著意味改變要消費著「小眾化」的需求將會加速過去「大眾化」製造主導購模式。這種改變意味著消費商品或服務的提供者若不能更了解他們的客戶，將無法生存。

貳、直接序列及跳頻

直接序列及跳頻這兩種技巧有好有壞。直接序列的好處是便宜，而且實作容易，然而由於所有的人都使用相同的頻率，因此可能有遠近的問題(Near-Far Effect)，也就是說，距離近的機器訊號強，容易霸佔整個頻道，而其他距離較遠的機器訊號較弱而一直霸佔不到，為了解決這個問題，必須多添加一些功率控制的元件，然而卻增加了成本的負擔，而抵消了剛剛所提到的優點。而跳頻的好處是因為不斷地做換頻的動作，因此比較少受其他人干擾；然而為了不斷做換頻的動作，線路的設計比較直接序列複雜，當然成本也高一些。

一、網路實體層

如果你知道這個實體架構，聰明的你一定很好奇，我們該如何公平地、有效地運用我們擁有的傳輸介質來傳送資料呢?是否可以保留原本所購買的有線網路以及軟體，而能夠革有無線通訊的相容呢?

二、ADSL 網路

在現今的各種傳輸媒體網路中，電話網路乃是全世界過佈最廣的傳輸網路，亦是連線上網最方便的途徑，因之如何在電話網路上提供高速的傳輸速率，成為最熱門的研發課題。ADSL(非對稱數位用戶迴路)在此需求下應運而生，其透過一條一般的電話線路，同時提供一般的電話與高速數據傳輸的服務，為網路需求無限的希望。

參、無線網路

IEEE 802.11 是因應需求而訂定出的無線區域網路標準，各廠商依據此標準所主產出的無線產品，便可達到彼此的相容性，而無線網路的使用區域成及應用，將會因此更廣泛和便利。IEEE 802.11 訂定了 OSI 七層通訊架構中的實體層及資訊連結層中的媒介存取控制 (Medium Address Cortrol；MAC)子層之規範。

肆、瀏覽器的 Cookie

雖然 Cookie 的安全威脅大致已經事過境遷，但其發生的原因仍然值得我們回顧。這一塊小 Cookie 約佔4K 的檔案大小，由伺服器產生並儲存在使用者的 PC 上，當使用者使用網路 Cookie 功能的瀏覽器瀏覽網站時，Server 就會賦予一個「Shopper ID」並更新使用者的 Cookie 資訊內容。

伍、防火牆

它通常是企業內部網路和外界 Internet 之間的唯一通道，例如將它放置在企業網路和 Internet 服務提供者(ISP)路由器之間，讓企業所有對外界的資料，或是從外界面 Internet 進入企業網路的資料，都經過防火牆的確認手續，才能放行。

防火牆可分為：

- 資料封包過濾防火牆。
- 應用程式層過濾式的防火牆。
- 電路層過濾防火牆。

陸、IEEE 802.14與 MCNS

IEEE 802.14與 MCNS 訂定的規格基本上有三點差異：

- 用戶端與頭端同步的方式
- 頭端分配頻寬以及將頻寬分配結果通知給各用戶的方法不同
- 碰撞解決的方式不同。

柒、寬頻服務需求

寬頻服務需求的大量增加，為有線電視數據機製造商提供了市場發展的利基，因此儘管互通性標準尚未制定，卻仍有相當多的業者推出適用的產品。這些規格不盡相同的商品，大致可歸為非對稱式及對稱式兩類，其中頻寬的單位是 MBPS，頻譜配置單位是 MHz，30/2.56表示下行頻道頻寬為30 MBPS，上行頻道頻寬為2.56MBPS，其餘依此類推。

捌、電信服務性質

在網路上提供的電信服務可以依其性質分為兩類：非即時性(Non-Realtime)和即時性(Realtime)。非即時性的服務就如同傳真，對方並不需要立即接收到訊息並做出反應，能在容許的時效內收到即可；而即時性的服務就像電話一樣，幾秒的延遲都無法容許。

玖、Windows NT 系統

在這個百家爭鳴的資訊時代，市場衝突似乎是不可避免的，在區域網路作業平台上，一個力圖擺脫在此領域中所有的強敵，朝廣域網路平台網路作業附發：一個則盯住對手，緊咬nt

作為對微軟的攻擊主力不放。

壹拾、Java 程式開發

簡單來說，JAVA 本身是一種語言，JAVA 環境裏應用程式的開發，可以在任何運算平台上執行，在程式設計師的眼中 JAVA 是一個容易使用、且產生可靠程式碼的語言。其一導向程式語言，同時，JAVA 本身所提供的一些可重複使用程式的語言。不僅節省時間，也強化了應用軟體的可靠性。

壹拾壹、程式語言趨向

程式語言的熱門程度與產業趨勢通常息息相關，一份由 IEEE Spectrum 連續三年和資料科學家 Nick Diakopoulos 統計年度最受歡迎程式語言排行版。IEEE 透過分析，歸納出 2016 年熱門程式語言排行榜，其中前三名是 C、Java 與 Python 語言。

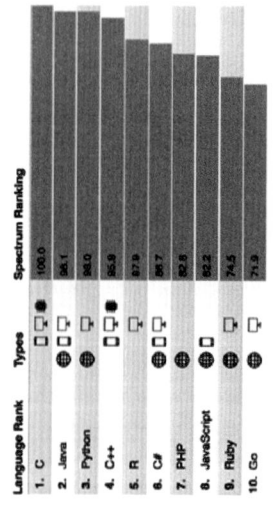

Language Rank	Types	Spectrum Ranking
1. C	▢▢●	100.0
2. Java	⊕▢▢	98.1
3. Python	⊕▢▢●	98.0
4. C++	▢▢●	95.9
5. R	⊕	87.9
6. C#	⊕▢▢	86.7
7. PHP	⊕	82.8
8. JavaScript	⊕▢	82.2
9. Ruby	⊕▢	74.5
10. Go	⊕	71.9

圖 1：IEEE Spectrum ranking [1]

我們可以參考另一張趨向圖，更可看出各程式語言的發展趨向。

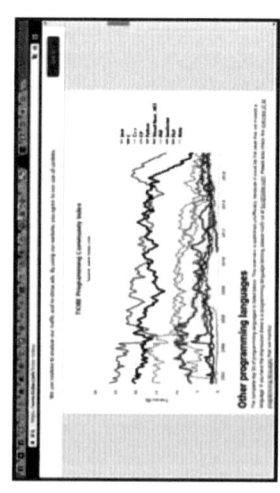

圖 2：TIOBE 程式語言熱門趨向 [2]

上述內容及圖形參考來源如下：

[1] 2016 IEEE Spectrum ranking, http://spectrum.ieee.org/static/interactive-the-top-programming-languages-2016.

[2] TIOBE Index, https://www.tiobe.com/tiobe-index/.

題組四

◎ 本題利用目錄製作檔「920304c.odt」之文件內容編輯「頁碼」與製作「目錄」。

● 封面頁製作,「報告文章實務 張三」為單一頁之封面內容,格式保持不變,參照「參考答案」。

● 目錄頁之「目錄」及「圖目錄」標題文字置中、字型為「標楷體」、大小設定為 16 點。

● 文件頁碼製作,封面頁不加頁碼,目錄及圖目錄之頁碼格式為半形小寫羅馬字(格式為「i, ii, iii…」),本文內容之頁碼格式則為半形阿拉伯數字(格式為「1, 2, 3…」);所有「頁碼」位置設定於頁尾靠右,字型設定為「Arial」,字體大小設定為 14 點。

● 在每一頁的頁首以靠右方式,輸入「您的座號」及「您的姓名」,中文字型為「標楷體」,英文及數字為「Arial」字型,字體大小則為 14 點。

● 在每張圖片加「圖 x」的標號,x 為圖片自動編號,標號之後再加上全形「:」,設定標號字元格式與圖片名稱相同,標號位置及對齊,請參照「參考答案」。

● 目錄及圖目錄製作於同一頁,中文字型為「標楷體」,英文及數字字型為「Times New Roman」。目錄第一層標題格式為「壹、」、「貳、」、…等,字體大小設定為 16 點;第二層標題縮排 32 點,格式為「一、」、「二、」、…等,字體大小設定為 14 點,圖目錄格式為「圖 1:」、「圖 2:」、…等,字體大小設定為 12 點。目錄、圖目錄及頁碼,請參照「參考答案」。

● 本文內容及相對位置不得增加或刪減、邊界及相對位置不得調整、字型種類或字體大小不得變更。

● 文件內容列印設定,採 A4 尺寸報表紙,「每張 2 頁」列印,輸出結果共三張,請參照「參考答案」。

目錄

壹、前言 1
　一、網路資金 1
　二、電子商務 1
貳、純散射式 1
　一、網路實體層 1
　二、直接序列及跳頻 1
參、ADSL 網路 1
肆、無線網路 1
伍、防火牆 2
陸、瀏覽器的 Cookie 2
柒、IEEE 802.14 與 MCNS 2
捌、寬頻服務需求 2
玖、電信服務性質 2
壹拾、三大網路整合 2
壹拾壹、Sniffer 2
壹拾貳、Windows NT 系統 3
壹拾參、Java 程式開發 3
壹拾肆、程式語言趨向 3

圖目錄

圖 1：IEEE Spectrum ranking [1] 3
圖 2：TIOBE 程式語言熱門趨向 [2] 3

壹、前言

網路規劃對在頻寬(bandwidth)的考量上是重要且影響深遠的。頻寬本身的水管一樣，如：水流就要資料一樣，當它要通過水管的速度夠快，否則必須水管的口徑要夠大，才足夠吸納水的流量。

一、網路資金

今天國內資金豈注意這不像國外，以在尚未獲利時就全球性的，可（比如Yahoo!是1995年公開上市，1997年才轉虧為盈）所以國內企業對我們要更大，需謹記在心的是，在網際空間小蝦米戰勝大鯨魚的機會，卻也有被大鯨魚一口吞沒的危險。

二、電子商務

對企業內責採購的單位來說其採購對象與採購模式。這種改變意味著消費者「小眾化」的需求，不管加速取代過去「大眾化」製造生產的市場；商品或服務的提供者若不能更了解他們的客戶，將無法生存。

貳、純散射式

什麼叫做純散射式？簡單來說就是讓紅外線任意亂跑，因為是亂跑，所以可能直接跑到目的地，也可能是經由牆壁反射到目的地。

一、網路實體層

你如果好奇，我們該如何公平地、有效地運用我們擁有的傳輸介質來傳送資料呢？是否可以保留原本所購買的無線網路卡以節省軟體，而能夠享有無線通訊的樂趣呢？

二、直接序列及跳頻

直接序列及跳頻這兩種技巧好有易，然而直接序列的好處是便宜，而且會作答率，然而由於所有的人都使用相同的頻段，因此可能會因遠近的問題(Near-Far Effect)，也就是說，距離近的機號強，容易霸占整個頻道，而其他較遠較弱的機器，因為訊號弱而一直被錯誤封成雜訊。為了解決這個問題，必須多添加一些功率控制的元件，然而卻增加了成本的資料，而抵消了因為不斷做換作的優點。而跳頻比較少受其他人干擾；線路的設計也較直接序列複雜，當然成本也高些。

參、ADSL 網路

在現今各種傳輸媒體網路中，電話網路乃是全世界過布最廣的傳輸網路，亦是其連線上網，最方便的途徑，因之如何在電話網路上提供高速的傳輸速率，成為最熱門的開發標的。ADSL(非對稱數位用戶迴路)在此需求下應運而生，其透過一條一般電話線路，同時提供一般的電話客與高速的資料傳輸服務，為網路族帶來無限的希望。

肆、無線網路

在個人通訊急速發展的環境中，為無線通訊已成為一重要的技術。在無線網路上，使用者不再被網路線所限制，而能夠攜帶記型電腦四處迅走，並可連上頻寬來收發資訊。IEEE 802.11是無線區域網路共同訂定出的無線區域網路標準，多廠商依此標準所生產的無線網路產品，便可連到彼此的相容性，而能廣泛地使用區域網路的便利。IEEE 802.11訂定了CSI七層通訊架構中的實體層及資料連結層的媒介存取控制(Medium Address Control；MAC)子層之規範。

伍、防火牆

它通常是企業內部網路和外界 Internet 之間的唯一通道，例如將它放置在企業網路和 Internet 服務提供者(ISP)的路由器之間，讓企業所有到外界的資料，都要從外面 Internet 進入企業網路的資料，都經過防火牆的確認手續，才能放行。

防火牆可分為：
● 資料封包過濾防火牆
● 應用程式層過濾式防火牆
● 電路層過濾式防火牆

陸、瀏覽器的 Cookie

雖然 Cookie 的安全威脅大致已經事過境遷，但其發生的原因仍然值得我們回顧。這一塊小 Cookie 約占4K的檔案大小，由同服器產生並儲存在使用者的PC上，當使用者使用提供 Cookie 功能的瀏覽器瀏覽網站時，Server 就會賦予一個「Shopper ID」，並更新使用者的 Cookie 資訊內容。

柒、IEEE 802.14 與 MCNS

IEEE 802.14與 MCNS 訂定的規格基本上有三點差異：

● 用戶端與頭端同步的方式
● 頭端分配頻寬以及將頻分配結果通知給各用戶的方法不同
● 碰撞解決的方法不同

捌、寬頻服務需求

寬頻服務需求的大量增加，為有線電視數據機製造商提供了市場發展的利基，因此產官互通性標準尚未制定。這些規格不當多的相容的商品，大致可歸為非對稱式及頻譜相同頻，其中頻寬的單位是 MBPS，頻配單位為30 MBPS，上行頻道頻寬為2.56MBPS，其餘依此頻推。302.56表示下行頻道

玖、電信服務性質

在網路上提供的電信服務可以依其非即時性(Non-Realtime)和即時性(Realtime)。非即時性的服務就如同傳真，對方並不需要立即收到訊息並可即反應；只要能在容許的時效內收到即可；而即時性的服務就像電話一樣，幾秒鐘的延遲都無法被容許。

壹拾、三大網路整合

為了因應三大網路整合的趨勢，我們有必要提供使用者一個簡單的操作方式，以及熟悉的操作介面，讓使用者可以輕易地使用三大網路所提供的服務，而經過整合的服務所提供的功能將比傳統系統更具多元化。

壹拾壹、Sniffer

Sniffer 原本是協助網管人員或工程師分析、偵測網路 Traffic 問題的軟體，但用在駭客手中，卻成為最佳入侵工具。

那若是家在家中使用撥接的用戶上網申請，是否會遭到竊聽？理論上若您使用 Modem 撥接到 ISP 的 Terminal Server，那別擔心會受其他也是撥接到 ISP 使用的 Terminal Server 會過濾不該封包，但從 ISP 到 GCA 認證中心這段不的線路，可就不一定嘆了！假若有人是從 ISP 或 GCA 認證中心下手，突破安全系統，潛伏在這兩段網路節點中攔截、資料，同樣也會落到他人口袋，因此，還要「小心也能駛萬年船」。

壹拾貳、Windows NT 系統

在這個百家爭鳴的資訊時代，市場衝突似乎是不可避免的，在區域網路上，一個功力擺脫在區域網路中的平台上，朝向網路跨平台網路作業開發的鑰匙，一個即訂定對手，紫 nt 作為對微軟的攻擊主力不放。

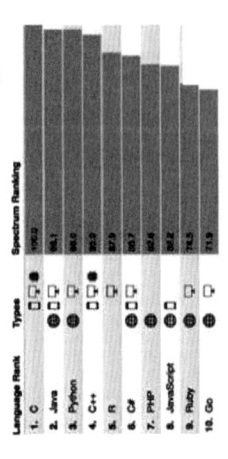

圖 1：IEEE Spectrum ranking [1]

這資料是數字統計，我們可以參考另一張趨向圖，更可看出各程式語言的發展趨向。

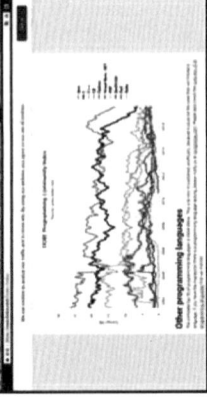

圖 2：TIOBE 程式語言熱門趨向 [2]

上述內容及圖形參考來源如下：
[1] 2016 IEEE Spectrum ranking, http://spectrum.ieee.org/static/interactive-the-top-programming-languages-2016.
[2] TIOBE Index, https://www.tiobe.com/tiobe-index/.

壹拾參、Java程式開發

簡單來說，JAVA 本身是一種語言，JAVA環境讓應用程式的開發，可以在任何運算平台上執行，在程式設計師的眼中JAVA是一個容易使用、且產生可靠程式碼的語言。其本身是一個物件導向程式語言，同時，JAVA本身所提供的一些可重複使用的程式，不僅節省了開發時間，也強化了應用軟體的可靠性。另外，JAVA可以跨越Internet在任何不同的硬體平台執行，包括各種平台的伺服器、PC、Mac或工作站。

由於JAVA擁有極大的彈性，企業透過JAVA這個強力的語言，可以輕鬆建立自己的Intranet。程式設計者只要利用JAVA設計一些小型應用程式(applet)，就能跨越Internet執行文書處理器、試算表或從各企業資料庫下載資料等。在昇陽所提出的網路架構運算架構中，依然遵循著主從架構(client/server)運算的大方向，基本上利用applet串連起主從架構的主體，它可以依需求即時由伺服器下載到client端，applet可以在任何裝置有JAVA虛擬機器軟體的機器上執行。換言之，JAVA applet可以在任何支援JAVA程式的瀏覽器上執行。這是一項關鍵的特性，漸進轉換到目前較大型主機上的運算工作，可以將大型主機上管理的JAVA網路電腦上工作。

壹拾肆、程式語言趨向

程式語言的熱門程度與產業趨勢通常息息相關，一份由IEEE Spectrum連續三年和資料科學家Nick Diakopoulos統計年度最受歡迎的程式語言排行版。IEEE透過分析，歸納列出2016年熱門程式語言排行榜，其中前三名是 C、Java 與 Python 語言。

題組五

◎ 本題利用目錄製作檔「920305c.odt」之文件內容編輯「頁碼」與製作「目錄」。

● 封面頁製作,「報告文章實務 張三」為單一頁之封面內容,格式保持不變,參照「參考答案」。

● 目錄頁之「目錄」及「圖目錄」標題文字置中、字型為「標楷體」、大小設定為 16 點。

● 文件頁碼製作,封面頁不加頁碼,目錄及圖目錄之頁碼格式為半形小寫羅馬字(格式為「i, ii, iii…」),本文內容之頁碼格式則為半形阿拉伯數字(格式為「1, 2, 3…」);所有「頁碼」位置設定於頁尾靠右,字型設定為「Arial」,字體大小設定為 14 點。

● 在每一頁的頁首以靠右方式,輸入「您的座號」及「您的姓名」,中文字型為「標楷體」,英文及數字為「Arial」字型,字體大小則為 14 點。

● 在每張圖片加「圖 x」的標號,x 為圖片自動編號,標號之後再加上全形「:」,設定標號字元格式與圖片名稱相同,標號位置及對齊,請參照「參考答案」。

● 目錄及圖目錄製作於同一頁,中文字型為「標楷體」,英文及數字字型為「Times New Roman」。目錄第一層標題格式為「壹、」、「貳、」、…等,字體大小設定為 16 點;第二層標題縮排 32 點、格式為「一、」、「二、」、…等,字體大小設定為 14 點,圖目錄格式為「圖 1:」、「圖 2:」、…等,字體大小設定為 12 點。目錄、圖目錄及頁碼,請參照「參考答案」。

● 本文內容及相對位置不得增加或刪減、邊界及相對位置不得調整、字型種類或字體大小不得變更。

● 文件內容列印設定,採 A4 尺寸報表紙,「每張 2 頁」列印,輸出結果共三張,請參照「參考答案」。

目錄

壹、前言 1
    一、通訊設備 1
    二、通訊軟體 1
貳、電信服務 1
    一、網路實體層 1
    二、ADSL 網路 2
參、無線網路 2
肆、防火牆 2
伍、瀏覽器的 Cookie 2
陸、電信服務性質 2
柒、IEEE 802.14與 MCNS 2
捌、Windows NT 系統 3
玖、程式語言趨向 3

圖目錄

圖 1：IEEE Spectrum ranking [1] 3
圖 2：TIOBE 程式語言熱門趨向 [2] 3

i

壹、前言

主從架構或主機密集中式架構：主機或伺服器則應考量在應用上需分擔多少個 nodes 的無線產品的需求。一般應用上的規劃，亦即在主機上規劃以較高速的連線。它可以取取一方式規劃，即在主機上有多重路徑(multiple paths)連線，以尋求更高的頻寬輸出(bandwidth throughput)。

一、通訊設備

通訊設備本身的視覺限制：通訊設備所提供的頻寬及擴充、成本與機會是必須考慮的。因為近年來，Switch 的設備普遍運用，為了讓企業有的低速設備以自動偵測頻寬的通訊設備開始盛行，越來越多的 10 或 10J Mbps Auto detection 的設定模組也納入規劃中了。

二、通訊軟體

通訊軟體、協定支援的最大延遲及多餘載狀況；最後，通訊的 protocol 種類及可能產生的 overhead 也應納入考慮，一般而言，protocol 愈多愈高頻寬，而有些 protocol 的overhead 較大，例如 IPX 的 broadcast 以及 PX 的 routing 等。了解了以上的問題後再只看網路的規劃就簡單多了。

貳、電信服務

在網路上提供的電信服務可以依其性質分成兩類：非即時性(Non-Realtime)和即時性(Realtime)。非即時性的服務減少即可；而即時性的服務就像電話一樣，幾秒的延遲都無法容許的即時性服務的應用比較成熟，也比較能被廣泛接受，且具有實用性，尤其是跨國前的企業而言，所前省的成本非常可觀。隨著網路上傳答類網路的增加，相信即時性的服務很快地也會被使IBM、網景、微軟等公司也都慢慢發覺了具有網路電話技術而且深具信心；相較於網際網路的新類別，電信網路發展歷史已經相當長了，但其網路成熟而且用戶群更是遠遠及各年齡層的階層人士。所以，雖然網路具有成本優勢，但是深大的好處是不需要電腦的人來講還是不便，這至無法迅速把網路網路帶來的好處提供給所有的客戶群在於用傳統電話電信裝置(電話、傳真機)的人，也能輕易地跟使用電腦的使用者溝通。

一、網路實體層

如果知道這個實體層資料架構、聰明的你一定好奇、我們該如何公平地、有效地運用我們擁有的資訊介質來傳送資料呢？是否可以保留原本所購買的有線網路卡以及軟體，另可以 共有無線通訊就能夠的樂趣呢？

二、ADSL 網路

在現今的各種傳輸媒體網路中，電話網路乃是全世界遍佈最廣的傳輸網路，亦是線上網路最方便的途徑，因之如何在電話網路上提供高速的傳輸速率，成為熱門的研發課題。ADSL(非對稱數位用戶迴路)在此尚未不應運而生，其透過一條一般電話線路，同時提供一般的電話與高速數據專輸的服務，為網路族帶來無限的希望。

參、無線網路

IEEE 802.11 是因應此頻需求而訂定出的無線區域網路標準，各廠商依據此標準所產出的無線產品，便可達到彼此的相容性，而無線網路的使用區域及應用，將會因此更加廣泛和的需求。IEEE 802.11 訂定了 OSI 七層通訊架構中的實體層及資料連結層中的媒介存取控制(Medium Access Control；MAC)子層之規範。

肆、防火牆

它通常是企業內部網路和外界 Internet 之間的唯一通道，例如將它放置在企業網路和Internet 服務提供者(ISP)的路由器之間，讓企業所有到外界的資料，或是從外面 Internet 進入企業網路的資料，都經過防火牆的確認手續，才能放行。

防火牆可分為：

- 資料封包過濾防火牆
- 應用程式過濾式的防火牆
- 電路層過濾式防火牆

伍、瀏覽器的 Cookie

雖然 Cookie 的安全威脅大致已經事過境遷，但其發生的原因仍然值得我們回顧。這一塊小 Cookie 約佔 4K 的檔案大小，由伺服器產生並儲存在使用者的 PC 上，當使用者使用提供Cookie 功能的瀏覽器瀏覽網站時，Server 就會賦予一個「Shopper ID」並更新使用者的Cookie 資訊內容。

陸、電信服務性質

在網路上提供的電信服務可以依其性質分成兩類：非即時性(Non-Realtime)和即時性(Realtime)。非即時性的服務就如同傳真，對方並不需要立即收到訊息並做出反應，只要能在容許的時效內收到即可；而即時性的服務就像電話一樣，幾秒的延遲都無法被容許。

柒、IEEE 802.14 與 MCNS

IEEE 802.14 與 MCNS 訂定的規格基本上有三點差異：

- 用戶端與頭端同步的方式
- 頭端分配頻寬及頻寬分配結果通知給各用戶的方法不同
- 碰撞解決的方式不同。

捌、Windows NT 系統

在這個百家爭鳴的資訊時代，市場衝突似乎是不可避免的，在區域網路作業平台，一個力圖擺脫在此領域跨平台網路作業的熱門的線門，朝廣域網路跨平台網路開發，同時提供 nt 個則盯住對手，緊咬不放。

作為對微軟的攻擊主力不放。

玖、程式語言趨向

另外由著名的軟體評價公司 TIOBE 公布，熱門程度前三名由 Java、C、與 C++奪冠，Java 與 C 依然是熱門程式語言，與 IEEE 統計類似，但是有差異。該統計是以月分統計，統計2017八月與2016八月，並列出差異值，可觀察出程式語言的發展趨向。

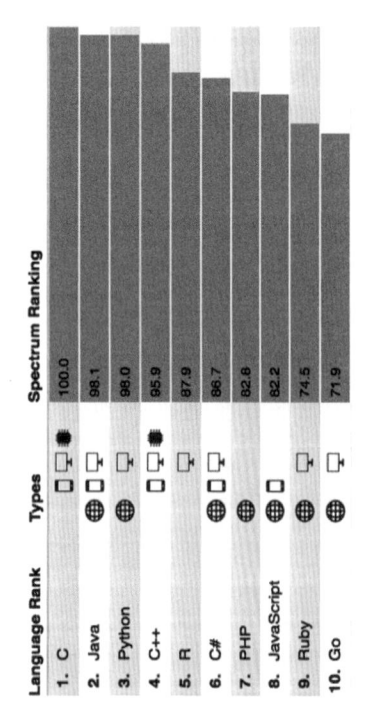

Language Rank	Types	Spectrum Ranking
1. C		100.0
2. Java		98.1
3. Python		98.0
4. C++		95.9
5. R		87.9
6. C#		86.7
7. PHP		82.8
8. JavaScript		82.2
9. Ruby		74.5
10. Go		71.9

圖 1：IEEE Spectrum ranking [1]

這資料是數字統計，我們可以參考另一張趨向圖，更可看出各程式語言的發展趨向。

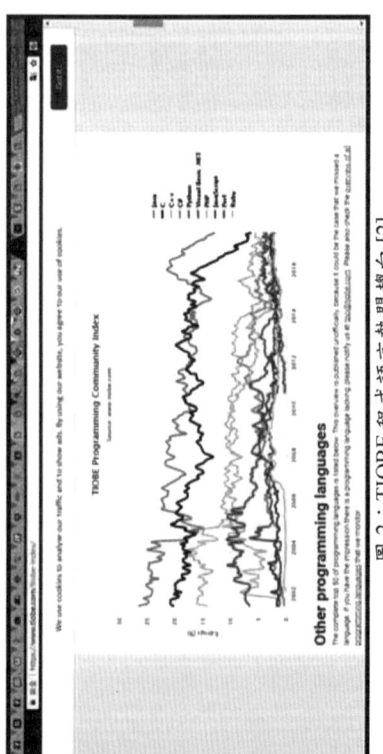

圖 2：TIOBE 程式語言熱門趨向 [2]

上述內容及圖形參考來源如下：

[1] 2016 IEEE Spectrum ranking, http://spectrum.ieee.org/static/interactive-the-top-programming-languages-2016.
[2] TIOBE Index, https://www.tiobe.com/tiobe-index/.

題組六

◎ 本題利用目錄製作檔「920306c.odt」之文件內容編輯「頁碼」與製作「目錄」。

● 封面頁製作,「報告文章實務 張三」為單一頁之封面內容,格式保持不變,參照「參考答案」。

● 目錄頁之「目錄」及「圖目錄」標題文字置中、字型為「標楷體」、大小設定為 16 點。

● 文件頁碼製作,封面頁不加頁碼,目錄及圖目錄之頁碼格式為半形大寫羅馬字(格式為「I, II, III…」),本文內容之頁碼格式則為半形阿拉伯數字(格式為「1, 2, 3…」);所有「頁碼」位置設定於頁尾置中,字型設定為「Times New Roman」,字體大小設定為 14 點。

● 在每一頁的頁首以置中方式,輸入「您的座號」及「您的姓名」,中文字型為「標楷體」,英文及數字為「Times New Roman」字型,字體大小則為 14 點。

● 在每張圖片加「圖 x」的標號,x 為圖片自動編號,標號之後再加上全形「:」,設定標號字元格式與圖片名稱相同,標號位置及對齊,請參照「參考答案」。

● 目錄及圖目錄製作於同一頁,中文字型為「標楷體」,英文及數字字型為「Times New Roman」。目錄第一層標題格式為「壹、」、「貳、」、…等,字體大小設定為 16 點;第二層標題縮排 32 點、格式為「一、」、「二、」、…等,字體大小設定為 14 點,圖目錄格式為「圖 1:」、「圖 2:」、…等,字體大小設定為 12 點。目錄、圖目錄及頁碼,請參照「參考答案」。

● 本文內容及相對位置不得增加或刪減、邊界及相對位置不得調整、字型種類或字體大小不得變更。

● 文件內容列印設定,採 A4 尺寸報表紙,「每張 2 頁」列印,輸出結果共三張,請參照「參考答案」。

目錄

- 壹、前言 1
  - 一、傳統網路書店 1
  - 二、無線電波 1
  - 三、傳送技術 1
- 貳、無線區域網路 1
- 參、電子商務 1
  - 一、電子商務因素 1
  - 二、寬頻服務 2
- 肆、防火牆 2
- 伍、瀏覽器安全 2
- 陸、電視數據機 2
- 柒、電信服務 2
- 捌、程式語言趨向 2

圖目錄

圖1：IEEE Spectrum ranking [1] 3
圖2：TIOBE 月報程式語言熱門程度 [2] 3

壹、前言

近年來資訊硬體產品生命週期愈來愈短,產品價格亦不斷滑落,銷售毛利日趨微薄,根據 Computer Intelligence 於今年 2 月調查就已顯示,平均 PC 零售價格較去年同期下降 10% 以上,因此 PC 大廠獲利空間越來越小。

一、傳統網路書店

傳統圖書業乃是屬於利用進貨、屯貨、銷貨賺取微薄利潤的行業,存貨週轉率實應收應付帳款控制乃是決定公司獲利水準的主要因素之一,即使是網路書店也只是電子化使用者訂購之前端作業,無法避免向出版商進書、配送這一段後端處理。

二、無線電波

相對於無線電波幾乎沒有方向性的限制,紅外線的方向性顯然是個必須解決的問題。不過不用煩惱,這問題已經有解決辦法,而且辦法有兩種,一種叫做純散射式(Pure Diffuse),另外一種則做半散射式(Quasidiffuse)。

三、傳送技術

故針對純散射式的缺點,有人想出另外一套辦法,也就是半散射式的做法乃是電腦的發射端以及接收器以及發射器,可以準確地接收訊息,這個定點通常放置一台類似燈泡的機器,有很多個接收發射器,也就是很多個類似接收點,可以準確地接收訊息,也可以這樣的架構是很像傳送及接收訊號的辦法呢?談到這裡,相信你已經知道遠無線區域網路的傳輸媒介是什麼了。

貳、無線區域網路

目前無線區域網路的產品,以傳輸介質來分,大抵可分為兩類,一類是利用無線電(Radio Frequency)來傳送訊息,另外一種則是利用紅外線(Infrared)。

參、電子商務

以電子商務的價值鏈或是供應鏈(Supply Chain)加以分析,除了中游端的企業用戶及終端的用戶之外,上游的 solution 供應商也是群雄並起爭奪探擷此一電子商務的應用軟體發展而言,國內外都有各式各樣的注碼。

一、電子商務發展

現階段的電子商務發展,對大部分的企業而言,仍處於起步的階段,對方並不需要立即做出反應,可能並未真正掌握電子商務發展的重點及基本精神,造成發展策略上產生不正確的注碼。在形成電子商務的發展策略之前,有一些重要的因素必須先行釐清。

二、寬頻服務

近幾年來網際網路(Internet)的蓬勃發展,已使得使用人口普及到各個層面、連事地、存取資訊型態也面臨了革命性的異動。而對這樣充滿商機的環境,ISP(Internet Service Provider)

業者、公司行號、政府機構、學校團體甚至個人都紛紛投入,不但存取資訊由文字導向轉變成圖文語音並茂,提供的服務也由單純的資訊存取擴展到視訊會議、遠距教學以及各式電子交易。

肆、防火牆

有人說:「沒有防火牆就沒有 Intranet。」這句話絕對不會言過其實,當一個企業要開放 Internet 給企業的員工,並且在企業內部建置 Intranet 以後,如果沒有一個防火牆系統放在 Internet 和 Intranet 之間的話,企業的內部網路和電腦系統,就等於是直接開放給全世界。

- 資料封包過濾防火牆:資料封包過濾式(Packet Filter)的防火牆將過往的資料封包(packet)仔細地檢查確認,以阻擋不該進出防火牆的交通。

- 應用程式層過濾式的防火牆:應用程式層過濾式(Application Filter)的防火牆是屬於代理開通道的方式,它利用專門性的程式在 Internet 上的各種應用的代理用介者,使其成為開通道(Gateway)而將企業的網路和外界的 Internet 隔開。

伍、瀏覽器安全

網頁伺機會存取個人電腦,或是有關使用者的其他資訊;除非使用者自己另外做了多條的設定,此舉,說明了微軟針對其瀏覽器 IE 4.0 版安全性的信心。

陸、電視數據機

目前有線電視數據機技術發展的重點仍在標準制定方面,其中以 IEEE 制定的 802.14 為主流,參與成員多為電腦電話公司,協定的主體已經確立,預計在今年十一月完成標準草案的制定,1998 年六月正式成為 IEEE 標準。基本上來說,IEEE 802.14 受到四個標準單位的影響:

- ATM Forum。
- DAVIC(Digital Audio Visual Council),即 Set-Top-Box 標準。
- MCNS(Multimedia Cable Network System),即 CableLabs 之建議標準。
- SCTE(Society of Cable Telecommunications Engineers),即 ANSI 之標準。

柒、電信服務

在網際上提供的電信服務可以依其性質分成兩類:非即時性(Non-Realtime)和即時性(Realtime)。非即時性的服務就如同傳真,對方並不需要立即接收到訊息,並且做出反應,只要能在容許的時效內收到即可;而即時性的服務就像電話一樣,幾秒鐘的延遲都無法被容許。

捌、程式語言趨向

程式語言的熱門程度與產業趨勢通常息息相關,一份由 IEEE Spectrum 連續三年和資料科學家 Nick Diakopoulos 統計今年度最受歡迎程式語言排行版,IEEE 透過分析,歸納出 2016 年熱門程式語言排行榜,其中前三名是 C、Java、與 Python 語言。

Language Rank	Types	Spectrum Ranking
1. C	🖥️⊞	100.0
2. Java	⊞🌐	98.1
3. Python	⊞🌐	98.0
4. C++	🖥️⊞	95.9
5. R	⊞🌐	87.9
6. C#	⊞🌐	86.7
7. PHP	🌐	82.8
8. JavaScript	🌐	82.2
9. Ruby	⊞🌐	74.5
10. Go	⊞🌐	71.9

圖 1：IEEE Spectrum ranking [1]

另外由著名的軟體評價公司 TIOBE 公布，熱門程度前三名由 Java、C、與 C++奪冠，Java 與 C 依然是熱門程式語言，與 IEEE 統計類似，但是有差異。該統計是以月分統計，統計 2017 八月與 2016 八月程式出差異值，並列出差異值，可觀察出程式語言的發展趨向。

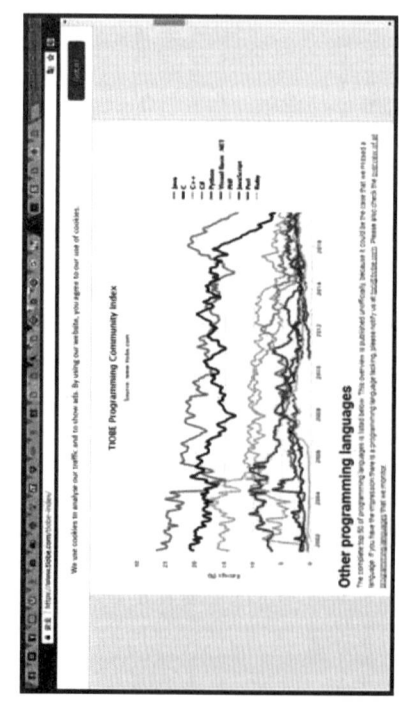

圖 2：TIOBE 月報程式語言熱門程度 [2]

上述內容及圖形參考來源如下：

[1] 2016 IEEE Spectrum ranking, http://spectrum.ieee.org/static/interactive-the-top-programming-languages-2016.

[2] TIOBE Index, https://www.tiobe.com/tiobe-index/.

題組七

◎ 本題利用目錄製作檔「920307c.odt」之文件內容編輯「頁碼」與製作「目錄」。

● 封面頁製作,「報告文章實務 張三」為單一頁之封面內容,格式保持不變,參照「參考答案」。

● 目錄頁之「目錄」及「圖目錄」標題文字置中、字型為「標楷體」、大小設定為 16 點。

● 文件頁碼製作,封面頁不加頁碼,目錄及圖目錄之頁碼格式為半形大寫羅馬字(格式為「I, II, III…」),本文內容之頁碼格式則為半形阿拉伯數字(格式為「1, 2, 3…」);所有「頁碼」位置設定於頁尾置中,字型設定為「Times New Roman」,字體大小設定為 14 點。

● 在每一頁的頁首以置中方式,輸入「您的座號」及「您的姓名」,中文字型為「標楷體」,英文及數字為「Times New Roman」字型,字體大小則為 14 點。

● 在每張圖片加「圖 x」的標號,x 為圖片自動編號,標號之後再加上全形「:」,設定標號字元格式與圖片名稱相同,標號位置及對齊,請參照「參考答案」。

● 目錄及圖目錄製作於同一頁,中文字型為「標楷體」,英文及數字字型為「Times New Roman」。目錄第一層標題格式為「壹、」、「貳、」、…等,字體大小設定為 16 點;第二層標題縮排 32 點、格式為「一、」、「二、」、…等,字體大小設定為 14 點,圖目錄格式為「圖 1:」、「圖 2:」、…等,字體大小設定為 12 點。目錄、圖目錄及頁碼,請參照「參考答案」。

● 本文內容及相對位置不得增加或刪減、邊界及相對位置不得調整、字型種類或字體大小不得變更。

● 文件內容列印設定,採 A4 尺寸報表紙,「每張 2 頁」列印,輸出結果共三張,請參照「參考答案」。

目錄

- 壹、前言 1
  - 一、傳統網路書店 1
  - 二、無線電波 1
  - 三、傳送技術 1
- 貳、無線區域網路 1
- 參、電子商務 1
  - 一、電子商務重要因素 1
  - 二、寬頻服務 2
- 肆、防火牆 2
- 伍、瀏覽器安全 2
- 陸、電視數據機 2
- 柒、程式語言趨向 3
- 捌、電信服務 3

圖目錄

圖 1：IEEE Spectrum ranking [1] 2
圖 2：TIOBE 月報程式語言熱門程度 [2] 3

I

壹、前言

近年來資訊硬體產品生命週期越來越短，產品價格亦不斷滑落，根據 Computer Intelligence 於今年2月調查就已顯示，平均 PC 零售價格較去年同期下降10%以上，因此 PC 大廠獲利空間越來越小。

貳、無線區域網路

目前無線區域網路的產業，以傳輸介質來分，大抵可分為三種。一種是利用無線電(Radio Frequency)來傳送訊息，另外一種則是利用紅外線(Infrared)。不管無線電或是紅外線，它都是類比訊號，然而電腦處理的資訊是數位的東西，因此要利用類比訊號傳送電腦所處理的數位資訊，中間必須要有能將數位訊號轉換成類比訊號的技巧，這技巧就叫做調變(Modulation)。

一、傳統網路書店

傳統圖書業乃是易於利用進貨、銷貨、存貨等取微薄利潤的行業，也因此應付帳款支期控管是決定獲利水準的主要因素之一，即使是網路書店多也只是簡化使用者訂購之前端作業，無法避免向出版商進書、配送至後端處理。

二、無線電波

相對於無線電波幾乎沒有方向性的限制，紅外線的方向性顯則顯得必須解決的問題。不過不用煩惱，這問題已經有解決的辦法，而且辦法有兩種，一種叫做純散射式(Pure Diffuse)，另外一種則叫做準散射式(Quasidiffuse)。

三、傳送技術

故針對純散射式的缺點，有人想出另外一套辦法，也就是三散射式。丰散射式的做法是每台電腦的發射端以及接收端都對準天花板上某固定點，這個固定點放置一台類似衛星的機器，有許多個接收器以及反射器，可以準確地接收息，也可以確地將訊息轉送及反射到目的地；這樣的架構是不是很像像衛星訊息已經知道遠距區域呢？該不到這道理，相信你已經知道遠距區域網路的傳輸介是什麼了。

參、電子商務

以電子商務的價值鏈或是供應鏈(Supply Chain)加以分析，除了中游的企業用戶及終端使用戶之外，上游的 solution 決應者也群雄並起掌握未的局面，就電子商務的應用軟體發展而言，國內外都有各式產品不斷推出。

一、電子商務重要因素

現階段的電子商務發展，對大部分的企業而言，仍處於起步的階段，可能並未真正掌握電子商務發展的真正方向及要在形成電子商務的發展策略之前，有一些重要的因素成電子商務必須先行的拄曲。

二、寬頻服務

近幾年來經際網路(Internet)的建立發展，已使得使用人口普及到各個層面，速帶地，存取資訊型態也臨了革命性的時，面對這充滿商機的環境，公司行號、政府機構、學校劃體甚至個人紛紛投入，不但存取資訊由文字等轉變成圖文語音並茂，提供的服務也由單純的資訊存取擴展到視訊會議，遠距教學以至各式電子交易。

肆、防火牆

有人說：「沒有防火牆就絕對不會言過其實，當一個企業要開放 Internet 給企業的員工，並且在企業內建置 Intranet 以後，如果沒有一個防火牆系統放在 Internet 和 Intranet 之間的話，企業的內部網路和電腦系統，就等於是直接開放給全世界。

種則是利用紅外線(Infrared)。不管無線電

- 資料封包過濾防火牆：資料封包過濾式(Packet Filter)的防火牆將過往的資料封包(packet)仔細地檢查確認，以限制不該送出防火牆的交通。

- 應用程式層過濾的防火牆：應用程式層過濾(Application Filter)的防火牆是屬於代理通道的方式，它利用專門性的程式來做一些 Internet 上的應用的佣介者，使其成為開通道(Gateway)而將企業的網路和外界的 Internet 隔間。

伍、瀏覽器安全

1997年9月30日，Microsoft 在其網站上宣稱，使用者的瀏覽器接受「Cookie」並不會讓使用者的有機會取得個人電腦，或是有關使用者的其他資訊，除非使用者自己另外做了多餘的設定，此舉，說明了微軟對其瀏覽器 IE 4.0版安全性的信心。

陸、電視數據機

目前有線電視機數據技術發展的重點仍在標準制定方面，其中以 IEEE 制定的 802.14 為主流，多與成員多為電腦及電話公司，協定的主體已經確立，預計在今年十一月完成的 IEEE 標準。基本上來說，IEEE 802.14 受到四個標準單位影響：

- ATM Forum。
- DAVIC(Digital Audio Visual Council)，即 Set-Top-Box 標準。
- MCNS(Multimedia Cable Network System)，即 CableLabs 之建議標準。
- SCTE(Society of Cable Telecommunications Engineers)，即 ANSI 之標準。

柒、程式語言趨向

程式語言的熱門程度與產業趨勢通常息相關，一份由 IEEE Spectrum 連續三年和資料科學家 Nick Diakopoulos 統計年度最受歡迎程式語言排行版。IEEE 透過分析，歸納出2016年熱門程式語言排行榜，其中前三名是 C、Java 與 Python 語言。

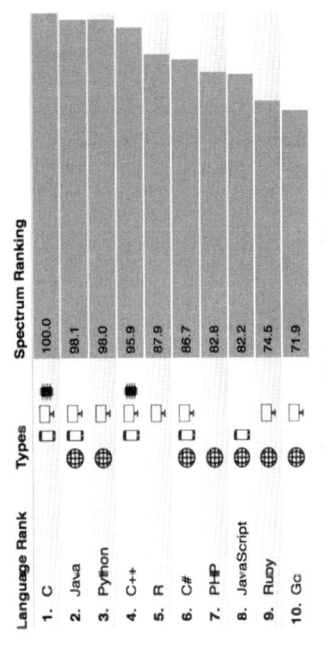

Language Rank	Types	Spectrum Ranking
1. C		100.0
2. Java		98.1
3. Python		98.0
4. C++		95.9
5. R		87.9
6. C#		86.7
7. PHP		82.8
8. JavaScript		82.2
9. Ruby		74.5
10. Go		71.9

圖1：IEEE Spectrum ranking [1]

另外由著名的軟體評價公司 TIOBE 公布，熱門程度統計前三名由 Java、C、與 C++ 奪冠，Java 與 C 依然是在熱門程式語言，與 IEEE 統計類似，但是有差異。該統計是以月分統計，統計2017八月與2016八月列出差異值，可觀察出程式語言的發展趨向。

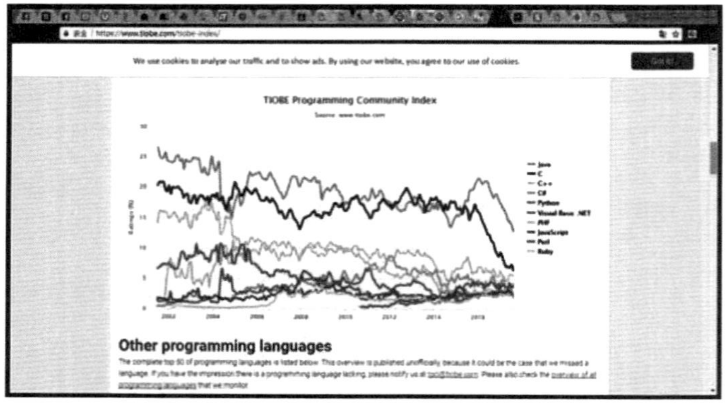

圖 2：TIOBE 月報程式語言熱門程度 [2]

捌、電信服務

在網路上提供的電信服務可以依其性質分成兩類：非即時性(Non-Realtime)和即時性(Realtime)。非即時性的服務就如同傳真，對方並不需要立即接收到訊息並做出反應，只要能在容許的時效內收到即可；而即時性的服務就像電話一樣，幾秒的延遲都無法被容許。

上述內容及圖形參考來源如下：

[1] 2016 IEEE Spectrum ranking,
http://spectrum.ieee.org/static/interactive-the-top-programming-languages-2016.
[2] TIOBE Index,
https://www.tiobe.com/tiobe-index/.

題組八

◎ 本題利用目錄製作檔「920308c.odt」之文件內容編輯「頁碼」與製作「目錄」。

● 封面頁製作,「報告文章實務 張三」為單一頁之封面內容,格式保持不變,參照「參考答案」。

● 目錄頁之「目錄」及「圖目錄」標題文字置中、字型為「標楷體」、大小設定為 16 點。

● 文件頁碼製作,封面頁不加頁碼,目錄及圖目錄之頁碼格式為半形大寫羅馬字(格式為「I, II, III…」),本文內容之頁碼格式則為半形阿拉伯數字(格式為「1, 2, 3…」);所有「頁碼」位置設定於頁尾置中,字型設定為「Times New Roman」,字體大小設定為 14 點。

● 在每一頁的頁首以置中方式,輸入「您的座號」及「您的姓名」,中文字型為「標楷體」,英文及數字為「Times New Roman」字型,字體大小則為 14 點。

● 在每張圖片加「圖 x」的標號,x 為圖片自動編號,標號之後再加上全形「:」,設定標號字元格式與圖片名稱相同,標號位置及對齊,請參照「參考答案」。

● 目錄及圖目錄製作於同一頁,中文字型為「標楷體」,英文及數字字型為「Times New Roman」。目錄第一層標題格式為「壹、」、「貳、」、…等,字體大小設定為 16 點;第二層標題縮排 32 點、格式為「一、」、「二、」、…等,字體大小設定為 14 點,圖目錄格式為「圖 1:」、「圖 2:」、…等,字體大小設定為 12 點。目錄、圖目錄及頁碼,請參照「參考答案」。

● 本文內容及相對位置不得增加或刪減、邊界及相對位置不得調整、字型種類或字體大小不得變更。

● 文件內容列印設定,採 A4 尺寸報表紙,「每張 2 頁」列印,輸出結果共三張,請參照「參考答案」。

目錄

- 壹、前言 1
  - 一、網路資金 1
  - 二、電子商務 1
- 貳、直接序列及跳頻 1
  - 一、網路實體層 1
  - 二、ADSL 網路 1
- 參、無線網路 2
- 肆、瀏覽器的 Cookie 2
- 伍、防火牆 2
- 陸、IEEE 802.14 與 MCNS 2
- 柒、寬頻服務需求 2
- 捌、電信服務性質 2
- 玖、Windows NT 系統 3
- 壹拾、Java 程式開發 3
- 壹拾壹、程式語言趨向 3

圖目錄

- 圖 1：IEEE Spectrum ranking [1] 3
- 圖 2：TIOBE 程式語言熱門趨向 [2] 3

壹、前言

網路的規劃在頻寬(bandwidth)的考量上是重要且影響深遠的。頻寬本身的需求分析頗為複雜，如同容納水管一樣，有大有小；水流就像資料流一樣，當它要通水管時，除非水流的速度夠快，否則必須水管之口徑要夠大，才足夠的吸納水的流量。

一、網路資金

今天國內資金投注管道不像國外，可以在尚未獲利的時點，便向投資大眾募資(比如Yahoo！是1995年公開上市，卻是在1997年才轉虧為盈)，所以國內業者面對外面要戰爭更大，當謹記在心的是，在網際空間小蝦米固然有戰勝大鯨魚的機會，你也有被大鯨魚一口吞沒的危險。

二、電子商務

對企業內資採購的單位來說，其採購對象同樣對象會變成全球性任，如此將彩響其選擇廠與採購模式。這種改變意味著消費者，小眾化自需求將會加速取代過去「大眾化」製造主流生態。向的市場；商或服務的提供者若不能更了解他們的客戶，將無法生存。

貳、直接序列及跳頻

直接序列及跳頻這兩種技巧有好有壞。直接序列的好處是便宜，而且實作容易，而由於所有的人都使用相同的頻率，因此可能會有遠近的問題(Near-Far Effect)，也就是說，距離近的機器訊號強，容易霸佔整個頻道，而其他距離較遠的機器一直被淹沒到成為雜訊。為了解決這個問題，必須多添加一些功率控制的元件，然而卻增加了成本的負擔，而抵消了剛剛所提到的優點。而跳頻的好處是因為不斷做換頻的動作，因此比較少受其他人干擾；然而為了不斷欣換頻的複作，線路的設計較直接序列複雜，當然成本也高一些。

一、網路實體層

如果你知道這個實體層架構，聰明你一定很好奇，我們該如何公平地、有效地運用我們擁有的傳輸介資料，是否可以保留原本所購買的有線網路卡以及軟體，不能夠享無線通訊的樂趣呢？

二、ADSL 網路

在現今的各種傳得媒體網路中，電話網路乃及全世界佈最廣的傳輸網路，亦是線上網最方便的途徑，因之如何在電話網路上提供高速而其速一條一般電話線是一ADSL(非對稱數位用戶迴路)在此需不應運而生；其速一條一般電話線是一般的電話資料數據，專輸可使用的服務，為網路族帶來無限的希望。

參、無線網路

IEEE 802.11是因應此頻需求而訂定出的無線區域網路標準，各廠商依據此標準所產出的無線產品，便可達到彼此的相容性，而無桌網路的使用區域及應用，將會因此更加廣泛和便利。IEEE 802.11制定了OSI 七層通訊架構中的實體層及資料連結層之網路作業的規範(Medium Address Control；MAC)子層之規範。

肆、瀏覽器的 Cookie

雖然Cookie的安全威脅大致已經事過境遷，但其發生的原因仍然值得我們回顧。這一塊小，Cookie 約佔4K 的檔案大小；水流就像一樣，當使用者在存使用時提供Cookie 功能的瀏覽器瀏覽網站時，Server 就會賦予一個「Shopper ID」，並更新使用者的Cookie 資訊內容。

伍、防火牆

它通常是企業內部網路和外界 Internet 之間的唯一通道，例如將它放置企業網路和Internet 網路服務提供者(ISP)的路由器之間，讓企業所有對外的資料，或是從外面 Internet 進入企業網路的資料，都經過防火牆的確認手續，才能放行。

防火牆可分為：

- 資料封包過濾防火牆
- 應用程式過濾式的防火牆
- 電路層過濾式防火牆

陸、IEEE 802.14與 MCNS

IEEE 802.14與 MCNS 訂定的規格基本上有三點差異：

- 用戶端與頭端同步方式
- 頭端分配頻寬以及將頻寬對各用戶的方法不同
- 碰撞解決的方式不同。

柒、寬頻服務需求

寬頻服務需求的大量增加，為有線電視裝載機製造商提供了市場發展的利基，因此僅管互通性標準尚未制定，卻仍有相當多的業者推出適用的產品。這些規格未盡相同的商品，大致可歸為非對稱寬以及對稱的兩類，其中頻道寬為2.56MBPS，頻譜配置單位是 MHz，30/2.56表示下行頻道寬為30 MBPS，上行頻道寬為2.56MBPS，其餘依此類推。

捌、電信服務性質

在網路上提供的電信服務可以依其性質分成兩類：非即時性(Non-Realtime)和即時性(Realtime)。非即時性的服務就如同傳真，對方並不需要立即接收到訊息並做出反應，只要能在容許的時效內收到即可；而即時性的服務就像電話一樣，幾秒的延遲都無法被容許。

玖、Windows NT 系統

在這個百家爭鳴的資訊時代，市場衝突似乎是不可避免的，在區域網路作業平台上，一個力圖擺脫在此領域中的競門，朝廣域網路跨平台網路作業開發；一個則盯住對手，緊咬nt

作為對微軟的攻擊主力不放。

壹拾、Java 程式開發

簡單來說，JAVA 本身是一種語言，JAVA 環境讓應用程式的開發，可以在任何運算平台上執行，在程式設計師的眼中 JAVA 是一個容易使用、且產生可靠程式碼的語言。其本身是一個物件導向程式語言，同時，JAVA 本身所提供的一些可重複使用的程式，不僅節發時間的軟體的可靠性。

壹拾壹、程式語言趨向

程式語言的熱門程度與產業趨勢通常息息相關，一份由 IEEE Spectrum 連續三年和資料科學家 Nick Diakopoulos 統計針對年度最受歡迎程式語言排行版。IEEE 透過分析，歸納出 2016 年熱門程式語言排行榜，其中前三名是 C、Java、與 Python 語言。

圖 1：IEEE Spectrum ranking [1]

我們可以參考另一張趨向圖，更可看出各程式語言的發展趨向。

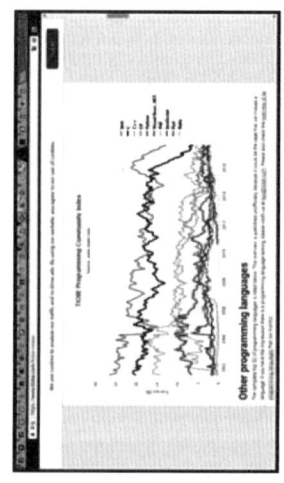

圖 2：TIOBE 程式語言熱門趨向 [2]

上述內容及圖形參考來源如下：

[1] 2016 IEEE Spectrum ranking, http://spectrum.ieee.org/static/interactive-the-top-programming-languages-2016.
[2] TIOBE Index, https://www.tiobe.com/tiobe-index/.

題組九

◎ 本題利用目錄製作檔「920309c.odt」之文件內容編輯「頁碼」與製作「目錄」。

- 封面頁製作，「報告文章實務 張三」為單一頁之封面內容，格式保持不變，參照「參考答案」。

- 目錄頁之「目錄」及「圖目錄」標題文字置中、字型為「標楷體」、大小設定為 16 點。

- 文件頁碼製作，封面頁不加頁碼，目錄及圖目錄之頁碼格式為半形大寫羅馬字(格式為「I, II, III…」)，本文內容之頁碼格式則為半形阿拉伯數字(格式為「1, 2, 3…」)；所有「頁碼」位置設定於頁尾置中，字型設定為「Times New Roman」，字體大小設定為 14 點。

- 在每一頁的頁首以置中方式，輸入「您的座號」及「您的姓名」，中文字型為「標楷體」，英文及數字為「Times New Roman」字型，字體大小則為 14 點。

- 在每張圖片加「圖 x」的標號，x 為圖片自動編號，標號之後再加上全形「：」，設定標號字元格式與圖片名稱相同，標號位置及對齊，請參照「參考答案」。

- 目錄及圖目錄製作於同一頁，中文字型為「標楷體」，英文及數字字型為「Times New Roman」。目錄第一層標題格式為「壹、」、「貳、」、…等，字體大小設定為 16 點；第二層標題縮排 32 點、格式為「一、」、「二、」、…等，字體大小設定為 14 點，圖目錄格式為「圖 1：」、「圖 2：」、…等，字體大小設定為 12 點。目錄、圖目錄及頁碼，請參照「參考答案」。

- 本文內容及相對位置不得增加或刪減、邊界及相對位置不得調整、字型種類或字體大小不得變更。

- 文件內容列印設定，採 A4 尺寸報表紙，「每張 2 頁」列印，輸出結果共三張，請參照「參考答案」。

目錄

- 壹、前言 1
  - 一、網路資金 1
  - 二、電子商務 1
- 貳、純散射式 1
  - 一、網路實體層 1
  - 二、直接序列及跳頻 1
- 參、ADSL 網路 1
- 肆、無線網路 2
- 伍、防火牆 2
- 陸、瀏覽器的 Cookie 2
- 柒、IEEE 802.14 與 MCNS 2
- 捌、寬頻服務需求 2
- 玖、電信服務性質 2
- 壹拾、三大網路整合 3
- 壹拾壹、Sniffer 3
- 壹拾貳、Windows NT 系統 3
- 壹拾參、Java 程式開發 3
- 壹拾肆、程式語言趨向 3

圖目錄

- 圖 1：IEEE Spectrum ranking [1] 3
- 圖 2：TIOBE 程式語言熱門趨向 [2] 3

壹、前言

網路的規劃在頻寬(bandwidth)的考量上是要重點影響且深遠的。頻寬本身的需求分析頗為複雜，如同容納水的水管一樣，當要通過水管更大時，水流就像水流一樣；必須水管不夠粗，才足夠吸納水的流量。有大有小；水流就像水流一樣，通過水管更大時，水流就像水流一樣必須水管不夠粗，才足夠吸納水的流量。

一、網路資金

今天國內資金注管這不像國外，可以任其未獲利的時點，便向投資大眾募資(比如 Yahoo!是1995年公開上市，卻是在1997年才轉虧為盈，所以區內業者所要面對的挑戰更大，需謹記在心所要的是，在網際空間小蝦米挑戰大鯨魚，否則也有被大鯨魚一口吞沒的危險。

二、電子商務

對企業內負責採購的單位來說，其採購對象同樣變成全球性的，如此將影響其消費者性與採購模式，這還會改變採取過去「大眾化」的需求將會加速取代過去「小眾化」製造生產導向的市場；商品或服務的提供者若不能更了解他們的客戶，將無法作生意。

貳、純散射式

什麼叫做純散射？簡單來說就是紅外線任意亂跑，因為是亂跑、所以可能是直接跑到目的地，也可能是經由牆壁反射到目的地。

一、網路實體層

如果你很好奇，我們該如何公之地、有效地運用我們所擁有台灣傳輸分資末傳速資料呢？是否可以保留原未所購買的有線網路卡以及軟體，而能夠的享有無線通訊的樂趣呢？

二、直接序列及跳頻

直接序列及跳頻這兩種技巧有好有壞。直接序列的好處是便宜，而且製作容易，然而由於所有的人都使用相同的頻率，因此可能會有遠近的問題(Near-Far Effect)，也就是說，距離近的機器訊號強，容易壓霸佔整個頻道，而其他距離較遠的機器，因為訊號弱而一直被誤到成本較高的訊號。為了解決這個問題，必須增加一些功率控制的元件，卻又增加了成本。跳頻的好處就是它其他人不斷做做頻的好處就是其他人不斷換換頻的動作，線路的設計較為複雜，當然成本也會高一些。

參、ADSL 網路

在現今的各種傳輸媒體網路中、電話網路乃是全世界界過便最廣最長的，因之如何在電話線速度上提供高速的傳輸速率、成為最熱門的研發標的。ADSL(非對稱數位用戶迴路)在此要求下應運而生，其通常僅是一般電話線路，下時提供一般的電話與高速的數據傳輸的服務，為網路族帶來無限的希望。

肆、無線網路

在個人通訊急速發展的環境中，無線通訊已成為一重要的技術。在無線網路上，使用者不再被網路線所限制，而能帶著筆記型電腦四處遨遊，並可以上線需求而收發資訊。IE王 802.11 是因應此頻需求而制定無線區域網路標準，各底商依照此標準所生產出的無線產品，使各種應用此相的相容性，而產出的無線網路的使用及便利用。將定了 OSI 七層通訊架構中的實體層 IEEE 802.11 訂定了實體層中的媒介存取控制(Medium Address Control；MAC)子層之規範。

伍、防火牆

它通常是企業內部網路和外界 Internet 之間的唯一通道，例如將它放置在企業網路和 Internet 服務提供者(ISP)的路由器之間，讓企業所有到外界網路的資料，或是從外面 Internet 進入企業網路的資料，都經過防火牆的確認手續，才能放行。

防火牆可分為：

● 資料封包過濾防火牆
● 應用程式層過濾防火牆
● 電容層過濾式防火牆

陸、瀏覽器的 Cookie

雖然 Cookie 的安全威脅大致已經事過境遷，但其發主的原因仍然值得我們回顧。這一塊小 Cookie 約佔4K 的檔案大小，由伺服器產生並儲存在使用者的 PC 上，當使用者使用提供 Cookie 功能的瀏覽器瀏覽網站時，Server 就會賦予一個「Shopper ID」，並更新使用者的 Cookie 資訊內容。

柒、IEEE 802.14 與 MCNS

IEEE 802.14 與 MCNS 訂定的規格基本上有三點差異：

● 用戶端與頭端同步的方式
● 頭端分配頻寬以及將頻寬分配結果通知給各用戶的方法不同
● 碰撞解決的方式不同

捌、寬頻服務需求

寬頻服務帶寬需求的大量增加，為有線電視數據機製造商提供了市場發的利基，因此僅當互通信標準尚未制定，這些規格不相當多的商業者推出適用於此架構中的產品。這些規格不盡相同因此不可歸為非對稱式及對稱式兩種，其中頻寬大致可歸為非對稱式及頻譜配置單位是 MHz，30/2.56表示下行頻道頻寬配置為 30 MBPS，上行頻道頻寬為 2.56MBPS，其餘依此類推。

玖、電信服務性資

在網路上提供的電信服務可以依其性質分成兩類：非即時性(Non-Realtime)和即時性(Realtime)。非即時性的服務就如同傳真，對方並不需要立即接收到訊息並做出反應，只要能在容許的時效內收到即可；而即時性的服務就像電話一樣，幾秒鐘的延遲都無法被容許。

壹拾、三大網路整合

為了因應三大網路整合的趨勢，我們有必要提供三大網路整合的操作方式，以及熟悉使用三大網路所提供的服務，讓使用者介面，使得三大網路所提供的服務的功能將比傳統合的服務所提供的功能更多元化。

壹拾壹、Sniffer

Sniffer 原本是協助網管人員或程式設計師，分析封包資料，解決網路 Traffic 問題的軟體，但用在駭客手中，卻成為最佳入侵工具。

那若在家中使用撥接的用戶上線中，是否也會遭到 ISP 的監視？理論上若您使用 Modem 撥接到 ISP 的 Terminal Server，那別擔心會受其他也是撥接用戶的監視，因為 Terminal Server 會過濾不該傳出的封包，但從 ISP 到 GCA 認證若有人從這段連線路，就可能不一定擔心！假若有人從 ISP 或 GCA 認證中心的網路下手，突破安全系統，潛伏在這兩段網路節點中擷取，同樣的也會落在他人口袋，因此，還是「小心能駛萬年船」。

壹拾貳、Windows NT 系統

在這個百家爭鳴的資訊時代，市場所突似乎是不可避免的，在區域網路作業平台上，一個力圖擺脫區域網路中的牆門朝廣域網路跨平台網路開發，一個則訂住對手，緊咬 nt 作為對微軟軟的攻擊主力不放。

微軟在全力強化各項功能的同時，基於對使用者的需求考量和策略上的考量，逐漸採取了循序漸進、逐步取代的整合方式，使得企業內部對作業平台的轉換，有一個較平順、自然的步驟和工具，可供具體實現於有此需要的區域網路環境。

壹拾參、Java 程式開發

簡單來說，JAVA 本身是一種語言，JAVA 環境讓應用程式的開發，可以在任何運算平台上執行，在程式設計師的眼中JAVA 是一個容易使用、且產生可靠程式碼的語言。其本身是一個物件導向的程式語言，同時，JAVA 本身所提供的一些可重複使用的程式，不僅節省了開發時間，也強化了應用 Internet 在任何不同的硬體平台執行，跨越各種平台的伺服器、PC、Mac 或工作站。

由於 JAVA 擁有極大的彈性，企業透過JAVA 這個強力的語言，可以輕鬆建立自己的 Intranet。程式設計者只要利用 JAVA 設計一些小型應用程式(applet)，就能跨越Internet 執行應用文書處理器、試算表或從企業資料庫下載資料等。在昇陽所提出的網路運算架構中，依然遵循著主從架構(client/server)運算的大方向，基本上利用applet 串速走主從架構下載到 client 端，applet可以在任何裝置有 JAVA 虛擬機器軟體的機器上執行。換言之，JAVA applet 可以在任何支援 JAVA 程式的瀏覽器上執行。這是一項關鍵的特性，可以將大型主機上的運算工作，漸進轉換到比較易管理的 JAVA 網路電腦上工作。

壹拾肆、程式語言趨向

程式語言的熱門程度與產業趨勢通常息息相關，一份由 IEEE Spectrum 連續三年和資料科學家 Nick Diakopoulos 統計年度最受歡迎程式語言排行版。IEEE 透過分析，歸納出 2016 年熱門程式語言排行榜，其中前三名是 C、Java 與 Python 語言。

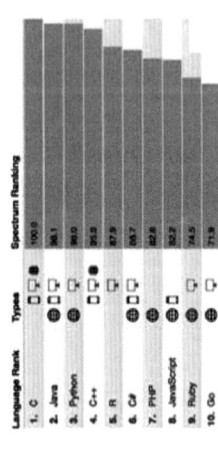

圖 1：IEEE Spectrum ranking [1]

這資料及數字統計，我們可以參考另一張趨向圖，更可看出各程式語言的發展趨向。

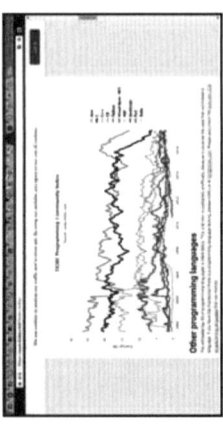

圖 2：TIOBE 程式語言熱門趨向 [2]

上述內容及圖形參考來源如下：
[1] 2016 IEEE Spectrum ranking, http://spectrum.ieee.org/static/interactive-the-top-programming-languages-2016.
[2] TIOBE Index, https://www.tiobe.com/tiobe-index/.

題組十

◎ 本題利用目錄製作檔「920310c.odt」之文件內容編輯「頁碼」與製作「目錄」。

● 封面頁製作,「報告文章實務 張三」為單一頁之封面內容,格式保持不變,參照「參考答案」。

● 目錄頁之「目錄」及「圖目錄」標題文字置中、字型為「標楷體」、大小設定為 16 點。

● 文件頁碼製作,封面頁不加頁碼,目錄及圖目錄之頁碼格式為半形大寫羅馬字(格式為「I, II, III…」),本文內容之頁碼格式則為半形阿拉伯數字(格式為「1, 2, 3…」);所有「頁碼」位置設定於頁尾置中,字型設定為「Times New Roman」,字體大小設定為 14 點。

● 在每一頁的頁首以置中方式,輸入「您的座號」及「您的姓名」,中文字型為「標楷體」,英文及數字為「Times New Roman」字型,字體大小則為 14 點。

● 在每張圖片加「圖 x」的標號,x 為圖片自動編號,標號之後再加上全形「:」,設定標號字元格式與圖片名稱相同,標號位置及對齊,請參照「參考答案」。

● 目錄及圖目錄製作於同一頁,中文字型為「標楷體」,英文及數字字型為「Times New Roman」。目錄第一層標題格式為「壹、」、「貳、」、…等,字體大小設定為 16 點;第二層標題縮排 32 點、格式為「一、」、「二、」、…等,字體大小設定為 14 點,圖目錄格式為「圖 1:」、「圖 2:」、…等,字體大小設定為 12 點。目錄、圖目錄及頁碼,請參照「參考答案」。

● 本文內容及相對位置不得增加或刪減、邊界及相對位置不得調整、字型種類或字體大小不得變更。

● 文件內容列印設定,採 A4 尺寸報表紙,「每張 2 頁」列印,輸出結果共三張,請參照「參考答案」。

目錄

壹、前言 1
　一、通訊設備 1
　二、通訊軟體 1
貳、電信服務 1
　一、網路實體層 1
　二、ADSL 網路 2
參、無線網路 2
肆、防火牆 2
伍、瀏覽器的 Cookie 2
陸、電信服務性質 2
柒、IEEE 802.14 與 MCNS 2
捌、Windows NT 系統 3
玖、程式語言趨向 3

圖目錄

圖 1：IEEE Spectrum ranking [1] 3
圖 2：TIOBE 程式語言熱門趨向 [2] 3

報告文章實務

張三

壹、前言

主從架構或主機密集中式架構：主機或伺服器集中了整個網路上的規劃，亦即應用上的規劃，亦即在主機上的規劃，一設應用上的規劃。一設應用上的規劃，為了在主機上規劃以較高速的連線，以尋求更高的頻寬輸出(bandwidth throughput)。

一、通訊設備

通訊設備本身的頻寬限制：通訊設備所提供的頻寬與擴充、成本與機會更必須考量的因素。近年來，Switch 的設備蓬勃運用，為了整合舊有的低速設施以自動偵測頻寬的通訊設備開始盛行，從來越多的10或100 Mbps Auto detection的設備或模組也納入規劃的領域了。

二、通訊軟體

通訊軟體，協定支援的最大頻寬及多餘負載狀況：最後，通訊的 protocol 種類及其可能產生的 overhead 也應納入考量，一般而言 protocol 感多愈高頻寬的 protocol 的overhead 較大，例如 IPX 的 broadcast 以及 P之後的 routing 等，了解了以上的問題後再看網路的規劃就簡單多了。

貳、電信服務

在網路上提供的電信服務可以依其實性分成兩類：非即時性(Non-Realtime)和即時性(Realtime)。非即時性的服務同步即可；而即時性的服務就必須如同傳真，幾秒鐘的延遲都無法被容許，能在容許的時效內收到即可；而即時性，也比較能夠廣泛接受，且真正具有實用性，尤其是對跨國前非即時性服務的應用比較成熟，所節省的成本非常可觀。隨著頻寬的增加，相信即時性的服務很快地也會被使用者接受，許多軟體業者對在網際網路上傳送即時語音也有這大的期望。相較於網際網路的新興IBM、網景、微軟零公司也都陸續發表了工具有網際電話功能的軟體。電信網路發展的歷史已經相當長了，不但技術成熟而且用戶群愈多不勝，電話線路的分階，電信業者異的所以，難然網路電信具有其成本優勢，但是其操作方式對許多使用者有限，所以網路電信業者是必須讓傳統電信業裝置(電話，傳真機)的人，也能輕易地跟使用電腦的使用者溝通。

一、網路實體層

如果你知道這個實體層架構，聰明的你一定很好奇，我們該如何公平地，有效地運用我們擁有的傳輸介質資料呢？是否可以零留原本所購買的有線網路卡以及軟體，不能夠享有無線通訊的樂趣呢？

二、ADSL 網路

在現今的各種傳輸媒體網路中，電話網路乃是全世界遍佈最廣的傳輸網路，亦是線上網最方便的途徑。因之如何在電話網路上提供高速的傳輸速率 成為最熱門的研發案上。ADSL(非對稱數位用戶迴路)在此需求下應運而生，其透過一條一般電話線路，同時是一般的電話與高速數據傳輸的服務，為網路族帶來無限的希望。

參、無線網路

IEEE 802.11是因應此需求而訂定出的無線區域網路標準，各廠商依據此標準所產生的無線產品，便可達到彼此的相容性，而無線網路的使用區域及應用，將會因此更加廣泛和便利。IEEE 802.11訂定了 OSI 七層通訊架構中的實體層及資料連結層中的媒介存取控制 (Medium Address Control；MAC)子層之規範。

肆、防火牆

它通常是企業內部網路和外界 Internet 之間的唯一通道，例如將它放置在企業網路和Internet 服務提供者(ISP)的路由器之間，讓企業所有到外界的資料，或是從外界到 Internet 進入企業網路的資料，都經過防火牆的確認手續，才能放行。

防火牆可分為：

- 資料封包過濾防火牆。
- 應用程式層過濾式的防火牆。
- 電路層過濾式防火牆。

伍、瀏覽器的 Cookie

雖然 Cookie 的安全威脅大致已經事過境遷，但其發生的原因仍然值得我們回顧。這一塊小 Cookie 約佔4K 的檔案大小，由伺服器產生並儲存在使用者的 PC 上，當使用者使用提供Cookie 功能的瀏覽器瀏覽網站時，Server 就會賦予一個「Shopper ID」並更新使用者的Cookie 資訊內容。

陸、電信服務性質

在網路上提供電信服務可以依其性質分成兩類：非即時性(Non-Realtime)和即時性(Realtime)。非即時性的服務就如同傳真，對方並不需要立即接收到訊息並做出反應，只要能在容許的時效內收到即可；而即時性的服務就像電話一樣，幾秒鐘的延遲都無法被容許。

柒、IEEE 802.14與 MCNS

IEEE 802.14與 MCNS 訂定的規格基本上有三點差異：

- 用戶端與頭端同步的方式
- 頭端分配頻寬以及將頻寬分配結果通知給各用戶的方法不同
- 碰撞解決的方式不同。

捌、Windows NT 系統

在這個百家爭鳴的資訊時代，市場衝突似乎是不可避免的，在區域網路作業平台上，一個力圖擺脫此領域中的纏門，朝廣域網路跨平台網路作業開發，緊咬住nt

作為對微軟的攻擊主力不放。

玖、程式語言趨向

另外由著名的軟體評價公司 TIOBE 公布,熱門程度前三名由 Java、C、與 C++奪冠,Java 與 C 依然是熱門程式語言,與 IEEE 統計類似,但是有差異,該統計是以月分統計,統計 2017八月與 2016八月,並列出差異值,可觀察出程式語言的發展趨向。

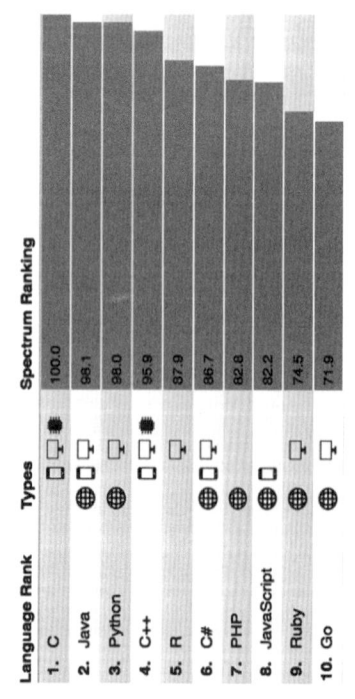

Language Rank	Types	Spectrum Ranking
1. C		100.0
2. Java		98.1
3. Python		98.0
4. C++		95.9
5. R		87.9
6. C#		86.7
7. PHP		82.8
8. JavaScript		82.2
9. Ruby		74.5
10. Go		71.9

圖 1:IEEE Spectrum ranking [1]

這資料是數字統計,我們可以參考另一張趨向圖,更可看出各程式語言的發展趨向。

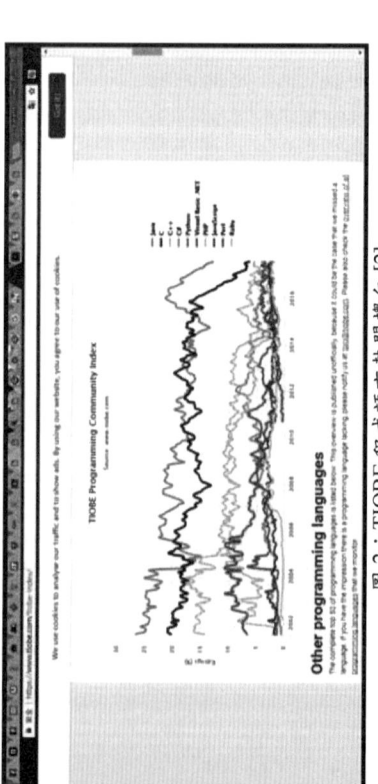

圖 2:TIOBE 程式語言熱門趨向 [2]

上述內容及圖形參考來源如下:

[1] 2016 IEEE Spectrum ranking, http://spectrum.ieee.org/static/interactive-the-top-programming-languages-2016.

[2] TIOBE Index, https://www.tiobe.com/tiobe-index/.

題組十一

◎ 本題利用目錄製作檔「920311c.odt」之文件內容編輯「頁碼」與製作「目錄」。

● 封面頁製作，「報告文章實務 張三」為單一頁之封面內容，格式保持不變，參照「參考答案」。

● 目錄頁之「目錄」及「圖目錄」標題文字置中、字型為「標楷體」、大小設定為 16 點。

● 文件頁碼製作，封面頁不加頁碼，目錄及圖目錄之頁碼格式為半形大寫羅馬字(格式為「- I -, - II -, - III -…」)，本文內容之頁碼格式則為半形阿拉伯數字(格式為「- 1 -, - 2 -, - 3 -…」)；所有「頁碼」前後皆有半形的空白及減號，位置設定於頁尾靠左，字型設定為「Times New Roman」，字體大小設定為 14 點。

● 在每一頁的頁首以靠左方式，輸入「您的座號」及「您的姓名」，中文字型為「標楷體」，英文及數字為「Times New Roman」字型，字體大小則為 14 點。

● 在每張圖片加「圖 x」的標號，x 為圖片自動編號，標號之後再加上全形「：」，設定標號字元格式與圖片名稱相同，標號位置及對齊，請參照「參考答案」。

● 目錄及圖目錄製作於同一頁，中文字型為「標楷體」，英文及數字字型為「Times New Roman」。目錄第一層標題格式為「壹、」、「貳、」、…等，字體大小設定為 16 點；第二層標題縮排 32 點、格式為「一、」、「二、」、…等，字體大小設定為 14 點，圖目錄格式為「圖 1：」、「圖 2：」、…等，字體大小設定為 12 點。目錄、圖目錄及頁碼，請參照「參考答案」。

● 本文內容及相對位置不得增加或刪減、邊界及相對位置不得調整、字型種類或字體大小不得變更。

● 文件內容列印設定，採 A4 尺寸報表紙，「每張 2 頁」列印，輸出結果共三張，請參照「參考答案」。

報告文章實務

張三

目錄

壹、前言 1
　一、傳統網路書店 1
　二、無線電波 1
　三、傳送技術 1
貳、無線區域網路 1
參、電子商務 1
　一、電子商務因素 1
　二、寬頻服務 2
肆、防火牆 2
伍、瀏覽器安全 2
陸、電視數據機 2
柒、電信服務 2
捌、程式語言趨向 2

圖目錄

圖 1：IEEE Spectrum ranking [1] 3
圖 2：TIOBE 月報程式語言熱門程度 [2] 3

99趨自強

壹、前言

近年來資訊硬體產品生命週期越來越短，產品價格不斷滑落，銷售毛利日趨微薄，根據 Computer Intelligence 於今年2月調查就已顯示，平均 PC 零售價格較去年同期下降13%以上，因此 PC 大廠獲利空間愈來愈小。

一、傳統網路書店

傳統書業乃是屬於利用這貨、屯貨、銷貨賺取微薄利潤的行業，存貨週轉率與應收應付帳款交期控制是決定公司獲利水準的主要因素之一，即使與網路書店多也只是前化使用者訂購之前端作業，無法避免向出版商進貨、配送到這一段後端處理。

二、無線電波

相對於無線電波幾乎沒有方向性的限制，紅外線的方向性顯然是個必須解決的問題。不過不用煩惱，這問題已經有解決辦法，而且辦法有兩種，一種叫做純散射式 (Pure Diffuse)，另外一種則叫做半散射式 (Quasidi Tuse)。

三、傳送技術

故針對純散射式的缺點，有人想出另外一套辦法。半散射式，也就是散射式是每台電腦的發射端及接收器天花板對準上某個定點，這個定點通常放置一台類似衛星的機器，有很多個接收器以及發射器，可以準確地接收訊息，也可以準確地轉送到目的地。這樣的架構雖然不是很像傳送及接收衛星訊號的辦法呢？談到這裡，相信你已經和這無線區域網路的傳輸媒介有什麼了。

貳、無線區域網路

目前無線區域網路的調變訊息，以傳輸介質來分，大抵可分為兩類，一類是利用無線電 (Radio Frequency) 來傳送訊息，另外一種則是利用紅外線 (Infrared)。

參、電子商務

以電子商務的價值鏈或是供應鏈 (Supp y Chain) 加以分析，除了中游的企業用戶及終端的用戶之外，上游的 solution 供應者也是群雄並起爭奪摩丁商務的應用服務發展而言，國內外都有各式產品不斷推出。

一、電子商務因素

現階段的電子商務發展，對大部分的企業而言，仍處於起步的階段，可能並未真正掌握電子商務發展的重點及基本精神，造成發展策略上產生不正確的扭曲。在形成電子商務發展策略之前，有一些的因素必須先行關照。

二、寬頻服務

近幾年來網際網路 (Internet) 的蓬勃發展，已使得使用人口普及到各個層面、各地。存取資訊型態也由語音、文字為主的資訊擴充到多媒體的環境。面對這樣充滿商機的環境，ISP(Internet Service Provider)

業者、公司行號、政府機構、學校團體甚至個人都紛紛投入，不但存取資訊由文字導向轉變成圖文語音並茂，提供的服務也由單純的由單純取擴展到視訊會議、遠距教學以及各式電子交易。

肆、防火牆

有人說：「沒有防火牆就沒有 Intranet。」這句話絕對不會過其實，當一個企業要開放Internet 給企業內員工，並且在企業內部建置 Intranet 以後，如果沒有一個防火牆系統放在Internet 和 Intranet 之間的話，企業內部網路和電腦系統，就等於是直接開放給全世界。

- 資料封包過濾防火牆：資料封包過濾式 (Packet Filter) 的防火牆將過往的資料封包 (packet) 仔細地檢查確認，以阻擋不該通過防火牆的交通。
- 應用程式層過濾式的防火牆：應用程式層過濾式 (Application Filter) 的防火牆是屬於代理伺服通道的方式，它利用專門性的程式來做一些 Internet 上的應用的伺介者，使其成為閘通道 (Gateway) 而將企業的網路和外界的 Internet 隔開。

伍、瀏覽器安全

網站有有機會存取個人電腦，或是有關使用者其他的資訊；除非使用者自己另做了多餘的設定，此舉，說明了微軟對其瀏覽器 IE 4.0版安全性的信心。

陸、電視數據機

目前有線電視數據機技術發展的重點仍在標準制定方面，其中以 IEEE 制定的802.14為主流，參與成員多為電腦及電話公司，協定在今年十一月已經確立，預計在今年六月到十一月正式成為 IEEE 標準。基本上來說，IEEE 802.14受到四個標準單位影響：

- ATM Forum。
- DAVIC(Digital Audio Visual Council)，即 Set-Top-Box 標準。
- MCNS(Multimedia Cable Network System)，即 CableLabs 之建議標準。
- SCTE(Society of Cable Telecommunications Engineers)，即 ANSI 之標準。

柒、電信服務

在網路上提供的電信服務可以依其性質分成兩類，非即時性 (Non-Realtime) 和即時性 (Realtime)。非即時性的服務就如同傳真，對方並不需要立即接收到訊息，並且做出反應，只要能在容許的時效內收到即可；而即時性的服務就像電話一樣，幾秒鐘的延遲都無法被容許。

捌、程式語言趨向

程式語言的熱門程度與產業趨勢通常息息相關，一份由 IEEE Spectrum 連續三年的資料科學家 Nick Diokopoulos 統計今年度最受歡迎程式語言排行版，IEEE 透過分析，歸納出2016年熱門程式語言排行榜，其中前三名是 C、Java 與 Python 語言。

圖 1：IEEE Spectrum ranking [1]

另外由著名的軟體評價公司 TIOBE 公布，熱門程度前三名由 Java、C、與 C++奪冠，Java 與 C 依然是熱門程式語言，與 IEEE 統計類似，但是有差異。該統計是以月分統計，統計 2017 八月與 2016 八月，並列出差異值，可觀察出程式語言的發展趨向。

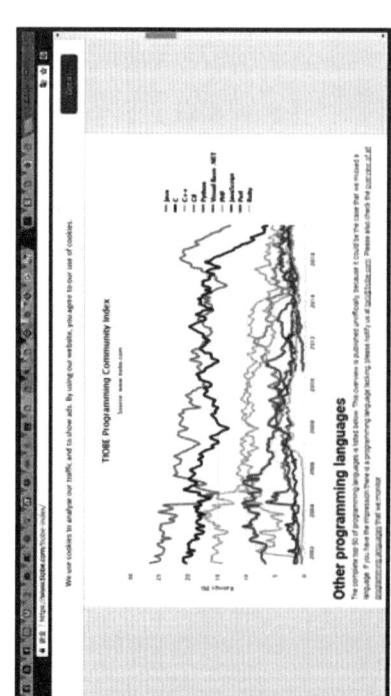

圖 2：TIOBE 月報程式語言熱門程度 [2]

上述內容及圖形參考來源如下：

[1] 2016 IEEE Spectrum ranking, http://spectrum.ieee.org/static/interactive-the-top-programmming-languages-2016.

[2] TIOBE Index, https://www.tiobe.com/tiobe-index/.

- 3 -

題組十二

◎ 本題利用目錄製作檔「920312c.odt」之文件內容編輯「頁碼」與製作「目錄」。

● 封面頁製作,「報告文章實務 張三」為單一頁之封面內容,格式保持不變,參照「參考答案」。

● 目錄頁之「目錄」及「圖目錄」標題文字置中、字型為「標楷體」、大小設定為 16 點。

● 文件頁碼製作,封面頁不加頁碼,目錄及圖目錄之頁碼格式為半形大寫羅馬字(格式為「- I -, - II -, - III -…」),本文內容之頁碼格式則為半形阿拉伯數字(格式為「- 1 -, - 2 -, - 3 -…」);所有「頁碼」前後皆有半形的空白及減號,位置設定於頁尾靠左,字型設定為「Times New Roman」,字體大小設定為 14 點。

● 在每一頁的頁首以靠左方式,輸入「您的座號」及「您的姓名」,中文字型為「標楷體」,英文及數字為「Times New Roman」字型,字體大小則為 14 點。

● 在每張圖片加「圖 x」的標號,x 為圖片自動編號,標號之後再加上全形「:」,設定標號字元格式與圖片名稱相同,標號位置及對齊,請參照「參考答案」。

● 目錄及圖目錄製作於同一頁,中文字型為「標楷體」,英文及數字字型為「Times New Roman」。目錄第一層標題格式為「壹、」、「貳、」、…等,字體大小設定為 16 點;第二層標題縮排 32 點、格式為「一、」、「二、」、…等,字體大小設定為 14 點,圖目錄格式為「圖 1:」、「圖 2:」、…等,字體大小設定為 12 點。目錄、圖目錄及頁碼,請參照「參考答案」。

● 本文內容及相對位置不得增加或刪減、邊界及相對位置不得調整、字型種類或字體大小不得變更。

● 文件內容列印設定,採 A4 尺寸報表紙,「每張 2 頁」列印,輸出結果共三張,請參照「參考答案」。

報告文章實務

張三

目錄

壹、前言 1
  一、傳統網路書店 1
  二、無線電波 1
  三、傳送技術 1
貳、無線區域網路 1
參、電子商務 1
  一、電子商務重要因素 1
肆、寬頻服務 1
伍、防火牆 2
陸、瀏覽器安全 2
柒、電視數據機 2
捌、程式語言趨向 3
玖、電信服務 3

圖目錄

圖 1：IEEE Spectrum ranking [1] 2
圖 2：TIOBE 月報程式語言熱門程度 [2] 3

99趙自強

壹、前言

近來資訊硬體產品生命週期越來越短，微利、產品價格亦不斷滑落，銷售毛利日趨微薄。根據 Computer Intelligence 於今年2月調查就上一季的 PC 零售價格較去年同期下降 10% 以上，因此 PC 大廠獲利空間越來越小。

一、傳統網路書店

傳統圖書業乃屬於利用資、也是零售業中微利潤利用戶交叉授權比較容易應付帳款、應收的行業之一，即使是網路書店的主要因素，網路書店的使用者訂購之後端作業，店多只是避免向出版商進書，配送這一段後端無法避免的處理。

二、無線電波

相對於無線電波幾乎沒有方向性的限制，紅外線的方向性制則顯然是個必須解決的問題。不過不用電腦，這問題已經有解決辦法，而且辦法不只兩種，一種叫做純粹散射式 (Pure Diffuse)，另外一種則叫做半散射式 (Quasidiffuse)。

三、傳送技術

對針對純散射法的缺點，有人想出另外一套辦法，也就是半散射方式，這個辦法是每一台電腦的發射點以及接收點都不能天花板上來個固定式，這樣多個定點發放置一台類似衛星的機器，有很多個接收器以準確地將訊號轉送到目的地，這樣的架構是不是很像衛星訊號呢？該技術這裡，相信你已經知道無線區域網路的傳輸媒介是什麼了。

貳、無線區域網路

目前無線區域網路的產品，以傳輸介質來分，大抵可分為兩類。一類是利用無線電 (Radio Frequency)來傳送訊息，另外一種則是利用紅外線 (Infrared)。不管無線電或是紅外線，它都是類比訊號，然而電腦處理的資料是數位的東西，因此要利用頻比訊號處理的技巧，這技巧就叫做調變 (Modulation)。

參、電子商務

以電子商務的價值鏈是供應鏈 (Supply Chain)加以分析，除了中游的企業應用戶及終端的用戶之外，上游的 solution 供應者也是群雄並起摩拳擦掌的局面，完全電子商務的應用軟體發展而言，國內外都差各式產品不斷推出。

一、電子商務重要因素

現階段的電子商務發展，對大部分的企業正在掌握電子商務發展的重點及基本精神，造成電子商務發展策略產生不正確偏差，有一些在形成電子商務必須先行關照。

二、寬頻服務

近幾年來網際網路 (Internet) 的蓬勃發展，已使得使用人口普及到各個層面。連帶地，存取資訊型態也面臨了革命性的異動。面對這樣充滿商機的環境，ISP (Internet Service Provider) 業者、公司行號、政府機構、學校團體甚至個人都紛紛投入。不但存取資訊，由文字導向轉變圖文語音並茂，提供的服務也由單純的資訊存取擴展到視訊會議，遠距教學以及各式電子交易。

肆、防火牆

有人說：「這句話絕對不會言過其實，當Intranet。」這句話絕對不會言過其實，當一個企業要開放 Internet 給企業的員工，並且在企業內部建置 Intranet 以後，如果沒有一個防火牆，企業內部系統在 Internet 和 Intranet 之間的話，企業內部網路和電腦系統，就等於是直接開放給全世界。

99趙自強

- 資料封包過濾式防火牆：資料封包過濾式 (Packet Filter) 的防火牆將過往的資料封包 (packet) 仔細地檢查確認，以阻擋不該進出防火牆的交通。

- 應用程式層過濾式的防火牆：應用程式層過濾 (Aplication Filter) 的防火牆是屬於代理開通道的方式，它利用專門性的程式來做一些 Internet 上的程式應用的佣介者，使其成為閘通道 (Gateway) 而將企業的網路和外界的 Internet 隔開。

伍、瀏覽器安全

1997年9月30日，Microsoft 在其網站上宣稱，使用者的瀏覽器接受「Cookie」並不會讓網站有機會存取個人電腦，或是有關使用者的其他資訊；除非使用者自己另外做了多餘的設定，此舉，說明了微軟對其瀏覽器 IE 4.0 版安全性的信心。

陸、電視數據機

目前有線電視數據機技術發展的重點仍在標準制定方面，其中以 IEEE 制定的 802.14 為主流，多與成員多為電腦及電話公司，協定的主體已經確立，1998年六月十一月完成標 IEEE 標準。基本上來說，IEEE 802.14 受到四個標準單位的影響：

- ATM Forum。
- DAVIC (Digital Audio Visual Council)，即 Set-Top-Box 標準。
- MCNS (Multimedia Cable Network System)，即 CableLabs 之建議標準。
- SCTE (Society of Cable Telecommunications Engineers)，即 ANSI 之標準。

柒、程式語言趨向

程式語言的熱門程度與產業趨勢通常息息相關，一份由 IEEE Spectrum 連續三年和資料科學家 Nick Diakopoulos 統計的 IEEE 透過分析受歡迎的程式語言排行版，歸納出 2016年熱門程式語言排行榜，其中前三名是 C、Java 與 Python 語言。

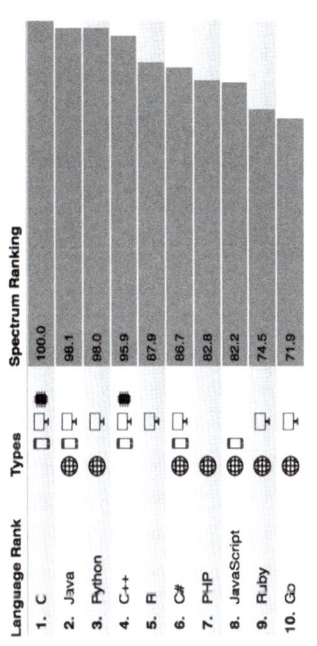

Language Rank	Types	Spectrum Ranking
1. C		100.0
2. Java		98.1
3. Python		99.0
4. C++		95.9
5. R		87.9
6. C#		86.7
7. PHP		82.8
8. JavaScript		82.2
9. Ruby		74.5
10. Go		71.9

圖1：IEEE Spectrum ranking [1]

IEEE 統計類似，但見有差異。該統計是以月分統計，統計 2017年八月與 2016年八月列出差異值，可觀察出程式語言的發展趨向。

另外由著名的軟體評價公司 TIOBE 公布，熱門程度前三名是 Java、C、與 C++ 等冠軍，Java 與 C 依然是熱門程式語言和程式語言冠。

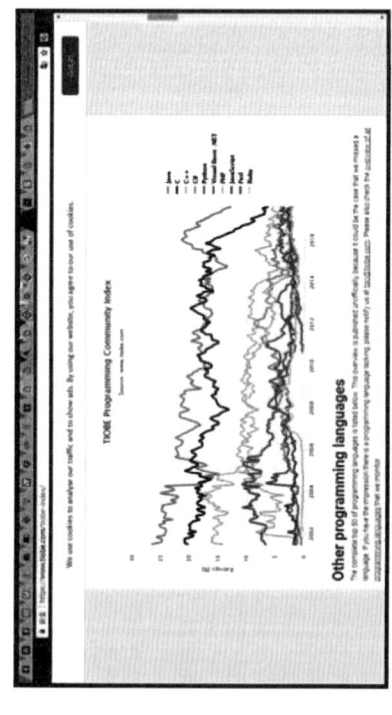

圖 2：TIOBE 月報程式語言熱門程度 [2]

捌、電信服務

在網路上提供的電信服務可以依其性質分成兩類：非即時性(Non-Realtime)和即時性(Realtime)。非即時性的服務就如同傳真，對方並不需要立即接收到訊息並做出反應，只要能在容許的時效內收到即可；而即時性的服務就像電話一樣，幾秒鐘的延遲都無法被容許。

上述內容及圖形參考來源如下：

[1] 2016 IEEE Spectrum ranking,
http://spectrum.ieee.org/static/interactive-the-top-programming-languages-2016.
[2] TIOBE Index,
https://www.tiobe.com/tiobe-index/.

題組十三

◎ 本題利用目錄製作檔「920313c.odt」之文件內容編輯「頁碼」與製作「目錄」。

● 封面頁製作，「報告文章實務 張三」為單一頁之封面內容，格式保持不變，參照「參考答案」。

● 目錄頁之「目錄」及「圖目錄」標題文字置中、字型為「標楷體」、大小設定為 16 點。

● 文件頁碼製作，封面頁不加頁碼，目錄及圖目錄之頁碼格式為半形大寫羅馬字(格式為「- I -, - II -, - III ⋯⋯」)，本文內容之頁碼格式則為半形阿拉伯數字(格式為「- 1 -, - 2 -, - 3 ⋯⋯」)；所有「頁碼」前後皆有半形的空白及減號，位置設定於頁尾靠左，字型設定為「Times New Roman」，字體大小設定為 14 點。

● 在每一頁的頁首以靠左方式，輸入「您的座號」及「您的姓名」，中文字型為「標楷體」，英文及數字為「Times New Roman」字型，字體大小則為 14 點。

● 在每張圖片加「圖 x」的標號，x 為圖片自動編號，標號之後再加上全形「：」，設定標號字元格式與圖片名稱相同，標號位置及對齊，請參照「參考答案」。

● 目錄及圖目錄製作於同一頁，中文字型為「標楷體」，英文及數字字型為「Times New Roman」。目錄第一層標題格式為「壹、」、「貳、」、⋯等，字體大小設定為 16 點；第二層標題縮排 32 點、格式為「一、」、「二、」、⋯等，字體大小設定為 14 點，圖目錄格式為「圖 1：」、「圖 2：」、⋯等，字體大小設定為 12 點。目錄、圖目錄及頁碼，請參照「參考答案」。

● 本文內容及相對位置不得增加或刪減、邊界及相對位置不得調整、字型種類或字體大小不得變更。

● 文件內容列印設定，採 A4 尺寸報表紙，「每張 2 頁」列印，輸出結果共三張，請參照「參考答案」。

目錄

壹、前言 1
　一、網路資金 1
　二、電子商務 1
貳、直接序列及跳頻 1
　一、網路實體層 1
　二、ADSL 網路 1
參、無線網路 2
肆、瀏覽器的 Cookie 2
伍、防火牆 2
陸、IEEE 802.14 與 MCNS 2
柒、寬頻服務需求 2
捌、電信服務性質 2
玖、Windows NT 系統 3
壹拾、Java 程式開發 3
壹拾壹、程式語言趨向 3

圖目錄

圖 1：IEEE Spectrum ranking [1] 3
圖 2：TIOBE 程式語言熱門趨向 [2] 3

報告文章實務
張三

99趙自強

壹、前言

網路的規劃在頻寬(bandwidth)的考量上是重要且影響深遠的,頻寬本身的需求分析頗為複雜,如同容納水的水管一樣,有大有小;水流就像資料流一樣,當它要通過水管時,除非水流的速度夠快,否則必須水管的口徑要夠大,才足夠吸納水管的流量。

一、網路資金

今天國內資金把注資道六億資金國外,可以在尚未獲利的時點,便向投資大眾募資(比如Yahoo!是1995年公開上市,卻是1997年才轉虧為盈),所以國內業者要面對的挑戰更大,需登記在心的是,在網際空間小蝦米固然有戰勝大鯨魚的機會,卻也有被大鯨魚一口吞沒的危險。

二、電子商務

對企業內資資採購的單位說,其採購時的單位說「小眾化」,日常需求將會加速取代過去「大眾化」製造主宰的購模式。這種改變意味著消費者不能更了解他們的客戶,將無法生存。

貳、直接序列及跳頻

直接序列及跳頻這兩種技巧有好有壞。直接序列的好處是便宜,而且實作容易,然而由於所有的人都使用相同的頻率,因此可能會產生近的問題(Near-Far Effect),也就是說,距離近的機器訊號強,容易霸佔整個頻道,而其他距離較遠的元件,然而卻增加了成本的負擔而抵消了剛剛所提到的優點。而跳頻的好處就是因為不斷做跳頻的動作,因此比較少其他人干擾;然而為了不斷做跳頻的動作,線路的設計就比較直接序列複雜,當然成本也高一些。

一、網路實體層

如果你知道這個實體層架構,聰明的你一定很好奇,我們該如何公平地、有效地運用我們擁有的傳輸介資料通訊的樂趣呢?是否可以信留原本所購的有線網路卡以及軟體,同時提供享無線通訊的樂趣呢?

二、ADSL網路

在現今各種傳輸媒體網路中,電話網路乃是全世界最普遍的傳輸網路,亦是線上網路方便的用途,因之如何在電話網路上提供高速的運用而生,其速一條一條電話線路一般的電話與高速數據傳輸的服務,為網路族帶來無限的希望。ADSL(非對稱數位用戶迴路)在比電話未下應運而生,其速一條一條電話線路一般的電話與高速數據傳輸的服務,為網路族帶來無限的希望。

參、無線網路

IEEE 802.11是因應此頻率未訂定出的無線區域網路標準,多廠依據此標準所產出的無線產品,便可達到此破此的相容性,而無線網路的使用在區域及應用,將會因此更加普及和便利。IEEE 802.11訂定了CSI七層通訊架構中的實體層及資料連結層中的媒介存取控制(Medium Address Control ; MAC)子層之規範。

- 1 -

99趙自強

肆、瀏覽器的Cookie

雖然Cookie的安全威脅大致已經事過境遷,但其發生的原因仍然值得我們回顧。這一塊小Cookie約佔4K的檔案大小,由向服器產生並儲存在使用者的PC上,當使用者更新使用的提供Cookie功能的瀏覽器瀏覽網站時,Server就會賦予一個「Shopper ID」,並更新使用者的Cookie資訊內容。

伍、防火牆

它通常是企業內部網路和外界 Internet 之間的唯一通道,例如將它放置企業網路和Internet服務提供者(ISP)的路由器之間,讓企業所有對外界的資料,或是從外面Internet進入企業網路的資料,都經過防火牆的確認手續,才能放行。

防火牆可分為:

- 資料封包過濾防火牆
- 應用程式層過濾式的防火牆
- 電路層過濾式防火牆

陸、IEEE 802.14與MCNS

IEEE 802.14與MCNS訂定的規格基本上有三點差異:

- 用戶端與頭端同步的方式
- 頭端分配頻寬以及將頻寬分配結果通知給各用戶的方法不同
- 硬體解決的方式不同

柒、寬頻服務需求

寬頻服務需求的大量增加,為有線電視數據機製造商提供了市場發展的利基,因此儘管互通性標準尚未制定,卻仍有相當多的業者推出適用的產品。這些規格不盡相同的商品,大致可歸為非對稱式及對稱式兩類,其中頻寬的單位是MBPS,頻譜配置單位是MHz,30/2.56表示下行頻道頻寬為30 MBPS,上行頻道頻寬為2.56MBPS,其餘依此類推。

捌、電信服務性資

在網路上提供的電信服務可以依實性分成兩類:非即時性(Non-Realtime)和即時性(Realtime)。非即時性的服務如同傳真,對方並不需要立即接收到訊息並做出反應,只要能在容許的時效內收到即可;而即時性的服務就像電話一樣,幾秒鐘的延遲都無法被容許。

玖、Windows NT 系統

在這個百家爭鳴的資訊時代,市場衝突似乎是不可避免的,在區域網路作業平台上,一個力擺脫在此領域中的纏鬥,朝廣域網路跨平台實體層及資料連結層的實體層無咬其手,緊咬nt

- 2 -

99趙自強

作為對微軟的攻擊主力不放。

壹拾、Java 程式開發

簡單來說，JAVA 本身是一種語言，JAVA 環境讓應用程式的開發，可以在任何運算平台上執行，在程式設計師的眼中 JAVA 是一個容易使用、且產生可靠程式碼的語言。其本身是一個物件導向程式語言，同時，JAVA 本身所提供的一些可重複使用的程式，不僅節省了開發時間，也強化了應用軟體的可靠性。

壹拾壹、程式語言趨向

程式語言的熱門程度與產業趨勢通常息息相關，一份由 IEEE Spectrum 連續三年和資料科學家 Nick Diakopoulos 統計今年度最受歡迎程式語言排行版。IEEE 透過分析，歸納出 2016 年熱門程式語言排行榜，其中前三名是 C、Java 與 Python 語言。

圖 1：IEEE Spectrum ranking [1]

我們可以參考另一張趨向圖，更可看出各程式語言的發展趨向。

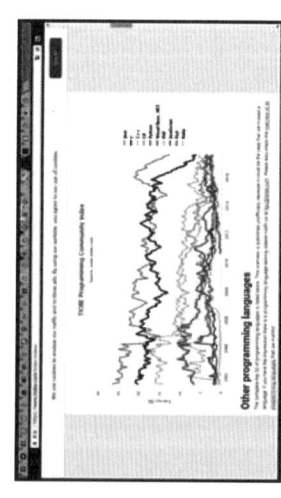

圖 2：TIOBE 程式語言熱門趨向 [2]

上述內容及圖形參考來源如下：
[1] 2016 IEEE Spectrum ranking, http://spectrum.ieee.org/static/interactive-the-top-programming-languages-2016.
[2] TIOBE Index, https://www.tiobe.com/tiobe-index/.

- 3 -

題組十四

◎ 本題利用目錄製作檔「920314c.odt」之文件內容編輯「頁碼」與製作「目錄」。

● 封面頁製作，「報告文章實務 張三」為單一頁之封面內容，格式保持不變，參照「參考答案」。

● 目錄頁之「目錄」及「圖目錄」標題文字置中、字型為「標楷體」、大小設定為 16 點。

● 文件頁碼製作，封面頁不加頁碼，目錄及圖目錄之頁碼格式為半形大寫羅馬字(格式為「- I -, - II -, - III -…」)，本文內容之頁碼格式則為半形阿拉伯數字(格式為「- 1 -, - 2 -, - 3 -…」)；所有「頁碼」前後皆有半形的空白及減號，位置設定於頁尾靠左,字型設定為「Times New Roman」，字體大小設定為 14 點。

● 在每一頁的頁首以靠左方式，輸入「您的座號」及「您的姓名」，中文字型為「標楷體」，英文及數字為「Times New Roman」字型，字體大小則為 14 點。

● 在每張圖片加「圖 x」的標號，x 為圖片自動編號，標號之後再加上全形「：」，設定標號字元格式與圖片名稱相同，標號位置及對齊，請參照「參考答案」。

● 目錄及圖目錄製作於同一頁，中文字型為「標楷體」，英文及數字字型為「Times New Roman」。目錄第一層標題格式為「壹、」、「貳、」…等，字體大小設定為 16 點；第二層標題縮排 32 點、格式為「一、」、「二、」…等，字體大小設定為 14 點，圖目錄格式為「圖 1：」、「圖 2：」、…等，字體大小設定為 12 點。目錄、圖目錄及頁碼，請參照「參考答案」。

● 本文內容及相對位置不得增加或刪減、邊界及相對位置不得調整、字型種類或字體大小不得變更。

● 文件內容列印設定，採 A4 尺寸報表紙，「每張 2 頁」列印，輸出結果共三張，請參照「參考答案」。

目錄

壹、前言	1
一、網路資金	1
二、電子商務	1
貳、純散射式	1
一、網路實體層	1
二、直接序列及跳頻	1
參、ADSL 網路	1
肆、無線網路	2
伍、防火牆	2
陸、瀏覽器的 Cookie	2
柒、IEEE 802.14 與 MCNS	2
捌、寬頻服務需求	2
玖、電信服務性質	2
壹拾、三大網路整合	3
壹拾壹、Sniffer	3
壹拾貳、Windows NT 系統	3
壹拾參、Java 程式開發	3
壹拾肆、程式語言趨向	3

圖目錄

圖 1：IEEE Spectrum ranking [1]	3
圖 2：TIOBE 程式語言熱門趨向 [2]	3

報告文章實務

張三

99趙自強

壹、前言

網路的規劃重點在頻寬(bandwidth)的考量上是重要且影響深遠的。頻寬未身的需求一樣,分析頻為複雜,如容納水流就像管水流一樣,當它要通過水管時,除非水流的速度夠快,否則有大:水量小,水流就像淹的口徑要夠大,才足以吸納水客的流量。

一、網路資金

今天國內資金注重這不象國外,可以在未獲利的時點,便向投資大眾募資(比如 Yahoo!是1995年公開上市,卻是在1997年才轉虧為盈),所以國內業界面對的挑戰更大,需牢記公司的是,在網際空間小蝦米固然有致勝大鯨魚的機會,卻也有被大鯨魚一口吞沒的危險。

二、電子商務

對企業內員負採購的單位來說,其採購對象與採購模式,這種改變影響其選擇消費者「大眾化」的需求將會加速取代過去「小眾化」製造生產的市場;商品或服務的提供者若不能更了解他們的客戶,將無法作生意。

貳、純散射式

什麼叫做純散射式?簡單來說就是「亂槍打鳥」,因為它是亂打的,所以可以讓紅外線變成全球性,因為他只是個反射,是直接散的目的地,也可能是經由牆壁反射到目的地。

一、網路資體層

如果你知道這個硬體架構,聰明的你一定很好奇,我們該如何公平地、有效地運用我們擁有的傳輸介質來求取有線的呢?是否還可以保留原本所採購之有線網卡及軟體,是以及如何擁有無線通訊設備的樂趣呢?

二、直接序列及跳頻

直接序列及跳頻這兩種技巧有好有壞。直接序列的好處是便宜,而且貴作容易,然而由於所有的人都使用相同的頻率,因此它可能會有遠近的問題(Near-Far Effect),容易霸佔整個頻道,距離近的機器訊號強,而其他距離較遠的機器訊號就較弱,因為訊號弱所以一直被評判成沒雜訊。為了解決這個問題,必須多添加一些功率控制的元件,然而增加了成本的考量,而抵消了剛剛所提到的優點。而跳頻比較少受其他人干擾;然而為了不斷做換頻的動作,網路的設計就比較複雜,當然成本也高一些。

參、ADSL 網路

在現今的各種傳輸媒體網路層、電話網路乃是全世界場最廣的。所以如何在電話連線上網提供高速的傳輸速率,反而是最熱門的研究。ADSL非對稱數位用戶迴路的研究就此應運而生,其透過一般的電話線路,同時提供一般的電話與高速數據傳輸的服務,為網路帶來未來無限的希望。

肆、無線網路

在個人通訊急速發展的環境中,無線通訊已成為一重要的技術。無線網路上,使用者不再被網路所限制,而能帶上筆記型電腦四處遊走,並可連上網路收發資訊。IEEE 802.11是因應此需求而訂定出的無線區域網路標準,各種商依設此無線所生產的無線產品,卻仍有相此類的性。而無線網路的使用區域廣泛應用,因此更加有廣泛和使的使用利。IEEE 802.11訂定了OSI七層通訊架構中介層取控制(Medium Address Control;MAC)子層之規範。

伍、防火牆

它通常是企業內網路和外界 Internet 之間的唯一通道,例如將它放置在企業網路和 Internet 服務提供者(ISP)的路由器之間,讓企業所有到外界的資料,或是從外面 Internet 進入企業網路的資料,都要經過防火牆的確認手續,才能放行。

防火牆可分為:

- 資料封包過濾防火牆。
- 應用程式層過濾式防火牆。
- 電路層過濾式防火牆。

陸、瀏覽器的Cookie

雖然Cookie的安全威脅大致已經事過境遷,但其發生的原因仍然值得我們回顧:這一塊小Cookie約佔4K的檔案大小,由伺服服器產生並儲存在使用者的PC上,當使用者使用提供Cookie功能的瀏覽器瀏覽網站時,Server就會賦予一個「Shopper ID」,並更新使用者的Cookie資訊內容。

柒、IEEE 802.14與MCNS

IEEE 802.14與MCNS訂定的規格基本上有三點差異:

- 用戶端與頭端同步的方式不同。
- 頭端分配頻寬以及將頻寬分配結果通知給各用戶的方法不同。
- 延撞解決的方式不同。

捌、寬頻服務需求

寬頻服務需求的大量增加,為有線電視數據機製造商提供了市場發展的利基,因此不僅管互通性標準尚未制定,卻仍有相當多的業者推出適用的產品。這些規格不盡相同的商品,大致可歸為非對稱及及對稱兩種。中頻寬的單位是MBPS,頻譜配置為MHz,30/2.56表下行頻道頻寬為30 M3PS,上行頻道頻寬為2.56MBPS,其餘依此類推。

玖、電信服務性質

在網路上提供的電信服務可以依其性質分成兩類:非即時性(Non-Realtime)和即時性(Realtime)。非即時性的服務就如同傳真,對方並不需要立即接收到訊息並做出反應,只要能在容許的時效內收到即可;而即時性的服務就像打電話一樣,幾秒鐘的延遲都無法被容許。

壹拾、三大網路整合

為了因應三大網路整合的趨勢,我們有必要提供使用者一個簡單的操作方式,以及熟悉的操作介面,讓使用者可以輕易地使用三大網路所提供的服務,而經過整合的服務所提供的功能將比傳統服務更具多元化。

壹拾壹、Sniffer

Sniffer原本是協助網管人員或程式設計師,分析封包資料,解決網路問題的軟體,但用在駭客手中,卻成為最佳入侵工具。

那若是在家中使用撥接的用戶上線中請,是否也會遭到竊聽?理論上若您使用Modem撥接到ISP的Terminal Server,那別擔心您受其他使用者的監視,因為Terminal Server會過濾不傳送出的封包,但從ISP到GCA認證中心的線路,可就不一定囉!假若有人從ISP或GCA認證中心上網下手,突破安全系統,潛伏在此段網路節點中攔截,同樣在此路口上袋,因此,資料同小心也能駕馭年船。

壹拾貳、Windows NT 系統

在這個百家爭鳴的資訊時代,市場衝突似乎是不可避免的,在區域網路作業平台上,一個擺脫不在網路作業的纜門朝廣域網路跨平台網路開發;一個則可是以微軟跨OSI網路作業開放的攻擊主力不放。

99趙自強

微軟在全力強化各項功能的同時，基於對使用者的需求尊重和策略上的考量，逐步採取了循序漸進、逐步取代的整合方式，使得企業內部對作業平台的轉換有一個較平順、自然的步驟和工具，可供具體實現於有此需要的區域網路環境。

壹拾參、Java程式開發

簡單來說，JAVA本身是一種語言，JAVA環境提供應用程式的開發，可以在任何運算平台上執行，在程式設計師的眼中JAVA是一個容易使用、且產生可靠程式碼的語言。其本身是一個物件導向程式語言，同時，JAVA本身所提供的一些複雜使用的程式，不僅省了開發時間，也強化了應用軟體的可靠性。另外，JAVA可以跨越Internet在任何不同的硬體平台執行，包括各種平台的伺服器、PC、Mac或工作站。

由於JAVA擁有極大的彈性，企業透過JAVA這個強力的語言，可以輕鬆建立自己的Intranet。程式設計者只要利用JAVA設計一些小型應用程式(applet)，就能跨越Internet執行文書處理等。在昇陽所提出的網路資料庫下載架構中，依然遵循著主從架構(client/server)運算的大方向，基本上利用applet架構起主從架構的主體，它可以依需求即時由伺服器下載串連到client端，applet可以在任何裝置有JAVA虛擬機器軟體的機器上執行。換言之，JAVA applet可以在任何支援JAVA程式的瀏覽器上執行。這是一項關鍵的特性，可以將大型主機上的運算工作，漸速轉換到較易管理的JAVA網路電腦上工作。

壹拾肆、程式語言趨向

程式語言的熱門程度與產業趨勢通常息息相關，一份由IEEE Spectrum連續三年和資料科學家Nick Diakopoulos統計年度最受歡迎程式語言排行版。IEEE透過分析，歸納出2016年熱門程式語言排行榜，其中前三名是C、Java、與Python語言。

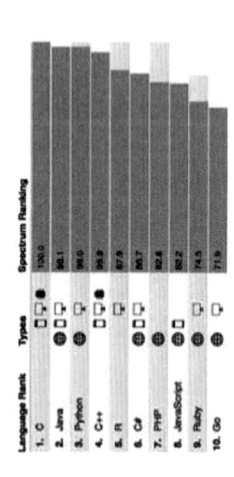

圖1：IEEE Spectrum ranking [1]

這資料是數字統計，我們可以參考另一張趨向圖，更可看出各程式語言的發展趨向。

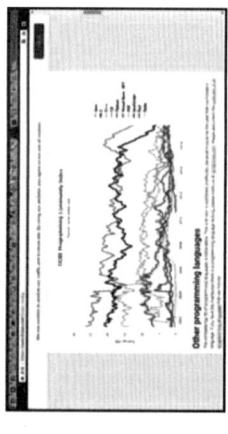

圖2：TIOBE程式語言熱門趨向 [2]

上述內容及圖形參考來源如下：
[1] 2016 IEEE Spectrum ranking,
http://spectrum.ieee.org/static/interactive-the-top-programming-languages-2016.
[2] TIOBE Index,
https://www.tiobe.com/tiobe-index/.

題組十五

◎ 本題利用目錄製作檔「920315c.odt」之文件內容編輯「頁碼」與製作「目錄」。

● 封面頁製作，「報告文章實務 張三」為單一頁之封面內容，格式保持不變，參照「參考答案」。

● 目錄頁之「目錄」及「圖目錄」標題文字置中、字型為「標楷體」、大小設定為 16 點。

● 文件頁碼製作，封面頁不加頁碼，目錄及圖目錄之頁碼格式為半形大寫羅馬字(格式為「- I -, - II -, - III -…」)，本文內容之頁碼格式則為半形阿拉伯數字(格式為「- 1 -, - 2 -, - 3 -…」)；所有「頁碼」前後皆有半形的空白及減號，位置設定於頁尾靠左，字型設定為「Times New Roman」，字體大小設定為 14 點。

● 在每一頁的頁首以靠左方式，輸入「您的座號」及「您的姓名」，中文字型為「標楷體」，英文及數字為「Times New Roman」字型，字體大小則為 14 點。

● 在每張圖片加「圖 x」的標號，x 為圖片自動編號，標號之後再加上全形「：」，設定標號字元格式與圖片名稱相同，標號位置及對齊，請參照「參考答案」。

● 目錄及圖目錄製作於同一頁，中文字型為「標楷體」，英文及數字字型為「Times New Roman」。目錄第一層標題格式為「壹、」、「貳、」、…等，字體大小設定為 16 點；第二層標題縮排 32 點、格式為「一、」、「二、」、…等，字體大小設定為 14 點，圖目錄格式為「圖 1：」、「圖 2：」、…等，字體大小設定為 12 點。目錄、圖目錄及頁碼，請參照「參考答案」。

● 本文內容及相對位置不得增加或刪減、邊界及相對位置不得調整、字型種類或字體大小不得變更。

● 文件內容列印設定，採 A4 尺寸報表紙，「每張 2 頁」列印，輸出結果共三張，請參照「參考答案」。

報告文章實務

張三

目錄

壹、前言 1
　一、通訊設備 1
　二、通訊軟體 1
貳、電信服務 1
　一、網路實體層 1
　二、ADSL 網路 2
參、無線網路 2
肆、防火牆 2
伍、瀏覽器的 Cookie 2
陸、電信服務性質 2
柒、IEEE 802.14 與 MCNS 2
捌、Windows NT 系統 2
玖、程式語言趨向 3

圖目錄

圖 1：IEEE Spectrum ranking [1] 3
圖 2：TIOBE 程式語言熱門趨向 [2] 3

- I -

99趙自強

壹、前言

主從架構或主機密集式架構：主機或伺服器集中式架構，則應考量在應用上需分擔多少ncdes的存取決定頻寬的需求。一般應用上的規劃，亦即在主機上的規劃以較高速的連線。它可以以另一種方式規劃，即在主機上有多重路徑(multiple paths)連線，以尋求更高的頻寬輸出(bandwidth throughput)。

一、通訊設備

通訊設備本身的頻限制：通訊設備所提供的頻寬與擴充、成本與機會是必須考慮的因素。近年來，Switch 的設備普遍運用，為了整合舊的低速設備又自動偵測頻寬，所以設備的通訊設備，越來越多的10或100 Mbps Auto detection 的設備或模組也納入規劃的領域了。

二、通訊軟體

通訊軟體、協定支援的最大頻寬及多餘會狀況；最後，通訊的 protocol 種類及其可能產生的 overhead 也應納入考慮。一般而言，protocol 愈多愈高的頻覺，而有些 protoco 的 overhead 較大，例如 IPX 的 broadcast 以及 PX 後的 routing 等。了解了以上的問題後未來網路的規劃就簡單多了。

貳、電信服務

在網路上提供的電信服務可以依其特性會分成兩類：非即時性(Non-Realtime)和即時性(Realtime)。非即時性的服務就如同傳真，對方並不需要立即接收到訊息並做出反應，只要能在容許的時效內收到即可；而即時性的服務都需要即時反應，幾秒鐘的延遲都無法被容許的前非即時性服務的應用比較成熟，也比較能推廣被廣泛接受，且具有實用性，尤其是對跨國的企業而言，所節省的成本非常可觀。隨著頻寬的增加，相信即時性的服務很快地也會被使用者接受，許多軟體業者對在網際網路上傳送即時語音功能的期望有很大的期望和且深具信心。IBM、網景、微軟等公司也都陸續發表了具有網際網路電話功能的新產品。相較於網際網路的新穎，電信網路發展的歷史已經相當長久了，但技術成熟而且用戶群跨及多年齡層，但是其發及多種電腦作業平台的各階層人士，所以雖然網路電話具備了極大的成本優勢，但其操作方式對許多不會使用電腦的人來講還是諸多不便，甚至帶有恐懼感，而無法如此迅速將網際網路所帶來的好處帶入電信業必須被習慣於使用傳統電信裝置(電話、傳真機)的用戶，也能輕易地跟電話客戶群有更好地代表了其客戶群有限，所以網路電信業者必須被習慣於使用電腦的使用者溝通。

一、網路實體層

如果你知道這個實體層架構，聰明的你一定很好奇，我們該如何公平地、有效地呈現我們擁有的傳輸介質來傳送資料呢？是否可以保留原本所購買的有線網路卡以及軟體，仍能夠享有無線網路介質的樂趣呢？

二、ADSL 網路

在現今的各種傳輸媒體網路中，電話網路乃是全世界遍佈最廣實的傳輸網路，亦是提上網最方便的途徑。因之如何在電話網路上提供高速的傳輸速率成為最熱門的研發方向。ADSL(非對稱數位用戶迴路)在此需求下應運而生，其透過一條一般的電話線路，同時提供一般的電話與高速無線數據傳輸的服務，為網路族帶來無限的希望。

參、無線網路

IEEE 802.11 是因應此頻需求而訂定出的無線區域網路標準，各廠商依此標準所生產出的無線產品，便可達到彼此的相容性，而無線網路的使用區域及應用，將會因此更加廣泛和便利。IEEE 802.11 訂定了 OSI 七層通訊架構中的實體層及資料連結層外面的媒介存取控制(Medium Address Control：MAC)子層之規範。

肆、防火牆

它通常是企業內網路和外界 Internet 之間的唯一通道，例如將它放置企業內網路和Internet 服務提供者(ISP)的路由器之間，讓企業所有到外界的資料，或是從外面 Internet 進入企業網路的資料，都經過防火牆的確認手續，才能放行。

防火牆可分為：

- 資料封包過濾式防火牆。
- 應用程式層過濾式的防火牆。
- 電路層過濾式防火牆。

伍、瀏覽器的 Cookie

雖然 Cookie 的安全威脅大致已經事過境遷，但其發生的原因仍然值得我們回顧。這一塊小 Cookie 約佔4K 的檔案大小，由伺服器產生並儲存在使用者的 PC 上，當使用者再次使用Cookie 功能的瀏覽器瀏覽網站時，Server 就會賦予一個「Shopper ID」並更新使用者的Cookie 資訊內容。

陸、電信服務特性

在網路上提供的電信服務可以依其特性質分成兩類：非即時性(Non-Realtime)和即時性(Realtime)。非即時性的服務就如同傳真，對方並不需要立即接收到訊息並做出反應，只要能在容許的時效內收到即可；而即時性的服務就像電話一樣，幾秒鐘的延遲都無法被容許。

柒、IEEE 802.14 與 MCNS

IEEE 802.14 與 MCNS 訂定的規格基本上有三點差異：

- 用戶端與頭端同步的方式
- 頭端分配頻寬以及將頻寬分配結果通知給各用戶的方法不同。
- 碰撞解決的方式不同。

捌、Windows NT 系統

在這個百家爭鳴的資訊時代，市場衝突似乎是不可避免的，在區域網路作業平台上，一個力擺脫在此領域中權門，朝廣域網路平台網路作業開發，同時提供一般nt

99趙自強
作為對微軟的攻擊主力不放。

玖、程式語言趨向

另外由著名的軟體評價公司 TIOBE 公布，熱門程度前三名由 Java、C、與 C++奪冠，Java 與 C 依然是熱門程式語言，與 IEEE 統計類似，但是有差異。該統計是以月分統計，統計2017八月與2016八月，並列出差異值，可觀察出程式語言的發展趨向。

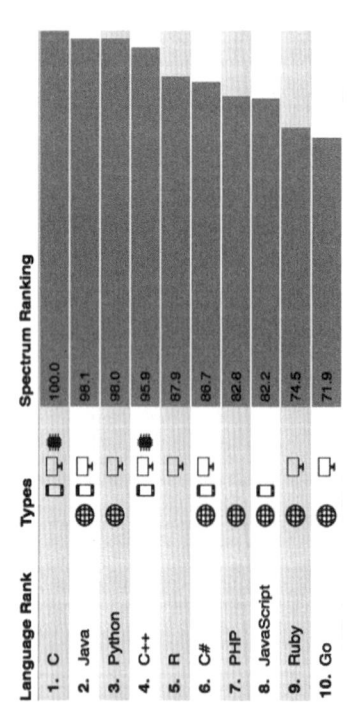

圖 1：IEEE Spectrum ranking [1]

這資料是數字統計，我們可以參考另一張趨向圖，更可看出各程式語言的發展趨向。

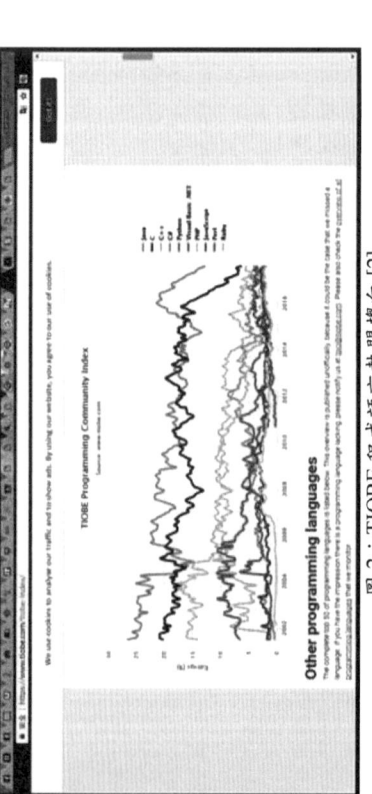

圖 2：TIOBE 程式語言熱門趨向 [2]

上述內容及圖形參考來源如下：

[1] 2016 IEEE Spectrum ranking, http://spectrum.ieee.org/static/interactive-the-top-programming-languages-2016.

[2] TIOBE Index, https://www.tiobe.com/tiobe-index/.

- 3 -

3

合併列印

3-01 考題分析

3-02 解題程序

3-03 解題實作

3-04 考題與參考答案

3-01 考題分析

本單元 15 個題組的解題程序完全一致，對應的功能鈕與對話方塊也完全相同，唯一有差異的是標籤文件內容可分為五類，每一類 3 個相似題目。

本單元為 Word 合併列印：「標籤」，題目相似度高，可分為 5 個類別，解題步驟的相似度更高，因此本書解題採取主題式說明，首先請看以下分析：

▶ 產品資料

題組號	一	六	十一
資料檔	920301m	920306m	920311m

3 個「產品資料」資料檔 01、06、11 的欄位結構是完全一致的，不同的只是資料內容與筆數，下圖為 920301m 部分內容：

產品代號	產品名稱	庫存量	安全存量
MB486V3R16	486主機板 VL slot *3 16MB RAM	2000	1000
MB486V3R32	486主機板 VL slot *3 32MB RAM	2556	1500
MB486P3R16	486主機板 PCI slot *3 16MB RAM	1522	1200

考題要求比較、分析：

題組	篩選欄位	篩選條件	排序欄位	排序方向	版面	標籤數
一	庫存量	>= 2000	庫存量	遞減	橫向	3 x 5
六	安全存量	>= 1000	產品名稱	遞增	橫向	3 x 5
十一	產品名稱	開頭不是：SuperVGA	產品名稱	遞增	橫向	3 x 5

▶ 學生資料

題組號	二	七	十二
資料檔	920302m	920307m	920312m

3個「學生資料」資料檔02、07、12的欄位結構是完全一致的，不同的只是資料內容與筆數，下圖為920302m部分內容：

班級	座號	學生姓名	住址	家長姓名	電話	科別
107	10	李家妮	新北市土城區忠義路99巷5號3F	李淑	02-2605665	幼保
106	32	劉亦芳	基隆市信義區信二路74巷99號	劉坤銘	02-4201911	幼保
106	02	方嘉瑋	基隆市信義區信二路567巷3號	謝蓮琴	02-4227371	幼保
106	38	謝孟君	基隆市中山區中山路654巷20號	謝德和	02-4230795	幼保

考題要求比較、分析：

題組	篩選欄位	篩選條件	排序欄位	排序方向	版面	標籤數
二	班級	= 101	座號	遞增	直向	2 x 8
七	住址	開頭：基隆市中山區	座號	遞增	直向	2 x 8
十二	科別	= 幼保	座號	遞增	直向	2 x 8

▶ 員工專長

題組號	三	八	十三
資料檔	920303m	920308m	920313m

3個「員工專長」資料檔03、08、13的欄位結構是完全一致的，不同的只是資料內容與筆數，下圖為920303m部分內容：

姓名	職種	年齡	性別	出生地	到職年	專長
方重圍	顧問工程師	60	男	桃園市	69	市場分析
何茂宗	總經理	48	男	台北市	64	業務規劃
黃慧萍	特別助理	30	女	新北市	76	市場公關

考題要求比較、分析：

題組	篩選欄位	篩選條件	排序欄位	排序方向	版面	標籤數
三	年齡	>= 40	到職年	遞增	橫向	4 x 5
八	性別	= 女	到職年	遞增	橫向	4 x 5
十三	出生地	= 台北市	到職年	遞增	橫向	4 x 5

▶ 客戶資料

題組號	四	九	十四
資料檔	920304m	920309m	920314m

3 個「客戶資料」資料檔 04、09、14 的欄位結構是完全一致的，不同的只是資料內容與筆數，下圖為 920304m 部分內容：

客戶寶號	縣市	地址	郵遞區號	聯絡人	行業別
洽興金屬工業股份有限公司	台中市	西屯區工業區12路5號	407	陳勳森	機械
新益機械工廠股份有限公司	台北市	北投區承德路7段371-1號	100	謝裕民	機械
天源義記機械股份有限公司	台北市	松山區敦化北路122號3樓	105	翁崇銘	機械

考題要求比較、分析：

題號	篩選欄位	篩選條件	排序欄位	排序方向	版面	標籤數
四	縣市	= 桃園縣	客戶寶號	遞增	直向	2 x 8
九	郵遞區號	>= 334	客戶寶號	遞減	直向	2 x 8
十四	行業別	= 機械	客戶寶號	遞減	直向	2 x 8

▶ 員工一般

題組號	五	十	十五
資料檔	920305m	920310m	920315m

3 個「員工一般」資料檔 05、10、15 的欄位結構是完全一致的，不同的只是資料內容與筆數，下圖為 920305m 部分內容：

姓名	現任職稱	部門代號	縣市	地址	郵遞區號
方重園	顧問工程師	A01	新竹市	科學工業園區工業東四路7號2樓	300
何茂宗	業務專員	B01	台北市	中山區松江路301號9樓	104
黃慧萍	特別助理	B01	新北市	新店區寶興路45巷5號3樓	231
林建鬪	研發副總	A01	屏東市	中正路688巷46弄59號	900

考題要求比較、分析：

題號	篩選欄位	篩選條件	排序欄位	排序方向	版面	標籤數
五	現任職稱	業務專員	姓名	遞增	橫向	3 x 5
十	部門代號	＝A01	姓名	遞增	橫向	3 x 5
十五	縣市	台北市	姓名	遞增	橫向	3 x 5

經過以上解析我們可以相信，每一個類別題目相似性非常高，因此本書只做 5 種類別第 1 個題組的解題，也就是：一、二、三、四、五題組，每一個題目有特別需要說明的部分將在分類解說的最後「特別說明」中加以提示。

3-02 解題程序

標籤列印的程序、相對應的功能鈕都是固定的，但 Word 中文版中許多功能鈕的翻譯名稱卻詞不達意，把程序跟功能鈕弄清楚後，題目操作便會順暢許多。

解題程序及功能鈕對照圖：

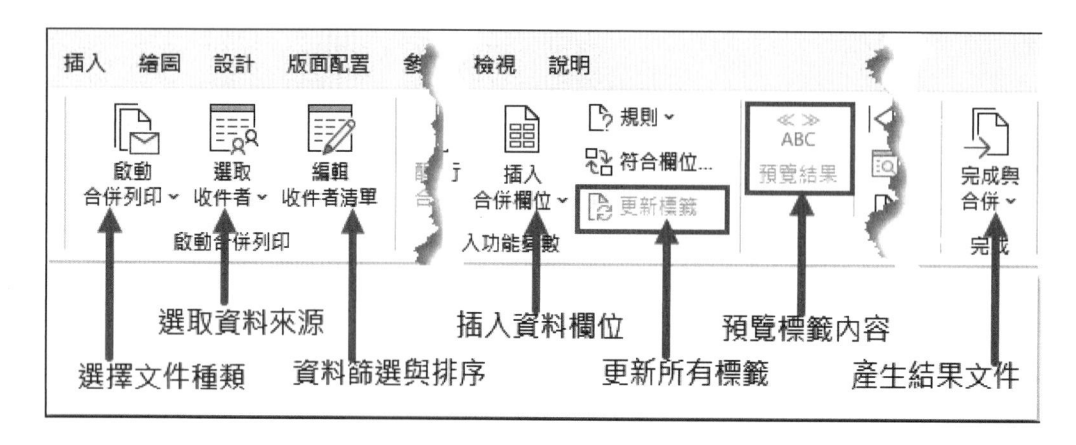

配合實務作業程序，我們將操作步驟列表說明如下：

功能	說明	圖示
A：建立新文件	建立新文件：趙自強-3	
B：設定主文件	指定「標籤」文件 根據題目要求： 　設定每一個標籤規格明細	1. 啟動合併列印
C：設定合併資料	根據題目要求： 　指定合併資料檔：9203xxm 　設定篩選、排序條件	2. 選取收件者　3. 編輯收件者清單
D：標籤內容	根據題目要求： 　在第 1 個儲存格輸入欄位標題 　在各段落插入欄位	4. 插入合併欄位
E：格式設定	設定段落、字型格式 檢查實際合併結果	5. 更新標籤　6. 預覽結果
F：頁首設定	根據題目要求：輸入頁首資料	
G：產生結果文件	產生「結果」文件：趙自強-3 刪除無資料儲存格內容	7. 完成與合併

3-03 解題實作

▶ 實作步驟說明

- 所有題目實作步驟中，我們所使用的考生資料如下：
  姓名：林文恭　　座號：99

- 合併資料檔案全名過於冗長以題組 01 為例：
  C:\118003B 範例\題組 01\920301m.odt
  我們一律簡化為：...\題組 01\920301m.odt

- 本單元會產生 2 個檔案，命名規則如下：
  合併設定檔：題號 + "-3"，以題組 01 為例：01-3
  合併結果檔：題號 + "-4"，以題組 01 為例：01-4
  題目只要求列印結果，命名規則為作者個人建議！

▶ 基礎教學

解題流程

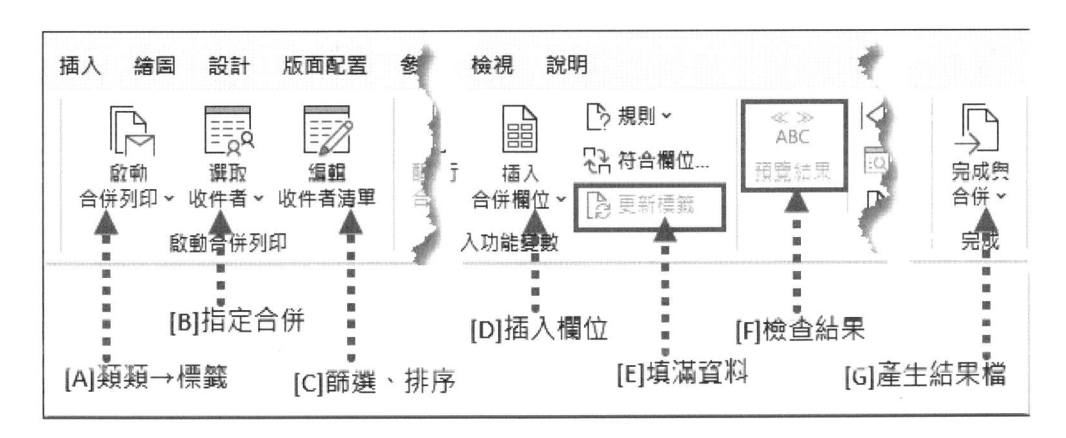

A. 啟動合併列印：指定合併列印類型，本單元考題一律選取→標籤。

B. 選取收件者：
   指定合併檔案，以題組 01 為例，檔案名稱：題組 01\920301m.odt
   m：mail 郵件或是 merge 合併的意思。

C. 編輯收件者清單：資料排序、篩選。

D. 插入合併欄位：將合併資料檔的欄位插入標籤中。

E. 更新標籤：將完成設定的單一標籤儲存格內容，填滿所有儲存格。

F. 預覽結果：將設定模式切換為實際合併結果模式。

G. 完成與合併：根據合併設定檔案產生合併結果檔案。

標籤格式設定

- 預設標籤規格都不符合題目要求，因此必須新增標籤→自訂格式。

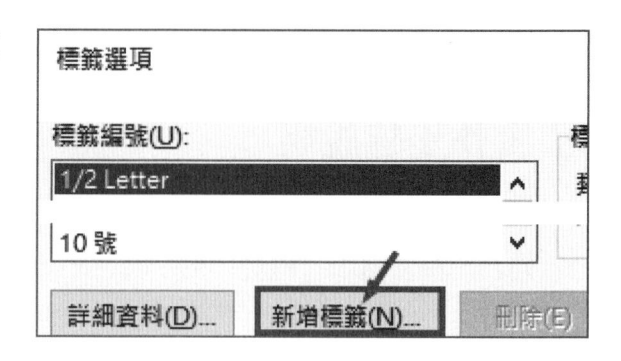

- 標籤設定如下圖：

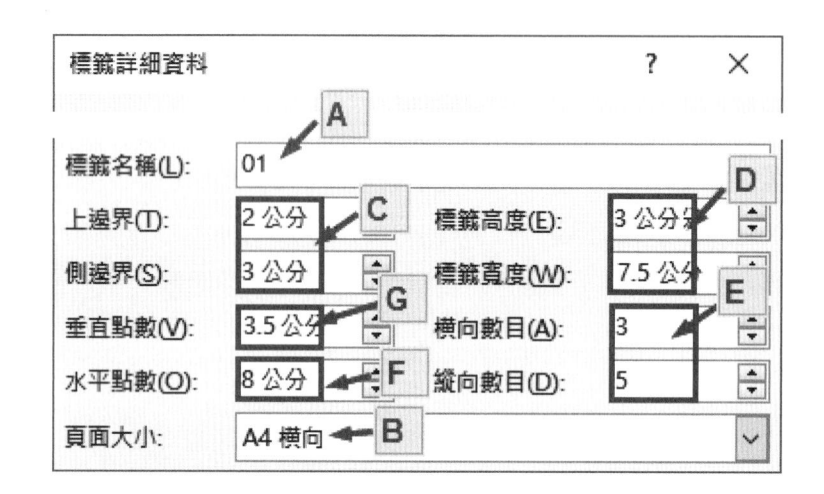

A. 標籤名稱：建議以題號命名，以題組 01 為例：01。

B. 頁面大小：題目只有 2 個格式→A4、A4 橫向。

C、D、E、F、G：上邊界、側邊界、標籤高度、標籤寬度、橫向數目、縱向數目、水平點數、垂直點數，全部根據題目要求輸入。

垂直點數：未輸入「縱向數目」前垂直點數多半呈現灰色 (無作用)，因此建議最後輸入。

頁面模式切換

完成標籤設定後必須設定頁首資料，只要在頁首空白處連點滑鼠左鍵 2 下，就可切換至「頁首/頁尾」模式。

完成頁首設定後必須回到頁面模式產生結果檔，只要在頁面內空白處連點滑鼠左鍵 2 下，就可切換至「頁面」模式。

3-8

題組一

1. 開啟空白文件

2. 郵件→啟動合併列印→標籤
   點選：新增標籤鈕

3. 輸入標籤格式如如下：
   標籤名稱：01　　頁面大小：A4 橫向
   上邊界　：2　　　標籤高度：3
   側邊界　：3　　　標籤寬度：7.5
   垂直點數：3.5　　橫向數目：3
   水平點數：8　　　縱向數目：5

4. 將插入點置於左上角標籤
   第 2 個段落上
   連按 2 下 Enter 鍵
   輸入標籤內容如右圖：

5. 郵件→選取收件者→使用現有清單
   檔案：...\題組 01\920301m.odt

6. 郵件→編輯收件者清單
   選取：資料篩選
   設定如右圖：

   選取：資料排序
   設定如右圖：

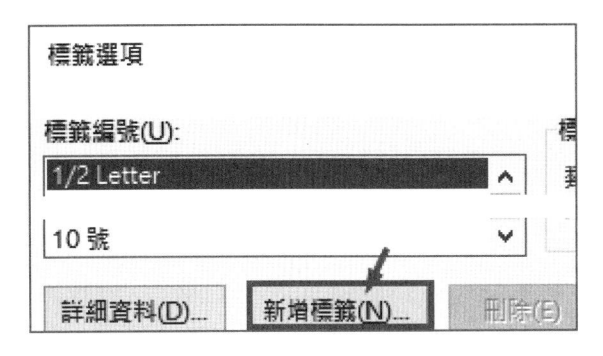

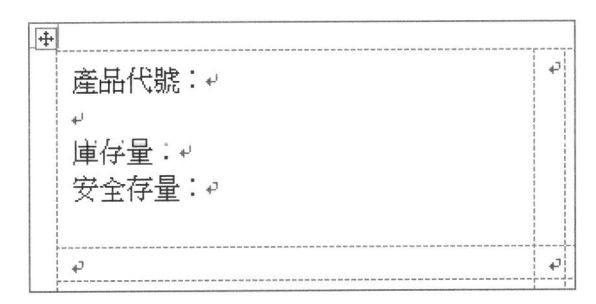

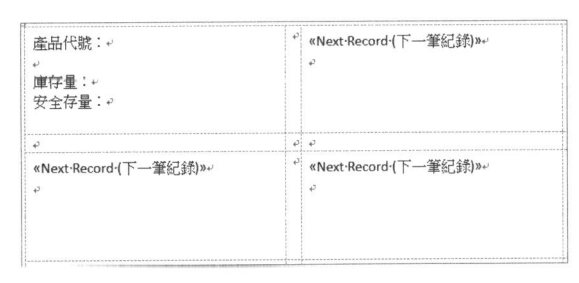

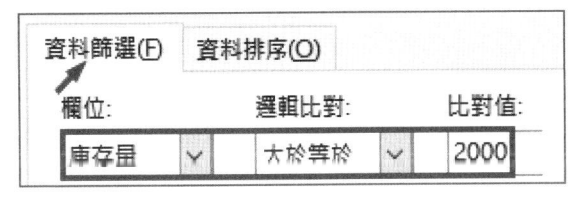

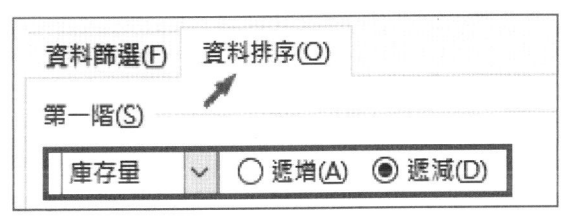

7. 在左上角標籤內插入欄位
   (郵件→插入合併欄位)
   設定：斜體、底線

8. 郵件→更新標籤

9. 選取所有內容，設定字體：
   中文字型：新細明體
   字型：Arial

10. 在頁首空白處連點 2 下
    設定：靠右對齊
    輸入：99 林文恭
    在頁面中央處連點 2 下

11. 按存檔鈕，檔名：01-3

12. 郵件→完成與合併
    點選：編輯個別文件→全部

13. 選取所有無插入資料儲存格
    按 Delete 鍵

14. 按存檔鈕，檔名：01-4

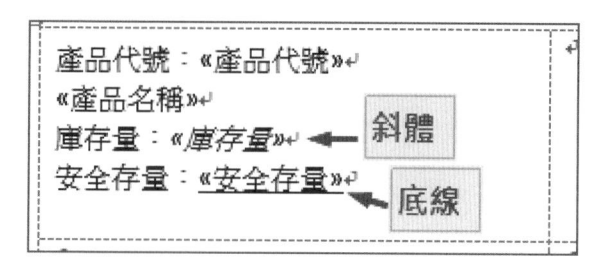

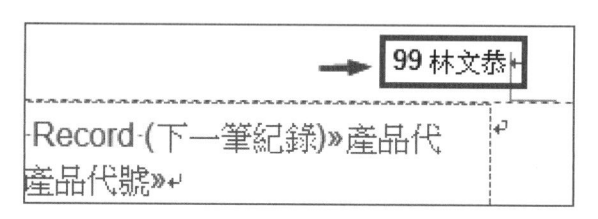

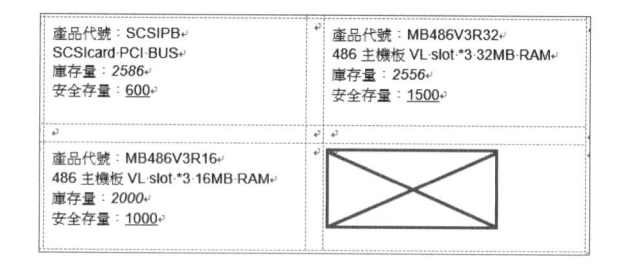

特別說明

- 題組 11：
  篩選要求：產品名稱不是「SuperVGA」，由於 Word 篩選功能比較陽春，並不提供如 Excel「不包含」的篩選功能，因此根據考題資料的特徵，我們提出較為取巧的解法，請參考下圖：

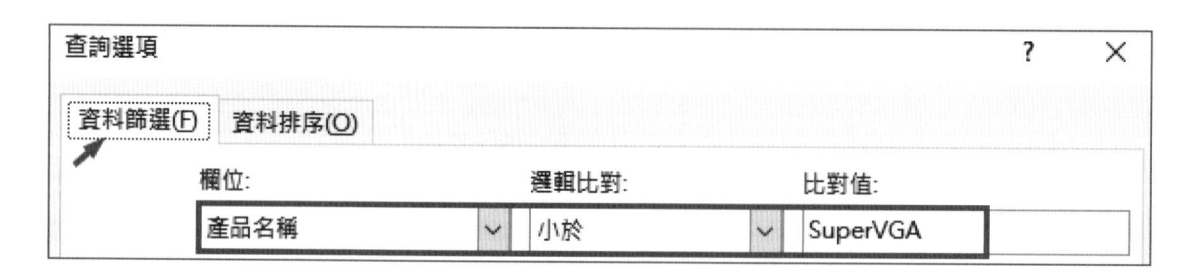

▶ 題組二

1. 開啟空白文件

2. 郵件→啟動合併列印→標籤
   點選：新增標籤鈕

3. 輸入標籤格式如如下：
   標籤名稱：02　　頁面大小：A4
   上邊界　：2　　　標籤高度：3
   側邊界　：2　　　標籤寬度：8
   垂直點數：3.5　　橫向數目：2
   水平點數：8.5　　縱向數目：8

4. 將插入點置於左上角標籤
   第 2 個段落上
   連按 2 下 Enter 鍵
   輸入標籤內容如右圖：

5. 郵件→選取收件者→使用現有清單
   檔案：…\題組 03\920302m.odt

6. 郵件→編輯收件者清單
   選取：資料篩選
   設定如右圖：

   選取：資料排序
   設定如右圖：

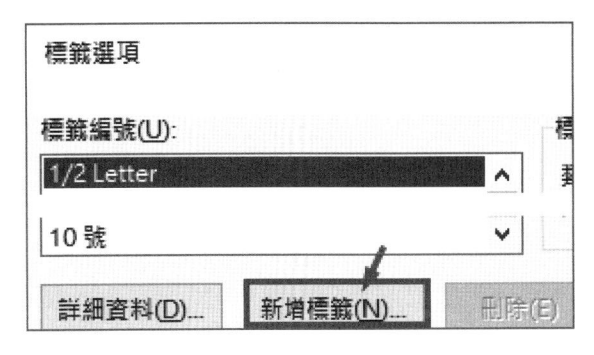

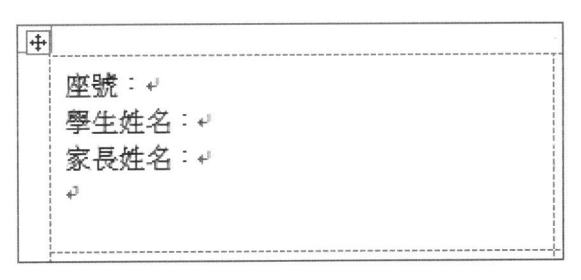

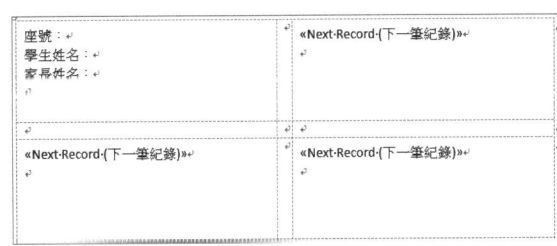

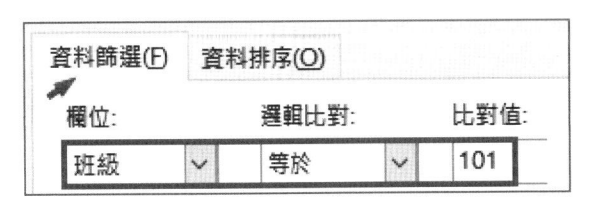

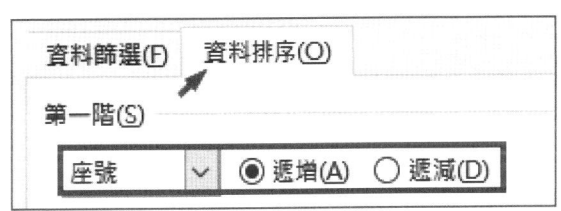

7. 在左上角標籤內插入欄位
   (郵件→插入合併欄位)
   設定：底線、斜體

8. 郵件→更新標籤

9. 選取所有內容，設定字體：
   中文字型：新細明體
   字型：Arial

10. 在頁首空白處連點 2 下
    設定：靠右對齊
    輸入：99 林文恭
    在頁面中央處連點 2 下

11. 按存檔鈕，檔名：02-3

12. 郵件→完成與合併
    點選：編輯個別文件→全部

13. 選取所有無插入資料儲存格
    按 Delete 鍵

14. 按存檔鈕，檔名：02-4

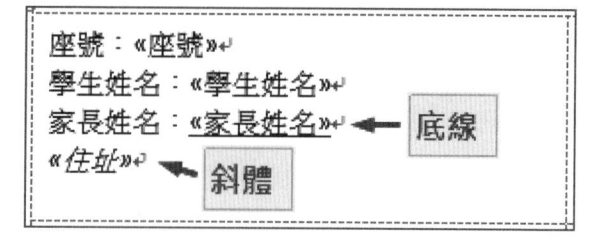

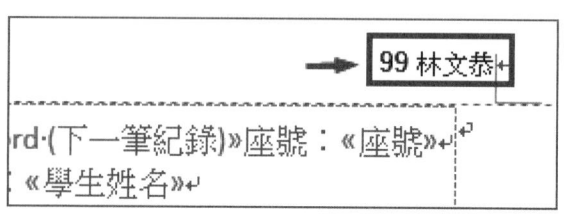

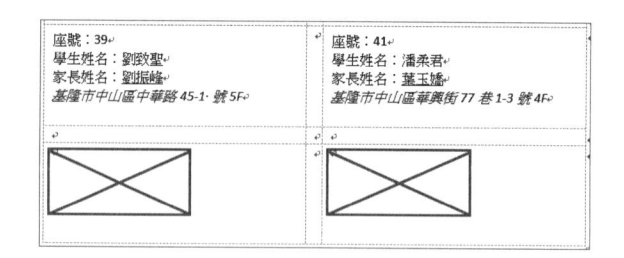

特別說明

- 題組 07：
  篩選要求：住址為「基隆市中山區」，由於 Word 篩選功能比較陽春，並不提供如 Excel「開頭為⋯」的篩選功能，因此根據考題資料的特徵，我們提出較為取巧的解法，請參考下圖：

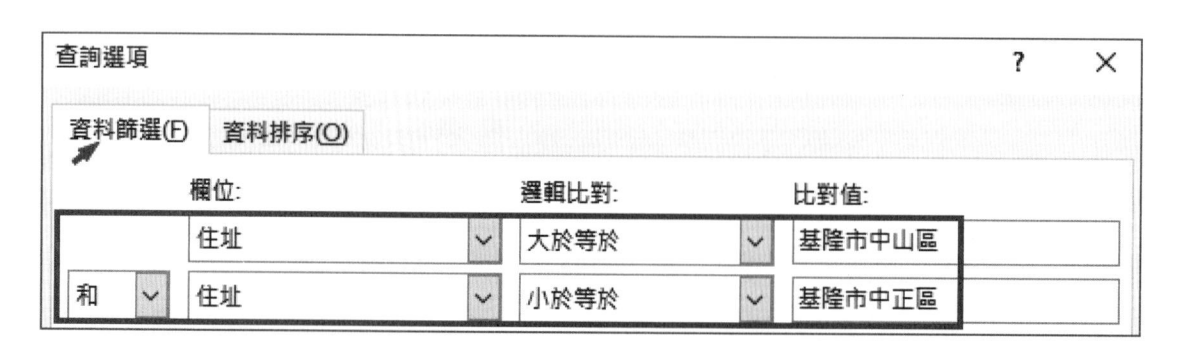

	欄位：	選輯比對：	比對值：
	住址	大於等於	基隆市中山區
和	住址	小於等於	基隆市中正區

合併列印 3

▶ 題組三

1. 開啟空白文件

2. 郵件→啟動合併列印→標籤
   點選：新增標籤鈕

3. 輸入標籤格式如下：
   標籤名稱：03　　頁面大小：A4 橫向
   上邊界　：3　　　標籤高度：3
   側邊界　：2　　　標籤寬度：5.5
   垂直點數：3.5　　橫向數目：4
   水平點數：6　　　縱向數目：5

4. 將插入點置於左上角標籤
   第 2 個段落上
   連按 2 下 Enter 鍵
   輸入標籤內容如右圖：

5. 郵件→選取收件者→使用現有清單
   檔案：...\題組 03\920303m.odt

6. 郵件→編輯收件者清單
   選取：資料篩選
   設定如右圖：

   選取：資料排序
   設定如右圖：

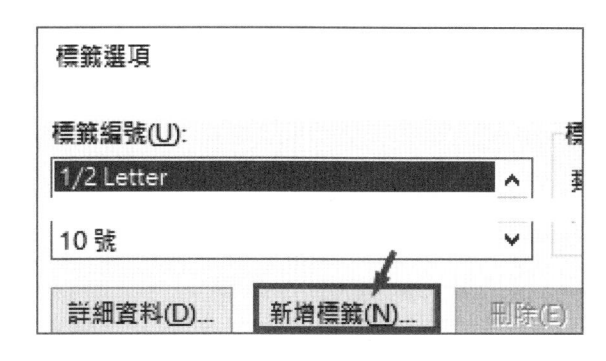

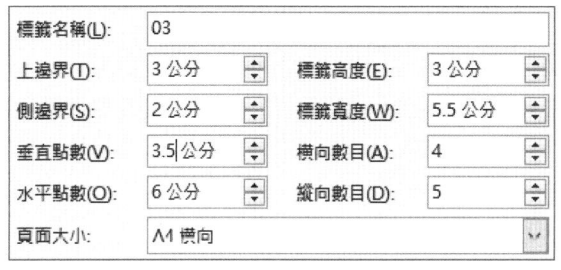

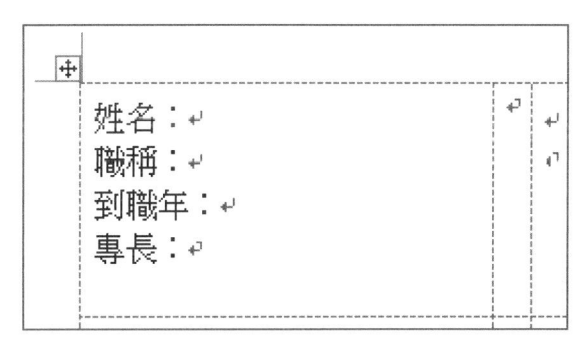

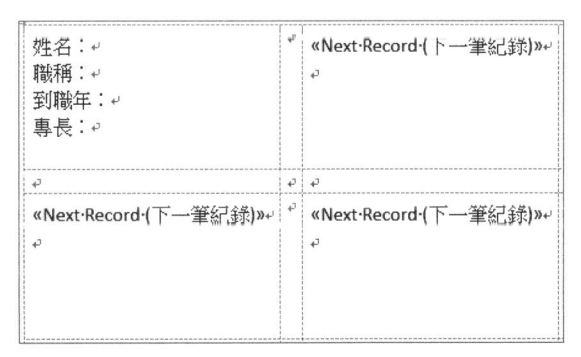

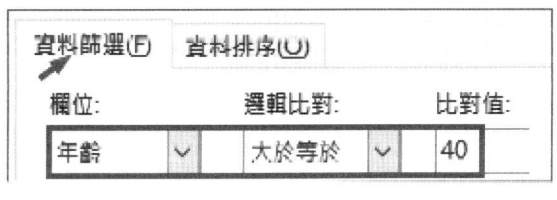

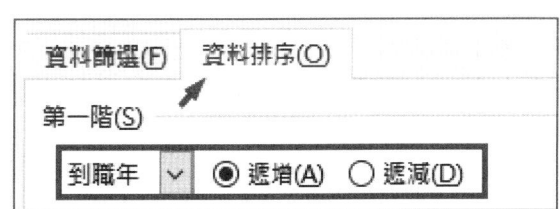

3-13

7. 在左上角標籤內插入欄位
   (郵件→插入合併欄位)
   設定：底線、斜體

8. 郵件→更新標籤

9. 選取所有內容，設定字體：
   中文字型：新細明體
   字型：Arial

10. 在頁首空白處連點 2 下
    設定：靠右對齊
    輸入：99 林文恭
    在頁面中央處連點 2 下

11. 按存檔鈕，檔名：03-3

12. 郵件→完成與合併
    點選：編輯個別文件→全部

13. 選取所有無插入資料儲存格
    按 Delete 鍵

14. 按存檔鈕，檔名：03-4

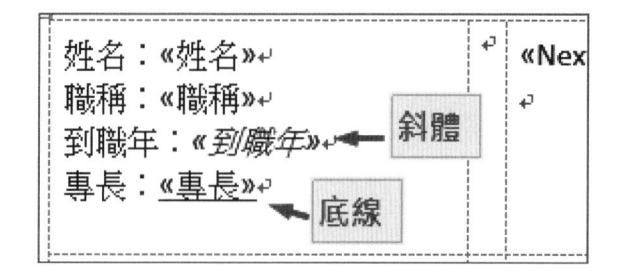

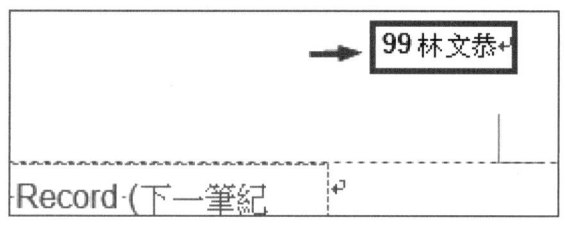

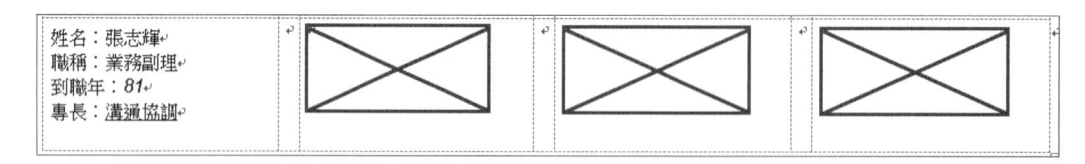

特別說明

此題組有 4 筆資料到職年都是 76，排序的順位是相同的，因此先後次序若有與參考答案不同也沒有違反評分規則！

▶ 題組四

1. 開啟空白文件

2. 郵件→啟動合併列印→標籤
   點選：新增標籤鈕

3. 輸入標籤格式如如下：
   標籤名稱：04　　頁面大小：A4
   上邊界　：2　　　標籤高度：2.7
   側邊界　：2　　　標籤寬度：8
   垂直點數：3.5　　橫向數目：2
   水平點數：8.2　　縱向數目：8

4. 將插入點置於左上角標籤
   第 2 個段落上
   連按 2 下 Enter 鍵
   輸入標籤內容如右圖：

5. 郵件→選取收件者→使用現有清單
   檔案：...\題組 04\920304m.odt

6. 郵件→編輯收件者清單
   選取：資料篩選
   設定如右圖：

   選取：資料排序
   設定如右圖：

7. 在左上角標籤內插入欄位
   (郵件→插入合併欄位)
   設定：斜體、底線

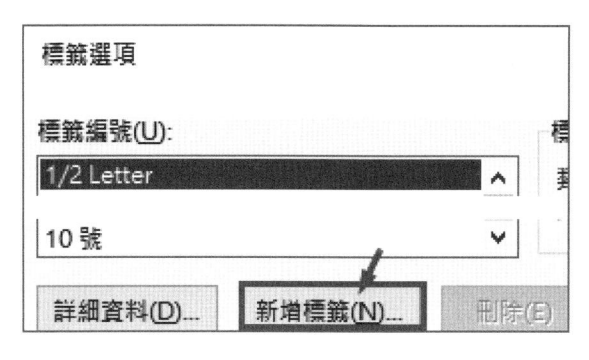

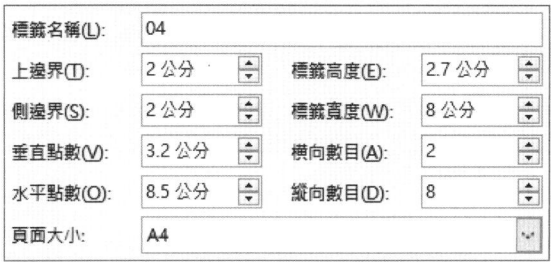

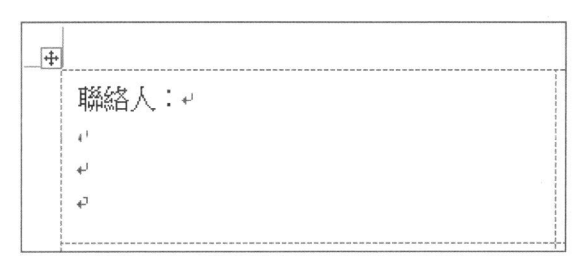

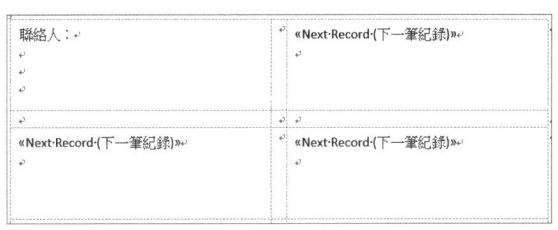

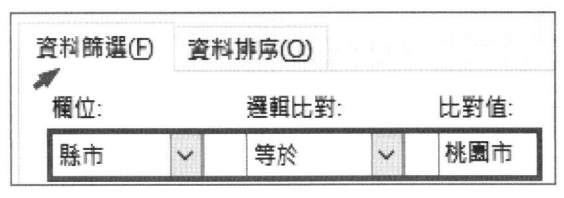

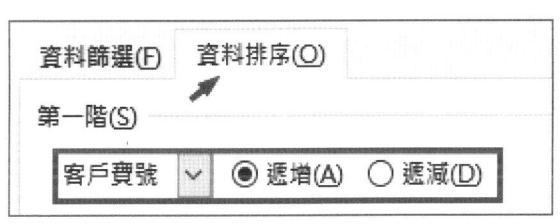

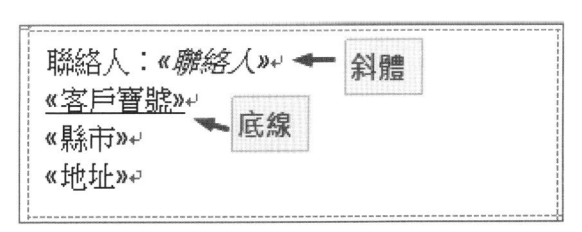

3-15

8. 郵件→更新標籤

9. 選取所有內容，設定字體：
中文字型：新細明體
字型：Arial

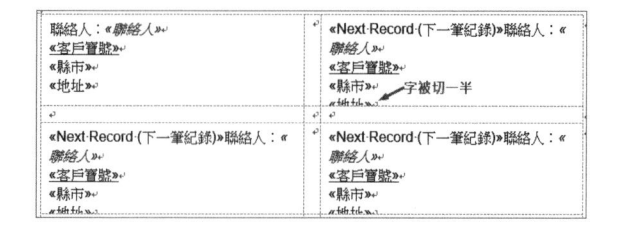

> **解說** 由於第二個儲存格開始有功能變數「<<Next Record (下一筆紀錄)>>」將第一行段落文字擠到第二行去了，因此第 5 列被削去一半。考生不用刻意去作修改，因為最後完成檔並不會受影響。

10. 在頁首空白處連點 2 下
    設定：靠右對齊
    輸入：99 林文恭
    在頁面中央處連點 2 下

11. 按存檔鈕，檔名：04-3

12. 郵件→完成與合併
    點選：編輯個別文件→全部

13. 選取所有無插入資料儲存格
    按 Delete 鍵

14. 按存檔鈕，檔名：04-4

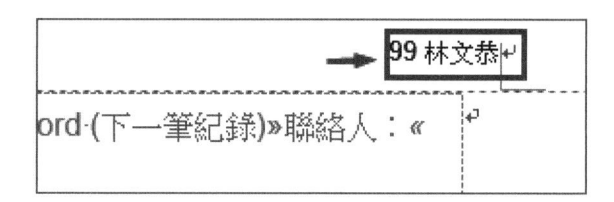

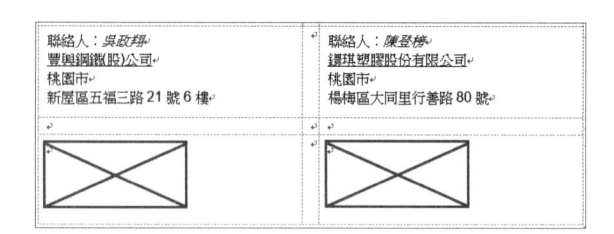

特別說明

題組 09、14：同樣發生標籤最後一列被削一去半的問題，同樣不用刻意去作修改，因為最後完成檔並不會受影響。

▶ 題組五

1. 開啟空白文件

2. 郵件→啟動合併列印→標籤
   點選：新增標籤鈕

3. 輸入標籤格式如如下：
   標籤名稱：05　　頁面大小：A4 橫向
   上邊界　：2　　　標籤高度：3
   側邊界　：2　　　標籤寬度：8
   垂直點數：3.5　　橫向數目：3
   水平點數：8.5　　縱向數目：5

4. 將插入點置於左上角標籤
   第 2 個段落上
   連按 2 下 Enter 鍵
   輸入標籤內容如右圖：

5. 郵件→選取收件者→使用現有清單
   檔案：...\題組 05\920305m.odt

6. 郵件→編輯收件者清單
   選取：資料篩選
   設定如右圖：

   選取：資料排序
   設定如右圖：

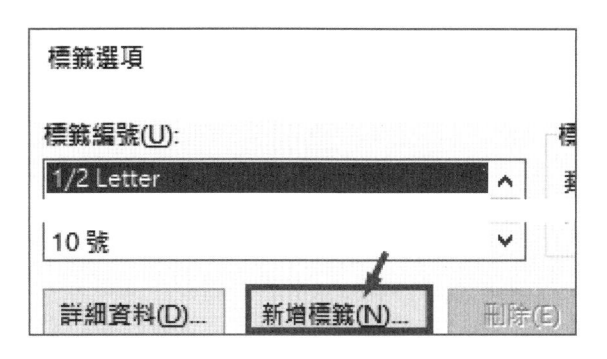

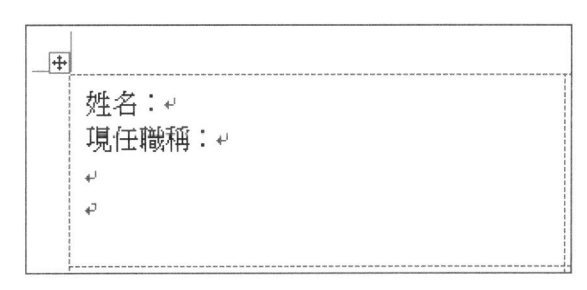

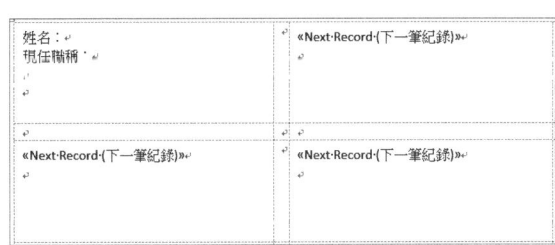

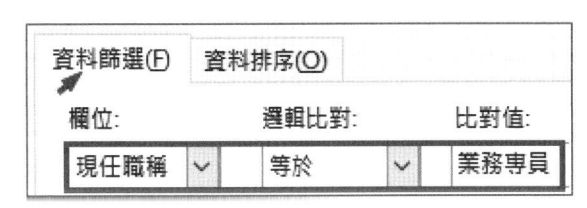

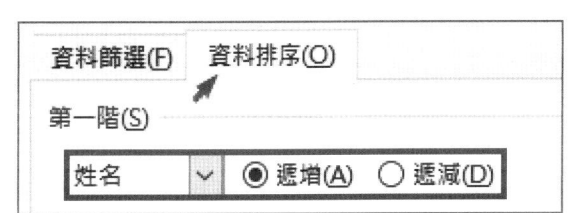

3-17

7. 在左上角標籤內插入欄位
   (郵件→插入合併欄位)
   設定：底線、斜體

8. 郵件→更新標籤

9. 選取所有內容，設定字體：
   中文字型：新細明體
   字型：Arial

10. 在頁首空白處連點 2 下
    設定：靠右對齊
    輸入：99 林文恭
    在頁面中央處連點 2 下

11. 按存檔鈕，檔名：05-3

12. 郵件→完成與合併
    點選：編輯個別文件→全部

13. 選取所有無插入資料儲存格
    按 Delete 鍵

14. 按存檔鈕，檔名：05-4

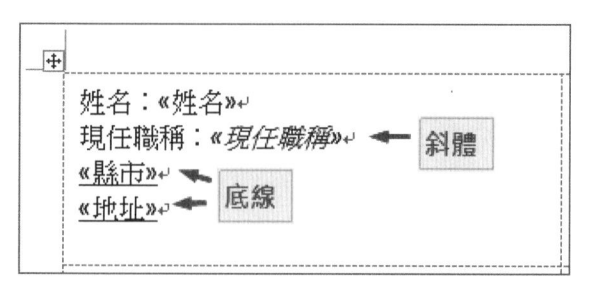

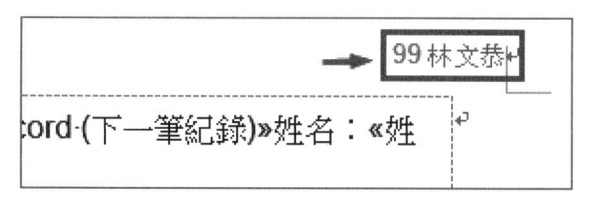

特別說明

此題型 3 個題目都無特別問題。

3-04 考題與參考答案

題組一

▶ 題組

◎ 本題使用資料檔案「920301m.odt」。

◎ 合併列印原始設定列印共一頁。

◎ 合併列印結果列印共一頁。

◎ 取用「庫存量」大於等於「2000」的資料，並依「庫存量」遞減排序。

● 標籤頁面大小使用「A4 橫向尺寸報表紙」列印。

● 每一標籤上邊界 2 公分、側邊界 3 公分；高度 3 公分、寬度為 7.5 公分；垂直點數 3.5 公分、水平點數 8 公分。

● 標籤橫向 3 行，縱向 5 列方式排列。

● 中文字型為「細明體」或「新細明體」，英文及數字字型為「Arial」，且均設定為 12 點字型大小。

● 標籤內容依序為：「產品代號」、「產品名稱」、「庫存量」及「安全存量」，且各佔用一行位置。

●「產品代號」、「庫存量」及「安全存量」均需加入欄位名稱及冒號，但「產品名稱」不要加上欄位名稱。

●「庫存量」的資料以斜體表示，「安全存量」的資料加上底線。

● 合併列印結果中未有資料之標籤，其欄位名稱及冒號均需直接刪除。

● 在頁首以「靠右對齊」方式，用 10 點字型大小顯示「您的座號」及「您的姓名」。

產品代號：《產品代號》
《產品名稱》
庫存量：《庫存量》
安全存量：《安全存量》

«Next Record（下一筆紀錄）»產品代號：《產品代號》
《產品名稱》
庫存量：《庫存量》
安全存量：《安全存量》

«Next Record（下一筆紀錄）»產品代號：《產品代號》
《產品名稱》
庫存量：《庫存量》
安全存量：《安全存量》

«Next Record（下一筆紀錄）»產品代號：《產品代號》
《產品名稱》
庫存量：《庫存量》
安全存量：《安全存量》

«Next Record（下一筆紀錄）»產品代號：《產品代號》
《產品名稱》
庫存量：《庫存量》
安全存量：《安全存量》

«Next Record（下一筆紀錄）»產品代號：《產品代號》
《產品名稱》
庫存量：《庫存量》
安全存量：《安全存量》

«Next Record（下一筆紀錄）»產品代號：《產品代號》
《產品名稱》
庫存量：《庫存量》
安全存量：《安全存量》

«Next Record（下一筆紀錄）»產品代號：《產品代號》
《產品名稱》
庫存量：《庫存量》
安全存量：《安全存量》

«Next Record（下一筆紀錄）»產品代號：《產品代號》
《產品名稱》
庫存量：《庫存量》
安全存量：《安全存量》

«Next Record（下一筆紀錄）»產品代號：《產品代號》
《產品名稱》
庫存量：《庫存量》
安全存量：《安全存量》

«Next Record（下一筆紀錄）»產品代號：《產品代號》
《產品名稱》
庫存量：《庫存量》
安全存量：《安全存量》

«Next Record（下一筆紀錄）»產品代號：《產品代號》
《產品名稱》
庫存量：《庫存量》
安全存量：《安全存量》

«Next Record（下一筆紀錄）»產品代號：《產品代號》
《產品名稱》
庫存量：《庫存量》
安全存量：《安全存量》

產品代號：MB586P3R32
586 主機板 PCI slot *3 32MB RAM
庫存量：43250
安全存量：1800

產品代號：MB586E7R32
586 主機板 EISA slot *7 32MB RAM
庫存量：5466
安全存量：1000

產品代號：SVGAV2M
SuperVGA 1280*1024 VL BUS 2MB
庫存量：4565
安全存量：600

產品代號：SVGAP2M
SuperVGA 1280*1024 PCI BUS 2MB
庫存量：2589
安全存量：600

產品代號：SCSIVB
SCSIcard VL BUS
庫存量：2145
安全存量：600

產品代號：MB486P3R32
486 主機板 PCI slot *3 32MB RAM
庫存量：15566
安全存量：1050

產品代號：MB586P3R16
586 主機板 PCI slot *3 16MB RAM
庫存量：5000
安全存量：1080

產品代號：MB586E3R16
586 主機板 EISA slot *3 16MB RAM
庫存量：3251
安全存量：1300

產品代號：SCSIPB
SCSIcard PCI BUS
庫存量：2586
安全存量：600

產品代號：MB486V3R16
486 主機板 VL slot *3 16MB RAM
庫存量：2000
安全存量：1000

產品代號：MB586E3R32
586 主機板 EISA slot *3 32MB RAM
庫存量：8466
安全存量：1400

產品代號：EIDE2RP
SuperVGA 1280*1024 PCI BUS 8MB
庫存量：4666
安全存量：1000

產品代號：MB586V3R16
586 主機板 VL slot *3 16MB RAM
庫存量：2665
安全存量：1500

產品代號：MB486V3R32
486 主機板 VL slot *3 32MB RAM
庫存量：2556
安全存量：1500

題組二

◎ 本題使用資料檔案「920302m.odt」。

◎ 合併列印原始設定列印共一頁。

◎ 合併列印結果列印共一頁。

◎ 取用「班級」等於「101」班的資料、並依「座號」遞增排序。

● 標籤頁面大小使用「A4 直向尺寸報表紙」列印。

● 每一標籤上邊界及側邊界均為 2 公分；高度 3 公分、寬度為 8 公分；垂直點數 3.5 公分、水平點數 8.5 公分。

● 標籤橫向 2 行，縱向 8 列方式排列。

● 中文字型為「細明體」或「新細明體」，英文及數字字型為「Arial」，且均設定為 12 點字型大小。

● 標籤內容依序為：「座號」、「學生姓名」、「家長姓名」及「住址」，且各佔用一行位置。

● 「家長姓名」、「學生姓名」及「座號」均需加入欄位名稱及冒號，但「住址」不要加上欄位名稱。

● 合併列印結果中未有資料之標籤，其欄位名稱及冒號均需直接刪除。

● 「住址」的資料以斜體表示，「家長姓名」的資料加上底線。

● 在頁首以「靠右對齊」方式，用 10 點字型大小顯示「您的座號」及「您的姓名」。

座號：«座號»
學生姓名：«學生姓名»
家長姓名：«家長姓名»
«住址»

«Next Record (下一筆紀錄)»座號：«座號»
學生姓名：«學生姓名»
家長姓名：«家長姓名»
«住址»

«Next Record (下一筆紀錄)»座號：«座號»
學生姓名：«學生姓名»
家長姓名：«家長姓名»
«住址»

«Next Record (下一筆紀錄)»座號：«座號»
學生姓名：«學生姓名»
家長姓名：«家長姓名»
«住址»

«Next Record (下一筆紀錄)»座號：«座號»
學生姓名：«學生姓名»
家長姓名：«家長姓名»
«住址»

«Next Record (下一筆紀錄)»座號：«座號»
學生姓名：«學生姓名»
家長姓名：«家長姓名»
«住址»

«Next Record (下一筆紀錄)»座號：«座號»
學生姓名：«學生姓名»
家長姓名：«家長姓名»
«住址»

«Next Record (下一筆紀錄)»座號：«座號»
學生姓名：«學生姓名»
家長姓名：«家長姓名»
«住址»

«Next Record (下一筆紀錄)»座號：«座號»
學生姓名：«學生姓名»
家長姓名：«家長姓名»
«住址»

«Next Record (下一筆紀錄)»座號：«座號»
學生姓名：«學生姓名»
家長姓名：«家長姓名»
«住址»

«Next Record (下一筆紀錄)»座號：«座號»
學生姓名：«學生姓名»
家長姓名：«家長姓名»
«住址»

«Next Record (下一筆紀錄)»座號：«座號»
學生姓名：«學生姓名»
家長姓名：«家長姓名»
«住址»

«Next Record (下一筆紀錄)»座號：«座號»
學生姓名：«學生姓名»
家長姓名：«家長姓名»
«住址»

«Next Record (下一筆紀錄)»座號：«座號»
學生姓名：«學生姓名»
家長姓名：«家長姓名»
«住址»

«Next Record (下一筆紀錄)»座號：«座號»
學生姓名：«學生姓名»
家長姓名：«家長姓名»
«住址»

99 趙自強

座號：01
學生姓名：林姵吟
家長姓名：林昌盛
基隆市仁愛區南新街 99-1 號 2F

座號：02
學生姓名：黃郁茹
家長姓名：黃輝隆
基隆市信義區信二路 99-7 號 4F

座號：03
學生姓名：簡曉君
家長姓名：簡佳銘
基隆市安樂區安一路 6 巷 62 弄 69 號

座號：04
學生姓名：黃雅琳
家長姓名：黃文正
基隆市信義區信二路 37-2 號 3F

座號：05
學生姓名：王慧薰
家長姓名：王培盛
基隆市中山區中山二路 16 巷 94 號

座號：09
學生姓名：李千怡
家長姓名：李新田
基隆市信義區信二路 8 號之 4,4 樓

座號：11
學生姓名：周安貞
家長姓名：周清溪
基隆安樂區崇德路 77 巷 26 號 1F

座號：16
學生姓名：許怡芬
家長姓名：許黃水
基隆市中正區西定路 77 號 2F

座號：17
學生姓名：徐玉真
家長姓名：徐清吉
基隆市仁愛區仁二路 87 巷 64 號

座號：18
學生姓名：夏珮瑛
家長姓名：王淑珍
基隆市仁愛區愛三路 9-8 號 9F

座號：19
學生姓名：林詩雨
家長姓名：林德祥
基隆市中山區中華路 125-3 號 6F

座號：29
學生姓名：陳　玫
家長姓名：張季緞
基隆市中山區通明街 433 巷 7 號

座號：39
學生姓名：劉致聖
家長姓名：劉振峰
基隆市中山區中華路 45-1 號 5F

座號：41
學生姓名：潘柔君
家長姓名：葉玉嬌
基隆市中山區華興街 77 巷 1-3 號 4F

題組三

◎ 本題使用資料檔案「920303m.odt」。

◎ 合併列印原始設定列印共一頁。

◎ 合併列印結果列印共一頁。

◎ 取用「年齡」大於等於「40」的資料、並依「到職年」遞增排序。

● 標籤頁面大小使用「A4 橫向尺寸報表紙」列印。

● 每一標籤上邊界為 3 公分、側邊界為 2 公分；高度 3 公分、寬度為 5.5 公分；垂直點數 3.5 公分、水平點數 6 公分。

● 標籤橫向 4 行，縱向 5 列方式排列。

● 中文字型為「細明體」或「新細明體」，英文及數字字型為「Arial」，且均設定為 12 點字型大小。

● 標籤內容依序為：「姓名」、「職稱」、「到職年」及「專長」，且各佔用一行位置。

● 「姓名」、「職稱」、「到職年」及「專長」均需加入欄位名稱及冒號。

● 合併列印結果中未有資料之標籤，其欄位名稱及冒號均需直接刪除。

● 「到職年」的資料以斜體表示，「專長」的資料加上底線。

● 在頁首以「靠右對齊」方式，用 10 點字型大小顯示「您的座號」及「您的姓名」。

姓名：《姓名》
職稱：《職稱》
到職年：《到職年》
尊長：《尊長》

«Next Record (下一筆紀錄)»姓名：《姓名》
職稱：《職稱》
到職年：《到職年》
尊長：《尊長》

«Next Record (下一筆紀錄)»姓名：《姓名》
職稱：《職稱》
到職年：《到職年》
尊長：《尊長》

«Next Record (下一筆紀錄)»姓名：《姓名》
職稱：《職稱》
到職年：《到職年》
尊長：《尊長》

«Next Record (下一筆紀錄)»姓名：《姓名》
職稱：《職稱》
到職年：《到職年》
尊長：《尊長》

«Next Record (下一筆紀錄)»姓名：《姓名》
職稱：《職稱》
到職年：《到職年》
尊長：《尊長》

«Next Record (下一筆紀錄)»姓名：《姓名》
職稱：《職稱》
到職年：《到職年》
尊長：《尊長》

«Next Record (下一筆紀錄)»姓名：《姓名》
職稱：《職稱》
到職年：《到職年》
尊長：《尊長》

«Next Record (下一筆紀錄)»姓名：《姓名》
職稱：《職稱》
到職年：《到職年》
尊長：《尊長》

«Next Record (下一筆紀錄)»姓名：《姓名》
職稱：《職稱》
到職年：《到職年》
尊長：《尊長》

«Next Record (下一筆紀錄)»姓名：《姓名》
職稱：《職稱》
到職年：《到職年》
尊長：《尊長》

«Next Record (下一筆紀錄)»姓名：《姓名》
職稱：《職稱》
到職年：《到職年》
尊長：《尊長》

«Next Record (下一筆紀錄)»姓名：《姓名》
職稱：《職稱》
到職年：《到職年》
尊長：《尊長》

«Next Record (下一筆紀錄)»姓名：《姓名》
職稱：《職稱》
到職年：《到職年》
尊長：《尊長》

«Next Record (下一筆紀錄)»姓名：《姓名》
職稱：《職稱》
到職年：《到職年》
尊長：《尊長》

姓名：何茂宗
職稱：總經理
到職年：64
專長：業務規劃

姓名：方重童
職稱：顧問工程師
到職年：69
專長：市場分析

姓名：林建興
職稱：研發副總
到職年：74
專長：半導體設計

姓名：蔡豪鈞
職稱：業務副總
到職年：75
專長：溝通協調

姓名：徐煥坤
職稱：研發經理
到職年：75
專長：主機板研發

姓名：易若揚
職稱：研發經理
到職年：75
專長：SCSI卡研發

姓名：黃大倫
職稱：採購專員
到職年：75
專長：硬體採購

姓名：江正維
職稱：研發經理
到職年：76
專長：視訊卡研發

姓名：王演銓
職稱：研發副理
到職年：76
專長：SCSI卡研發

姓名：陳雅賢
職稱：業務經理
到職年：76
專長：產品拓展

姓名：林鵬翔
職稱：業務副理
到職年：76
專長：業務分析

姓名：黃振清
職稱：採購副理
到職年：78
專長：倉庫管理

姓名：許鴻章
職稱：採購經理
到職年：78
專長：市場分析

姓名：陳曉蘭
職稱：業務經理
到職年：79
專長：業務規劃

姓名：王玉治
職稱：業務副理
到職年：80
專長：業務拓展

姓名：朱金倉
職稱：業務經理
到職年：80
專長：新產品行銷

姓名：張志輝
職稱：業務副理
到職年：81
專長：溝通協調

題組四

◎ 本題使用資料檔案「920304m.odt」。

◎ 合併列印原始設定列印共一頁。

◎ 合併列印結果列印共一頁。

◎ 取用「縣市」等於「桃園市」的資料、並依「客戶寶號」遞增排序。

● 標籤頁面大小使用「A4直向尺寸報表紙」列印。

● 每一標籤上邊界及側邊界均為2公分；高度2.7公分、寬度為8公分；垂直點數3.2公分、水平點數8.5公分。

● 標籤橫向2行，縱向8列方式排列。

● 中文字型為「細明體」或「新細明體」，英文及數字字型為「Arial」，且均設定為12點字型大小。

● 標籤內容依序為：「聯絡人」、「客戶寶號」、「縣市」及「地址」，且各佔用一行位置。

● 「聯絡人」均需加入欄位名稱及冒號，但「客戶寶號」、「縣市」及「地址」不要加上欄位名稱。

● 合併列印結果中未有資料之標籤，其欄位名稱及冒號均需直接刪除。

● 「聯絡人」的資料以斜體表示，「客戶寶號」的資料加上底線。

● 在頁首以「靠右對齊」方式，用10點字型大小顯示「您的座號」及「您的姓名」。

聯絡人：《聯絡人》
《客戶寶號》
《縣市》
《地址》

«Next Record (下一筆紀錄)»聯絡人：《聯絡人》
《客戶寶號》
《縣市》
《地址》

«Next Record (下一筆紀錄)»聯絡人：《聯絡人》
《客戶寶號》
《縣市》
《地址》

«Next Record (下一筆紀錄)»聯絡人：《聯絡人》
《客戶寶號》
《縣市》
《地址》

«Next Record (下一筆紀錄)»聯絡人：《聯絡人》
《客戶寶號》
《縣市》
《地址》

«Next Record (下一筆紀錄)»聯絡人：《聯絡人》
《客戶寶號》
《縣市》
《地址》

«Next Record (下一筆紀錄)»聯絡人：《聯絡人》
《客戶寶號》
《縣市》
《地址》

«Next Record (下一筆紀錄)»聯絡人：《聯絡人》
《客戶寶號》
《縣市》
《地址》

«Next Record (下一筆紀錄)»聯絡人：《聯絡人》
《客戶寶號》
《縣市》
《地址》

«Next Record (下一筆紀錄)»聯絡人：《聯絡人》
《客戶寶號》
《縣市》
《地址》

«Next Record (下一筆紀錄)»聯絡人：《聯絡人》
《客戶寶號》
《縣市》
《地址》

«Next Record (下一筆紀錄)»聯絡人：《聯絡人》
《客戶寶號》
《縣市》
《地址》

«Next Record (下一筆紀錄)»聯絡人：《聯絡人》
《客戶寶號》
《縣市》
《地址》

«Next Record (下一筆紀錄)»聯絡人：《聯絡人》
《客戶寶號》
《縣市》
《地址》

«Next Record (下一筆紀錄)»聯絡人：《聯絡人》
《客戶寶號》
《縣市》
《地址》

«Next Record (下一筆紀錄)»聯絡人：《聯絡人》
《客戶寶號》
《縣市》
《地址》

«Next Record (下一筆紀錄)»聯絡人：《聯絡人》
《客戶寶號》
《縣市》
《地址》

聯絡人：*唐樂川*
九華營造工程股份有限公司
桃園市
蘆竹區南崁路二段 201 巷 7 號

聯絡人：*陳標山*
日南紡織股份有限公司
桃園市
平鎮區建安里太平東路 7 號

聯絡人：*林長芳*
台灣保谷光學股份有限公司
桃園市
觀音區中林路 26 號

聯絡人：*周正義*
台灣航空電子股份有限公司
桃園市
桃園區大林里大仁路 50 號

聯絡人：*陳智雄*
台灣勝家實業股份有限公司
桃園市
楊梅區秀才路 520 號

聯絡人：*廖述宏*
四維企業(股)公司
桃園市
平鎮區美仁里 22 巷 12 弄 23 號

聯絡人：*梁文雄*
永光壓鑄企業公司
桃園市
復興區大地里 2 鄰 10 號

聯絡人：*黃正弘*
亞智股份有限公司
桃園市
龜山區樂善里文德路 25 號

聯絡人：*陳肇源*
周家合板股份有限公司
桃園市
龜山區樂善里文德路 26 號

聯絡人：*林添財*
強安鋼架工程股份有限公司
桃園市
楊梅區中興路 333 號 2 樓

聯絡人：*張君暉*
善品精機股份有限公司
桃園市
中壢區中正路 1234 號

聯絡人：*陳世昌*
楓原設計公司
桃園市
大園區橫峰里 1 號

聯絡人：*吳政翔*
豐興鋼鐵(股)公司
桃園市
新屋區五福三路 21 號 6 樓

聯絡人：*陳登榜*
鐶琪塑膠股份有限公司
桃園市
楊梅區大同里行善路 80 號

題組五

◎ 本題使用資料檔案「920305m.odt」。

◎ 合併列印原始設定列印共一頁。

◎ 合併列印結果列印共一頁。

◎ 取用「現任職稱」等於「業務專員」的資料、並依「姓名」遞增排序。

● 標籤頁面大小使用「A4 橫向尺寸報表紙」列印。

● 每一標籤上邊界及側邊界均為 2 公分；高度 3 公分、寬度為 8 公分；垂直點數 3.5 公分、水平點數 8.5 公分。

● 標籤橫向 3 行，縱向 5 列方式排列。

● 中文字型為「細明體」或「新細明體」，英文及數字字型為「Arial」，且均設定為 12 點字型大小。

● 標籤內容依序為：「姓名」、「現任職稱」、「縣市」及「地址」，且各佔用一行位置。

● 「姓名」及「現任職稱」均需加入欄位名稱及冒號，但「縣市」及「地址」不要加上欄位名稱。

● 合併列印結果中未有資料之標籤，其欄位名稱及冒號均需直接刪除。

● 「現任職稱」的資料以斜體表示，「縣市」及「地址」的資料加上底線。

● 在頁首以「靠右對齊」方式，用 10 點字型大小顯示「您的座號」及「您的姓名」。

姓名：«姓名»
現任職稱：«現任職稱»
«縣市»
«地址»

«Next Record (下一筆紀錄)»姓名：«姓名»
現任職稱：«現任職稱»
«縣市»
«地址»

«Next Record (下一筆紀錄)»姓名：«姓名»
現任職稱：«現任職稱»
«縣市»
«地址»

«Next Record (下一筆紀錄)»姓名：«姓名»
現任職稱：«現任職稱»
«縣市»
«地址»

«Next Record (下一筆紀錄)»姓名：«姓名»
現任職稱：«現任職稱»
«縣市»
«地址»

«Next Record (下一筆紀錄)»姓名：«姓名»
現任職稱：«現任職稱»
«縣市»
«地址»

«Next Record (下一筆紀錄)»姓名：«姓名»
現任職稱：«現任職稱»
«縣市»
«地址»

«Next Record (下一筆紀錄)»姓名：«姓名»
現任職稱：«現任職稱»
«縣市»
«地址»

«Next Record (下一筆紀錄)»姓名：«姓名»
現任職稱：«現任職稱»
«縣市»
«地址»

«Next Record (下一筆紀錄)»姓名：«姓名»
現任職稱：«現任職稱»
«縣市»
«地址»

«Next Record (下一筆紀錄)»姓名：«姓名»
現任職稱：«現任職稱»
«縣市»
«地址»

姓名：王德惠
現任職稱：業務專員
新北市
新店區寶中路 123 巷 1 號 5 樓

姓名：李垂文
現任職稱：業務專員
台中市
大里區仁化路 261 號

姓名：林鳳春
現任職稱：業務專員
台北市
中正區杭洲路 1 段 15-1 號 19 樓

姓名：郭曜明
現任職稱：業務專員
台北市
中山區八德路四段 111 號

姓名：王漢銓
現任職稱：業務專員
桃園市
大園區北港里大工路 31 號

姓名：何茂宗
現任職稱：業務專員
台北市
中山區松江路 301 號 9 樓

姓名：林玉堂
現任職稱：業務專員
台北市
松江路 124 巷 21 號 4 樓

姓名：許鴻章
現任職稱：業務專員
彰化縣
秀水鄉埔崙村三歲街 82 號

姓名：鍾智慧
現任職稱：業務專員
台北市
八德路二段 260 號 9 樓

姓名：王玉治
現任職稱：業務專員
中市
潭子區建國路 3 之 2 號

姓名：向大鵬
現任職稱：業務專員
台北市
建國北路 2 段 145 號 3 樓

姓名：李進祿
現任職稱：業務專員
台北市
松山區復興北路 369 號 3 樓

姓名：張琪
現任職稱：業務專員
桃園市
大園區橫峰里 1 號

姓名：黃志文
現任職稱：業務專員
台北市
光復南路 422 號 2 樓之 1

題組六

◎ 本題使用資料檔案「920306m.odt」。

◎ 合併列印原始設定列印共一頁。

◎ 合併列印結果列印共一頁。

◎ 取用「安全存量」大於等於「1000」的資料、並依「產品名稱」遞增排序。

● 標籤頁面大小使用「A4 橫向尺寸報表紙」列印。

● 每一標籤上邊界 2 公分、側邊界 3 公分；高度 3 公分、寬度為 7.5 公分；垂直點數 3.5 公分、水平點數 8 公分。

● 標籤橫向 3 行，縱向 5 列方式排列。

● 中文字型為「細明體」或「新細明體」，英文及數字字型為「Arial」，且均設定為 12 點字型大小。

● 標籤內容依序為：「產品代號」、「產品名稱」、「庫存量」及「安全存量」，且各佔用一行位置。

● 「產品代號」、「庫存量」及「安全存量」均需加入欄位名稱及冒號，但「產品名稱」不要加上欄位名稱。

● 合併列印結果中未有資料之標籤，其欄位名稱及冒號均需直接刪除。

● 「庫存量」的資料以斜體表示，「安全存量」的資料加上底線。

● 在頁首以「置中對齊」方式，用 10 點字型大小顯示「您的座號」及「您的姓名」。

產品代號：《產品代號》
《產品名稱》
庫存量：《庫存量》
安全存量：《安全存量》

《Next Record (下一筆紀錄)》產品代號：《產品代號》
《產品名稱》
庫存量：《庫存量》
安全存量：《安全存量》

《Next Record (下一筆紀錄)》產品代號：《產品代號》
《產品名稱》
庫存量：《庫存量》
安全存量：《安全存量》

《Next Record (下一筆紀錄)》產品代號：《產品代號》
《產品名稱》
庫存量：《庫存量》
安全存量：《安全存量》

《Next Record (下一筆紀錄)》產品代號：《產品代號》
《產品名稱》
庫存量：《庫存量》
安全存量：《安全存量》

《Next Record (下一筆紀錄)》產品代號：《產品代號》
《產品名稱》
庫存量：《庫存量》
安全存量：《安全存量》

《Next Record (下一筆紀錄)》產品代號：《產品代號》
《產品名稱》
庫存量：《庫存量》
安全存量：《安全存量》

《Next Record (下一筆紀錄)》產品代號：《產品代號》
《產品名稱》
庫存量：《庫存量》
安全存量：《安全存量》

《Next Record (下一筆紀錄)》產品代號：《產品代號》
《產品名稱》
庫存量：《庫存量》
安全存量：《安全存量》

《Next Record (下一筆紀錄)》產品代號：《產品代號》
《產品名稱》
庫存量：《庫存量》
安全存量：《安全存量》

《Next Record (下一筆紀錄)》產品代號：《產品代號》
《產品名稱》
庫存量：《庫存量》
安全存量：《安全存量》

《Next Record (下一筆紀錄)》產品代號：《產品代號》
《產品名稱》
庫存量：《庫存量》
安全存量：《安全存量》

《Next Record (下一筆紀錄)》產品代號：《產品代號》
《產品名稱》
庫存量：《庫存量》
安全存量：《安全存量》

99 趙自強

產品代號：MB486P3R16
486 主機板 PCI slot *3 16MB RAM
庫存量：1522
安全存量：1200

產品代號：MB486P3R32
486 主機板 PCI slot *3 32MB RAM
庫存量：15566
安全存量：1050

產品代號：MB486V3R16
486 主機板 VL slot *3 16MB RAM
庫存量：2000
安全存量：1000

產品代號：MB486V3R32
486 主機板 VL slot *3 32MB RAM
庫存量：2556
安全存量：1500

產品代號：MB586E3R16
586 主機板 EISA slot *3 16MB RAM
庫存量：3251
安全存量：1300

產品代號：MB586E3R32
586 主機板 EISA slot *3 32MB RAM
庫存量：8466
安全存量：1400

產品代號：MB586E7R16
586 主機板 EISA slot *7 16MB RAM
庫存量：1475
安全存量：1000

產品代號：MB586E7R32
586 主機板 EISA slot *7 32MB RAM
庫存量：5466
安全存量：1000

產品代號：MB586P3R16
586 主機板 PCI slot *3 16MB RAM
庫存量：5000
安全存量：1080

產品代號：MB586P3R32
586 主機板 PCI slot *3 32MB RAM
庫存量：43250
安全存量：1800

產品代號：MB586V3R16
586 主機板 VL slot *3 16MB RAM
庫存量：2665
安全存量：1500

產品代號：MB586V3R32
586 主機板 VL slot *3 32MB RAM
庫存量：1005
安全存量：1800

產品代號：EIDE1RP
SuperVGA 1280*1024 PCI BUS 4MB
庫存量：1112
安全存量：1000

產品代號：EIDE2RP
SuperVGA 1280*1024 PCI BUS 8MB
庫存量：4666
安全存量：1000

題組七

◎ 本題使用資料檔案「920307m.odt」。

◎ 合併列印原始設定列印共一頁。

◎ 合併列印結果列印共一頁。

◎ 取用「住址」是「基隆市中山區」的資料、並依「座號」遞增排序。

● 標籤頁面大小使用「A4 直向尺寸報表紙」列印。

● 每一標籤上邊界及側邊界均為 2 公分；高度 3 公分、寬度為 8 公分；垂直點數 3.5 公分、水平點數 8.5 公分。

● 標籤橫向 2 行，縱向 8 列方式排列。

● 中文字型為「細明體」或「新細明體」，英文及數字字型為「Arial」，且均設定為 12 點字型大小。

● 標籤內容依序為：「座號」、「學生姓名」、「家長姓名」及「住址」，且各佔用一行位置。

● 「家長姓名」、「學生姓名」及「座號」均需加入欄位名稱及冒號，但「住址」不要加上欄位名稱。

● 合併列印結果中未有資料之標籤，其欄位名稱及冒號均需直接刪除。

● 「住址」的資料以斜體表示，「家長姓名」的資料加上底線。

● 在頁首以「置中對齊」方式，用 10 點字型大小顯示「您的座號」及「您的姓名」。

座號：«座號»
學生姓名：«學生姓名»
家長姓名：«家長姓名»
«住址»

«Next Record (下一筆紀錄)»座號：«座號»
學生姓名：«學生姓名»
家長姓名：«家長姓名»
«住址»

«Next Record (下一筆紀錄)»座號：«座號»
學生姓名：«學生姓名»
家長姓名：«家長姓名»
«住址»

«Next Record (下一筆紀錄)»座號：«座號»
學生姓名：«學生姓名»
家長姓名：«家長姓名»
«住址»

«Next Record (下一筆紀錄)»座號：«座號»
學生姓名：«學生姓名»
家長姓名：«家長姓名»
«住址»

«Next Record (下一筆紀錄)»座號：«座號»
學生姓名：«學生姓名»
家長姓名：«家長姓名»
«住址»

«Next Record (下一筆紀錄)»座號：«座號»
學生姓名：«學生姓名»
家長姓名：«家長姓名»
«住址»

«Next Record (下一筆紀錄)»座號：«座號»
學生姓名：«學生姓名»
家長姓名：«家長姓名»
«住址»

«Next Record (下一筆紀錄)»座號：«座號»
學生姓名：«學生姓名»
家長姓名：«家長姓名»
«住址»

«Next Record (下一筆紀錄)»座號：«座號»
學生姓名：«學生姓名»
家長姓名：«家長姓名»
«住址»

«Next Record (下一筆紀錄)»座號：«座號»
學生姓名：«學生姓名»
家長姓名：«家長姓名»
«住址»

«Next Record (下一筆紀錄)»座號：«座號»
學生姓名：«學生姓名»
家長姓名：«家長姓名»
«住址»

«Next Record (下一筆紀錄)»座號：«座號»
學生姓名：«學生姓名»
家長姓名：«家長姓名»
«住址»

«Next Record (下一筆紀錄)»座號：«座號»
學生姓名：«學生姓名»
家長姓名：«家長姓名»
«住址»

«Next Record (下一筆紀錄)»座號：«座號»
學生姓名：«學生姓名»
家長姓名：«家長姓名»
«住址»

«Next Record (下一筆紀錄)»座號：«座號»
學生姓名：«學生姓名»
家長姓名：«家長姓名»
«住址»

99 趙自強

座號：04
學生姓名：江蕙如
家長姓名：江炳坤
基隆市中山區中山一路 111 巷 94 號

座號：05
學生姓名：王慧薰
家長姓名：王培盛
基隆市中山區中山二路 16 巷 94 號

座號：06
學生姓名：沈芳儀
家長姓名：沈期昆
基隆市中山區西定路 99 號

座號：19
學生姓名：林詩雨
家長姓名：林德祥
基隆市中山區中華路 125-3 號 6F

座號：20
學生姓名：莊欣妮
家長姓名：莊王美華
基隆市中山區通仁路 88 巷 46 號

座號：29
學生姓名：陳　攻
家長姓名：張季緞
基隆市中山區通明街 433 巷 7 號

座號：33
學生姓名：詹惠茹
家長姓名：蘇淑芳
基隆市中山區中山一路 7 巷 81 號

座號：34
學生姓名：潘絮瑩
家長姓名：駱玉琴
基隆市中山區中山一路 66 號

座號：37
學生姓名：戴嘉慧
家長姓名：戴朝宗
基隆市中山區中平街 99 號之 3 4F

座號：38
學生姓名：謝孟君
家長姓名：謝德和
基隆市中山區中山 1 路 654 巷 20 號

座號：39
學生姓名：劉婉菁
家長姓名：黃香筑
基隆市中山區中華路 177 巷 2 號

座號：40
學生姓名：劉致聖
家長姓名：劉振峰
基隆市中山區中華路 45-1 號 5F

座號：41
學生姓名：潘柔君
家長姓名：葉玉嬌
基隆市中山區華興街 77 巷 1-3 號 4F

座號：51
學生姓名：賴書敏
家長姓名：簡銀女
基隆市中山區中山二路 98 號

題組八

◎ 本題使用資料檔案「920308m.odt」。

◎ 合併列印原始設定列印共一頁。

◎ 合併列印結果列印共一頁。

◎ 取用「性別」等於「女」的資料、並依「到職年」遞增排序。

● 標籤頁面大小使用「A4 橫向尺寸報表紙」列印。

● 每一標籤上邊界為 3 公分、側邊界為 2 公分；高度 3 公分、寬度為 5.5 公分；垂直點數 3.5 公分、水平點數 6 公分。

● 標籤橫向 4 行，縱向 5 列方式排列。

● 中文字型為「細明體」或「新細明體」，英文及數字字型為「Arial」，且均設定為 12 點字型大小。

● 標籤內容依序為：「姓名」、「職稱」、「到職年」及「專長」，且各佔用一行位置。

● 「姓名」、「職稱」、「到職年」及「專長」均需加入欄位名稱及冒號。

● 合併列印結果中未有資料之標籤，其欄位名稱及冒號均需直接刪除。

● 「到職年」的資料以斜體表示，「專長」的資料加上底線。

● 在頁首以「置中對齊」方式，用 10 點字型大小顯示「您的座號」及「您的姓名」。

姓名：《姓名》
職稱：《職稱》
到職年：《到職年》
尊長：《尊長》

«Next Record (下一筆紀錄)»姓名：《姓名》
職稱：《職稱》
到職年：《到職年》
尊長：《尊長》

«Next Record (下一筆紀錄)»姓名：《姓名》
職稱：《職稱》
到職年：《到職年》
尊長：《尊長》

«Next Record (下一筆紀錄)»姓名：《姓名》
職稱：《職稱》
到職年：《到職年》
尊長：《尊長》

«Next Record (下一筆紀錄)»姓名：《姓名》
職稱：《職稱》
到職年：《到職年》
尊長：《尊長》

«Next Record (下一筆紀錄)»姓名：《姓名》
職稱：《職稱》
到職年：《到職年》
尊長：《尊長》

«Next Record (下一筆紀錄)»姓名：《姓名》
職稱：《職稱》
到職年：《到職年》
尊長：《尊長》

«Next Record (下一筆紀錄)»姓名：《姓名》
職稱：《職稱》
到職年：《到職年》
尊長：《尊長》

«Next Record (下一筆紀錄)»姓名：《姓名》
職稱：《職稱》
到職年：《到職年》
尊長：《尊長》

«Next Record (下一筆紀錄)»姓名：《姓名》
職稱：《職稱》
到職年：《到職年》
尊長：《尊長》

«Next Record (下一筆紀錄)»姓名：《姓名》
職稱：《職稱》
到職年：《到職年》
尊長：《尊長》

«Next Record (下一筆紀錄)»姓名：《姓名》
職稱：《職稱》
到職年：《到職年》
尊長：《尊長》

«Next Record (下一筆紀錄)»姓名：《姓名》
職稱：《職稱》
到職年：《到職年》
尊長：《尊長》

«Next Record (下一筆紀錄)»姓名：《姓名》
職稱：《職稱》
到職年：《到職年》
尊長：《尊長》

«Next Record (下一筆紀錄)»姓名：《姓名》
職稱：《職稱》
到職年：《到職年》
尊長：《尊長》

99 趙自強

姓名：黃慧洋
職稱：特別助理
到職年：76
專長：市場公關

姓名：莊清媚
職稱：研發工程師
到職年：76
專長：電子電路

姓名：吳美成
職稱：資深專員
到職年：76
專長：業務行銷

姓名：謝穎青
職稱：資深專員
到職年：76
專長：業務銷售

姓名：鍾智慧
職稱：研發工程師
到職年：78
專長：電子電路

姓名：陳曉蘭
職稱：業務經理
到職年：79
專長：業務規劃

姓名：王玉冶
職稱：業務副理
到職年：80
專長：業務拓展

姓名：林鳳春
職稱：業務專員
到職年：80
專長：業務行銷

姓名：葉秀珠
職稱：業務助理
到職年：82
專長：業務催收款

姓名：陳詒芳
職稱：業務助理
到職年：82
專長：資料分析

姓名：陳惠娟
職稱：業務助理
到職年：82
專長：文書處理

姓名：黃秋好
職稱：採購專員
到職年：82
專長：半導體採購

姓名：鄭秀家
職稱：助理工程師
到職年：83
專長：界面卡測試

姓名：張琪
職稱：採購助理
到職年：83
專長：EXCEL

題組九

◎ 本題使用資料檔案「920309m.odt」。

◎ 合併列印原始設定列印共一頁。

◎ 合併列印結果列印共一頁。

◎ 取用「郵遞區號」大於等於「334」的資料、並依「客戶寶號」遞減排序。

● 標籤頁面大小使用「A4直向尺寸報表紙」列印。

● 每一標籤上邊界及側邊界均為2公分；高度2.7公分、寬度為8公分；垂直點數3.2公分、水平點數8.5公分。

● 標籤橫向2行，縱向8列方式排列。

● 中文字型為「細明體」或「新細明體」，英文及數字字型為「Arial」，且均設定為12點字型大小。

● 標籤內容依序為：「聯絡人」、「客戶寶號」、「縣市」及「地址」，且各佔用一行位置。

● 「聯絡人」均需加入欄位名稱及冒號，但「客戶寶號」、「縣市」及「地址」不要加上欄位名稱。

● 合併列印結果中未有資料之標籤，其欄位名稱及冒號均需直接刪除。

● 「聯絡人」的資料以斜體表示，「客戶寶號」的資料加上底線。

● 在頁首以「置中對齊」方式，用10點字型大小顯示「您的座號」及「您的姓名」。

聯絡人：《聯絡人》
《客戶寶號》
《縣市》
《地址》

«Next Record (下一筆紀錄)»聯絡人：《聯絡人》
《客戶寶號》
《縣市》
《地址》

«Next Record (下一筆紀錄)»聯絡人：《聯絡人》
《客戶寶號》
《縣市》
《地址》

«Next Record (下一筆紀錄)»聯絡人：《聯絡人》
《客戶寶號》
《縣市》
《地址》

«Next Record (下一筆紀錄)»聯絡人：《聯絡人》
《客戶寶號》
《縣市》
《地址》

«Next Record (下一筆紀錄)»聯絡人：《聯絡人》
《客戶寶號》
《縣市》
《地址》

«Next Record (下一筆紀錄)»聯絡人：《聯絡人》
《客戶寶號》
《縣市》
《地址》

«Next Record (下一筆紀錄)»聯絡人：《聯絡人》
《客戶寶號》
《縣市》
《地址》

«Next Record (下一筆紀錄)»聯絡人：《聯絡人》
《客戶寶號》
《縣市》
《地址》

«Next Record (下一筆紀錄)»聯絡人：《聯絡人》
《客戶寶號》
《縣市》
《地址》

«Next Record (下一筆紀錄)»聯絡人：《聯絡人》
《客戶寶號》
《縣市》
《地址》

«Next Record (下一筆紀錄)»聯絡人：《聯絡人》
《客戶寶號》
《縣市》
《地址》

«Next Record (下一筆紀錄)»聯絡人：《聯絡人》
《客戶寶號》
《縣市》
《地址》

«Next Record (下一筆紀錄)»聯絡人：《聯絡人》
《客戶寶號》
《縣市》
《地址》

«Next Record (下一筆紀錄)»聯絡人：《聯絡人》
《客戶寶號》
《縣市》
《地址》

99 趙自強

聯絡人：*陳登榜*
鋐琪塑膠股份有限公司
桃園市
楊梅區大同里行善路 80 號

聯絡人：*吳政翔*
豐興鋼鐵(股)公司
桃園市
新屋區五福三路 21 號 6 樓

聯絡人：*林慶文*
溪泉電器工廠股份有限公司
台中市
西屯區台中工業區工業五路 3 號

聯絡人：*張朝深*
喬福機械工業股份有限公司
台南市
安平區大湳里和平路 1127 號

聯絡人：*陳勳森*
洽興金屬工業股份有限公司
台中市
西屯區工業區 12 路 5 號

聯絡人：*楊菊生*
長生營造股份有限公司
高雄市
大社工業區興工路 1-3 號

聯絡人：*黃清吉*
永輝興電機工業股份有限公司
台南市
麻豆區小埤里苓子林 8-12 號

聯絡人：*陳智雄*
台灣勝家實業股份有限公司
桃園市
楊梅區秀才路 520 號

聯絡人：*顏仲仁*
台灣釜屋電機股份有限公司
台中市
烏日區中山路一段 150 弄 27 號

聯絡人：*周正義*
台灣航空電子股份有限公司
桃園市
桃園區大林里大仁路 50 號

聯絡人：*呂碧如*
太平洋汽門工業股份有限公司
台南市
安南區新生路二段 334 號

聯絡人：*蔡淑慧*
中衛聯合開發公司
台中市
南屯區南屯路三段 86 號

聯絡人：*劉宗齊*
中友開發建設股份有限公司
高雄市
鼓山區明倫路 514 巷 19 號

題組十

◎ 本題使用資料檔案「920310m.odt」。

◎ 合併列印原始設定列印共一頁。

◎ 合併列印結果列印共一頁。

◎ 取用「部門代號」等於「A01」的資料、並依「姓名」遞增排序。

● 標籤頁面大小使用「A4 橫向尺寸報表紙」列印。

● 每一標籤上邊界及側邊界均為 2 公分；高度 3 公分、寬度為 8 公分；垂直點數 3.5 公分、水平點數 8.5 公分。

● 標籤橫向 3 行，縱向 5 列方式排列。

● 中文字型為「細明體」或「新細明體」，英文及數字字型為「Arial」，且均設定為 12 點字型大小。

● 標籤內容依序為：「姓名」、「現任職稱」、「縣市」及「地址」，且各佔用一行位置。

● 「姓名」及「現任職稱」均需加入欄位名稱及冒號，但「縣市」及「地址」不要加上欄位名稱。

● 合併列印結果中未有資料之標籤，其欄位名稱及冒號均需直接刪除。

● 「現任職稱」的資料以斜體表示，「縣市」及「地址」的資料加上底線。

● 在頁首以「置中對齊」方式，用 10 點字型大小顯示「您的座號」及「您的姓名」。

姓名：《姓名》
現任職稱：《現任職稱》
《縣市》
《地址》

«Next Record (下一筆紀錄)»姓名：《姓名》
現任職稱：《現任職稱》
《縣市》
《地址》

«Next Record (下一筆紀錄)»姓名：《姓名》
現任職稱：《現任職稱》
《縣市》
《地址》

«Next Record (下一筆紀錄)»姓名：《姓名》
現任職稱：《現任職稱》
《縣市》
《地址》

«Next Record (下一筆紀錄)»姓名：《姓名》
現任職稱：《現任職稱》
《縣市》
《地址》

«Next Record (下一筆紀錄)»姓名：《姓名》
現任職稱：《現任職稱》
《縣市》
《地址》

«Next Record (下一筆紀錄)»姓名：《姓名》
現任職稱：《現任職稱》
《縣市》
《地址》

«Next Record (下一筆紀錄)»姓名：《姓名》
現任職稱：《現任職稱》
《縣市》
《地址》

«Next Record (下一筆紀錄)»姓名：《姓名》
現任職稱：《現任職稱》
《縣市》
《地址》

«Next Record (下一筆紀錄)»姓名：《姓名》
現任職稱：《現任職稱》
《縣市》
《地址》

姓名：方重圍
現任職稱：顧問工程師
新竹市
科學園區工業東四路7號2樓

姓名：向大鵬
現任職稱：業務專員
台北市
建國北路2段145號3樓

姓名：林鳳春
現任職稱：業務專員
台北市
中正區杭洲路1段15-1號19樓

姓名：張志輝
現任職稱：業務副理
台中市
大肚區沙田路二段132巷60號

姓名：黃志文
現任職稱：業務專員
台北市
光復南路422號2樓之1

姓名：王玉治
現任職稱：業務專員
台中市
潭子區建國路3之2號

姓名：李垂文
現任職稱：業務專員
台中市
大里區仁化路261號

姓名：徐煥坤
現任職稱：資深工程師
新北市
土城區福安街75號

姓名：陳雅賢
現任職稱：業務經理
新竹縣
湖口鄉光復北路92號

姓名：盧大為
現任職稱：研發經理
台北市
大同區承德路一段40號12樓

姓名：王德惠
現任職稱：業務專員
新北市
新店區寶中路123巷1號5樓

姓名：林建興
現任職稱：研發副總
屏東市
中正路688巷46弄59號

姓名：張世興
現任職稱：業務助理
新北市
淡水區下圭柔山100-2號

姓名：陳曉蘭
現任職稱：業務經理
台南市
歸仁區南興里中山路851號

題組十一

◎ 本題使用資料檔案「920311m.odt」。

◎ 合併列印原始設定列印共一頁。

◎ 合併列印結果列印共一頁。

◎ 取用「產品名稱」不屬於「SuperVGA」的資料、並依「產品名稱」遞增排序。

● 標籤頁面大小使用「A4 橫向尺寸報表紙」列印。

● 每一標籤上邊界 2 公分、側邊界 3 公分；高度 3 公分、寬度為 7.5 公分；垂直點數 3.5 公分、水平點數 8 公分。

● 標籤橫向 3 行，縱向 5 列方式排列。

● 中文字型為「細明體」或「新細明體」，英文及數字字型為「Arial」，且均設定為 12 點字型大小。

● 標籤內容依序為：「產品代號」、「產品名稱」、「庫存量」及「安全存量」，且各佔用一行位置。

● 「產品代號」、「庫存量」及「安全存量」均需加入欄位名稱及冒號，但「產品名稱」不要加上欄位名稱。

● 合併列印結果中未有資料之標籤，其欄位名稱及冒號均需直接刪除。

● 「庫存量」的資料以斜體表示，「安全存量」的資料加上底線。

● 在頁首以「靠左對齊」方式，用 10 點字型大小顯示「您的座號」及「您的姓名」。

產品代號：《產品代號》
《產品名稱》
庫存量：《庫存量》
安全存量：《安全存量》

«Next Record（下一筆紀錄）»產品代號：《產品代號》
《產品名稱》
庫存量：《庫存量》
安全存量：《安全存量》

«Next Record（下一筆紀錄）»產品代號：《產品代號》
《產品名稱》
庫存量：《庫存量》
安全存量：《安全存量》

«Next Record（下一筆紀錄）»產品代號：《產品代號》
《產品名稱》
庫存量：《庫存量》
安全存量：《安全存量》

«Next Record（下一筆紀錄）»產品代號：《產品代號》
《產品名稱》
庫存量：《庫存量》
安全存量：《安全存量》

«Next Record（下一筆紀錄）»產品代號：《產品代號》
《產品名稱》
庫存量：《庫存量》
安全存量：《安全存量》

«Next Record（下一筆紀錄）»產品代號：《產品代號》
《產品名稱》
庫存量：《庫存量》
安全存量：《安全存量》

«Next Record（下一筆紀錄）»產品代號：《產品代號》
《產品名稱》
庫存量：《庫存量》
安全存量：《安全存量》

«Next Record（下一筆紀錄）»產品代號：《產品代號》
《產品名稱》
庫存量：《庫存量》
安全存量：《安全存量》

«Next Record（下一筆紀錄）»產品代號：《產品代號》
《產品名稱》
庫存量：《庫存量》
安全存量：《安全存量》

«Next Record（下一筆紀錄）»產品代號：《產品代號》
《產品名稱》
庫存量：《庫存量》
安全存量：《安全存量》

«Next Record（下一筆紀錄）»產品代號：《產品代號》
《產品名稱》
庫存量：《庫存量》
安全存量：《安全存量》

«Next Record（下一筆紀錄）»產品代號：《產品代號》
《產品名稱》
庫存量：《庫存量》
安全存量：《安全存量》

產品代號：MB486P3R16
486 主機板 PCI slot *3 16MB RAM
庫存量：1522
安全存量：1200

產品代號：MB486V3R32
486 主機板 VL slot *3 32MB RAM
庫存量：2556
安全存量：1500

產品代號：MB586E7R16
586 主機板 EISA slot *7 16MB RAM
庫存量：1475
安全存量：1000

產品代號：MB586P3R32
586 主機板 PCI slot *3 32MB RAM
庫存量：43250
安全存量：1800

產品代號：SCSIPB
SCSIcard PCI BUS
庫存量：2586
安全存量：600

產品代號：MB486P3R32
486 主機板 PCI slot *3 32MB RAM
庫存量：15566
安全存量：1050

產品代號：MB586E3R16
586 主機板 EISA slot *3 16MB RAM
庫存量：3251
安全存量：1300

產品代號：MB586E7R32
586 主機板 EISA slot *7 32MB RAM
庫存量：5466
安全存量：1000

產品代號：MB586V3R16
586 主機板 VL slot *3 16MB RAM
庫存量：2665
安全存量：1500

產品代號：SCSIVB
SCSIcard VL BUS
庫存量：2145
安全存量：600

產品代號：MB486V3R16
486 主機板 VL slot *3 16MB RAM
庫存量：2000
安全存量：1000

產品代號：MB586E3R32
586 主機板 EISA slot *3 32MB RAM
庫存量：8466
安全存量：1400

產品代號：MB586P3R16
586 主機板 PCI slot *3 16MB RAM
庫存量：5000
安全存量：1080

產品代號：MB586V3R32
586 主機板 VL slot *3 32MB RAM
庫存量：1005
安全存量：1800

題組十二

◎ 本題使用資料檔案「920312m.odt」。

◎ 合併列印原始設定列印共一頁。

◎ 合併列印結果列印共一頁。

◎ 取用「科別」等於「幼保」的資料、並依「座號」遞增排序。

● 標籤頁面大小使用「A4 直向尺寸報表紙」列印。

● 每一標籤上邊界及側邊界均為 2 公分；高度 3 公分、寬度為 8 公分；垂直點數 3.5 公分、水平點數 8.5 公分。

● 標籤橫向 2 行，縱向 8 列方式排列。

● 中文字型為「細明體」或「新細明體」，英文及數字字型為「Arial」，且均設定為 12 點字型大小。

● 標籤內容依序為：「座號」、「學生姓名」、「家長姓名」及「住址」，且各佔用一行位置。

● 「座號」、「學生姓名」及「家長姓名」均需加入欄位名稱及冒號，但「住址」不要加上欄位名稱。

● 合併列印結果中未有資料之標籤，其欄位名稱及冒號均需直接刪除。

● 「住址」的資料以斜體表示，「家長姓名」的資料加上底線。

● 在頁首以「靠左對齊」方式，用 10 點字型大小顯示「您的座號」及「您的姓名」。

座號：«座號»
學生姓名：«學生姓名»
家長姓名：«家長姓名»
«住址»

«Next Record (下一筆紀錄)»座號：«座號»
學生姓名：«學生姓名»
家長姓名：«家長姓名»
«住址»

«Next Record (下一筆紀錄)»座號：«座號»
學生姓名：«學生姓名»
家長姓名：«家長姓名»
«住址»

«Next Record (下一筆紀錄)»座號：«座號»
學生姓名：«學生姓名»
家長姓名：«家長姓名»
«住址»

«Next Record (下一筆紀錄)»座號：«座號»
學生姓名：«學生姓名»
家長姓名：«家長姓名»
«住址»

«Next Record (下一筆紀錄)»座號：«座號»
學生姓名：«學生姓名»
家長姓名：«家長姓名»
«住址»

«Next Record (下一筆紀錄)»座號：«座號»
學生姓名：«學生姓名»
家長姓名：«家長姓名»
«住址»

«Next Record (下一筆紀錄)»座號：«座號»
學生姓名：«學生姓名»
家長姓名：«家長姓名»
«住址»

«Next Record (下一筆紀錄)»座號：«座號»
學生姓名：«學生姓名»
家長姓名：«家長姓名»
«住址»

«Next Record (下一筆紀錄)»座號：«座號»
學生姓名：«學生姓名»
家長姓名：«家長姓名»
«住址»

«Next Record (下一筆紀錄)»座號：«座號»
學生姓名：«學生姓名»
家長姓名：«家長姓名»
«住址»

«Next Record (下一筆紀錄)»座號：«座號»
學生姓名：«學生姓名»
家長姓名：«家長姓名»
«住址»

«Next Record (下一筆紀錄)»座號：«座號»
學生姓名：«學生姓名»
家長姓名：«家長姓名»
«住址»

«Next Record (下一筆紀錄)»座號：«座號»
學生姓名：«學生姓名»
家長姓名：«家長姓名»
«住址»

«Next Record (下一筆紀錄)»座號：«座號»
學生姓名：«學生姓名»
家長姓名：«家長姓名»
«住址»

99 趙自強

座號：01
學生姓名：方佳怡
家長姓名：方聖寬
基隆市安樂區安一路88-3 號 4F

座號：02
學生姓名：方嘉瑋
家長姓名：謝蓮琴
基隆市信義區信二路567 巷3 號

座號：03
學生姓名：王君怡
家長姓名：廖寶琴
基隆市中正區正義路2 巷55 號 1F

座號：03
學生姓名：簡曉君
家長姓名：簡佳銘
基隆市安樂區安一路6 巷62 弄69 號

座號：04
學生姓名：黃雅琳
家長姓名：黃文正
基隆市信義區信二路37-2 號 3F

座號：04
學生姓名：江蕙如
家長姓名：江炳坤
基隆市中山區中山一路111 巷94 號

座號：05
學生姓名：王慧薰
家長姓名：王培盛
基隆市中山區中山二路16 巷94 號

座號：10
學生姓名：李家妮
家長姓名：李淑
新北市土城區忠義路99 巷5 號 3F

座號：30
學生姓名：曾慧琪
家長姓名：曾象雄
基隆市中正區正義路2 巷66 號 1F

座號：32
學生姓名：劉亦芳
家長姓名：劉坤銘
基隆市信義區信二路74 巷99 號

座號：33
學生姓名：詹惠茹
家長姓名：蘇淑芳
基隆市中山區中山一路7 巷81 號

座號：38
學生姓名：謝孟君
家長姓名：謝德和
基隆市中山區中山1 路654 巷20 號

座號：39
學生姓名：劉婉菁
家長姓名：黃香筑
基隆市中山區中華路177 巷2 號

座號：42
學生姓名：簡琬珊
家長姓名：簡寬忠
基隆市仁愛區愛五路77 巷3 號

題組十三

◎ 本題使用資料檔案「920313m.odt」。

◎ 合併列印原始設定列印共一頁。

◎ 合併列印結果列印共一頁。

◎ 取用「出生地」等於「台北市」的資料、並依「到職年」遞增排序。

● 標籤頁面大小使用「A4 橫向尺寸報表紙」列印。

● 每一標籤上邊界為 3 公分、側邊界為 2 公分；高度 3 公分、寬度為 5.5 公分；垂直點數 3.5 公分、水平點數 6 公分。

● 標籤橫向 4 行，縱向 5 列方式排列。

● 中文字型為「細明體」或「新細明體」，英文及數字字型為「Arial」，且均設定為 12 點字型大小。

● 標籤內容依序為：「姓名」、「職稱」、「到職年」及「專長」，且各佔用一行位置。

● 「姓名」、「職稱」、「到職年」及「專長」均需加入欄位名稱及冒號。

● 合併列印結果中未有資料之標籤，其欄位名稱及冒號均需直接刪除。

● 「到職年」的資料以斜體表示，「專長」的資料加上底線。

● 在頁首以「靠左對齊」方式，用 10 點字型大小顯示「您的座號」及「您的姓名」。

姓名：《姓名》
職稱：《職稱》
到職年：《到職年》
尊長：《尊長》

«Next Record (下一筆紀錄)»姓名：《姓名》
職稱：《職稱》
到職年：《到職年》
尊長：《尊長》

«Next Record (下一筆紀錄)»姓名：《姓名》
職稱：《職稱》
到職年：《到職年》
尊長：《尊長》

«Next Record (下一筆紀錄)»姓名：《姓名》
職稱：《職稱》
到職年：《到職年》
尊長：《尊長》

«Next Record (下一筆紀錄)»姓名：《姓名》
職稱：《職稱》
到職年：《到職年》
尊長：《尊長》

«Next Record (下一筆紀錄)»姓名：《姓名》
職稱：《職稱》
到職年：《到職年》
尊長：《尊長》

«Next Record (下一筆紀錄)»姓名：《姓名》
職稱：《職稱》
到職年：《到職年》
尊長：《尊長》

«Next Record (下一筆紀錄)»姓名：《姓名》
職稱：《職稱》
到職年：《到職年》
尊長：《尊長》

«Next Record (下一筆紀錄)»姓名：《姓名》
職稱：《職稱》
到職年：《到職年》
尊長：《尊長》

«Next Record (下一筆紀錄)»姓名：《姓名》
職稱：《職稱》
到職年：《到職年》
尊長：《尊長》

«Next Record (下一筆紀錄)»姓名：《姓名》
職稱：《職稱》
到職年：《到職年》
尊長：《尊長》

«Next Record (下一筆紀錄)»姓名：《姓名》
職稱：《職稱》
到職年：《到職年》
尊長：《尊長》

«Next Record (下一筆紀錄)»姓名：《姓名》
職稱：《職稱》
到職年：《到職年》
尊長：《尊長》

«Next Record (下一筆紀錄)»姓名：《姓名》
職稱：《職稱》
到職年：《到職年》
尊長：《尊長》

«Next Record (下一筆紀錄)»姓名：《姓名》
職稱：《職稱》
到職年：《到職年》
尊長：《尊長》

姓名：何茂宗 職稱：總經理 到職年：64 專長：業務規劃	姓名：徐煥坤 職稱：研發經理 到職年：75 專長：主機板研發	姓名：王演銓 職稱：研發副理 到職年：76 專長：SCSI 卡研發
姓名：黃派清 職稱：採購副理 到職年：78 專長：倉庫管理	姓名：林鳳苓 職稱：業務專員 到職年：80 專長：業務行銷	姓名：鍾智慧 職稱：研發工程師 到職年：78 專長：電子電路
姓名：毛渝南 職稱：業務副理 到職年：81 專長：產品規劃	姓名：林國丙 職稱：採購專員 到職年：81 專長：電子零件採購	姓名：楊銘哲 職稱：副工程師 到職年：81 專長：訊號測試
姓名：林玉堂 職稱：業務專員 到職年：82 專長：業務拓展	姓名：黃秋妤 職稱：採購專員 到職年：82 專長：半導體採購	姓名：向大鵬 職稱：業務專員 到職年：81 專長：業務行銷
		姓名：黃志文 職稱：助理工程師 到職年：82 專長：電子電路
		姓名：葉秀珠 職稱：業務助理 到職年：82 專長：業務催收款

題組十四

◎ 本題使用資料檔案「920314m.odt」。

◎ 合併列印原始設定列印共一頁。

◎ 合併列印結果列印共一頁。

◎ 取用「行業別」等於「機械」的資料、並依「客戶寶號」遞減排序。

● 標籤頁面大小使用「A4 直向尺寸報表紙」列印。

● 每一標籤上邊界及側邊界均為 2 公分；高度 2.7 公分、寬度為 8 公分；垂直點數 3.2 公分、水平點數 8.5 公分。

● 標籤橫向 2 行，縱向 8 列方式排列。

● 中文字型為「細明體」或「新細明體」，英文及數字字型為「Arial」，且均設定為 12 點字型大小。

● 標籤內容依序為：「聯絡人」、「客戶寶號」、「縣市」及「地址」，且各佔用一行位置。

● 「聯絡人」均需加入欄位名稱及冒號，但「客戶寶號」、「縣市」及「地址」不要加上欄位名稱。

● 合併列印結果中未有資料之標籤，其欄位名稱及冒號均需直接刪除。

● 「聯絡人」的資料以斜體表示，「客戶寶號」的資料加上底線。

● 在頁首以「靠左對齊」方式，用 10 點字型大小顯示「您的座號」及「您的姓名」。

聯絡人：《聯絡人》
《客戶寶號》
《縣市》
《地址》

«Next Record (下一筆紀錄)»聯絡人：《聯絡人》
《客戶寶號》
《縣市》
《地址》

«Next Record (下一筆紀錄)»聯絡人：《聯絡人》
《客戶寶號》
《縣市》
《地址》

«Next Record (下一筆紀錄)»聯絡人：《聯絡人》
《客戶寶號》
《縣市》
《地址》

«Next Record (下一筆紀錄)»聯絡人：《聯絡人》
《客戶寶號》
《縣市》
《地址》

«Next Record (下一筆紀錄)»聯絡人：《聯絡人》
《客戶寶號》
《縣市》
《地址》

«Next Record (下一筆紀錄)»聯絡人：《聯絡人》
《客戶寶號》
《縣市》
《地址》

«Next Record (下一筆紀錄)»聯絡人：《聯絡人》
《客戶寶號》
《縣市》
《地址》

«Next Record (下一筆紀錄)»聯絡人：《聯絡人》
《客戶寶號》
《縣市》
《地址》

«Next Record (下一筆紀錄)»聯絡人：《聯絡人》
《客戶寶號》
《縣市》
《地址》

«Next Record (下一筆紀錄)»聯絡人：《聯絡人》
《客戶寶號》
《縣市》
《地址》

«Next Record (下一筆紀錄)»聯絡人：《聯絡人》
《客戶寶號》
《縣市》
《地址》

«Next Record (下一筆紀錄)»聯絡人：《聯絡人》
《客戶寶號》
《縣市》
《地址》

«Next Record (下一筆紀錄)»聯絡人：《聯絡人》
《客戶寶號》
《縣市》
《地址》

«Next Record (下一筆紀錄)»聯絡人：《聯絡人》
《客戶寶號》
《縣市》
《地址》

99 趙自強

聯絡人：*吳政翔*
豐興鋼鐵(股)公司
桃園市
新屋區五福三路 21 號 6 樓

聯絡人：*鄭榮勳*
達亞汽車股份有限公司
新北市
永和區保安里開發四路 6 號

聯絡人：*謝裕民*
新益機械工廠股份有限公司
台北市
北投區承德路 7 段 371-1 號

聯絡人：*張君暉*
善品精機股份有限公司
桃園市
中壢區中正路 1234 號

聯絡人：*林添財*
強安鋼架工程股份有限公司
桃園市
楊梅區中興路 333 號 2 樓

聯絡人：*黃俊勝*
真正精機股份有限公司
新北市
土城區自強街 29 號

聯絡人：*陳勳森*
洽興金屬工業股份有限公司
台中市
西屯區工業區 12 路 5 號

聯絡人：*陳世棟*
昆信機械工業股份有限公司
台北市
忠孝東路四段 285 號 13 樓

聯絡人：*梁文雄*
永光壓鑄企業公司
桃園市
復興區大地里 2 鄰 10 號

聯絡人：*林金源*
正五傑機械股份有限公司
台北市
中山區松江路 293 號 805 室

聯絡人：*顏仲仁*
台灣釜屋電機股份有限公司
台中市
烏日區中山路一段 150 弄 27 號

聯絡人：*王振芳*
比力機械工業股份有限公司
新竹市
水上鄉回歸村北回 60 號

聯絡人：*翁崇銘*
天源義記機械股份有限公司
台北市
松山區敦化北路 122 號 3 樓

聯絡人：*呂擇賞*
大喬機械公司
新北市
新店區寶興路 45 巷 5 號 3 樓

聯絡人：*李青潭*
九和汽車股份有限公司
台北市
信義路五段 2 號 14 樓

題組十五

◎ 本題使用資料檔案「920315m.odt」。

◎ 合併列印原始設定列印共一頁。

◎ 合併列印結果列印共一頁。

◎ 取用「縣市」等於「台北市」的資料、並依「姓名」遞增排序。

● 標籤頁面大小使用「A4 橫向尺寸報表紙」列印。

● 每一標籤上邊界及側邊界均為 2 公分；高度 3 公分、寬度為 8 公分；垂直點數 3.5 公分、水平點數 8.5 公分。

● 標籤橫向 3 行，縱向 5 列方式排列。

● 中文字型為「細明體」或「新細明體」，英文及數字字型為「Arial」，且均設定為 12 點字型大小。

● 標籤內容依序為：「姓名」、「現任職稱」、「縣市」及「地址」，且各佔用一行位置。

● 「姓名」及「現任職稱」均需加入欄位名稱及冒號，但「縣市」及「地址」不要加上欄位名稱。

● 合併列印結果中未有資料之標籤，其欄位名稱及冒號均需直接刪除。

● 「現任職稱」的資料以斜體表示，「縣市」及「地址」的資料加上底線。

● 在頁首以「靠左對齊」方式，用 10 點字型大小顯示「您的座號」及「您的姓名」。

姓名：《姓名》
現任職稱：《現任職稱》
《縣市》
《地址》

«Next Record (下一筆紀錄)»姓名：《姓名》
現任職稱：《現任職稱》
《縣市》
《地址》

«Next Record (下一筆紀錄)»姓名：《姓名》
現任職稱：《現任職稱》
《縣市》
《地址》

«Next Record (下一筆紀錄)»姓名：《姓名》
現任職稱：《現任職稱》
《縣市》
《地址》

«Next Record (下一筆紀錄)»姓名：《姓名》
現任職稱：《現任職稱》
《縣市》
《地址》

«Next Record (下一筆紀錄)»姓名：《姓名》
現任職稱：《現任職稱》
《縣市》
《地址》

«Next Record (下一筆紀錄)»姓名：《姓名》
現任職稱：《現任職稱》
《縣市》
《地址》

«Next Record (下一筆紀錄)»姓名：《姓名》
現任職稱：《現任職稱》
《縣市》
《地址》

«Next Record (下一筆紀錄)»姓名：《姓名》
現任職稱：《現任職稱》
《縣市》
《地址》

«Next Record (下一筆紀錄)»姓名：《姓名》
現任職稱：《現任職稱》
《縣市》
《地址》

姓名：毛渝南
現任職稱：業務副理
台北市
大安區敦化南路 2 段 218 號

姓名：何茂宗
現任職稱：業務專員
台北市
中山區松江路 301 號 9 樓

姓名：林鳳春
現任職稱：業務專員
台北市
中正區杭州南路 1 段 15-1 號 19 樓

姓名：連邦俊
現任職稱：維修助理
台北市
大安區仁愛路三段 108 號 7 樓

姓名：黃振清
現任職稱：採購副理
台北市
大同區重慶北路三段 137 巷 25 號 2 樓

姓名：向大鵬
現任職稱：業務專員
台北市
建國北路 2 段 145 號 3 樓

姓名：林玉堂
現任職稱：業務專員
台北市
松江路 124 巷 21 號 4 樓

姓名：張治
現任職稱：維修工程師
台北市
大安區復興南路一段 390 號 5 樓

姓名：黃志文
現任職稱：業務專員
台北市
汀復南路 422 號 2 樓之 1

姓名：盧大為
現任職稱：研發經理
台北市
大同區承德路一段 40 號 12 樓

姓名：江正維
現任職稱：研發工程師
台北市
松山區南京東路 5 段 5 號 2 樓

姓名：林國和
現任職稱：採購專員
台北市
民生西路 292 號 10 樓

姓名：張藍方
現任職稱：研發經理
台北市
松德路 159 號-1

姓名：黃秋好
現任職稱：採購專員
台北市
新明路 124 號

姓名：鍾智慧
現任職稱：業務專員
台北市
八德路二段 260 號 9 樓

4 文書處理

4-01 ■ 基礎教學

4-02 ■ 解題實作與參考答案

4-01 基礎教學

▶ 01. 尺規設定

【檔案】→【選項】→進階：顯示，有關尺規設定請參看下圖：

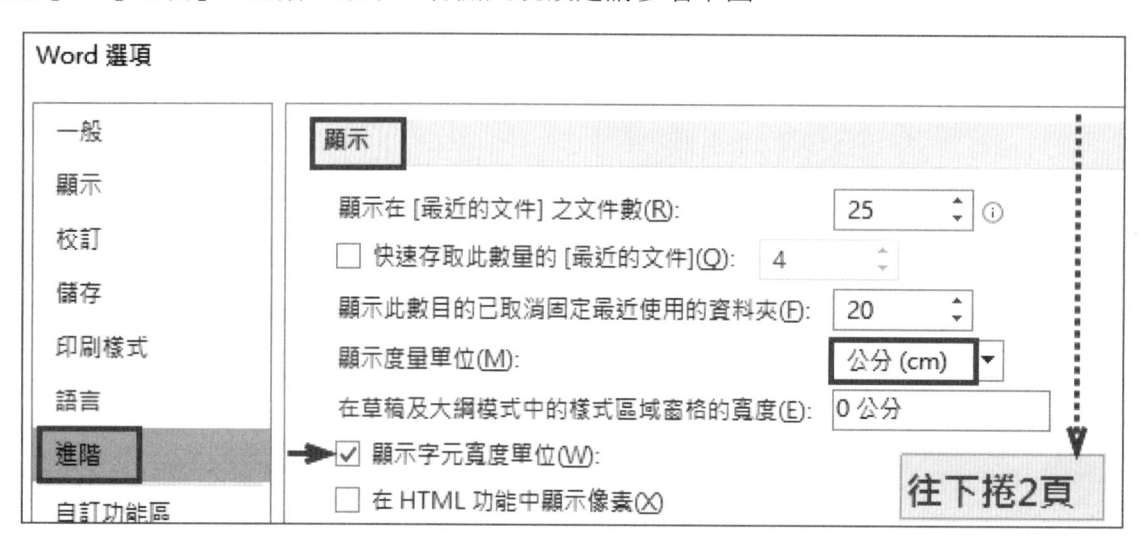

- 預設尺規單位「字元」，水平尺規最右邊的 34 代表「34 字元」：

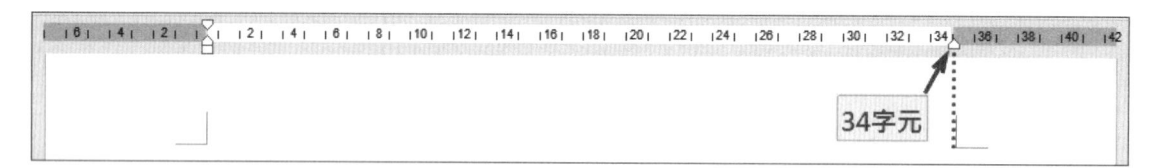

- 考題的要求大多為公分，例如：上、下、左、右邊界 3 公分，因此建議更改尺規刻度單位為「公分」，雖然預設顯示度量單位為「公分」，但下方選項：顯示「字元」單位卻是勾選的，取消此選項後，尺規才能確實以「公分」為度量單位。

- 設定完成後，預設 A4 直向紙張所顯示的尺規應如下圖所示：

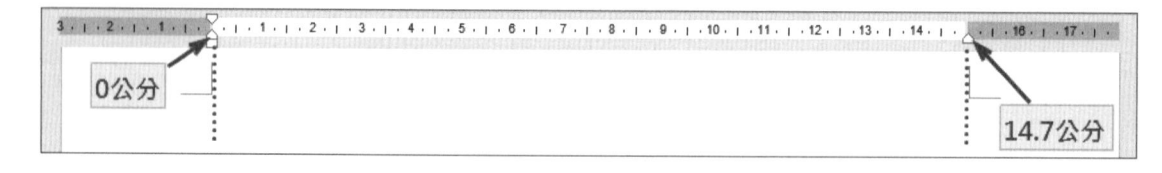

▶ 02. 字體樣式

粗體、斜體

- 題目沒有特殊要求以功能鈕設定即可

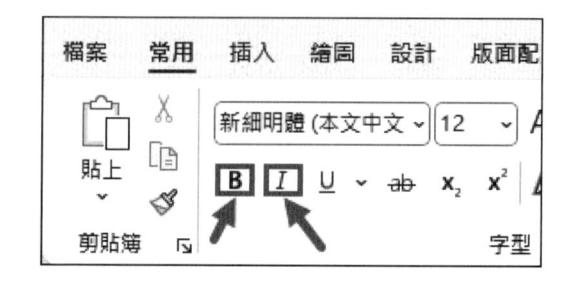

底線

- 題目要求底線設定：底線、粗底線
- 只有題組 10 標題要求粗底線

字體大小

- 內文一律 12 點字
  頁首/頁尾一律 10 點字
- 文件標題多數 16 點字
  只有題組 3、4 要求 18 點字

字元框線、字元網底

- 題目沒有特殊要求
  以功能鈕設定即可

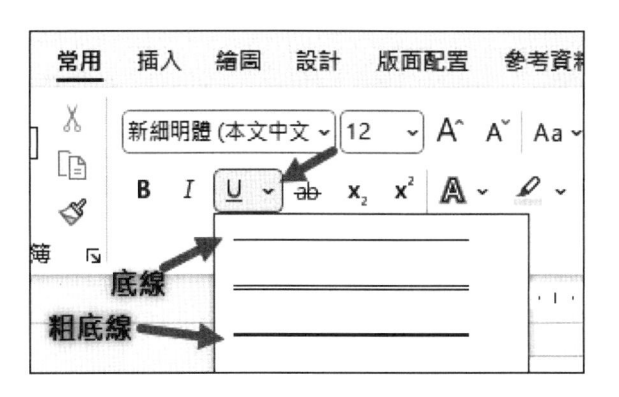

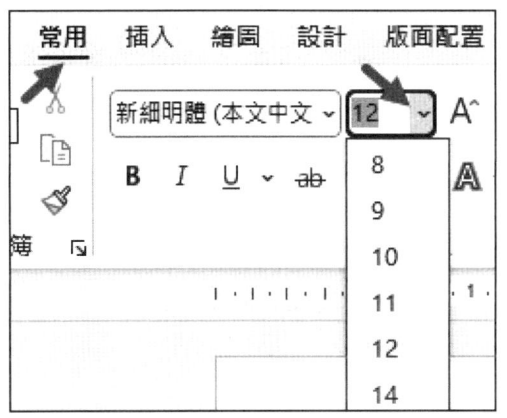

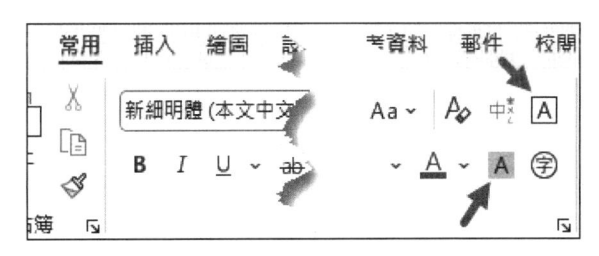

字型

- 頁首頁尾字型要求：中文字型→新細明體、字型：Times New Roman
  內文整體字型要求：中文字型→新細明體、字型：Arial
  內文部分字型要求：中文字型→標楷體、字型：Arial

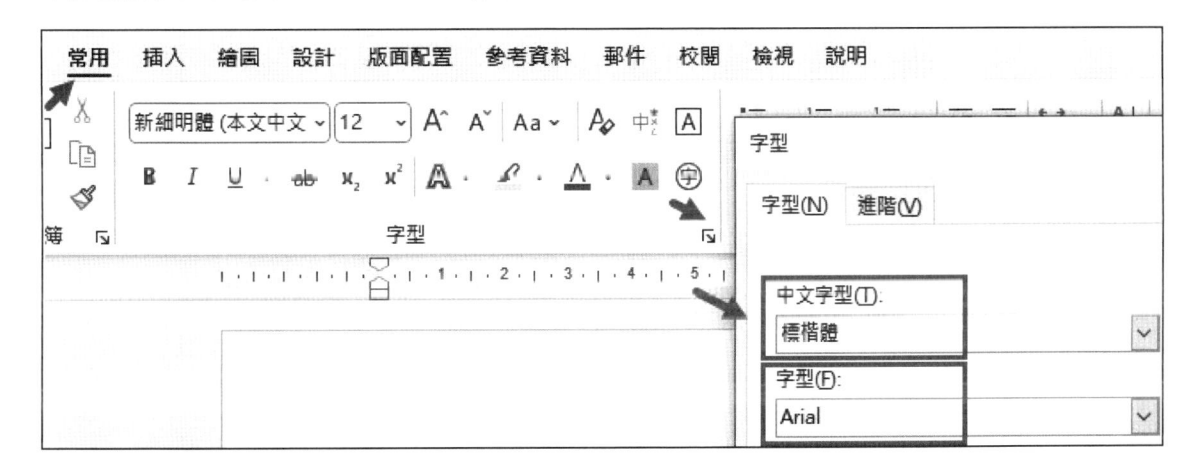

▶ 03. 版面設定

紙張方向

- 2 個選項：直向、橫向

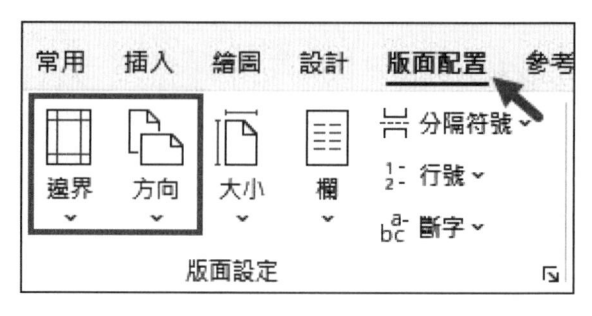

邊界

- 所有題目：
  上、下、左、右邊界：3 公分

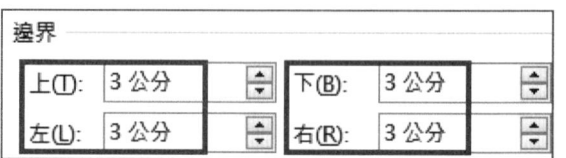

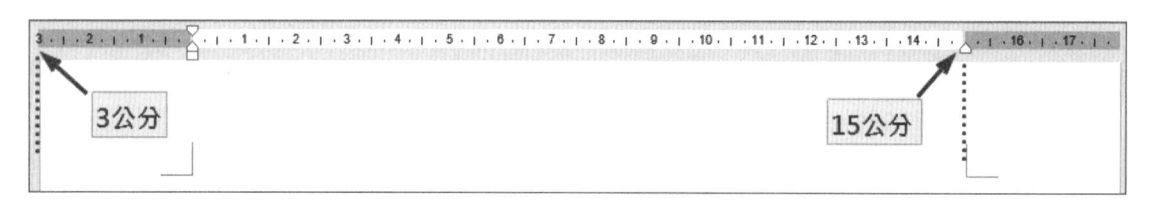

頁面框線

- 只有題組 11 要求頁面框線
  請參考題組實作解說

▶ 04. 插入頁首、頁尾、頁碼

頁首

- 一律使用：空白(三欄)

頁尾

- 一律使用：空白(三欄)

頁碼

- 一律使用：目前位置→純數字
- 頁碼前後文字由鍵盤輸入
  例如：Page.1、第 1 頁、-1-

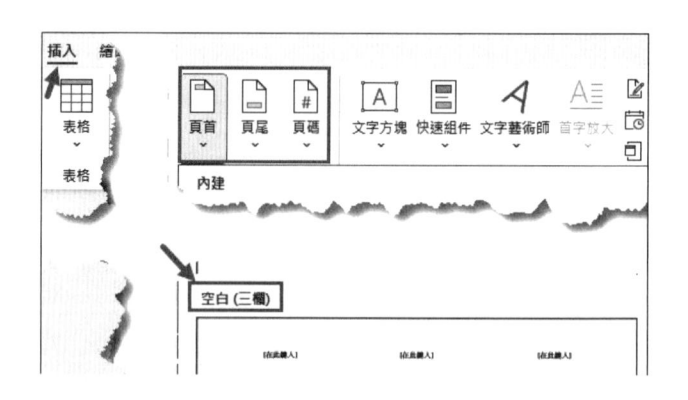

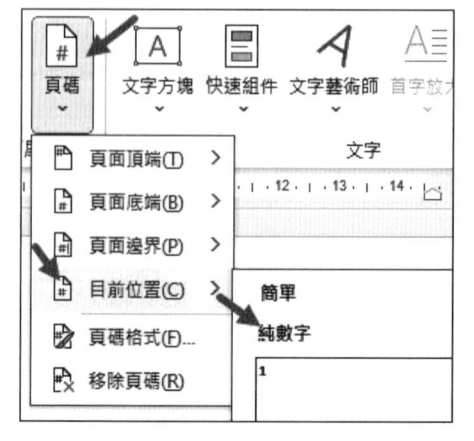

▶ 05. 日期(頁首頁尾)

- 所有題組日期內容要求分析如下表：

日期格式	題組
2011/12/31	01、05、06、07、08、13、14、15
2011-12-31	03
101/12/31	10
101 年 12 月 31 日	11
民國一〇一年十二月三十一日	04
中華民國一〇一年十二月三十一日	09
二〇一一年十二月三十一日	02、12

頁碼

- 建議解題時直接以鍵盤輸入：
  日期的「〇」可由螢幕鍵盤取得
  步驟：A. 切換到注音→中文輸入法
  　　　B. 按：[Ctrl + Alt + ,]
  　　　C. 螢幕鍵盤

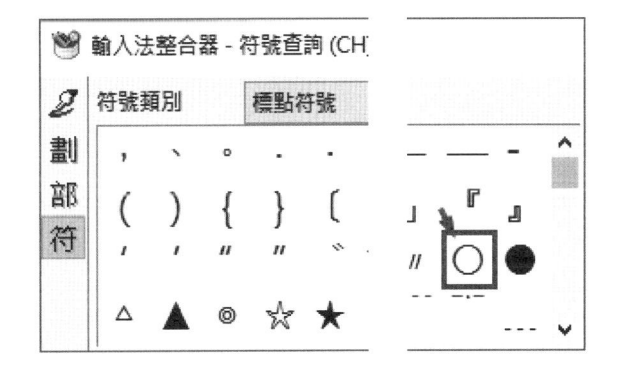

▶ 06. 插入文字檔

- 考題提供 2 種文字檔：(以題組六為例)
  內文檔：920306.odt、表格檔：920306.tab

- 讀取 odt 檔案：
  操作步驟：插入→物件→文字檔

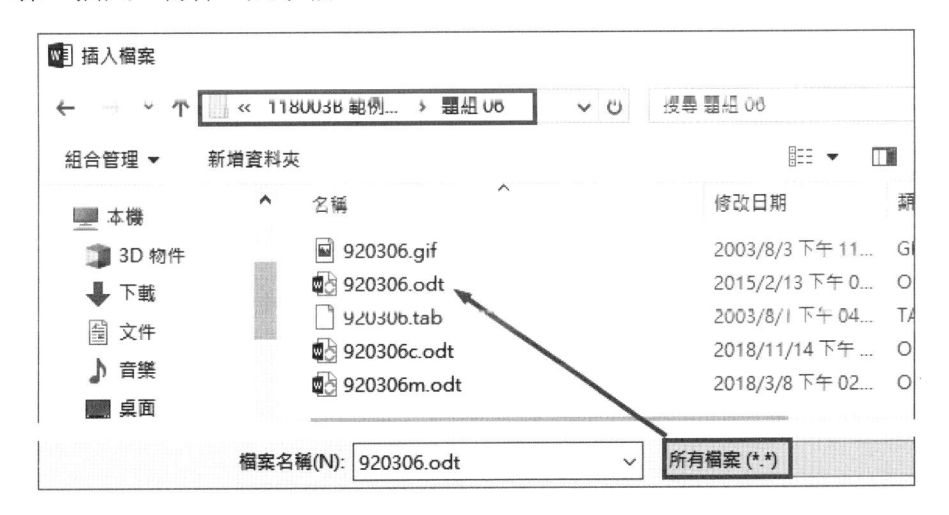

- 讀取表格檔：

  由於通訊、社群軟體盛行，學生的中文輸入能力大增，作者建議解題時表格資料由考生自行輸入，不需要使用考題提供的 tab 檔案，考生自行輸入比拖曳資料來得快又不易出錯。

▶ 07. 段落處理

匯入的 odt 檔案內容是有問題的，每一列文字最後都被按下 Enter 鍵：

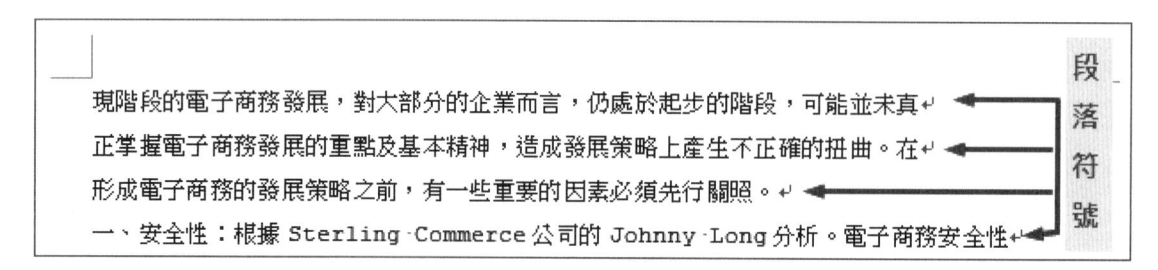

這樣的資料在 Word 系統中是無法編輯的，我們的解題策略如下：

A. 必須根據參考答案，自行標示真正的段落

考題中的段落分為 2 種，規則如下：

- 一般段落：上方空 1 列。
- 項目符號(編號)段落：上方無空列 (只有題組六例外)。

因此我們解題時以#號作為標示真段落的工具，根據參考答案，在上方有空列的段落前方輸入##，不空列的段落前方輸入#：

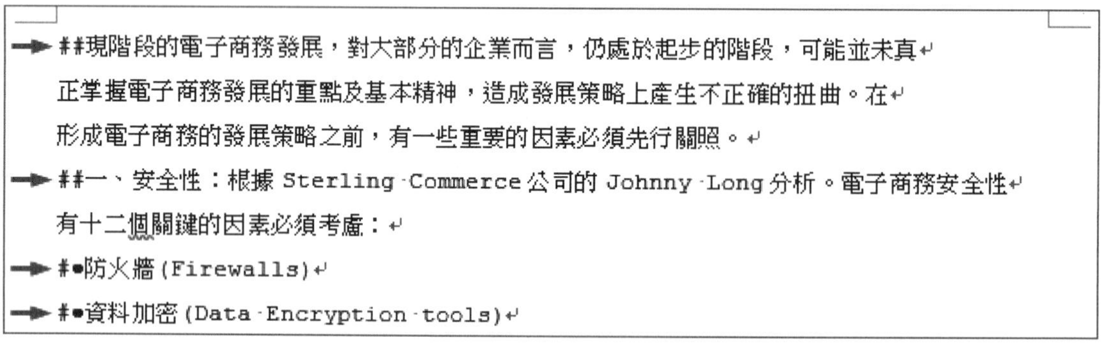

B. 刪除列尾多餘段落符號。
   常用→取代
   尋找目標：^p
   取代為：　　　(無資料)
   點選：全部取代鈕

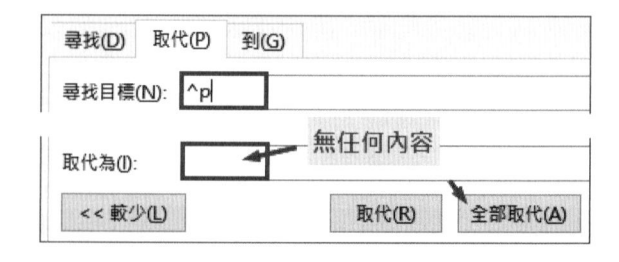

- 下圖每一列列尾的段落符號都被刪除：

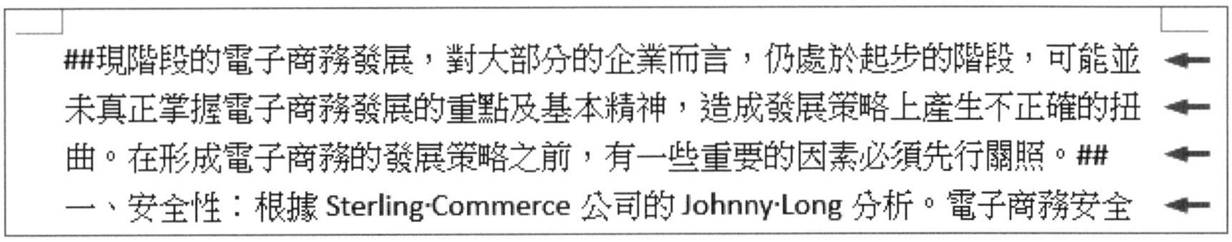

  > ##現階段的電子商務發展，對大部分的企業而言，仍處於起步的階段，可能並未真正掌握電子商務發展的重點及基本精神，造成發展策略上產生不正確的扭曲。在形成電子商務的發展策略之前，有一些重要的因素必須先行關照。##
  > 一、安全性：根據 Sterling Commerce 公司的 Johnny Long 分析。電子商務安全

C. 將#替換為段落符號
  常用→取代
  尋找目標：#
  取代為：^p
  點選：全部取代鈕

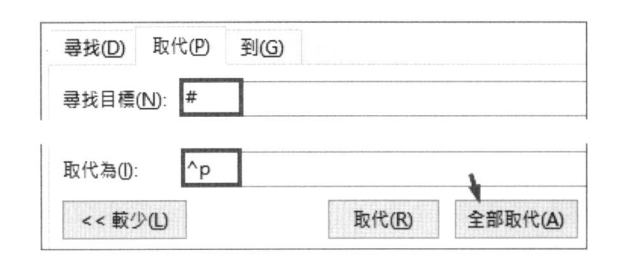

- 下圖#都被替換為段落符號：

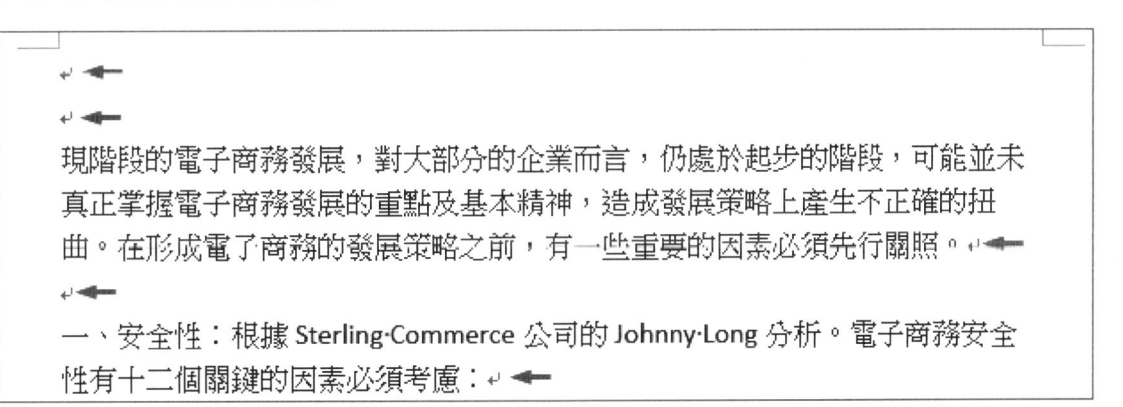

  > 現階段的電子商務發展，對大部分的企業而言，仍處於起步的階段，可能並未真正掌握電子商務發展的重點及基本精神，造成發展策略上產生不正確的扭曲。在形成電子商務的發展策略之前，有一些重要的因素必須先行關照。
  >
  > 一、安全性：根據 Sterling Commerce 公司的 Johnny Long 分析。電子商務安全性有十二個關鍵的因素必須考慮：

08. 文字替代

題目要求「文字替代」整理如下：

原始內容	替代內容	備註	題組
( )	（　）	半形→全形	所有題組
Amazon	亞瑪森	替代內容設定底線	01
,	，	半形→全形	03、11
Microsoft	微軟		06
MS	微軟		06
( )	＜　＞	半形→全形	08、09
< >	＜　＞	半形→全形	08、09
MBPS	Mbps		08
bss	BSS		13

4-7

原始內容	替代內容	備註	題組
JAVA	Java		14
nt	NT	不包含 client	15

- 特殊要求-1：
  要求將大寫字母改為首字大寫：
  題組 08：MBPS→Mbps
  題組 14：JAVA→Java

  執行時必須指定：大小寫須相符

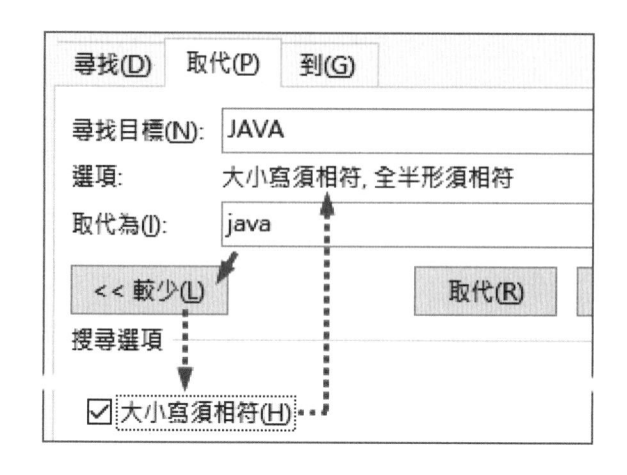

- 特殊要求-2：
  題組 15：nt→NT，但不包含 client，請參考題組實作說明。

▶ 09. 段落設定

題目對於段落的整體要求：

A. 左右對齊

B. 首行縮排 2 字元

C. 段落與標題、段落、表格之間距離 18 點

解說 首行縮排說明：

尺規設定為公分後，指定方式設定欄位預設值 2 字元被轉換為 0.85 公分，設定此欄位可自行輸入字元數或公分數。

例如：題目若規定 4 字元，你可入輸入「4 字元」或「1.7 公分」。

固定行高 18 點說明：

- 題目規定：「段落與標題、段落、表格之間距離 18 點」，每一個題組需要設定的地方太多，為了避免遺漏，因此設定所有段落「行高 18 點」，如此就不用一一設定又符合題目要求。
- 但由於限制「行高 18 點」，因此完成答案會與參考答案有些許差異，但因題目並未規定行高，因此沒有違反題目規定，不需要調整。

解題技巧所須設定：

- 取消：使用中文規則…
- 取消：允須標點符號…

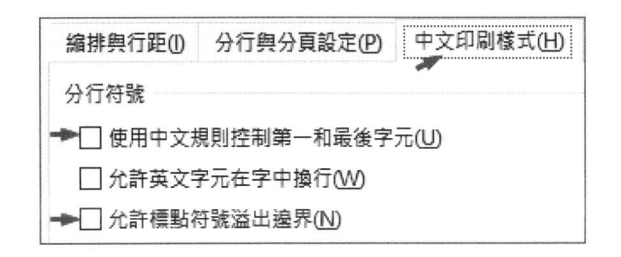

設定說明：

- 使用中文規則控制第一和最後字元 － 標點符號不得位於每一列開頭及結尾
由於此規定，在調整圖片位置、寬度時，不容易達到題目要求，因此取消。
- 允許標點符號溢出邊界
完成答案可能出現標點符號凸出於頁面邊界外，讓監評老師誤判為錯誤而扣分，因此取消此設定。

▶ 10. 段落框線、段落網底

- 設定步驟：
常用→框線→框線及網底

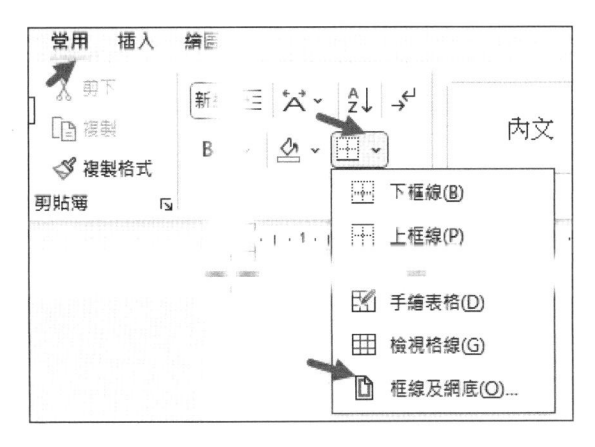

- 設定段落框線：

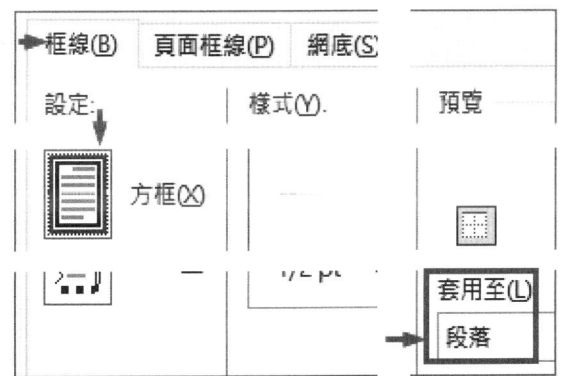

- 設定段落網底：

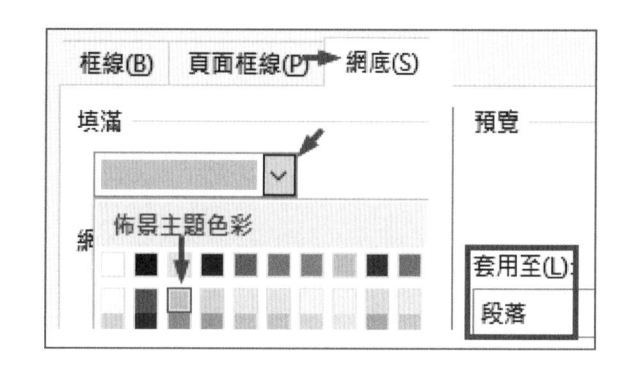

11. 首字放大

- 題組 06、10 要求首字放大功能
  設定步驟：
  插入→首字放大→首字放大選項

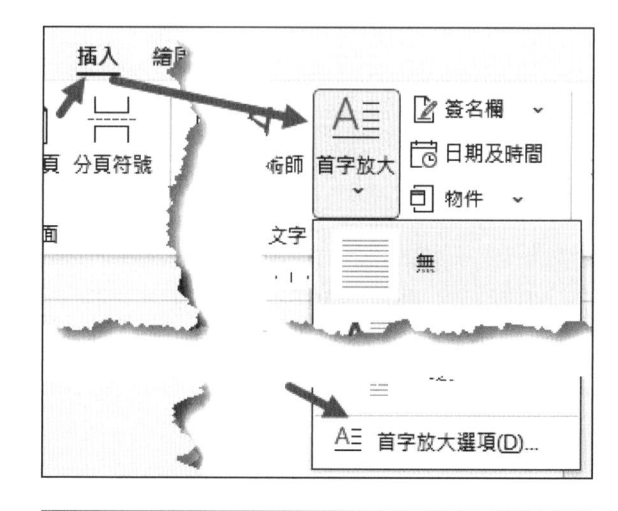

- 題組 06：
  位置：繞邊
  放大高度：3
  與文字距離：0.2 公分

- 題組 10：
  位置：繞邊
  放大高度 2 倍

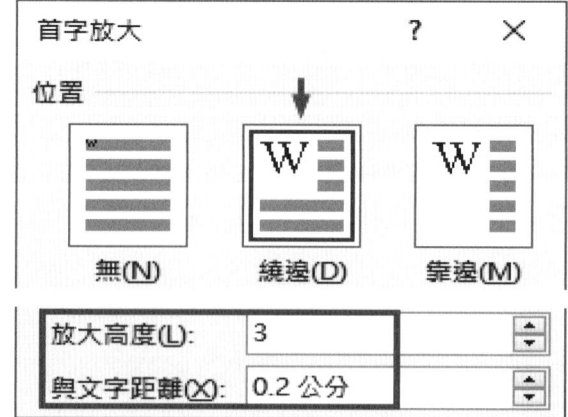

12. 文字方向

- 只有題組 05、07 是中式文件
  文字方向：由上而下(垂直)

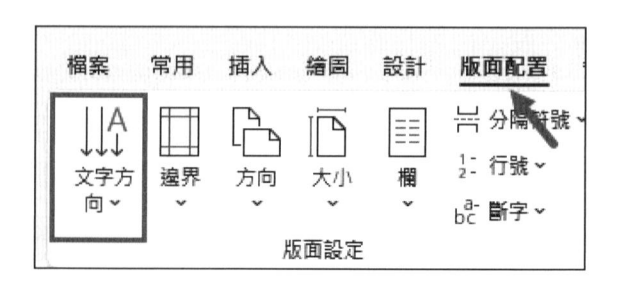

- 當文字方向由水平改為垂直時，紙張方向也會同時轉向，因此題組 07 轉換文字方向後必須將紙張方向再轉回來。

- 除了內文垂直文字外，表格內也有垂直文字：
  題組 05、07 是垂直內文垂直表格
  題組 02、03、10、13 是水平內文部分垂直儲存格

▶ 13. 插入圖片

- 一般要求解題方法如下：
  插入→圖片：
  選取檔案

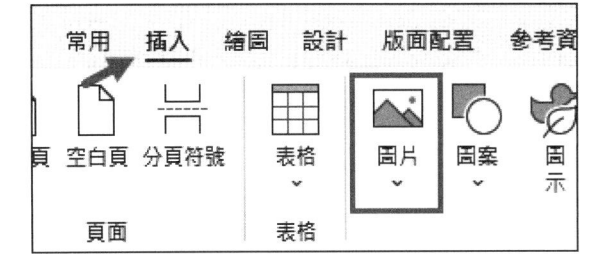

- 插入圖片後，圖片必須能根據題目要求移動位置，因此必須設定圖片的版面配置為：文繞圖→矩形

▶ 14. 圖片大小

- 一般要求解題方法如下：
  以目測法拖曳圖片大小即可，圖片寬度應包含與文字間的距離。

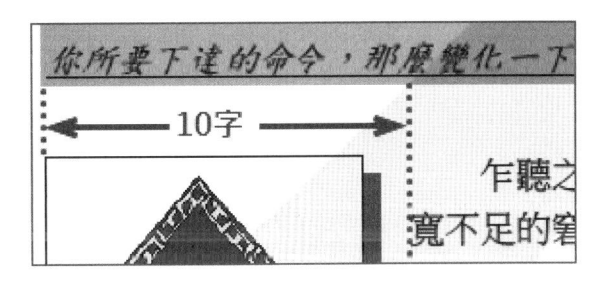

- 特殊題組：04
  要求：原圖 300%
  設定方法：
  在圖片上按右鍵→大小及位置
  選取：大小標籤

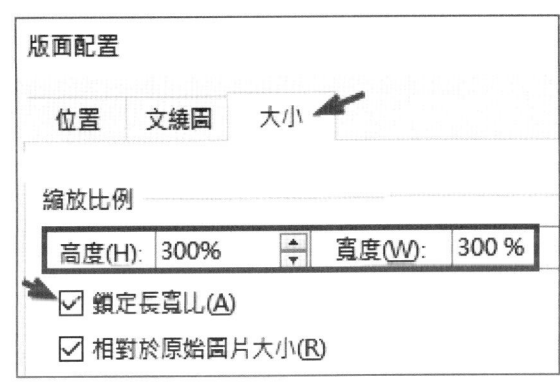

15. 圖片框線

- 一般要求解題方法如下：
  選取圖片
  圖片工具→格式→框線
  設定：框線顏色
  設定：框線粗細

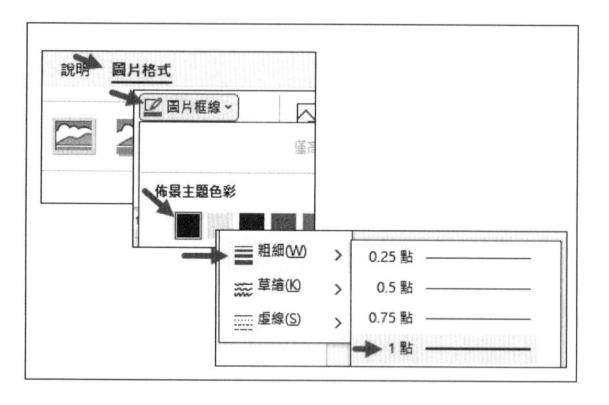

- 特殊題組要求：
  題組 04：3 點粗細的圓點外框
  題組 06：3 點粗細的方點外框
  題組 09：2 點粗細的方點外框

- 特殊要求設定方法：
  在圖片上按右鍵→設定圖片格式
  視窗右邊出現設定對話窗
  如右圖

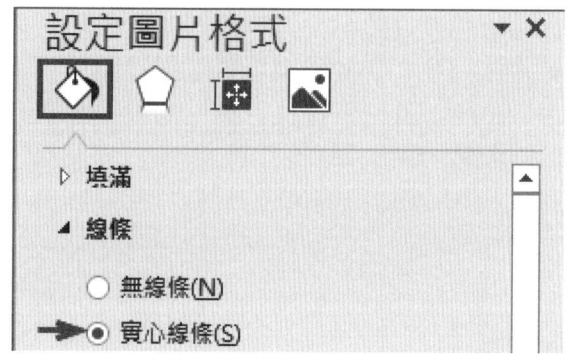

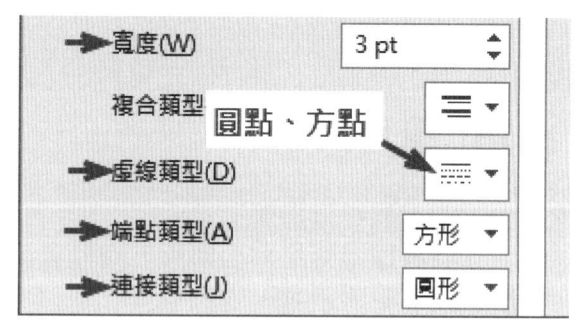

16. 圖片陰影

- 只有題組 02 要求圖片陰影設定，請參考題組實作說明。

17. 插入表格

- 一般要求解題方法如下：
  插入→表格
  拖曳選取：欄數、列數
  如右圖

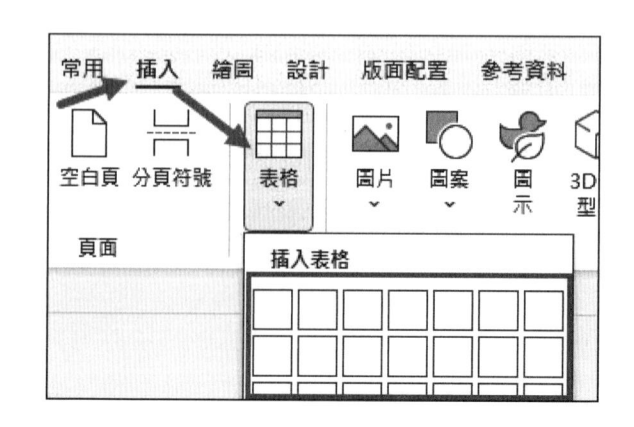

▶ 18. 儲存格間距

- 預設儲存格內左右各有 0.19 公分的間距,這個間距對於大多數的題目要求有些不方便,因此我們一律改設為 0 公分。

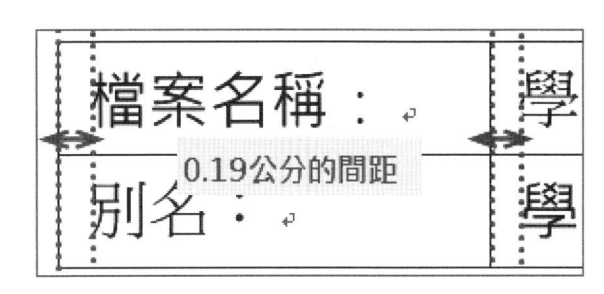

- 方法如下:
  在表格內按右鍵→表格內容
  點選:選項鈕
  設定如右圖

▶ 19. 儲存格對齊

- 一般段落對齊只考慮水平方向,儲存格對齊還必須考慮垂直方向。請參考右圖:

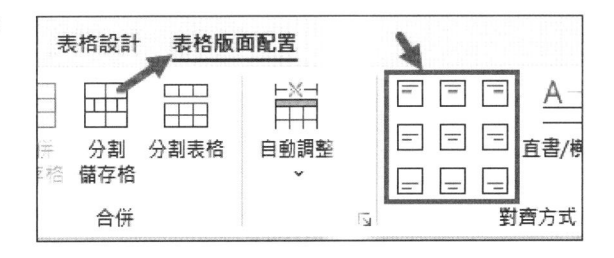

- 若題目要求:
  垂直置中、水平分散對齊
  解題步驟如下:
  A. 選取儲存格
  B. 表格工具→版面配置→置中對齊
  C. 常用→分散對齊

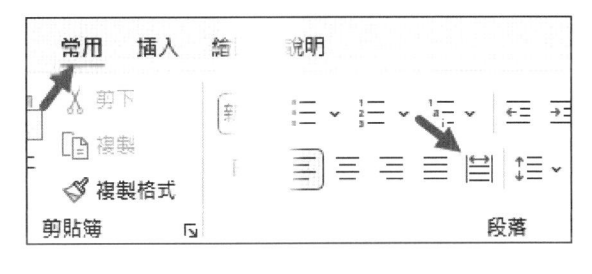

▶ 20. 框線繪製

- 插入表格時,包含了標準的外框、欄、列框線,題目對於框線的特殊要求有以下 2 種:

  對角線設定方法:
  A. 選取儲存格
  B. 表格工具→設計→框線
  C. 選取:左斜框線

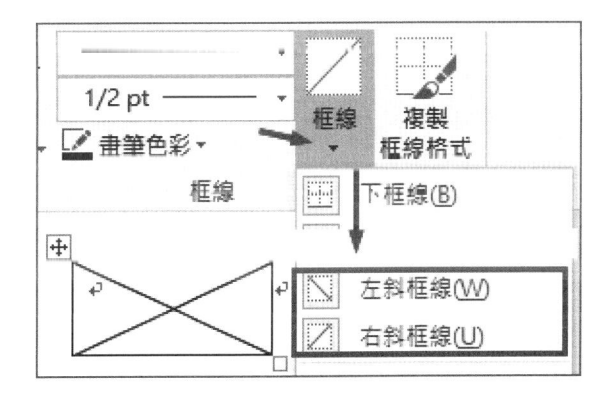

取消框線方法：

以下圖「受文者地址：<>」儲存格，取消：上框線、右框線為例：

A. 選取儲存格　　　　B. 表格工具→設計→框線

C1. 選取：無框線　　C2. 選取：左框線　　C3. 選取：下框線

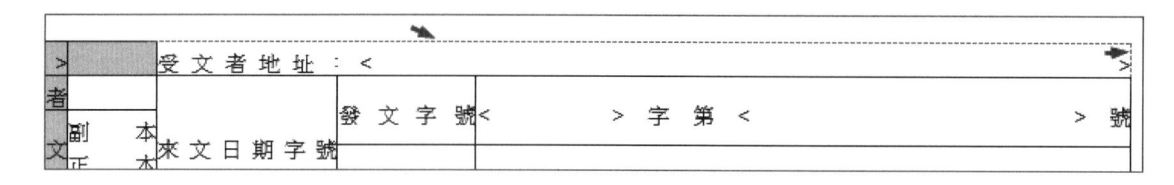

▶ 21. 儲存格網底

- 題目沒有任何規定，只要能清晰列印出網底效果即可。

4-02 解題實作與參考答案

▶ 實作步驟說明

- 所有題目實作步驟中，我們所使用的考生資料如下：
  姓名：林文恭　　座號：99　　准考證號：99999999

- 合併資料檔案全名過於冗長以題組 01 為例：
  C:\118003B 範例\題組 01\920301.odt
  我們一律簡化為：...\題組 01\920301.odt

- 本單元會產生答案檔案，命名規則如下：
  題號 + "-5"，以題組 01 為例：01-5.docx
  題目只要求列印結果，命名規則為作者個人建議！

▶ 解題流程

A. 版面配置：檔案命名→邊界設定→頁首頁尾→(頁面框線)

B. 內文處理：匯入文字檔→補打文字→段落整理

C. 整體格式：選取所有內容→文字格式→段落格式

D. 個別格式：由上而下逐一設定：段落格式→字元格式

E. 欄位設定：插入圖片→設定圖片→調整圖片大小、位置

F. 插入表格：表格選項設定→調整欄寬→合併儲存格→框線→網底→輸入文字
   設定儲存格：對齊方式→ (文字方向) →字體

題組一

【動作要求】

★ 本題以「直向」列印，使用文書檔「920301.odt」，表格檔「920301.tab」，圖形檔「920301.gif」，答案列印結果共二頁。

● 使用 A4 尺寸報表紙，以「左右對齊」的方式列印，且上、下、左、右的邊界設為「3 公分」。

【頁首頁尾要求】

● 中文字型為「細明體」或「新細明體」，英文及數字字型為「Times New Roman」，且均設定為 10 點字型大小。

● 頁首左側為「您的准考證號碼」、中間為「您的姓名」、右側為「您的座號」。

● 頁尾左側為應檢日期，格式為「yyyy/mm/dd」其中 yyyy 為西元年，中間為「第 x 頁」，其中 x 為順序頁碼，x 為半型字。

【本文要求】

△ 所有的中文字型除了特別要求之外 (請參照「參考答案」)，其餘一律設定為「細明體」或「新細明體」，字體大小設定為 12 點。

△ 所有的英文及數字除了特別要求之外 (請參照「參考答案」)，其餘一律設定為「Arial」字型，字體大小設定為 12 點。

△ 每段落的格式設定 (含縮排、框線、斜體、底線、網底等)，請參照「參考答案」。每一段落的格式設定必須完全與「參考答案」對應之段落的格式相同，但避頭尾的設定不列入評分項目，且每列字數與每頁列數沒有限制。

● 本題答案共分為十個段落，另含一個表格及一張圖片。

※ 標題：「題組一　參考答案」。

● 標題字為 16 點「細明體」或「新細明體」字型，置中並加上框線及網底。

※ 文書檔中之【 】處，表示應檢人員須自行輸入文字，本文中的資料不可無故增加資料、刪除資料或任意修改資料，且符號【 】本身必須刪除。

● 文書檔中自行輸入的文字，中文字型設定為「標楷體」，英數字型設為「Arial」，請參照「參考答案」。

● 文中所有的半型「()」皆以全型「（　）」取代。

● 文中所有的「Amazon」皆以「亞瑪森」取代。

● 第八及第九段，平均分成二欄，欄間距為 1 公分。

● 標題與段落，段落與段落，段落與表格之間均以 18 點的空白列間隔。

【圖形要求】

- 圖形以「文繞圖」方式插入第六段左上側，高度及寬度分別設為 6 列及 10 個中文字，請參照「參考答案」。
- △ 圖形須加細外框。

【表格要求】

- 表格置於第九段後，第十段前，左右邊界與文字對齊，請參照「參考答案」。
- 表格中的中、英文字型、字型大小及全型/半型，請參照「參考答案」。
- 表格的格式(含斜體、底線、對齊、網底、直書/橫書等)，請參照「參考答案」。
- 表格的欄數與列數，請參照「參考答案」。
- ※ 表格內不可無故增加資料、刪除資料或任意修改資料，結果請參照「參考答案」。

題組一解題

A. 版面設定

1. 開啟空白文件，命名為：01-5
2. 版面配置→邊界→自訂邊界
   邊界：上、下、左、右均為 3

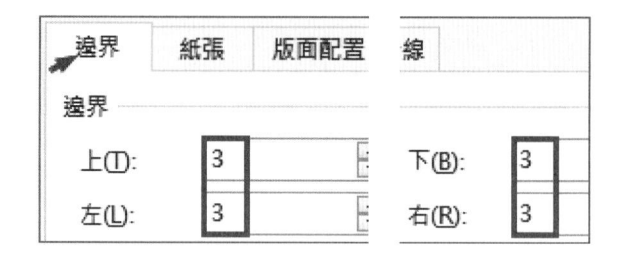

3. 插入→頁首→空白 (三欄)，輸入資料
   設定字型：中文字型→新細明體、字型：Times New Roman

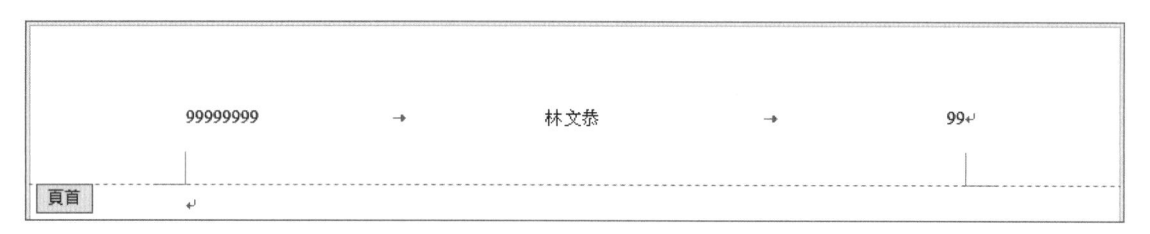

4. 插入→頁尾→空白 (三欄)，輸入資料
   設定字型：中文字型→新細明體、字型：Times New Roman

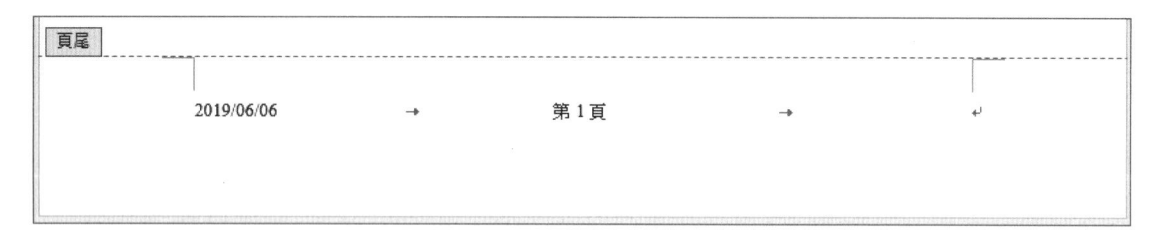

B. 內文處理

1. 在頁面內連點滑鼠 2 下
2. 插入→物件→文字檔，檔案：...\題組 01\920301.odt
3. 根據參考答案：
   - 在文件最上方補打文字：「題組一　參考答案」
   - 在【】內補打文字如下：

> 由此可知，Dell 經營線上購物成功，是經過有效規劃，善用企業原本的優勢，契合市場機會，而非人云亦云、盲目上網。國內業者企圖經營線上購物業務時，不妨考慮是否也有相類似的條件或是其他利基。
>
> 由藍色巨人 IBM、媒體巨擘 Time Warner 集團與軟體霸主 Microsoft 經營線上購物中心 Avenue、DreamShop 與線上服務業務 MSN 的前例來看，僅憑藉大量資金、專業技術便想在線上購物市場大小通吃的作法不切實際，缺乏本業專門領域知識（Know-how）往往遭致失敗命運。

- 在 10 個段落前方輸入##：

段落	1	##近年來資訊硬體產品生命週期…
段落	2	##Dell 仗持原本直銷業務型態與…
段落	3	##有此可知，Dell 經營線上購物…
段落	4	##由藍色巨人 IBM、媒體巨擘 Time…
段落	5	##傳統圖書業乃是屬於利用進貨、…
段落	6	##然而，光是達到經濟規模是不夠…
段落	7	##今天國內資金挹注管道不像國外…
段落	8	##相對於無線電波幾乎沒有方向性…
段落	9	##故針對純散射式的缺點，有人想…
段落	10	##如果你不知道 ISO 的 OSI 架構，…

4. 段落處理：
   常用→取代
   尋找目標：^p (段落標記)
   取代為：　　　(無任何資料)
   點選：全部取代鈕

   尋找目標：#
   取代為：^p (段落標記)
   點選：全部取代鈕

   題組一‧參考答案

   近年來資訊硬體產品生命週期越來越短，產品價格亦不斷滑落，銷售毛利日趨微薄，根據 Computer Intelligence 於今年 2 月調查就已顯示，平均 PC 零售價格較去年同期下降 10%以上，因此 PC 大廠獲利空間越來越小。

5. 半形「(」全部置換為全形「（」，半形「)」全部置換為全形「）」

6. Amazon 替換為亞瑪森、底線設定
   尋找目標：Amazon
   取代為：亞瑪森
   格式：底線
   點選：全部取代鈕

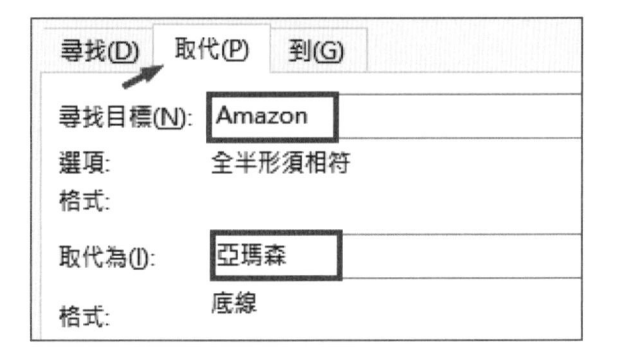

然而，光是達到經濟規模是不夠的，Amazon替換財力、知名度，以低價策略正面攻擊 1997 年 5 月才由股票上市取得 5,400 萬美元資本的亞瑪森。雖然亞瑪森未被打垮，反而躍升為全美第五大書店（雖全形左右括弧名），但亞瑪森行銷支出越來越多，1997 年第二季營收較去年同期成長 11.6 倍，虧損卻增加了 670 萬美

C. 整體格式設定

1. Ctrl + A (選取所有內容)

2. 常用→字型
   中文字型：新細明體、字型：Arial

3. 常用→段落
   縮排與行距：
   對齊方式：左右對齊
   第一行→0.85 公分(2 字元)
   固定行高→18 點

   中文印刷樣式：
   取消：所有分行符號設定

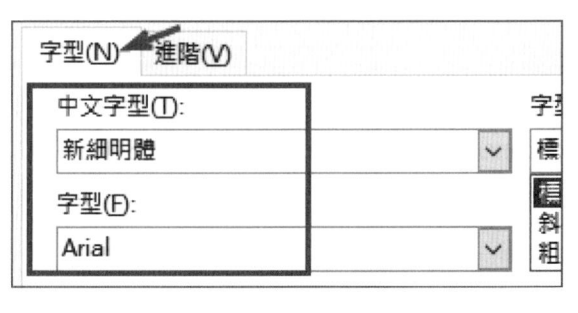

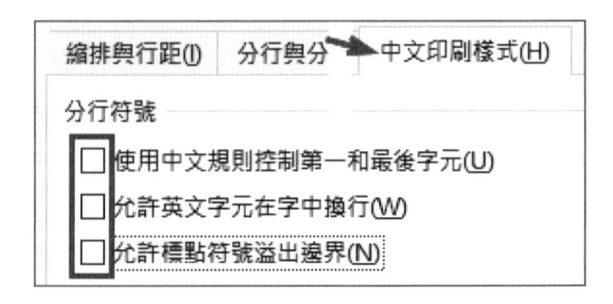

> →題組一：參考答案
>
> →近年來資訊硬體產品生命週期越來越短，產品價格亦不斷滑落，銷售毛利日趨微薄，根據 Computer Intelligence 於今年 2 月調查就已顯示，平均 PC 零售價格較去年同期下降 10%以上，因此 PC 大廠獲利空間越來越小。

D. 個別格式設定

標題設定

- 刪除行首縮排 (按 Backspace)
- 設定：置中對齊、16 pt、字元框線、字元網底

第 1 段設定

- 刪除行首縮排 (按 Backspace)，設定：底線

> **題組一：參考答案**
>
> 近年來資訊硬體產品生命週期越來越短，產品價格亦不斷滑落，銷售毛利日趨微薄，根據 Computer Intelligence 於今年 2 月調查就已顯示，平均 PC 零售價格較去年同期下降 10%以上，因此 PC 大廠獲利空間越來越小。

第 2 段設定

- 設定：斜體

> *Dell 仍持原本直銷業務形態與線上銷售近似，既有的配送系統、售後服務體系足以支持線上銷售跨地域之特性，也不須煩惱一般 PC 大廠可能面臨的通路衝突問題，故 Dell 舉足跨入線上購物市場。*

第 3 段設定

- 設定中文字型：標楷體

> 由此可知，Dell 經營線上購物成功，是經過有效規劃，善用企業原本的優勢，契合市場機會，而非人云亦云、盲目上網。國內業者企圖經營線上購物業務時，不妨考慮是否也有相類似的條件或是其他利基。

第 4 段設定

- 設定中文字型：標楷體

> 由藍色巨人 IBM、媒體巨擘 Time Warner 集團與軟體霸主 Microsoft 經營線上購物中心 Avenue、DreamShop 與線上服務業務 MSN 的前例來看，僅憑藉大量資金、專業技術便要在線上購物市場大小通吃的作法不切實際，缺乏本業專門領域知

第 5 段設定

- 刪除行首縮排（按 Backspace），設定：斜體、底線

> *傳統圖書業乃是屬於利用進貨、屯貨、銷貨賺取微薄利潤的行業，存貨週轉率與應收、應付帳款交期控制是決定公司獲利水準的主要因素之一，即使是網路書店多也只是簡化使用者訂購之前端作業，無法避免向出版商進書、配送這一段後端處理。*

第 6 段設定

- 設定：斜體、中文字型→標楷體

> *然而，光是達到經濟規模是不夠的，B&N 挾其豐厚財力、知名度，以低價策略正面攻擊1997 年5 月才由股票上市取得5,400 萬美元資本的亞瑪森。雖然亞瑪森未被打垮，反而躍升為全美第五大書店（依據年營業額排名），但亞瑪森行銷支*

第 9 段設定

- 刪除行首縮排（按 Backspace），設定：底線、斜體、中文字型→標楷體

> *故針對純散射式的缺點，有人想出另外一套辦法，也就是半散射式。半散射式的做法是每台電腦的發射端以及接收端都對準天花板上某個定點，這個定點通常放置一台類似衛星的機器，有很多個接收器以及發射器，可以準確地接收訊息，也可以*

第 10 段設定

- 設定：段落框線、段落網底

> 如果你不知道 ISO 的 OSI 架構，趕快去找一本有關數據通信或是電腦網路的書籍，那裡面一定會提到這個架構。如果你知道這個架構，相信你一定知道剛剛我們所介紹的東西都是圍繞在實體層方面的，聰明的你一定很好奇，我們該如何公平

E. 分欄設定

- 選取第 8、9 段落
  版面配置→其他欄
  二欄
  間距：1 公分

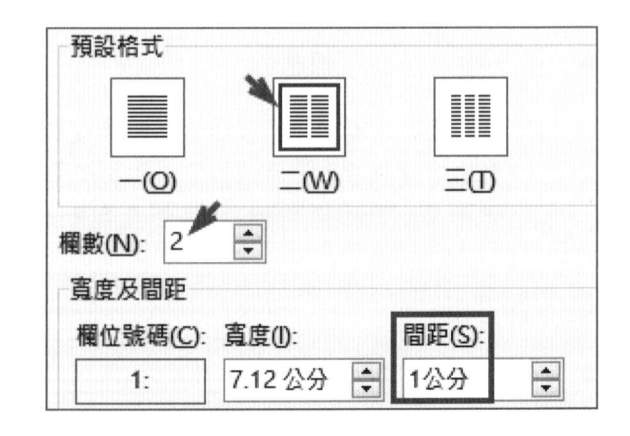

F. 圖片

1. 插入點置於第 6 段，插入→圖片→...\題組 01\920301.gif

2. 設定圖片：版面配置→矩形、框線□黑色

3. 拖曳圖片位置：
   上邊線貼齊第 6 段上邊緣
   左邊線貼齊頁面左邊緣

4. 調整圖片大小
   寬 10 字、高 6 列

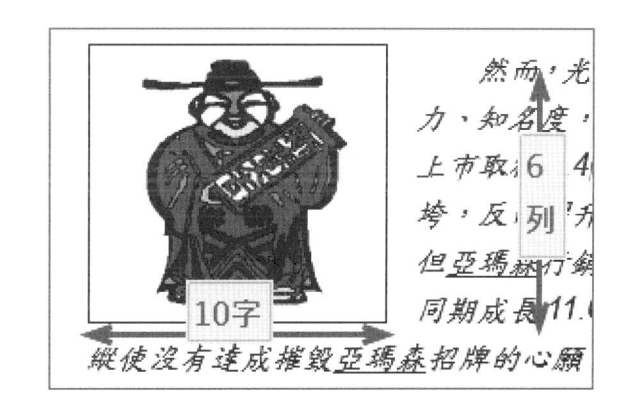

G. 表格

1. 在第 9 段落下方按 Enter 鍵
   插入→表格→4 欄 x 6 列
   在表格內按右鍵
   點選：選項鈕
   左：0 公分、右：0 公分

2. 根據參考答案，以表格下方第一列文字為依據，調整欄位寬度：

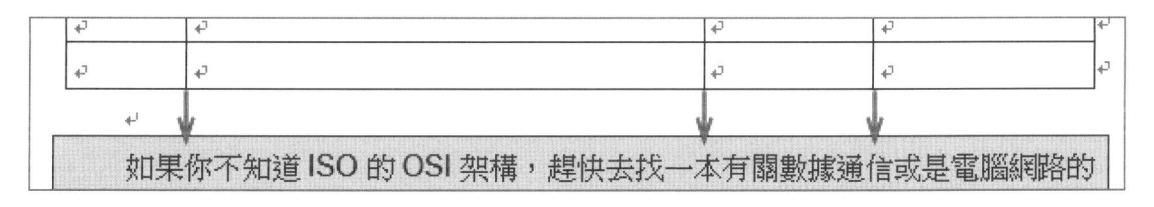

3. 根據參考答案，合併儲存格、設定網底、輸入文字，如下圖：

時間	研 討 會 名 稱	負責人	洽詢電話
5 月	地理資訊系統入門	陳杰成	（02）377-6100
	GIS 輸入輸出技術理論架構	謝禎窖	（02）377-6100
	GIS 輸入工具介紹	趙象華	（02）377-6100
6 月	GIS 資料管理與應用系統開發	石長江	（02）377-6100
	GIS 資料管理與應用系統開發工具介紹	蘇元良	（02）377-6100

4. 設定第 1 欄：
   水平垂直皆置中
   設定第 2 欄第 1 列：
   對齊：分散對齊
   左、右邊界：2 字元(0.85 公分)

5. 設定第 3、4 欄：
   對齊：分散對齊
   設定第 3 欄：
   左、右邊界：0.2 公分(目測法)
   第 4 欄第 1 列：
   左、右邊界：0.2 公分(目測法)

解說 第 4 欄 2~6 列沒有空間可以設定左、右縮排。

差異說明

第一頁最下方完成答案與參考答案有 2 列文字差異，這是因為列高設定差異所造成，屬於合理的差異，不需要調整。

題組一　參考答案

近年來資訊硬體產品生命週期越來越短，產品價格亦不斷滑落，銷售毛利日趨微薄，根據 Computer Intelligence 於今年 2 月調查就已顯示，平均 PC 零售價格較去年同期下降 10%以上，因此 PC 大廠獲利空間越來越小。

　　Dell 仗持原本直銷業務形態與線上銷售近似，既有的配送系統、售後服務體系足以支持線上銷售跨地域之特性，也不須煩惱一般 PC 大廠可能面臨的通路衝突問題，故 Dell 舉足跨入線上購物市場。

　　由此可知，Dell 經營線上購物成功，是經過有效規劃，善用企業原本的優勢，契合市場機會，而非人云亦云、盲目上網。國內業者企圖經營線上購物業務時，不妨考慮是否也有相類似的條件或是其他利基。

　　由藍色巨人 IBM、媒體巨擘 Time Warner 集團與軟體霸主 Microsoft 經營線上購物中心 Avenue、DreamShop 與線上服務業務 MSN 的前例來看，僅憑藉大量資金、專業技術便想在線上購物市場大小通吃的作法不切實際，缺乏本業專門領域知識（Know-how）往往遭致失敗命運。

傳統圖書業乃是屬於利用進貨、屯貨、銷貨賺取微薄利潤的行業，存貨週轉率與應收、應付帳款交期控制是決定公司獲利水準的主要因素之一，即使是網路書店多也只是簡化使用者訂購之前端作業，無法避免向出版商進書、配送這一段後端處理。因此，誰先達到經濟規模，誰就有更強的議價力可以向供應商要求延長票期、提升送貨效率以及提供聯合促銷價格。

　　然而，光是達到經濟規模是不夠的，B&N 挾其豐厚財力、知名度，以低價策略正面攻擊 1997 年 5 月才由股票上市取得 5,400 萬美元資本的亞瑪森。雖然亞瑪森未被打垮，反而躍升為全美第五大書店（依據年營業額排名），但亞瑪森行銷支出越來越多，1997 年第二季營收較去年同期成長 11.6 倍，虧損卻增加了 670 萬美元。顯見 B&N 縱使沒有達成摧毀亞瑪森招牌的心願，至少也延遲了亞瑪森達到損益平衡點的時間。若亞瑪森集資行動稍有閃失，無法撐至達到損益平衡點的那一天，那麼 B&N 便有機會取而代之，接手亞瑪森前幾年打下的江山。

今天國內資金挹注管道不像國外，可以在尚未獲利的時點，便向投資大眾募資（比如 Yahoo！是 1995 年公開上市，卻是在 1997 年才轉虧為盈），所以國內業者所要面對的挑戰更大，需謹記在心的是，在網際空間小蝦米固然有戰勝大鯨魚的機會，卻也有被大鯨魚一口吞沒的危險。

相對於無線電波幾乎沒有方向性的限制，紅外線的方向限制顯然是個必須解決的問題。不過不用煩惱，這問題已經有解決辦法，而且辦法有兩種，一種叫做純散射式（Pure Diffuse），另外一種則叫做半散射式（Quasi Diffuse）。什麼叫做純散射式？簡單來說就是讓紅外線任意亂跑，因為是亂跑，所以可能是直接跑到目的地，也可能是經由牆壁反射到目的地。不過只要目的地能收到，又何必在乎它是怎麼到達的呢？一開始大家都是這麼認為，然而事情沒有想像中這麼簡單，因為訊息的方向沒有加以控制，所以有可能一道訊息經由許多條路徑到達目的地，造成目的地的接收器不容易判斷出正確的訊息，這樣的問題就是專家口中所謂的多重路徑分散（Multipath Dispersion）。

故針對純散射式的缺點，有人想出另外一套辦法，也就是半散射式。半散射式的做法是每台電腦的發射端以及接收端都對準天花板上某個定點，這個定點通常放置一台類似衛星的機器，有很多個接收器以及發射器，可以準確地接收訊息，也可以準確地將訊息轉送到目的地。這樣的架構是不是很像傳送及接收衛星訊號的辦法呢？談到這裡，相信你已經知道無線區域網路的傳輸媒介是什麼了。

時間	研討會名稱	負責人	洽詢電話
5月	地理資訊系統入門	陳 杰 成	（02）377-6100
5月	GIS 輸入輸出技術理論架構	謝 禎 窘	（02）377-6100
5月	GIS 輸入工具介紹	趙 象 華	（02）377-6100
6月	GIS 資料管理與應用系統開發	石 長 江	（02）377-6100
6月	GIS 資料管理與應用系統開發工具介紹	蘇 元 良	（02）377-6100

如果你不知道 ISO 的 OSI 架構，趕快去找一本有關數據通信或是電腦網路的書籍，那裡面一定會提到這個架構。如果你知道這個架構，相信你一定知道剛剛我們所介紹的東西都是圍繞在實體層方面的，聰明的你一定很好奇，我們該如何公平地、有效地運用我們擁有的傳輸介質來傳遞資料呢？是否可以保留原本所購買的有線網路卡以及軟體，而能夠享有無線通訊的樂趣呢？換言之，就是我們能不能保留原本有線網路上面存取傳輸介質的辦法？

題組二

【動作要求】

★ 本題以「直向」列印,使用文書檔「920302.odt」,表格檔「920302.tab」,圖形檔「920302.gif」,答案列印結果共二頁。

● 使用 A4 尺寸報表紙,以「左右對齊」的方式列印,且上、下、左、右的邊界設為「3 公分」。

【頁首頁尾要求】

● 中文字型為「細明體」或「新細明體」,英文及數字字型為「Times New Roman」,且均設定為 10 點字型大小。

● 頁首左側為應檢日期,格式為「二〇〇〇年一月一日」,右側為「第 x 頁」,其中 x 為順序頁碼,x 為半型字。

● 頁尾左側為「您的准考證號碼」、中間為「您的姓名」、右側為「您的座號」。

【本文要求】

△ 所有的中文字型除了特別要求之外 (請參照「參考答案」),其餘一律設定為「細明體」或「新細明體」,字體大小設定為 12 點。

△ 所有的英文及數字除了特別要求之外 (請參照「參考答案」),其餘一律設定為「Arial」字型,字體大小設定為 12 點。

△ 每段落的格式設定 (含縮排、框線、斜體、底線、網底等),請參照「參考答案」。每一段落的格式設定必須完全與「參考答案」對應之段落的格式相同,但避頭尾的設定不列入評分項目,且每列字數與每頁列數沒有限制。

● 本題答案共分為六個段落,另含一個表格及一張圖片。

※ 標題:「題組二 參考答案」。

● 標題字為 18 點「標楷體」字型,置中且整列加上框線及斜體。

※ 文書檔中之【 】處,表示應檢人員須自行輸入文字,本文中的資料不可無故增加資料、刪除資料或任意修改資料,且符號【 】本身必須刪除。

● 文書檔中自行輸入的文字,中文字型設定為「標楷體」,英數字型設為「Arial」,請參照「參考答案」。

● 文中所有的半型「()」皆以全型「( )」取代。

● 第四段平均分成二欄,欄間距為 1 公分。

● 標題與段落,段落與段落,段落與表格之間均以 18 點的空白列間隔。

【圖形要求】

- 圖形以「文繞圖」方式插入第六段左上側，高度及寬度分別設為 7 列及 10 個中文字，請參照「參考答案」。

△ 圖形須加細外框及右下方陰影。

【表格要求】

- 表格置於第一段後，第二段前，左右邊界與文字對齊，請參照「參考答案」。
- 表格中的中、英文字型、字型大小及全型/半型，請參照「參考答案」。
- 表格的格式(含斜體、底線、對齊、網底、直書/橫書等)，請參照「參考答案」。
- 表格的欄數與列數，請參照「參考答案」。

※ 表格內不可無故增加資料、刪除資料或任意修改資料，結果請參照「參考答案」。

▶ 題組二解題

A. 版面設定

1. 開啟空白文件，命名為：02-5
2. 版面配置→邊界→自訂邊界
   邊界：上、下、左、右均為 3

3. 插入→頁首→空白 (三欄)，輸入資料
   設定字型：中文字型→新細明體、字型：Times New Roman

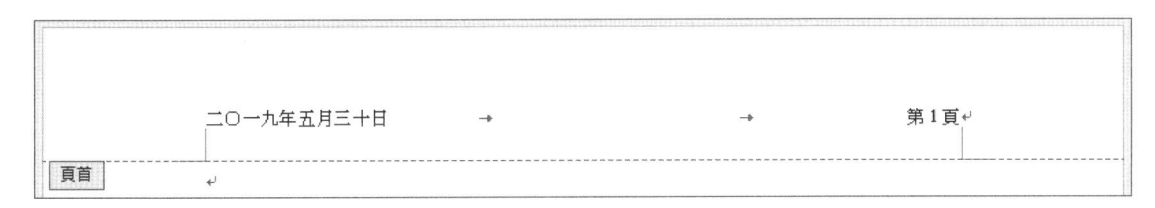

4. 插入→頁尾→空白 (三欄)，輸入資料
   設定字型：中文字型→新細明體、字型：Times New Roman

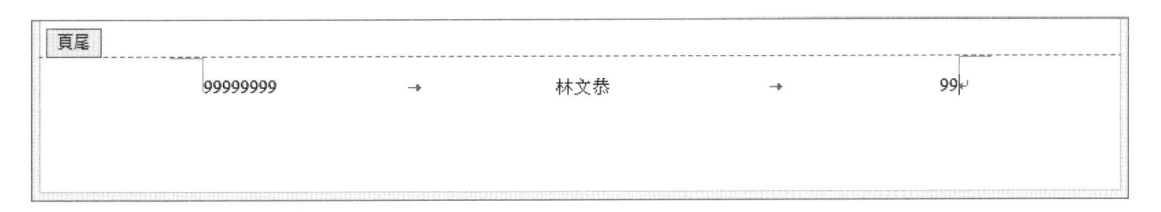

B. 內文處理

1. 在頁面內連點滑鼠 2 下
2. 插入→物件→文字檔，檔案：…\題組 01\920302.odt
3. 根據參考答案：
   - 在文件最上方補打文字：「題組二　參考答案」
   - 在【 】內補打文字如下：

   > 然而令人頭疼的是，如果你用無線電來當傳輸介質的話，單單利用基本的調變方式，是沒有辦法在目前受限的頻帶下傳遞大量的資料。當然事情也沒有這麼糟糕，為了解決在無線電環境下頻寬過小的窘境，展頻（Spread Spectrum）技術自然而然就被提出來了。展頻技術的方法有兩種，一種叫做直接序列（Direct Sequence），另外一種叫做跳頻（Frequency Hopping）。這兩種技巧都是利用一個虛擬雜訊碼產生器（Pseudo Noise Code Generator），來產生虛擬雜訊碼，利用這個特殊的虛擬雜訊碼與原調變後的訊號相結合而達到展頻的目的。

- 在6個段落前方輸入##：

段落	1	##若說無線區域網路是明日之星，也許…
段落	2	##目前無線區域網路的產品，以傳輸介質…
段落	3	##然而令人頭疼的是，如果你用無線電…
段落	4	##直接序列及跳頻這兩種技巧有好有壞…
段落	5	##談到這裡，相信你已經知道利用無線電…
段落	6	##乍聽之下，這方式挺不錯的，而且比…

4. 段落處理：
   常用→取代
   尋找目標：^p (段落標記)
   取代為：　　 (無任何資料)
   點選：全部取代鈕

   尋找目標：#
   取代為：^p (段落標記)
   點選：全部取代鈕

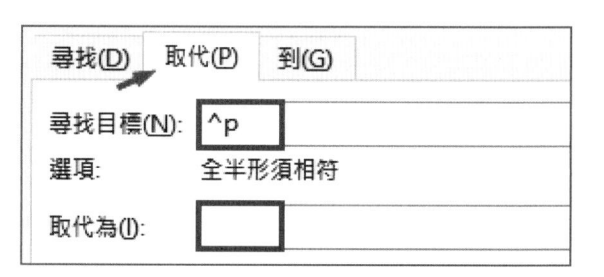

5. 半形「(」全部置換為全形「（」，半形「)」全部置換為全形「）」

C. 整體格式設定

1. Ctrl + A (選取所有內容)

2. 常用→字型
   中文字型：新細明體、字型：Arial

4-30

3. 常用→段落
   縮排與行距：
   對齊方式：左右對齊
   第一行→0.85 公分(2 字元)
   固定行高→18 點

   中文印刷樣式：
   取消：所有分行符號設定

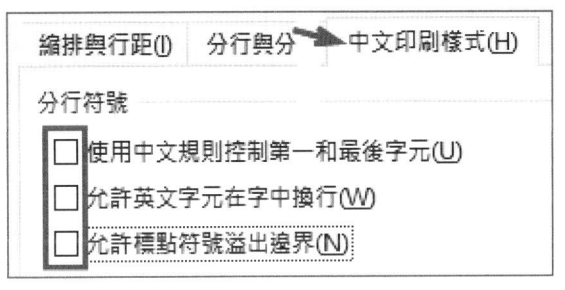

D. 個別格式設定

標題設定

- 刪除行首縮排 (按 Backspace)
- 設定：置中對齊、18 pt、斜體、段落框線、中文字型→標楷體

第 1 段設定

- 刪除行首縮排 (按 Backspace)，設定：底線

第 3 段設定

- 設定中文字型：標楷體

> 然而令人頭疼的是，如果你用無線電來當傳輸介質的話，單單利用基本的調變方式，是沒有辦法在目前受限的頻帶下傳遞大量的資料。當然事情也沒有這麼糟糕，為了解決在無線電環境下頻寬過小的窘境，展頻（Spread Spectrum）技術自然

第 5 段設定

- 刪除行首縮排（按 Backspace）
- 設定：斜體、底線，中文字型→標楷體、段落網底

> *談到這裡，相信你已經知道利用無線電當傳輸媒介的優點與缺點了，現在就讓我們換換口味，看看紅外線技術有啥特性。說到紅外線技術的原理，你可能會很陌生，不過說到看電視時，用來轉台，調整音量的遙控器，你一定不陌生。沒錯！用來控*

E. 分欄設定

- 選取第 4 段落
  版面配置→其他欄
  二欄
  間距：1 公分

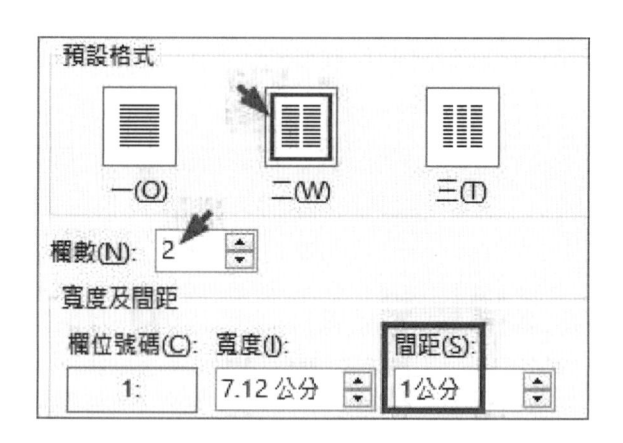

> 直接序列及跳頻這兩種技巧有好有壞。直接序列的好處是便宜，而且實作容易，然而由於所有的人都使用相同的頻率，因此可能會有遠近的問題（Near-Far Effect），也就是說，距離近的機器訊號強，容易霸佔整個頻道，而其他距離較遠的機器，因為訊號弱而一直被誤判成雜訊。為了解決這個問題，必須多添加一些功率控制的元件，然而卻增加了成本的負擔，而抵消了剛剛所提到的優點。而跳頻的好處就是因為不斷做換頻的動作，因此比較少受其他人干擾；然而為了不斷做換頻的動作，線路的設計較直接序列複雜，當然成本也高一些。

F. 表格

1. 在第 1 段落下方按 Enter 鍵
   插入→表格→4 欄 x 4 列
   在表格內按右鍵
   點選：選項鈕
   左：0 公分、右：0 公分

2. 根據參考答案，以表格下方第一列文字為依據，調整欄位寬度：

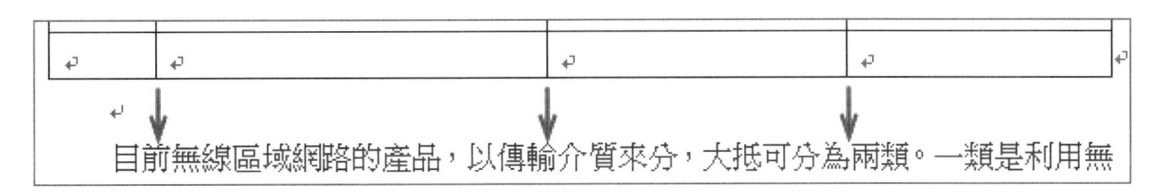

3. 根據參考答案，合併儲存格、畫框線、輸入文字，如下圖：

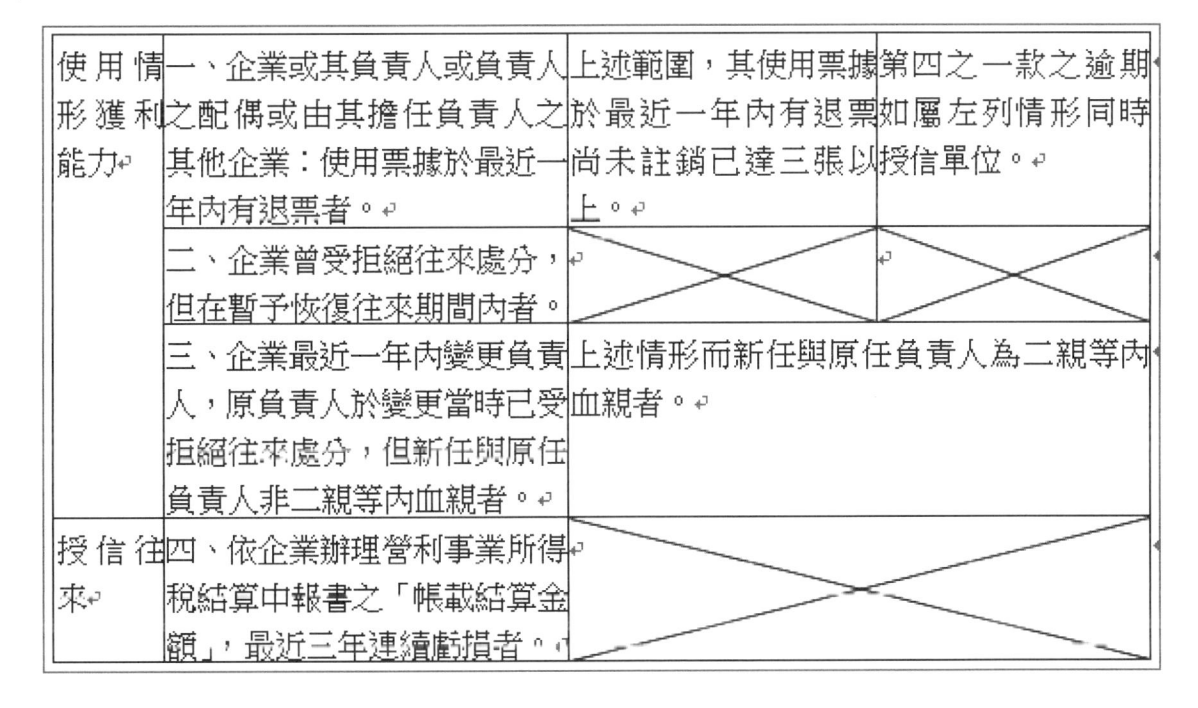

4. 設定第 1 欄：
   版面配置→文字方向→垂直，表格工具→版面配置→置中對齊

5. 設定第 2 欄：
   段落設定→凸排：2 字元，讓「一、」凸出去，
   請參考右圖。

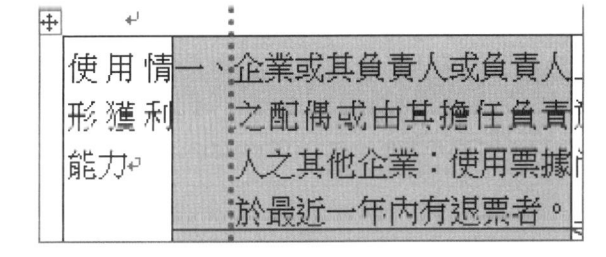

4-33

6. 設定第 3、4 欄：表格工具→版面配置→置中左右對齊

7. 設定第 3 欄第 1 列：斜體、中文字型→標楷體

使用情形獲利能力	一、企業或其負責人或負責人之配偶或由其擔任負責人之其他企業：使用票據於最近一年內有退票者。	*上述範圍，其使用票據於最近一年內有退票尚未註銷已達三張以上。*	第四之一款之逾期如屬左列情形同時授信單位。
	二、企業曾受拒絕往來處分，但在暫予恢復往來期間內者。		
	三、企業最近一年內變更負責人，原負責人於變更當時已受拒絕往來處分，但新任與原任負責人非二親等內血親者。	上述情形而新任與原任負責人為二親等內血親者。	
授信往來	四、依企業辦理營利事業所得稅結算申報書之「帳載結算金額」，最近三年連續虧損者。		

G. 圖片

1. 入點置於第 6 段落開頭，插入→圖片→ ...\題組 02\920302.gif

2. 設定圖片：
   版面配置→矩形、框線→黑色

3. 在圖片上按右鍵→圖片格式設定
   效果→陰影：
   預設：外陰影→右下方對角位移
   距離：7 pt

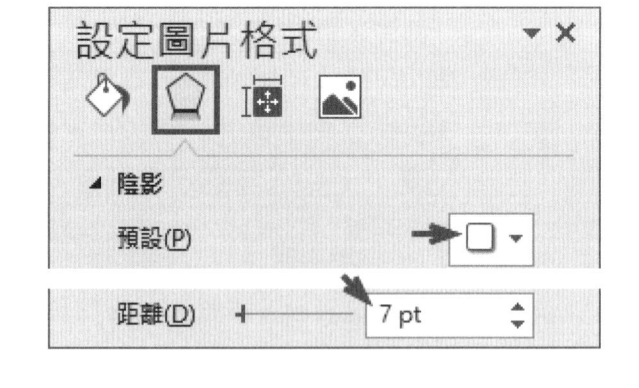

解說 系統預設陰影效果不明顯，題目也沒有明確規定，因此只要列印後看得出陰影效果即可。

4. 拖曳圖片位置：
   上邊線貼齊第 6 段上邊緣
   左邊線貼齊頁面左邊緣

5. 調整圖片大小
   寬 10 字、高 7 列

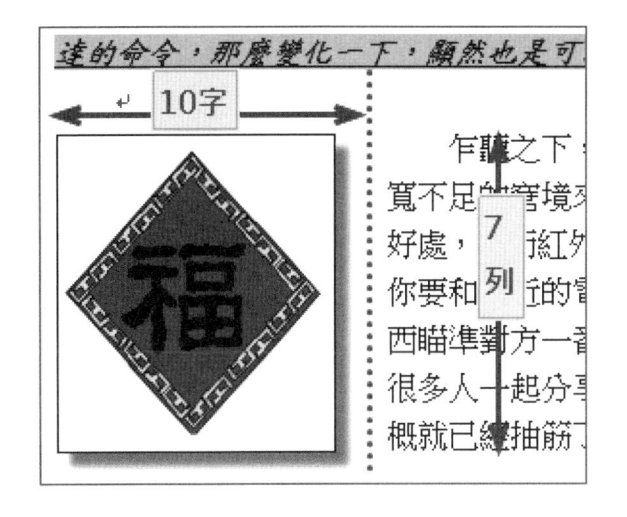

差異說明

第一頁最下方完成答案與參考答案有 1 列文字差異，這是因為列高設定差異所造成，屬於合理的差異，不需要調整。

題組二　參考答案

<u>若說無線區域網路是明日之星，也許你會很納悶地跟我說「我並不需要它」。且慢，沒有任何事是完美的！雖然同軸電纜、雙絞線讓你成功地將數台、或數十台（這可能有點擁擠了）的電腦連接起來，而讓它們能夠互通訊息、分享資源，但是在有些情況下，這些「線」不僅礙眼，更是累贅，甚至不符合經濟效益，最糟的是並不是所有場合，都可以用這些「線」來解決一切問題。有了這樣的問題，自然就得有個像樣的辦法來解決它，最簡單的辦法是由人來扮演資料傳輸的媒介，將所要分享的資料放在磁片、硬碟上，然後將磁片、硬碟搬來搬去，這樣不但達到了資料傳輸的目的，也克服了不能用「線」來解決問題的場合。但這絕對不是個好辦法，聰明的人所想出來的聰明辦法，是無線區域網路。</u>

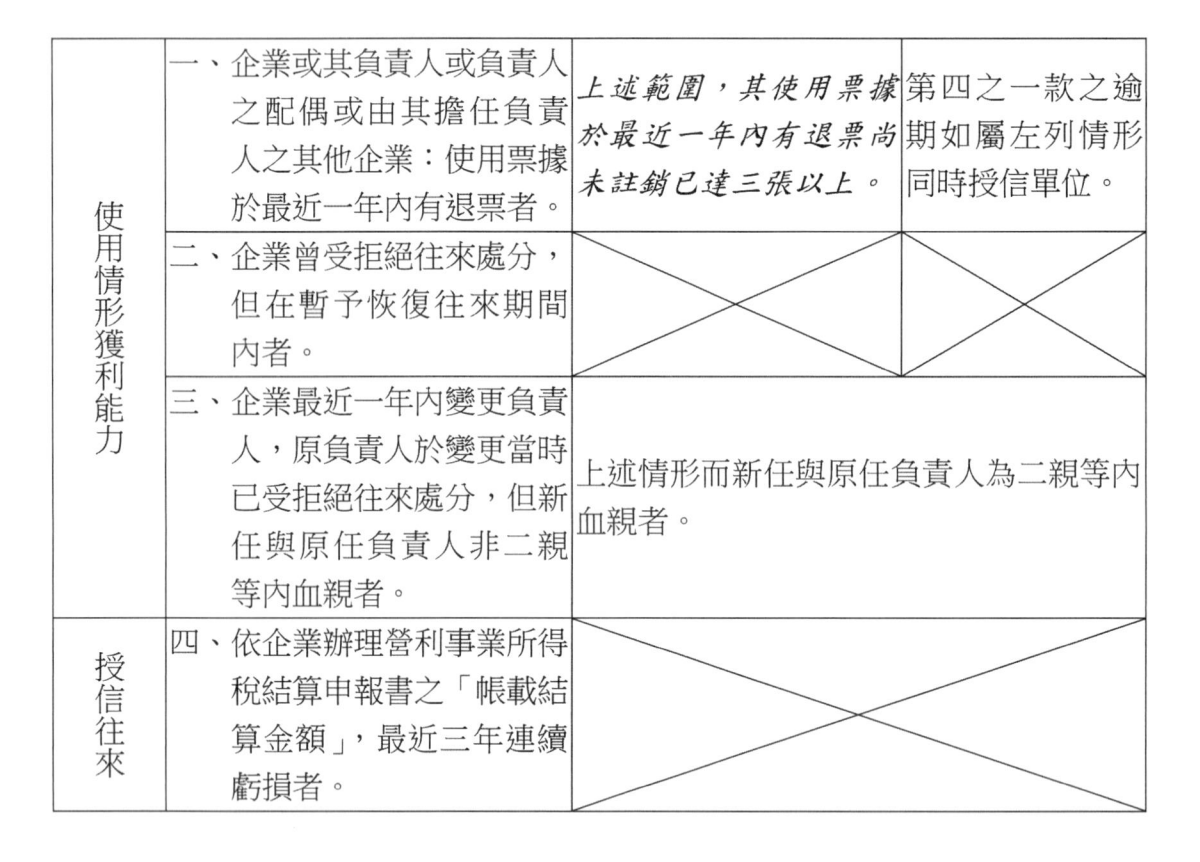

使用情形獲利能力	一、企業或其負責人或負責人之配偶或由其擔任負責人之其他企業：使用票據於最近一年內有退票者。	*上述範圍，其使用票據於最近一年內有退票尚未註銷已達三張以上。*	第四之一款之逾期如屬左列情形同時授信單位。
	二、企業曾受拒絕往來處分，但在暫予恢復往來期間內者。		
	三、企業最近一年內變更負責人，原負責人於變更當時已受拒絕往來處分，但新任與原任負責人非二親等內血親者。	上述情形而新任與原任負責人為二親等內血親者。	
授信往來	四、依企業辦理營利事業所得稅結算申報書之「帳載結算金額」，最近三年連續虧損者。		

目前無線區域網路的產品，以傳輸介質來分，大抵可分為兩類。一類是利用無線電（Radio Frequency）來傳遞訊息，另外一種則是利用紅外線（Infrared）。不管無線電或是紅外線，它都是類比訊號，然而電腦處理的資料是數位的東西，因此要利用類比訊號傳送電腦所處理的數位資料，這中間必須要有能將數位訊號轉換成類比訊號的技巧，這技巧就叫做調變（Modulation）。

然而令人頭疼的是，如果你用無線電來當傳輸介質的話，單單利用基本的調變

方式,是沒有辦法在目前受限的頻帶下傳遞大量的資料。當然事情也沒有這麼糟糕,為了解決在無線電環境下頻寬過小的窘境,展頻(Spread Spectrum)技術自然而然就被提出來了。展頻技術的方法有兩種,一種叫做直接序列(Direct Sequence),另外一種叫做跳頻(Frequency Hopping)。這兩種技巧都是利用一個虛擬雜訊碼產生器(Pseudo Noise Code Generator),來產生虛擬雜訊碼,利用這個特殊的虛擬雜訊碼與原調變後的訊號相結合而達到展頻的目的。

直接序列及跳頻這兩種技巧有好有壞。直接序列的好處是便宜,而且實作容易,然而由於所有的人都使用相同的頻率,因此可能會有遠近的問題(Near-Far Effect),也就是說,距離近的機器訊號強,容易霸佔整個頻道,而其他距離較遠的機器,因為訊號弱而一直被誤判成雜訊。為了解決這個問題,必須多添加一些功率控制的元件,然而卻增加了成本的負擔,而抵消了剛剛所提到的優點。而跳頻的好處就是因為不斷做換頻的動作,因此比較少受其他人干擾;然而為了不斷做換頻的動作,線路的設計較直接序列複雜,當然成本也高一些。

談到這裡,相信你已經知道利用無線電當傳輸媒介的優點與缺點了,現在就讓我們換換口味,看看紅外線技術有啥特性。說到紅外線技術的原理,你可能會很陌生,不過說到看電視時,用來轉台、調整音量的遙控器,你一定不陌生。沒錯!用來控制電視的遙控器,就是利用紅外線來傳送你所要下達的命令,既然能傳送你所要下達的命令,那麼變化一下,顯然也是可以拿來傳送一般的資料。

乍聽之下,這方式挺不錯的,而且比起無線電波有頻寬不足的窘境來說,紅外線還有不需要額外的展頻技巧的好處,然而紅外線卻有方向性限制的大包袱。想想看,當你要和鄰近的電腦分享檔案,你願意先用類似遙控器的東西瞄準對方一番,再開始傳送檔案嗎?瞄準一個不打緊,很多人一起分享資料的時候,你的手在資料傳完之前,大概就已經抽筋了。

題組三

【動作要求】

★ 本題以「直向」列印，使用文書檔「920303.odt」，表格檔「920303.tab」，圖形檔「920303.gif」，答案列印結果共二頁。

● 使用 A4 尺寸報表紙，以「左右對齊」的方式列印，且上、下、左、右的邊界設為「3公分」。

【頁首頁尾要求】

● 中文字型為「細明體」或「新細明體」，英文及數字字型為「Times New Roman」，且均設定為 10 點字型大小。

● 頁首左側為「您的准考證號碼」、右側為「您的姓名」。

● 頁尾左側為「您的座號」，中間為應檢日期，格式為「yyyy-mm-dd」其中 yyyy 為西元年，右側為「Page x」，其中 x 為順序頁碼，x 為半型字。

【本文要求】

△ 所有的中文字型除了特別要求之外 (請參照「參考答案」)，其餘一律設定為「細明體」或「新細明體」，字體大小設定為 12 點。

△ 所有的英文及數字除了特別要求之外 (請參照「參考答案」)，其餘一律設定為「Arial」字型，字體大小設定為 12 點。

△ 每段落的格式設定 (含縮排、框線、斜體、底線、網底等)，請參照「參考答案」。每一段落的格式設定必須完全與「參考答案」對應之段落的格式相同，但避頭尾的設定不列入評分項目，且每列字數與每頁列數沒有限制。

● 本題答案共分為八個段落，另含一個表格及一張圖片。

※ 標題：「題組三　參考答案」。

● 標題字為 18 點「細明體」或「新細明體」字型，置中並加上斜體及網底。

※ 文書檔中之【】處，表示應檢人員須自行輸入文字，本文中的資料不可無故增加資料、刪除資料或任意修改資料，且符號【】本身必須刪除。

● 文書檔中自行輸入的文字，中文字型設定為「標楷體」，英數字型設為「Arial」，請參照「參考答案」。

● 文中所有的半型「()」皆以全型「（）」取代。

● 文中所有的半型「,」皆以全型「，」取代。

● 第一段平均分成二欄，欄間距為 1 公分。

● 標題與段落，段落與段落，段落與表格之間均以 18 點的空白列間隔。

【圖形要求】
- 圖形以「文繞圖」方式插入第八段右上側，高度及寬度分別設為 8 列及 10 個中文字。
- △ 圖形須加細外框。

【表格要求】
- 表格置於第二段後，第三段前，左右邊界與文字對齊，請參照「參考答案」。
- 表格中的中、英文字型、字型大小及全型/半型，請參照「參考答案」。
- 表格的格式(含斜體、底線、對齊、網底、直書/橫書等)，請參照「參考答案」。
- 表格的欄數與列數，請參照「參考答案」。
- ※ 表格內不可無故增加資料、刪除資料或任意修改資料，結果請參照「參考答案」。

題組三解題

A. 版面設定

1. 開啟空白文件，命名為：03-5
2. 版面配置→邊界→自訂邊界
   邊界：上、下、左、右均為 3 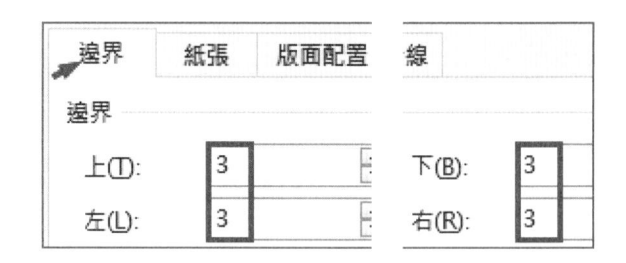
3. 插入→頁首→空白 (三欄)，輸入資料
   設定字型：中文字型→新細明體、字型：Times New Roman 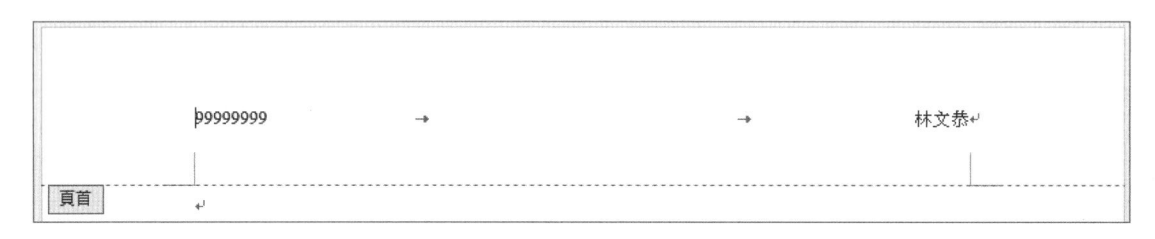
4. 插入→頁尾→空白 (三欄)，輸入資料
   設定字型：中文字型→新細明體、字型：Times New Roman

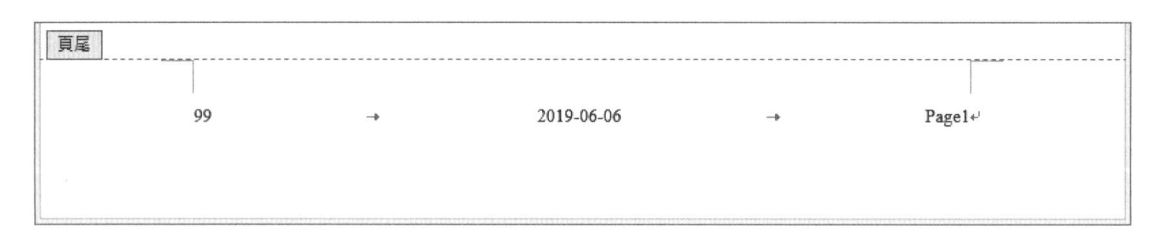

B. 內文處理

1. 在頁面內連點滑鼠 2 下
2. 插入→物件→文字檔，檔案：…\題組 03\920303.odt
3. 根據參考答案：根據參考答案：
   - 在文件最上方補打文字：「題組三　參考答案」
   - 在【】內補打文字如下：

   > 「行業萎縮」的效應若再加上我國加入 WTO 組織、市場開放的因素，便是加乘的效應，這些效應在過去可以看到的例子是保險業，外國的保險商在我國市場開放之後，這幾年挾其服務的效率與品質已搶佔了頗大的市場版圖。其他諸如貨運、金融、食品等行業不可避免地將迎戰另一波衝擊。跨國性的公司本來就有獨特的行業經營模式，若搭配 Internet 為工具，便更容易接觸到終端客戶，國內廠商若不能妥善因應，將可能出現我國中小廠商直接迎戰裝備優良的跨國企業的局面。

- 在 8 個段落前方輸入##：

段落	1	##以電子商務的價值鏈或是供應鏈…
段落	2	##對企業內負責採購的單位來說，其採購…
段落	3	##「行業萎縮」的效應若再加上我國加…
段落	4	##儘管國際電信聯盟（ITU）對於 ADSL…
段落	5	##如此一來，ADSL 想推廣普及化，實非易事…
段落	6	##此外，消費者追求自我實現的傾向產生…
段落	7	##另一方面，Internet 造就新興的行業。…
段落	8	##我們看到許多以資訊處理的新行業興起，…

4. 段落處理：
   常用→取代
   尋找目標：^p (段落標記)
   取代為：　　(無任何資料)
   點選：全部取代鈕

   尋找目標：#
   取代為：^p (段落標記)
   點選：全部取代鈕

5. 半形「(」全部置換為全形「（」，半形「)」全部置換為全形「）」
   半形逗號「,」全部置換為全形逗號「，」

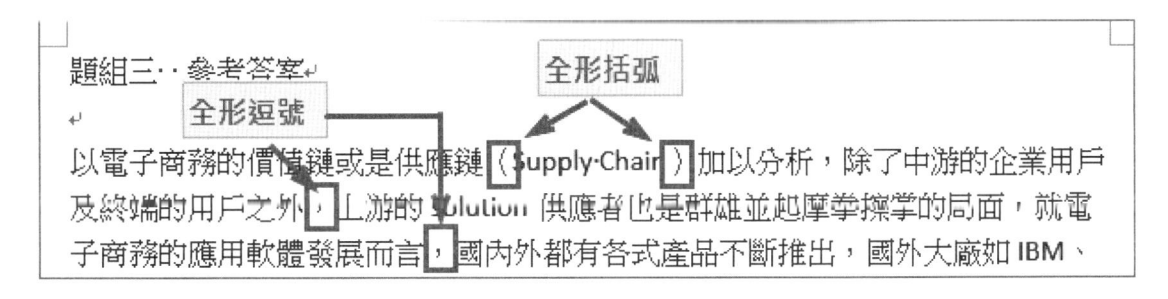

4-41

C. 整體格式設定

1. Ctrl + A (選取所有內容)

2. 常用→字型
   中文字型：新細明體、字型：Arial

3. 常用→段落
   縮排與行距：
   對齊方式：左右對齊
   第一行→0.85 公分(2 字元)
   固定行高→18 點

   中文印刷樣式：
   取消：所有分行符號設定

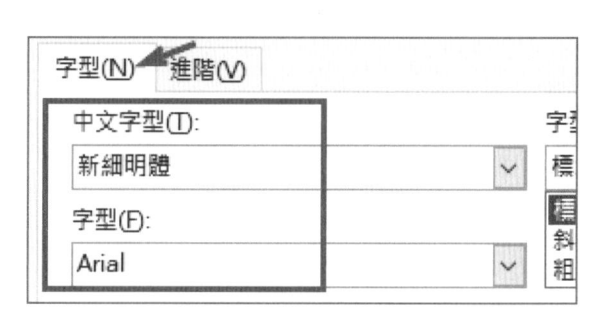

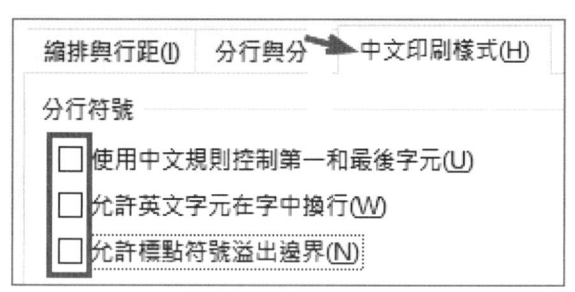

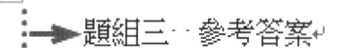

```
→題組三‧參考答案↵
↵
→以電子商務的價值鏈或是供應鏈（Supply Chain）加以分析，除了中游的企業
用戶及終端的用戶之外，上游的 solution 供應者也是群雄並起摩拳擦掌的局面，就
電子商務的應用軟體發展而言，國內外都有各式產品不斷推出，國外大廠如 IBM
```

D. 個別格式設定

標題設定

- 刪除行首縮排 (按 Backspace)

- 設定：置中對齊、18 pt、斜體、字元網底

```
                題組三‧參考答案↵
                                    ↵
    以電子商務的價值鏈或是供應鏈（Supply Chain）加以分析，除了中游的企業
  用戶及終端的用戶之外，上游的 solution 供應者也是群雄並起摩拳擦掌的局面，就
```

4-42

第 2 段設定

- 刪除首行縮排 (按 Backspace)，設定：底線

> 對企業內負責採購的單位來說，其採購對象同樣變成全球性的，如此將影響其選擇性與採購模式。這種改變意味著消費者「小眾化」的需求將會加速取代過去「大眾化」製造生產導向的市場；商品或服務的提供者若不能更了解他們的客戶，將無法

第 3 段設定

- 設定中文字型：標楷體

> 「行業萎縮」的效應若再加上我國加入 WTO 組織、市場開放的因素，便是加乘的效應，這些效應在過去可以看到的例子是保險業，外國的保險商在我國市場開放之後，這幾年挾其服務的效率與品質已搶佔了頗大的市場版圖。其他諸如貨運、

第 4 段設定

- 設定：段落框線、段落網底

> 儘管國際電信聯盟（ITU）對於 ADSL 的標準 V. adsl 已接受採納參照 ANSIT1.413 的標準，但仍存有 G. lite 與 G. dmt 兩種版本在討論中，因此在 ITU 尚未制定出正式標準前，各電信公司為考慮未來不同廠牌產品之互通性問題，均不

第 5 段設定

- 刪除行首縮排 (按 Backspace)，設定：斜體、底線

> *如此一來，ADSL 想推廣普及化，實非易事，尤其在現今強調便利實用的潮流下，唯有隨購隨裝即用（Buy & Plug & Play）的特性，方有可能成為普及化的主流產品，為扭轉此一市場情勢，終致另一 ADSL 版本的出現。*

第 6 段設定

- 刪除首行縮排 (按 Backspace)，設定：斜體、底線、中文字型→標楷體

> *此外，消費者追求自我實現的傾向產生多元化的需求，個性化商品將越來越受各種不同消費者的喜愛。過去因為資訊的侷限性，這種多元化、個性化的需求不容易被發現，也不容易被滿足，如今由於網路傳播，將使得更多「小眾化」的需求者與供*

第 7 段設定

- 刪除首行縮排 (按 Backspace)，設定：底線、中文字型→標楷體

> 另一方面，Internet 造就新興的行業。若仔細檢討 Amazon 的經營形態，會發現他不出版（他結盟的 8000 家出版社出版）、不配送（交由快遞公司配送）、沒有庫存，純粹是一個資訊處理、管理、創造需求的中間服務者，以傳統的眼光來看，其形

第 8 段設定

- 設定：斜體

> 我們看到許多以資訊處理的新行業興起，這些行業外在的表現形形色色，諸如做股票仲介的 E*Trade、寶來證券；做介紹 Venture Capital 的 Cap Ex；提供旅遊服務的 Travel Web、Travelocity；販賣鮮花的 Flower Shop 與 FTD；做視聽娛樂

E. 分欄設定

- 選取第 1 段落
  版面配置→其他欄
  二欄
  間距：1 公分

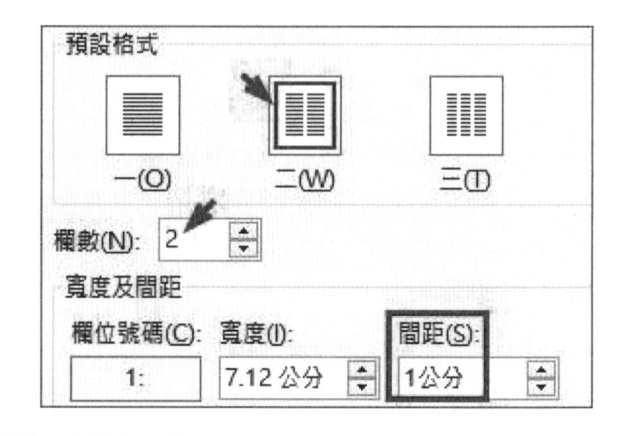

以電子商務的價值鏈或是供應鏈(Supply Chain)加以分析，除了中游的企業用戶及終端的用戶之外，上游的 solution 供應者也是群雄並起摩拳擦掌的局面，就電子商務的應用軟體發展而言，國內外都有各式產品不斷推出，國外大廠如 IBM、Microsoft 及 Netscape，國內有英特連等，都在電子商務軟體取得了初步的成果，近來更有包括 Oracle 等重量級大廠持續投入，

而 HP 總裁 Lewis Platt 也在這次春季 Internet World 正式揭櫫 HP 在電子商務的全盤發展策略：Electronic World strategy。HP 的子公司 VeriFone 正是電子商務安全交易方案的專業廠商。在這個策略的宣示中，Lewis Platt 也試圖勾勒出下一階段電子商務的可能發展，而將產品策略定位於提供更好的電子商務管理及安全交易方案。

F. 表格

1. 在第 2 段落下方按 Enter 鍵
   插入→表格→4 欄 x 4 列
   在表格內按右鍵
   點選：選項鈕
   左：0 公分、右：0 公分

2. 根據參考答案，以表格下方第一列文字為依據，調整欄位寬度：

「行業萎縮」的效應若再加上我國加入 WTO 組織、市場開放的因素，便是加

3. 根據參考答案，合併儲存格、設定網底、輸入文字，如下圖：

增修訂科目			說明
編號檢查	號碼	科目名稱及定義說明	
1501	7	土地 凡各種基地用地成本及其永久性之土地改良屬之。買入成本、永久性改良支出或受贈之數售出或減少之數，記入貸方。	依據本處85年6月25日台(85)處孝五字第06288號函分行之「現行國營事業會計處理之改進研討會」討論結論
1502	3	重估增值－土地 凡土地依有關規定辦理重估增值之數屬之。重估增加之數，記入借方；售出或減少等沖銷重估增值之數，記入貸方。	

4. 設定「增修訂…」儲存格：分散對齊，段落左、右縮排→4字元(1.7公分)

   設定「編號檢查」、「號碼」儲存格：分散對齊

   設定「科目名稱…」儲存格：分散對齊，段落左、右縮排→2字元(0.85公分)

   設定「說明」儲存格：表格工具→版面配置→置中對齊

增 修 訂 科 目			說明
編 號 檢 查	號 碼	科 目 名 稱 及 定 義 說 明	
1501	7	土地	依據本處85年6月25

解說 所有「段落左、右縮排」都是目測法估計值。

5. 設定第1、2欄第3、4列：表格工具→版面配置→置中對齊

   設定第3欄第3、4列：左右對齊

   設定第4欄第2列：

   版面配置→文字方向→垂直，表格工具→版面配置→置中上下對齊

1501	7	土地 凡各種基地用地成本及其永久性之土地改良屬之。買入成本、永久性改良支出或受贈之數售出或減少之數，記入貸方。	依據本處85年6月25日台(85)處孝五字第06288號函分行之「現行國營事業會計處理之改進研討會」討論結論。
1502	3	重估增值－土地 凡土地依有關規定辦理重估增值之數屬之。重估增加之數，記入借方；售出或減少等沖銷重估增值之數，記入貸方。	

> **解說** 第 4 欄第 2 列每一列字數與參考答案有差距是因為列高差異所造成，不須調整。

G. 圖片

1. 插入點置於第 8 段，插入→圖片→…\題組 03\920303.gif

2. 設定圖片：
   版面配置→矩形、框線→黑色

3. 拖曳圖片位置：
   上邊線貼齊第 8 段上邊緣
   右邊線貼齊頁面右邊緣

4. 調整圖片大小
   寬 10 字、高 8 列

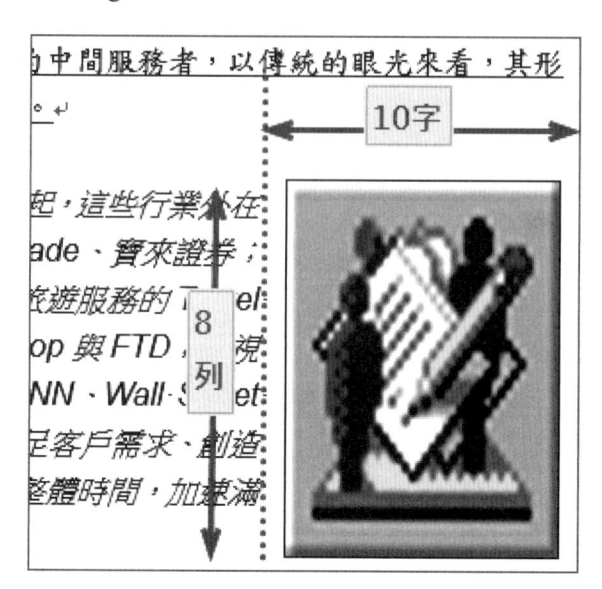

差異說明

本題完成答案與參考答案無明顯差異。

題組三　參考答案

以電子商務的價值鏈或是供應鏈（Supply Chain）加以分析，除了中游的企業用戶及終端的用戶之外，上游的 solution 供應者也是群雄並起摩拳擦掌的局面，就電子商務的應用軟體發展而言，國內外都有各式產品不斷推出，國外大廠如 IBM、Microsoft 及 Netscape，國內有英特連等，都在電子商務軟體取得了初步的成果，近來更有包括 Oracle 等重量級大廠持續投入，而 HP 總裁 Lewis Platt 也在這次春季 Internet World 正式揭櫫 HP 在電子商務的全盤發展策略：Electronic World strategy。HP 的子公司 VeriFone 正是電子商務安全交易方案的專業廠商。在這個策略的宣示中，Lewis Platt 也試圖勾勒出下一階段電子商務的可能發展，而將產品策略定位於提供更好的電子商務管理及安全交易方案。

<u>對企業內負責採購的單位來說，其採購對象同樣變成全球性的，如此將影響其選擇性與採購模式。</u>這種改變意味著消費者「小眾化」的需求將會加速取代過去「大眾化」製造生產導向的市場；<u>商品或服務的提供者若不能更了解他們的客戶，將無法作生意。</u>

增　修　訂　科　目			說明
編號檢查號碼		科目名稱及定義說明	
1501	7	土地 凡各種基地用地成本及其永久性之土地改良屬之。買入成本、永久性改良支出或受贈之數售出或減少之數，記入貸方。	依據本處 85 年 6 月 25 日台（85）處孝五字第 06288 號函分行之「現行國營事業會計處理之改進研討會」討論結論
1502	3	重估增值─土地 凡土地依有關規定辦理重估增值之數屬之。重估增加之數，記入借方；售出或減少等沖銷重估增值之數，記入貸方。	

「行業萎縮」的效應若再加上我國加入 WTO 組織、市場開放的因素，便是加乘的效應，這些效應在過去可以看到的例子是保險業，外國的保險商在我國市場開放之後，這幾年挾其服務的效率與品質已搶佔了頗大的市場版圖。其他諸如貨運、金融、食品等行業不可避免地將迎戰另一波衝擊。跨國性的公司本來就有獨特的行業經營模式，若搭配 Internet 為工具，便更容易接觸到終端客戶，國內廠商若不能妥善因應，將可能出現我國中小廠商直接迎戰裝備優良的跨國企業的局面。

> 儘管國際電信聯盟（ITU）對於 ADSL 的標準 V. adsl 已接受採納參照 ANSIT1.413 的標準，但仍存有 G. lite 與 G. dmt 兩種版本在討論中，因此在 ITU 尚未制定出正式標準前，各電信公司為考慮未來不同廠牌產品之互通性問題，均不敢貿然全面投資佈署 ADSL 設備，以避免日後為符合 ITU 標準，尚需投入巨額資金更新設備。

如此一來，ADSL 想推廣普及化，實非易事，尤其在現今強調便利實用的潮流下，唯有隨購隨裝即用（Buy & Plug & Play）的特性，方有可能成為普及化的主流產品，為扭轉此一市場情勢，終致另一 ADSL 版本的出現。

此外，消費者追求自我實現的傾向產生多元化的需求，個性化商品將越來越受各種不同消費者的喜愛。過去因為資訊的侷限性，這種多元化、個性化的需求不容易被發現，也不容易被滿足，如今由於網路傳播，將使得更多「小眾化」的需求者與供應者出現，形成一個個的供需群體。譬如喜愛台灣古老火車的團體、喜愛吃辣味的嗜辣族、職棒球迷、偶像歌手追星族，網路讓他們聚在一起、互相交流或提供給他們特殊的商品，無形中更鼓勵消費形態改變。

另一方面，Internet 造就新興的行業。若仔細檢討 Amazon 的經營形態，會發現他不出版（他結盟的 8000 家出版社出版）、不配送（交由快遞公司配送）、沒有庫存，純粹是一個資訊處理、管理、創造需求的中間服務者，以傳統的眼光來看，其形同虛擬，卻創造了讀者認同的高附加價值。

*我們看到許多以資訊處理的新行業興起，這些行業外在的表現形形色色，諸如做股票仲介的 E*Trade、寶來證券；做介紹 Venture Capital 的 Cap Ex；提供旅遊服務的 Travel Web、Travelocity；販賣鮮花的 Flower Shop 與 FTD；做視聽娛樂的 Sony 與 CD Now；做媒體的 CNN、Wall Street Journal、中時電子報等。這些公司均有滿足客戶需求、創造獨特的價值、非常資訊導向、縮短供應鏈整體時間，加速滿足消費者需求的特色。*

題組四

【動作要求】

- ★ 本題以「橫向」列印，使用文書檔「920304.odt」，表格檔「920304.tab」，圖形檔「920304.gif」，答案列印結果共二頁。
- ● 使用 A4 尺寸報表紙，以「左右對齊」的方式列印，且上、下、左、右的邊界設為「3 公分」。

【頁首頁尾要求】

- ● 中文字型為「細明體」或「新細明體」，英文及數字字型為「Times New Roman」，且均設定為 10 點字型大小。
- ● 頁首左側為「應檢日期」，格式為「民國一〇一年一月一日」，右側為「第 x 頁」，其中 x 為順序頁碼，x 為半形字。
- ● 頁尾左側為「您的准考證號碼」，中間為「您的姓名」，右側為「您的座號」。

【本文要求】

- △ 所有的中文字型除了特別要求之外 (請參照「參考答案」)，其餘一律設定為「細明體」或「新細明體」，字體大小設定為 12 點。
- △ 所有的英文及數字除了特別要求之外 (請參照「參考答案」)，其餘一律設定為「Arial」字型，字體大小設定為 12 點。
- △ 每段落的格式設定 (含縮排、框線、斜體、底線、網底等)，請參照「參考答案」。每段落的格式設定必須完全與「參考答案」對應之段落的格式相同，但避頭尾的設定不列入評分項目，且每列字數與每頁列數沒有限制。
- ● 本題答案共分為七個段落，另含一個表格及一張圖片。
- ※ 標題：「題組四　參考答案」。
- ● 標題字為 16 點「細明體」或「新細明體」字型，置中並加上框線及斜體。
- ※ 文書檔中之【】處，表示應檢人員須自行輸入文字，本文中的資料不可無故增加資料、刪除資料或任意修改資料，且符號【】本身必須刪除。
- ● 文書檔中自行輸入的文字，中文字型設定為「標楷體」，英數字型設為「Arial」，請參照「參考答案」。
- ● 文中所有的半型「()」皆以全型「（　）」取代。
- ● 標題與段落，段落與段落，段落與表格之間以 18 點的空白列間隔。
- ● 第一段落中的二個項目：項目編號皆設定左邊縮排「2 個 12 點全形字」，項目內容文字使用標楷體，皆設定左邊縮排「4 個 12 點全形字」。
- ● 第二段使用雙線之框線。

4-49

- 第五、六段,平均分成二欄,欄間距為 1 公分,並加入分隔線。

【圖形要求】

● 圖形以「文繞圖」方式插入第一段右上側,大小設為原圖的 300%。

△ 圖形須加 3 點粗細的虛線外框。

【表格要求】

● 表格置於第三段後,第四段前,請參照「參考答案」。

● 表格左右皆設定縮排「2 個 12 點全形字」。

● 表格中的中、英文字型、字型大小及全型/半型,請參照「參考答案」。

● 表格的格式(含斜體、底線、對齊、網底、直書/橫書等),請參照「參考答案」。

● 表格的欄數與列數,請參照「參考答案」。

※ 表格內不可無故增加資料、刪除資料或任意修改資料,結果請參照「參考答案」。

▶ 題組四解題

A. 版面設定

1. 開啟空白文件，命名為：04-5
2. 版面配置→邊界→自訂邊界
   邊界：上、下、左、右均為 3
   版面配置→方向→橫向 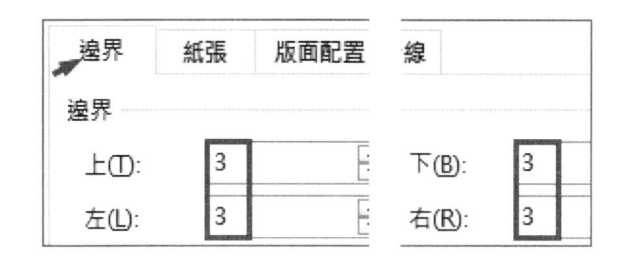
3. 插入→頁首→空白 (三欄)，輸入資料
   設定字型：中文字型→新細明體、字型：Times New Roman

   | 民國一〇八年六月六日 | → | 第 1 頁 |

4. 插入→頁尾→空白 (三欄)，輸入資料
   設定字型：中文字型→新細明體、字型：Times New Roman

   | 99999999 | → | 林文恭 | → | 99 |

B. 內文處理

1. 在頁面內連點滑鼠 2 下
2. 插入→物件→文字檔，檔案：…\題組 04\920304.odt
3. 根據參考答案：
   - 在文件最上方補打文字：「題組四　參考答案」
   - 在【　】內補打文字如下：

   > ANSI 與 ETSI 已決定採用 DMT（Discrete Multitone）為 ADSL 的調變方式，因此 ANSIT 1.413 的標準業已產生，各電話公司均已展開部署 ADSL 設備，唯恐在這場高速傳輸服務的競爭中缺席。
   >
   > ADSL 的典型應用架構，由於同時提供語音與數據傳輸服務，須於用戶家中及電信機房中裝設分歧器（Splitter），將語音與數據傳輸信號分離，故導致 ADSL 設備成本上升，價格昂貴，且須由專業技術人員至用戶家中，將電話線重新佈線並裝置分歧器方可使用。在電話公司方面，亦須花費巨額投資，於各個電信機房加裝分歧器及 DSLAM 等設備。

- 在 7 個段落前方輸入##，在項目符號、編號前輸入#：

段落	1	##現階段的電子商務發展，對大部分的…
段落	1	##一、安全性：根據 Sterling Commerce 公司的…
項目符號	•	#•防火牆（Firewalls） #•資料加密（Data Encryption tools） #•認證及認證的管理（Certification and … #•連線控制機制（Access Control Mechanisms） #•防毒技術（Antivirus Products） #•電子商務管理工具（EC Management Tools） #•電子簽證（Single Sign-on Technology） #•干擾偵測（Intrusion Detection） #•安全性（Physical Security）
編號	二	#二、開一個 Web，no problem！開一個成…
段落	2	##現在企業及個人掛一個 web 似乎已經是很常…
段落	3	##多媒體與網際網路的結合，導致網際網路…
段落	4	##56 Kbps 數據機的標準 V.90 甫於今年 2 月…
段落	5	##在現今的各種傳輸媒體網路中，電話…
段落	6	## ANSI 與 ETSI 已決定採用 DMT（Discrete…
段落	7	##ADSL 的典型應用架構，由於同時提供…

> **解說** 本題段落規範方式異於其他題目，「一、安全性…」上方空一列，應被視為「段落」，但在題目敘述中被稱為「項目」，因此上面表格中有 2 個段落 1。

4. 段落處理：
   常用→取代
   尋找目標：^p (段落標記)
   取代為： （無任何資料）
   點選：全部取代鈕

尋找目標：＃
取代為：^p (段落標記)
點選：全部取代鈕

5. 半形「(」全部置換為全形「（」，半形「)」全部置換為全形「）」

> 題組四‥參考答案
>
> 現階段的電子商務發展，對大部分的企業而言，仍處於起步的階段，可能並未真正掌握電子商務發展的重點及基本精神，造成發展策略上產生不正確的扭曲。在形成電子商務的發展策略之前，有一些重要的因素必須先行關照。

C. 整體格式設定

1. Ctrl + A (選取所有內容)

2. 常用→字型
   中文字型：新細明體、字型：Arial

3. 常用→段落
   縮排與行距：
   對齊方式：左右對齊
   第一行→0.85 公分(2 字元)
   固定行高→18 點

   中文印刷樣式：
   取消：所有分行符號設定

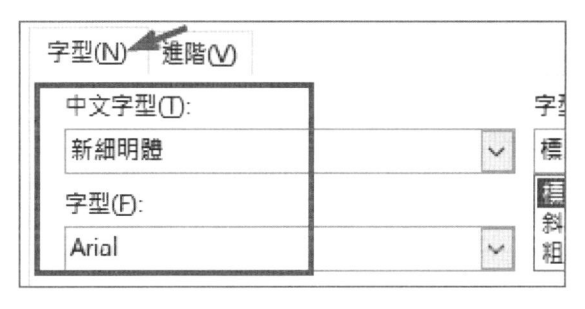

> →題組四‥參考答案
>
> →現階段的電子商務發展，對大部分的企業而言，仍處於起步的階段，可能並未真正掌握電子商務發展的重點及基本精神，造成發展策略上產生不正確的扭曲。在形成電子商務的發展策略之前，有一些重要的因素必須先行關照。

4-53

D. 個別格式設定

標題設定

- 刪除行首縮排（按 Backspace）
- 設定：置中對齊、16 pt、斜體、字元框線

> *題組四‧參考答案*
>
> 　　現階段的電子商務發展，對大部分的企業而言，仍處於起步的階段，可能並未真正掌握電子商務發展的重點及基本精神，造成發展策略上產生不正確的扭曲。在形成電子商務的發展策略之前，有一些重要的因素必須先行關照。

項目編號：一、二

- 設定段落：左邊界：0.85 公分(2 字元)、凸排：0.85 公分(2 字元)

項目符號：●

- 設定段落：左邊界：1.7 公分（4 字元）、凸排：無
- 設定：斜體、中文字型→標楷體

> 成發展策略上產生不正確的扭曲。在形成電子商務的發展策略之前，有一些重要
> 　一、安全性：根據 Sterling Commerce 公司的 Johnny Long 分析。電子商務
> 　　　● *防火牆*（Firewalls）
> 　　　● *資料加密*（Data Encryption tools）
> 　　　● *認證及認證的管理*（Certification and Key Management Solutions）

第 2 段設定

- 設定：段落框線→雙線、段落網底

> 　　現在企業及個人掛一個 web 似乎已經是很常見的一件事，上 HomePage 成為一個 Fashion。但是愈來愈明顯的一個事實是，所謂「死的網站」（Dead Web）卻正在以前所未有的速度成長，這些網站以 WWW 的型式存在，但是卻沒有發揮這個媒體的特色及作用，這個現象以後有可能和我們的太空軌道上的殘骸一樣令人慘不忍睹。

第 4 段設定

- 刪除首行縮排（按 Backspace），設定：斜體、底線

> *56 Kbps 數據機的標準 V.90 甫於今年 2 月制定完成，但似乎並未替網路族帶來歡欣，究其原因，其所提升之速率仍有限，無法滿足現今網路族的傳輸需求，但其隨購即用，利用一般電話撥接，不須由專業技術人員安裝之便利性，受到網路族所肯定。*

第 6 段設定

- 設定：中文字型→標楷體

> 　　ANSI 與 ETSI 已決定採用 DMT（Discrete Multitone）為 ADSL 的調變方式，因此 ANSI T.1.413 的標準業已產生，各電話公司均已展開部署 ADSL 設備，唯恐在這場高速傳輸服務的競爭中缺席。

第 7 段設定

- 設定：中文字型→標楷體

> ADSL 的典型應用架構，由於同時提供語音與數據傳輸服務，須於用戶家中及電信機房中裝設分歧器（Splitter），將語音與數據傳輸信號分離，故導致 ADSL 設備成本上升，價格昂貴，且須由專業技術人員至用戶家中，將電話線重新佈線並裝置分歧器方可使用。在電話公司方面，亦須花費巨額投資，於各個電信機房加裝分歧器及 DSLAM 等設備。

E. 分欄設定

- 選取第 5、6 段落
  版面配置→其他欄
  二欄
  選取：分隔線
  間距：1 公分

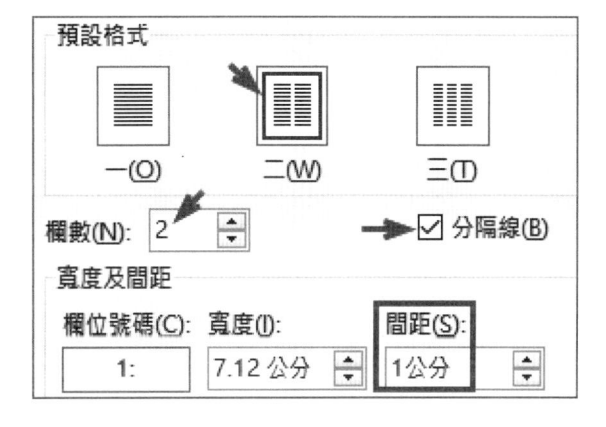

F. 圖片

1. 插入點置於第 1 段，插入→圖片→…\題組 04\920304.gif

2. 設定圖片：版面配置→矩形
   在圖片上按右鍵→大小及位置
   大小標籤：
   選取：鎖定長寬比
   縮放高度：300%

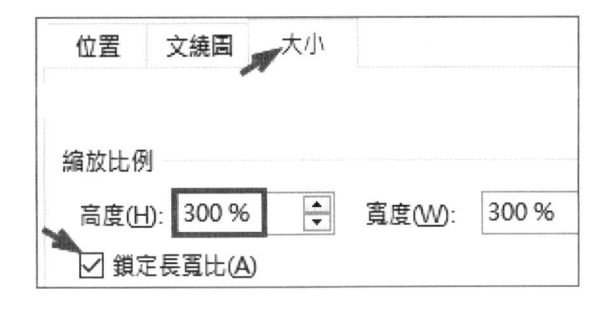

3. 在圖片上按右鍵→設定圖片格式
   選取：填滿與線條→線條→實心線條
   色彩：黑色
   寬度：3 pt
   虛線類型：虛線 1

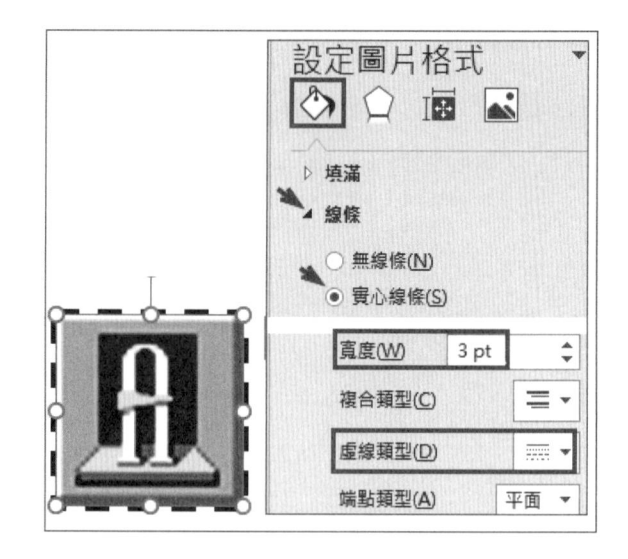

4. 拖曳圖片位置：上邊線貼齊第 1 段上邊緣、右邊線貼齊頁面右邊緣

G. 表格

1. 在第 3 段落下方按 Enter 鍵
   插入→表格→5 欄 x 3 列
   在表格內按右鍵
   點選：選項鈕
   左：0 公分、右：0 公分

2. 根據參考答案，以表格下方第一列文字為依據，調整欄位寬度：
   向右拖曳表格左邊線 2 字元、向左拖曳表格右邊線 2 字元：

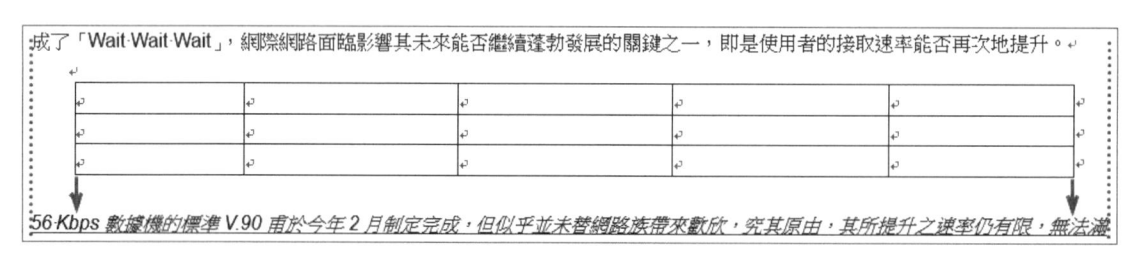

3. 選取 5 個欄位，表格工具→版面配置→平均分配欄寬

4. 根據參考答案，設定網底、輸入文字，如下圖：

5. 設定第 1 列第 1 欄：
   第 1 個段落→靠右對齊
   第 2 個段落→靠左對齊
   表格設計→框線→左斜框線

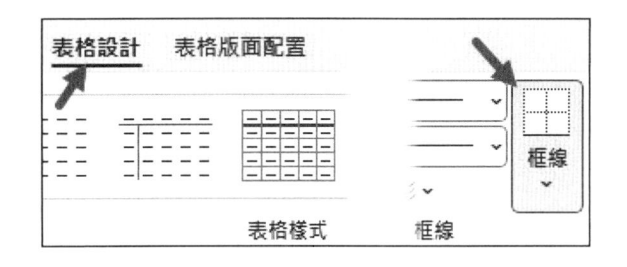

6. 設定第 1 列第 2~5 欄：分散對齊
   設定第 2~3 列第 1~5 欄：置中對齊

遲延時間 張數	下午 六時至七時	下午 七時至八時	下午 八時至九時	下午 九時至十時
1-1999 張	1,500	25,000	35,000	45,000
2000 張以上	3,000	40,000	50,000	60,000

56 Kbps 數據機的標準 V.90 甫於今年 2 月制定完成，但似乎並未替網路族帶來歡欣，究其原由，其所提升之速率仍有限，無法滿

差異說明

第一頁最下方完成答案與參考答案有 2 列文字差異，這是因為列高設定差異所造成，屬於合理的差異，不需要調整。

題組四　參考答案

現階段的電子商務發展，對大部分的企業而言，仍處於起步的階段，可能並未真正掌握電子商務發展的重點及基本精神，造成發展策略策略上產生不正確的扭曲。在形成電子商務的發展策略之前，有一些重要的因素必須先行關照。

一、安全性：根據 Sterling Commerce 公司的 Johnny Long 分析。電子商務安全性有十二個關鍵的因素必須考慮：

- 防火牆（Firewalls）
- 資料加密（Data Encryption tools）
- 認證及認證的管理（Certification and Key Management Solutions）
- 連線控制機制（Access Control Mechanisms）
- 防毒技術（Antivirus Products）
- 電子商務管理工具（EC Management Tools）
- 電子簽證（Single Sign-on Technology）
- 干擾偵測（Intrusion Detection）
- 安全性（Physical Security）

二、開一個 Web，no problem！開一個成功的 Web，that's the problem！

現在企業及個人掛一個 web 似乎已經是很常見的一件事，上 HomePage 成為一個 Fashion。但是愈來愈明顯的一個事實是，所謂「死的網站」（Dead Web）卻正在以前所未有的速度成長，這些網站以 WWW 的型式存在，但是卻沒有發揮這個媒體的特色及作用，這個現象以後有可能和我們的太空軌道上的殘骸一樣令人慘不忍睹。

趙自強

多媒體與網際網路路的結合，導致網際網路的資料流量急速成長，網路塞車已是網路族的最大夢魘，全球資訊網（WWW）已成了「Wait Wait Wait」，網際網路影響其未來能否繼續蓬勃發展的關鍵之一，即是使用者的接取速率能否再次地提升。

張數 \ 遲延時間	下午六時至七時	下午七時至八時	下午八時至九時	下午九時至十時
1-1999 張	1,500	25,000	35,000	45,000
2000 張以上	3,000	40,000	50,000	60,000

56 Kbps 數據機的標準 V.90 甫於今年 2 月制定完成，但似乎並未替網路族帶來歡欣，究其原由，其所提升之速率仍有限，無法滿足現今網路族的傳輸需求，但其隨購即用、利用一般電話撥接、不須由專業技術人員安裝之便利性，受到網路族所肯定。

在現今的各種傳輸媒體網路中，電話網路乃是全世界遍佈最廣的傳輸網路；亦是連線上網最方便的途徑。因之如何在電話網路上提供高速的傳輸速率，成為最熱門的研發標的。ADSL（非對稱數位用戶迴路）主此需求下應運而生，其透過一條一般的電話線路，同時提供一般的電話與高速數據傳輸的服務，為網路族帶來無限的希望。

ADSL 的典型應用架構，由於同時提供語音與數據傳輸服務，須於用戶家中及電信機房中裝設分歧器（Splitter），將語音與數據傳輸信號分離，故導致 ADSL 設備成本上升、價格昂貴，且須由專業技術人員至用戶家中、將電話線重新佈線並裝置分歧器方可使用。在電話公司方面，亦須花費巨額投資。於各個電信機房加裝分歧器及 DSLAM 等設備。

ANSI 與 ETSI 已決定採用 DMT（Discrete Multitone）為 ADSL 的調變方式，因此 ANSIT 1.413 的標準業已產生，各電話公司均已展開部署 ADSL 設備，唯恐在這場高速傳輸服務的競爭中缺席。

趙自強

題組五

【動作要求】

★ 本題以「橫向」列印，使用文書檔「920305.odt」，表格檔「920305.tab」，圖形檔「920305.gif」，答案列印結果共二頁。

● 使用 A4 尺寸報表紙，以「左右對齊」的方式列印，且上、下、左、右的邊界設為「3 公分」。

【頁首頁尾要求】

● 中文字型為「細明體」或「新細明體」，英文及數字字型為「Times New Roman」，且均設定為 10 點字型大小。

● 頁首左側為「您的姓名」、右側為「您的座號」。

● 頁尾左側為「您的准考證號碼」，中間為「第 x 頁」，其中 x 為順序頁碼，x 為半型字，右側為應檢日期，格式為「yyyy/mm/dd」，其中 yyyy 為西元年。

【本文要求】

△ 所有的中文字型除了特別要求之外 (請參照「參考答案」)，其餘一律設定為「細明體」或「新細明體」，字體大小設定為 12 點。

△ 所有的英文及數字除了特別要求之外 (請參照「參考答案」)，其餘一律設定為「Arial」字型，字體大小設定為 12 點。

△ 每段落的格式設定 (含縮排、框線、斜體、底線、網底等)，請參照「參考答案」。每一段落的格式設定必須完全與「參考答案」對應之段落的格式相同，但避頭尾的設定不列入評分項目，且每列字數與每頁列數沒有限制。

● 本題答案共分為四個段落，另含一個表格及一張圖片。

※ 標題:「題組五　參考答案」。

● 標題字為 16 點「細明體」或「新細明體」字型，置中並加上框線及網底。

※ 文書檔中之【 】處，表示應檢人員須自行輸入文字，本文中的資料不可無故增加資料、刪除資料或任意修改資料，且符號【 】本身必須刪除。

● 文書檔中自行輸入的文字，中文字型設定為「標楷體」，英數字型設為「Arial」，請參照「參考答案」。

● 文中所有的半型「()」皆以全型「（　）」取代。

● 標題與段落，段落與段落，段落與表格之間以 18 點的空白列間隔。

● 第三段落中的三個項目：項目編號皆設定上邊縮排「2 個 12 點全形字」，項目內容皆設定上邊縮排「4 個 12 點全形字」。

● 第三段落中的第三個項目編號及內容需加框線。

● 第四段落需加框線及網底。

【圖形要求】

● 圖形以「文繞圖」方式插入第三段右上側，高度及寬度分別設為 7 個中文字及 5 行。

△ 圖形須加 3 點粗細的外框。

【表格要求】

● 表格置於第四段後，左右邊界與文字對齊，請參照「參考答案」。

● 表格中的中、英文字型、字型大小及全型/半型，請參照「參考答案」。

● 表格的格式(含斜體、底線、對齊、網底、直書/橫書等)，請參照「參考答案」。

● 表格的欄數與列數，請參照「參考答案」。

※ 表格內不可無故增加資料、刪除資料或任意修改資料，結果請參照「參考答案」。

▶ 題組五解題

A. 版面設定

1. 開啟空白文件，命名為：05-5
2. 版面配置→邊界→自訂邊界
   邊界：上、下、左、右均為 3

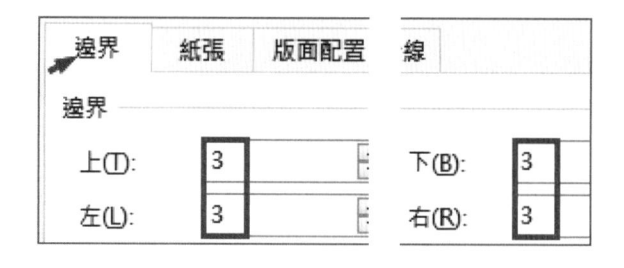

> **解說** 雖然參考答案紙張是橫向、文字是垂直，但不用急著設定，垂直文件作設定不方便，因此建議：完成文字格式設定後再來做文字方向的轉換。

3. 插入→頁首→空白 (三欄)，輸入資料
   設定字型：中文字型→新細明體、字型：Times New Roman

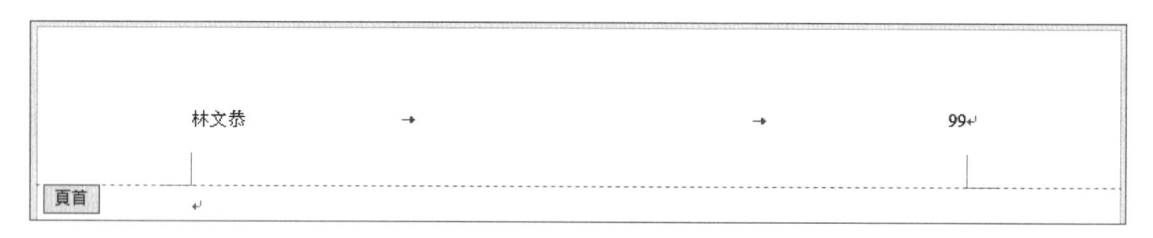

4. 插入→頁尾→空白 (三欄)，輸入資料
   設定字型：中文字型→新細明體、字型：Times New Roman

B. 內文處理

1. 在頁面內連點滑鼠 2 下
2. 插入→物件→文字檔，檔案：...\題組 05\920305.odt

3. 根據參考答案：
    - 在文件最上方補打文字：「題組五　參考答案」
    - 在【】內補打文字如下：

    > 對於使用者而言，它不是完全透通的，有些程式應用很可能會莫名其妙地被阻擋在門外；當有新的程式應用或是 TCP/IP 的服務要增加時，必須要重新開發新的過濾器；使用者在網路上所能使用的程式應用數目，以及服務項目，受到代理器的數量限制，不能任意加添。以一個檔案傳輸（FTP）的相同實例來看，在應用程式層的過濾方式可以用應用程式閘通道（Application Gateway）來實現。比較先進的防火牆在這一方面都做了一些補強措施，只讓真正在檔案傳輸狀態的資料封包能通過防火牆。

    - 在 4 個段落前方輸入##：

段落	1	##有人說：「沒有防火牆就沒有 Intranet…
段落	2	##在世界各地的電腦駭客，不論何時都可…
段落	3	##雖然不同的防火牆採用不同的技…
項目編號		#一、資料封包過濾防火牆：資料封包過… #二、應用程式層過濾式的防火牆：應用… #三、電路層過濾式防火牆：電路層過…
段落	4	##此外，最近有一種新型的過濾技術檢查動…

4. 段落處理：
    常用→取代
    尋找目標：^p (段落標記)
    取代為：　　(無任何資料)
    點選：全部取代鈕

    尋找目標：#
    取代為：^p (段落標記)
    點選：全部取代鈕

5. 半形「(」全部置換為全形「（」，半形「)」全部置換為全形「）」

    > 題組五‧‧參考答案
    >
    > 有人說：「沒有防火牆就沒有 Intranet。」這句話絕對不會言過其實，當一個企業要開放 Internet 給企業的員工，並且在企業內部建置 Intranet 以後，如果沒有一個防火牆系統放在 Internet 和 Intranet 之間的話，企業的內部網路和電腦系統，

C. 整體格式設定

1. Ctrl + A (選取所有內容)

2. 常用→字型
   中文字型：新細明體、字型：Arial

3. 常用→段落
   縮排與行距：
   對齊方式：左右對齊
   第一行→0.85 公分(2 字元)
   固定行高→18 點

   中文印刷樣式：
   取消：所有分行符號設定

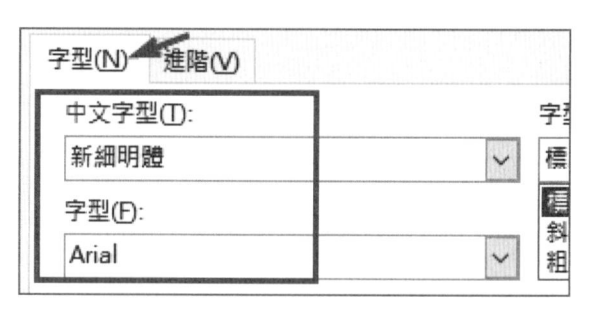

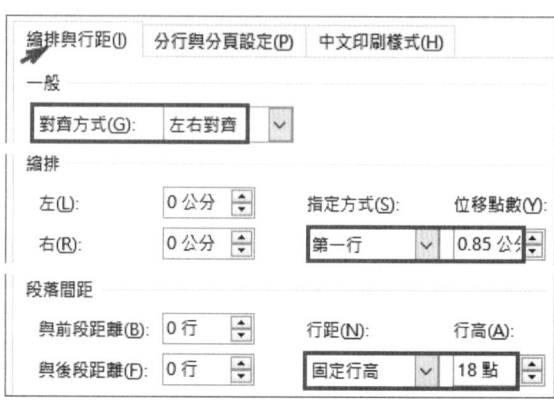

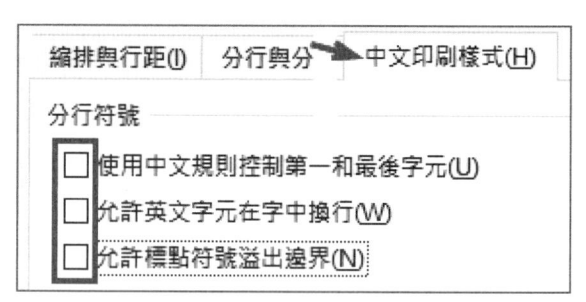

D. 個別格式設定

標題設定

- 刪除行首縮排 (按 Backspace)

- 設定：置中對齊、16 pt、字元框線、字元網底

第 2 段設定

- 刪除首行縮排 (按 Backspace)，設定：底線

> <u>在世界各地的電腦駭客，不論何時都可以進入到企業內部的電腦之中，為所欲為，那還得了？倒底防火牆是用什麼神秘的方法來將在企業外面 Internet 上的駭客阻擋在牆外？它又如何能應付各種不同的入侵技倆呢？</u>

項目編號：一、二、三、

- 設定段落：左邊界→0.85 公分(2 字元)、凸排→0.85 公分(2 字元)

> 式的過濾方法，諸如電路層過濾式防火牆和代理式防火牆等。
> 　一、資料封包過濾防火牆：資料封包過濾式（Packet Filter）的防火牆將過往的資料封包（packet）仔細地檢查確認，以阻擋不該進出防火牆的交通。最簡單的一種資料封包過濾型式就是路由器(router)。在路由器之中的路

項目編號一部分內容

- 選取：「在電腦…安全的。」，設定：底線

> 傳輸的資料，照樣放行，因而造成了一個安全上的漏洞。<u>在電腦網路上的一些駭客，甚至開發了一些繞過資料封包過濾的技倆，最有名的是利用「</u>
>
> <u>這單一的方法是無法保衛企業網路的安全的。</u>

項目編號二部分內容

- 選取：「二、應用…缺憾：」，設定：斜體

> *二、應用程式層過濾式的防火牆：應用程式層過濾式（Application Filter）的*
>
> *全功能，應該是一種比較安全的防火牆型式，不過它也有一些缺憾：*對於

- 選取：「對於使用者…防火牆。」，設定：中文字型→標楷體

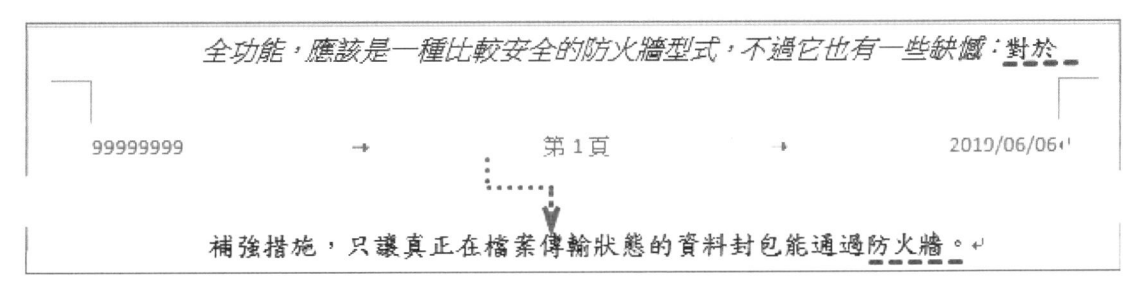

> 全功能，應該是一種比較安全的防火牆型式，不過它也有一些缺憾：對於
>
> 99999999　　　　　　第 1 頁　　　　　2019/06/06
>
> 補強措施，只讓真正在檔案傳輸狀態的資料封包能通過防火牆。

項目編號三

- 設定：段落框線

> 補強措施，只讓真正在檔案傳輸狀態的資料封包能通過防火牆。
> 三、電路層過濾式防火牆：電路層過濾式（Circuit-level Filter）的防火牆是介乎上述資料封包過濾式和應用程式層過濾式之間的防火牆型式，它把應用程式閘通道變成一個更廣泛的型態，它也是依據一些規則來設定出入

第 4 段設定

- 設定：段落框線、段落網底

> 此外，最近有一種新型的過濾技術檢查動態的資料封包狀態（state），這種名為狀態檢驗（statefull inspection）的技術在查驗高層通訊協定的同時，順便將過往交通的狀態記錄下來。由於有了狀態的記錄，防火牆系統可以分辨出哪些是從企

E. 分欄設定

- 本題無分欄設定要求

F. 圖片

1. 版面配置→文字方向→垂直

   > **解說**　進入圖片設定、中式表格之前，必須將文字方向轉換為「垂直」。

2. 插入點置於第 3 段，插入→圖片→...\題組 05\920305.gif

3. 設定圖片：
   版面配置→矩形、框線→黑色、3 點

4. 拖曳圖片位置：
   上邊線貼齊頁面上邊緣
   右邊線貼齊第 3 段右邊緣

5. 在圖片上按右鍵→大小及位置
   文繞圖標籤：
   與文字距離：上、下、左、右→0.2 公分

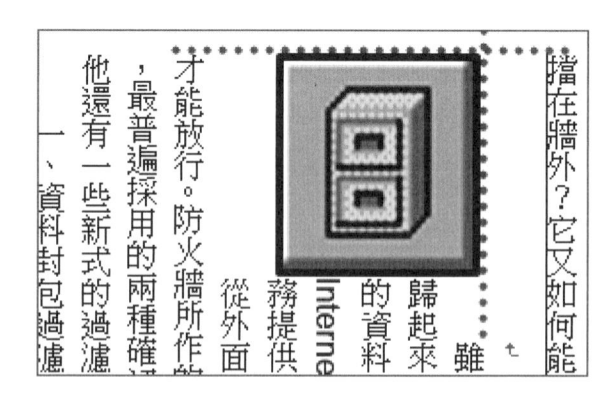

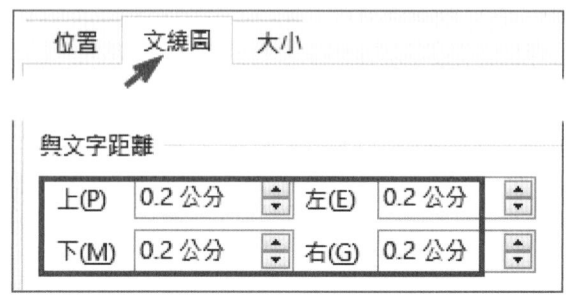

4-66

> **解說** 此題組預設圖片下方、左方與文字之間距離明顯差異過大,因此作此設定。0.2 公分是筆者建議較為合理的設定,題目無此要求。

6. 調整圖片大小
   寬 5 列、高 7 字

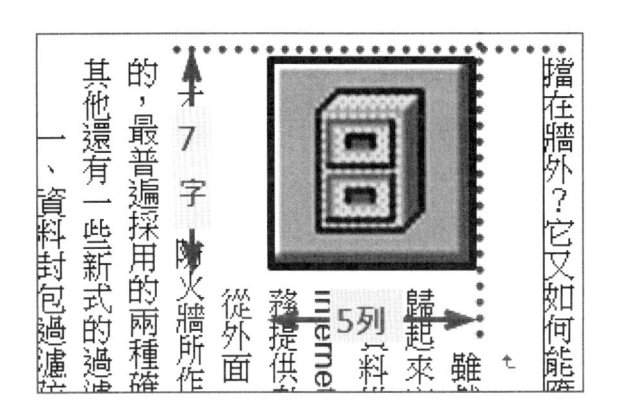

> **解說** 舊版圖片左邊是有文字的,新版左邊留有一行空白間距。筆者認為是命題委員沒注意到,但我們依然要以現行參考答案為依據作題。

G. 表格

1. 在第 4 段落後方
   插入→文字方塊→繪製文字方塊
   繪製一文字方塊如右圖:

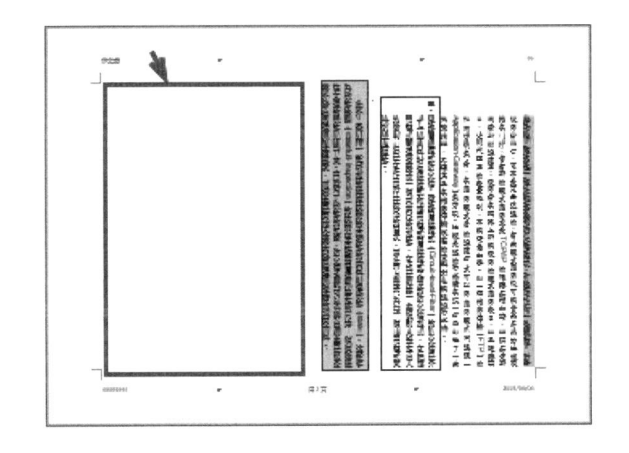

2. 在文字方塊內,插入→表格→插入表格
   欄數:8、列數:3

4-67

3. 在表格內按右鍵→表格內容
   表格標籤：
   點選：選項鈕
   左：0 公分、右：0 公分

4. 選取所有欄
   表格工具→版面配置
   文字方向：直書
   對齊：置中上下對齊

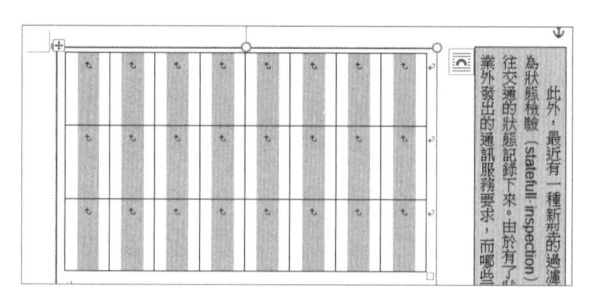

5. 選取第 1 列
   表格→版面配置
   高度：2.2 公分
   設定第 2 列高度：7 公分
   設定第 3 列高度：5.6 公分

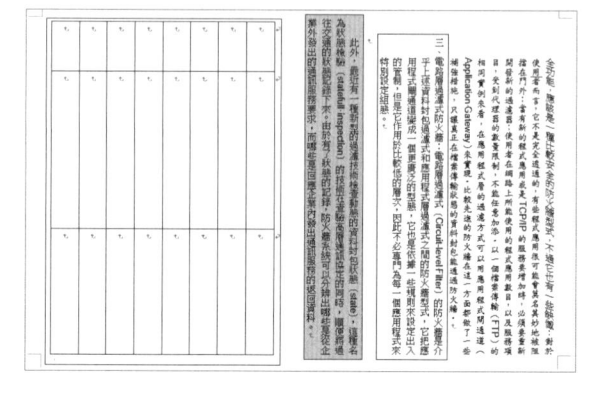

> **解說** 第 1 列 2.2 公分、第 2 列 7 公分是目測法後選取比較容易記住的數字。
> 第 3 列 = 15 (頁面高) – 2.2 (第 1 列高) – 7 (第 2 列高) – 0.2 (底部間隙) = 5.6。

6. 根據參考答案：
   合併儲存格
   設定網底
   輸入文字
   如右圖：

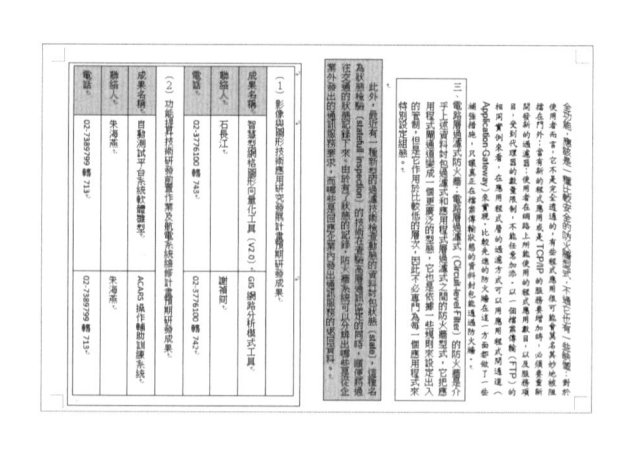

7. 設定第 1 欄：
   無框線→左框線
   段落左縮排：-0.2 公分

4-68

8. 設定：第 5 欄
   無框線→左框線→右框線
   段落左縮排：-0.2 公分

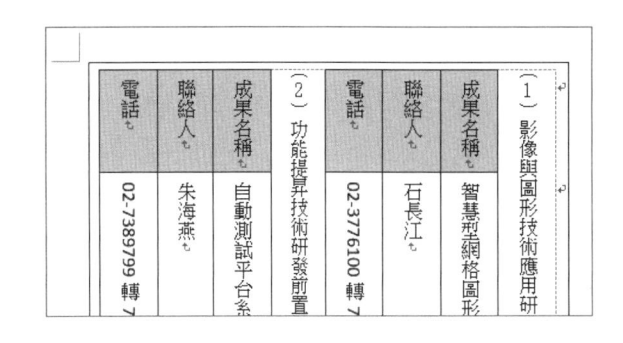

9. 設定第 3、5 欄第 1 列「聯絡人」→對齊：分散對齊

10. 選取整個表格→表格版面配置：調整寬度：1.2 公分

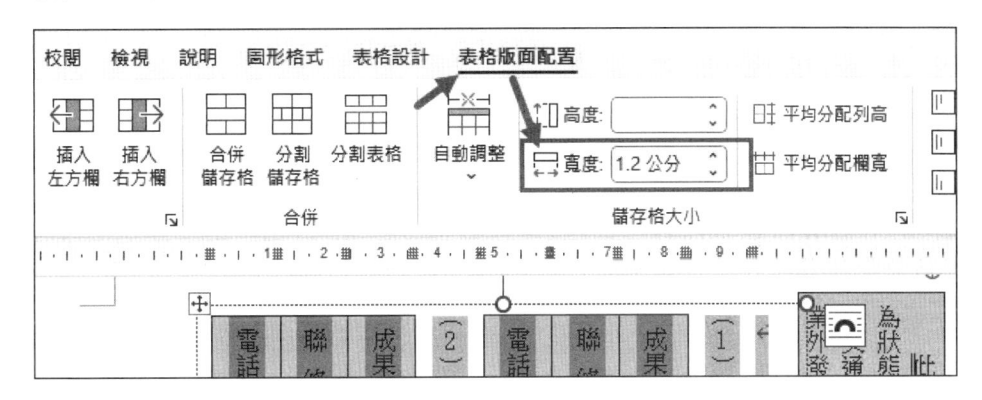

11. 選取文字方塊
    圖形格式
    圖案填滿：無
    圖案外框：無

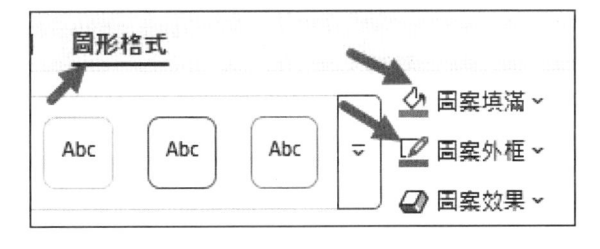

12. 移動文字方塊到適當位置(對照參考答案)

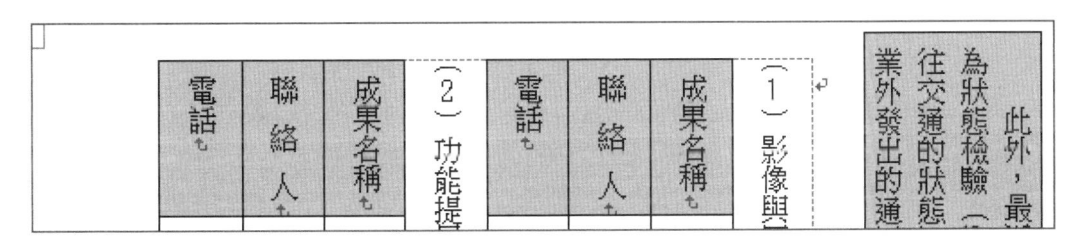

> **解說** 由於題組五及題組七的垂直式表格，很多考生遇到表格不好調整及會跑到下一頁…等問題，因此題組五、題組七的表格我們在文字方塊中作可以解決以上問題。

差異說明

本題完成答案與參考答案只有一列差異，這是列高差異所產生，不需做額外調整。

題組五 參考答案

有人說：「沒有防火牆就沒有 Intranet。」這句話絕對不會言過其實，當一個企業要開放 Internet 給企業的員工，並且在企業內部建置 Intranet 以後，如果沒有一個防火牆系統放在 Internet 和 Intranet 之間的話，企業的內部網路和電腦系統，就等於是直接開放給全世界。

在世界各地的電腦駭客，不論何時都可以進入到企業內部的電腦之中，為所欲為，那還得了。倒底防火牆是用什麼神秘的方法來將在企業外面 Internet 上的駭客阻擋在牆外？它又如何能應付各種不同的入侵技倆呢？。

雖然不同的防火牆採用不同的技術去實現保全的工作，但綜歸起來它無非是一些電腦軟體和硬體的組合，只可以讓一些特定的資料從防火牆的一端到另一端。它通常是企業內部網路和外界 Internet 之間的唯一通道，例如將它放置在企業網路和 Internet 服務提供者（ISP）的路由器之間，讓企業所有到外界的資料，或是從外面 Internet 進入企業網路的資料，都經過防火牆的確認手續，才能放行。防火牆所作的確認手續，是由一些事先設定的安全規則和政策來完成的，最普遍採用的兩種確認交通的方式是資料封包過濾和應用程式層的過濾方式。其他還有一些新式的過濾方法，諸如電路層過濾式防火牆和代理式防火牆等。

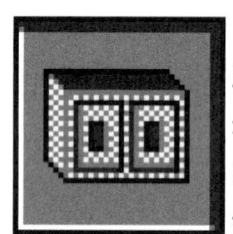

一、資料封包過濾防火牆：資料封包過濾式（Packet Filter）的防火牆將過往的資料封包（packet）仔細地檢查確認，以阻擋不該進出防火牆的交通。最簡單的一種資料封包過濾型式就是路由器（router）。在路由器之中的路徑轉換表就可以設定誰可以通過，而誰不准通過。當這種管道建立起來之後，其他程式應用如果是採用相同的埠口，防火牆會以為它是 FTP 檔案傳輸的資料，照樣放行，因而造成了一個安全上的漏洞。在電腦網路上的一些駭客，甚至開發了一些繞過資料封包過濾的技倆，最有名的是利用「扮豬吃老虎」的方式，用一個假的 IP 位址就可以將防火牆騙得團團轉。目前大部分資料封包過濾式防火牆都在這方式下了一番功夫，不讓歹徒可以輕易地闖入，但是電腦網路專家們也都認為，只用封包過濾式防火牆這單一的方法是無法保衛企業網路的安全的。

二、應用程式層過濾式的防火牆：應用程式層過濾式（Application Filter）的防火牆是屬於代理閘通道的方式，它利用專門性的程式來做一些 Internet 上的程式應用的佣介者，使其成為閘通道（Gateway）而將企業的網路和外界的 Internet 隔開。它檢查 OSI 模式的最高層的資料，驗可後才將內外網路連接起來。由於這種型式的防火牆作用在 OSI 模式的最高一層，

因此它可以瞭解所有過往資料的通訊協定，並且可以加上各種特定的安全功能，應該是一種比較安全的防火牆型式，不過它也有一些缺憾；對於使用者而言，它不是完全透通的，有些程式應用很可能會莫名其妙地被阻擋在門外；當有新的程式應用或是 TCP/IP 的服務要增加時，必須要重新開發新的過濾器；使用者在網路上所能使用的程式應用數目，以及服務項目，受到代理器的數量限制，不能任意加添。以一個檔案傳輸（FTP）的相同實例來看，在應用程式層的過濾方式可以用應用程式閘通道（Application Gateway）來實現。比較先進的防火牆在這一方面都做了一些補強措施，只讓真正在檔案傳輸狀態的資料封包能通過防火牆。

三、電路層過濾式防火牆：電路層過濾式（Circuit-level Filter）的防火牆是介乎上述資料封包過濾式和應用程式層過濾式之間的防火牆型式，它把應用程式閘通道變成一個更廣泛的型態。它也是依據一些規則來設定出入的管制，但是它作用於比較低的層次，因此不必專門為每一個應用程式來特別設定組態。

此外，最近有一種新型的過濾技術檢查動態的資料封包狀態（state），這種名為狀態檢驗（statefull inspection）的技術在查驗高層通訊協定的同時，順便將過往交通的狀態記錄下來。由於有了狀態的記錄，防火牆系統可以分辨出哪些是從企業外發出的通訊服務要求，而那些是回應企業內發出通訊服務的返回資料。

（1）影像與圖形技術應用研究發展計畫預期研發成果

成果名稱	智慧型網格圖形向量化工具（V2.0）	GIS 網路分析模式工具
聯絡人	石長江	謝禎冏
電話	02-3776100 轉 743	02-3776100 轉 742

（2）功能提昇技術研發前置作業及航電系統維修計畫預期研發成果

成果名稱	自動測試平台系統軟體雛型	ACARS 操作輔助訓練系統
聯絡人	朱海燕	朱海燕
電話	02-7389799 轉 713	02 7389799 轉 713

題組六

【動作要求】

★ 本題以「直向」列印，使用文書檔「920306.odt」，表格檔「920306.tab」，圖形檔「920306.gif」，答案列印結果共二頁。

● 使用 A4 尺寸報表紙，以「左右對齊」的方式列印，且上、下、左、右的邊界設為「3 公分」。

【頁首頁尾要求】

● 中文字型為「細明體」或「新細明體」，英文及數字字型為「Times New Roman」，且均設定為 10 點字型大小。

● 頁首左側為「您的准考證號碼」、中間為「您的姓名」、右側為「您的座號」。

● 頁尾左側為應檢日期，格式為「yyyy/mm/dd」，yyyy 為西元年，中間為「第 x 頁」，其中 x 為順序頁碼，x 為半型字。

【本文要求】

△ 所有的中文字型除了特別要求之外 (請參照「參考答案」)，其餘一律設定為「細明體」或「新細明體」，字體大小設定為 12 點。

△ 所有的英文及數字除了特別要求之外 (請參照「參考答案」)，其餘一律設定為「Arial」字型，字體大小設定為 12 點。

△ 每段落的格式設定 (含縮排、框線、斜體、底線、網底等)，請參照「參考答案」。每一段落的格式設定必須完全與「參考答案」對應之段落的格式相同，但避頭尾的設定不列入評分項目，且每列字數與每頁列數沒有限制。

● 本題答案共分為五個段落，另含一個表格及一張圖片。

※ 標題：「題組六　參考答案」。

● 標題字為 16 點「細明體」或「新細明體」字型，置中並加上框線及斜體。

※ 文書檔中之【】處，表示應檢人員須自行輸入文字，本文中的資料不可無故增加資料、刪除資料或任意修改資料，且符號【】本身必須刪除。

● 文書檔中自行輸入的文字，中文字型設定為「標楷體」，英數字型設為「Arial」，請參照「參考答案」。

● 文中所有的半型「()」皆以全型「（　）」取代。

● 文中所有的 Microsoft 及 MS 皆以「微軟」取代。

● 第一段、第二段落首行第一個字須放大三倍高度，與文字距離 0.2cm。

● 第二段落中的四個項目：項目符號「●」皆設定左邊縮排「2 個 12 點全形字」，項目內容皆設定左邊縮排「3 個 12 點全形字」。

- 第三段、第四段、第五段落首行需縮排 2 個中文字。
- 第四段落分成二欄，欄間距為 1.5 公分，須加網底及分隔線。
- 標題與段落，段落與段落，段落與表格之間以 18 點的空白列間隔。

【圖形要求】
- 圖形以「文繞圖」方式插入第二段右上側，高度及寬度分別設為 5 列及 7 個中文字。
- △ 圖形須加實線、3 點粗細的外框。

【表格要求】
- 表格置於第四段後，第五段前，左右邊界與文字對齊，請參照「參考答案」。
- 表格中的中、英文字型、字型大小及全型/半型，請參照「參考答案」。
- 表格的格式(含斜體、底線、對齊、網底、直書/橫書等)，請參照「參考答案」。
- 表格的欄數與列數，請參照「參考答案」。
- ※ 表格內不可無故增加資料、刪除資料或任意修改資料，結果請參照「參考答案」。

▶ 題組六解題

A. 版面設定

1. 開啟空白文件，命名為：06-5
2. 版面配置→邊界→自訂邊界
   邊界：上、下、左、右均為 3

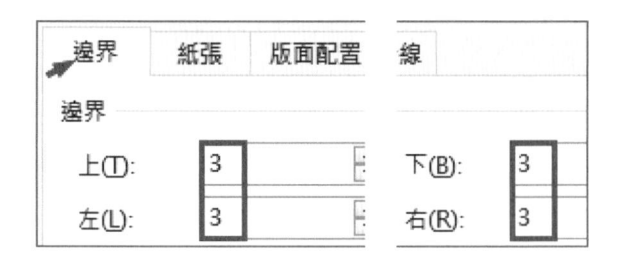

3. 插入→頁首→空白 (三欄)，輸入資料
   設定字型：中文字型→新細明體、字型：Times New Roman

4. 插入→頁尾→空白 (三欄)，輸入資料
   設定字型：中文字型→新細明體、字型：Times New Roman

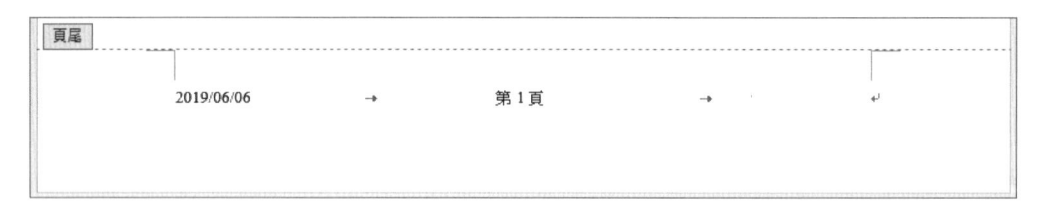

B. 內文處理

1. 在頁面內連點滑鼠 2 下
2. 插入→物件→文字檔，檔案：…\題組 06\920306.odt
3. 根據參考答案：
   - 在文件最上方補打文字：「題組六　參考答案」
   - 在【】內補打文字如下：

   > ●1997 年 8 月 28 日，法國的 Fernand Portela 先生宣稱 Netscape Communicator for Windows 95/NT 4.03 版以前的軟體出現兩個 JavaScript 的嚴重缺陷，當使用者配置 Netscape 記憶電子郵件 POP 所需的密碼時，惡意的網站伺服器操作員即可劫取該密碼。是項安全漏洞已經告知 Netscape 並被立刻修正。
   >
   > ●1997 年 8 月 7 日，Ben Mesander 先生證實了微軟 IE 的 Java 安全漏洞。該漏洞可以讓網站伺服器的操作員用以竊取使用者的檔案，即使使用者有防火牆的安全防護亦不能倖免。這一個問題波及微軟 IE 3.0 與 4.0 的版本，Macintosh 不受影響；Netscape 瀏覽器如果設置 HTTP Proxy Server 也會受到影響。使用者可以取消 Java 的方式加以防堵。

- 在 5 個段落前方輸入##，在項目符號●前輸入#：

段落	1	##1997 年 9 月 30 日，Microsoft…
段落	2	## Microsoft 與 Netscape 兩大…
項目符號	●	#●1997 年 10 月 17 日，德國… #●1997 年 9 月 8 日，MIT 的… #●1997 年 8 月 28 日，法國的… #●1997 年 8 月 7 日，Ben Mesander…
段落	3	##在短短不到半年時間之內，…
段落	4	##在過去 6 個月中並沒有 Cookie…
段落	5	##Cookie 的原始構想其實並不差…

4. 段落處理：
   常用，取代
   尋找目標：^p (段落標記)
   取代為：　　　(無任何資料)
   點選：全部取代鈕

   尋找目標：#
   取代為：^p (段落標記)
   點選：全部取代鈕

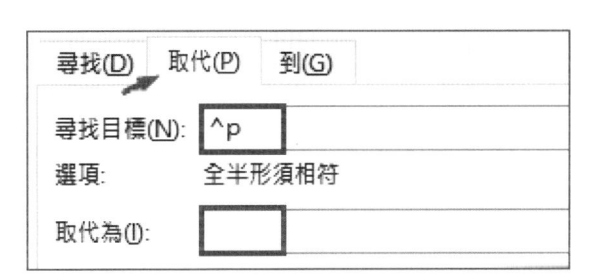

5. 半形「(」全部置換為全形「（」，半形「)」全部置換為全形「）」
   「Microsoft」全部置換為「微軟」，「MS」全部置換為「微軟」

C. 整體格式設定

1. Ctrl + A (選取所有內容)
2. 常用→字型
   中文字型：新細明體、字型：Arial

3. 常用→段落
   縮排與行距：
   對齊方式：左右對齊
   第一行→0.85 公分(2 字元)
   固定行高→18 點

   中文印刷樣式：
   取消：所有分行符號設定

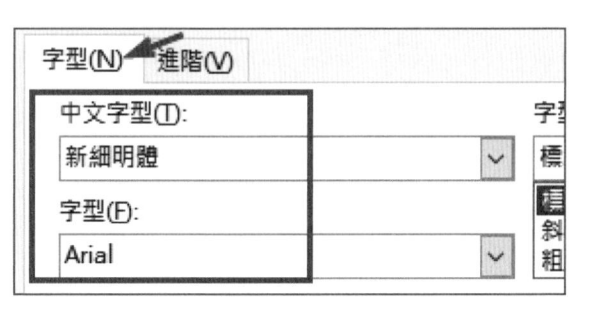

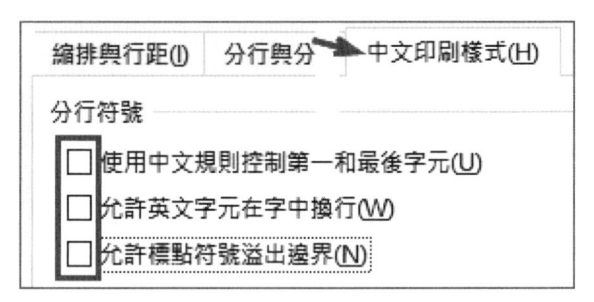

```
→題組六‧參考答案↵
↵
→1997 年 9 月 30 日，微軟在其網站上宣稱，使用者的瀏覽器接受「Cookie」
並不會讓網站有機會存取個人電腦，或是有關使用者的其他資訊；除非使用者自己
另外做了多餘的設定，此舉，說明了微軟對其瀏覽器 IE 4.0 版安全性的信心。在
```

D. 個別格式設定

標題設定

- 刪除行首縮排 (按 Backspace)
- 設定：置中對齊、16 pt、斜體、字元框線

```
                    題組六‧參考答案↵
↵
    1997 年 9 月 30 日，微軟在其網站上宣稱，使用者的瀏覽器接受「Cookie」
並不會讓網站有機會存取個人電腦，或是有關使用者的其他資訊；除非使用者自己
```

第 1、2 段：首字放大設定

- 刪除第 1 段行首縮排 (Backspace)
  刪除第 2 段行首縮排 (Backspace)
- 選取第 1 段第 1 個字「1」
  插入→首字放大→首字放大選項
  位置：繞邊
  放大高度：3
  與文字距離：0.2 公分

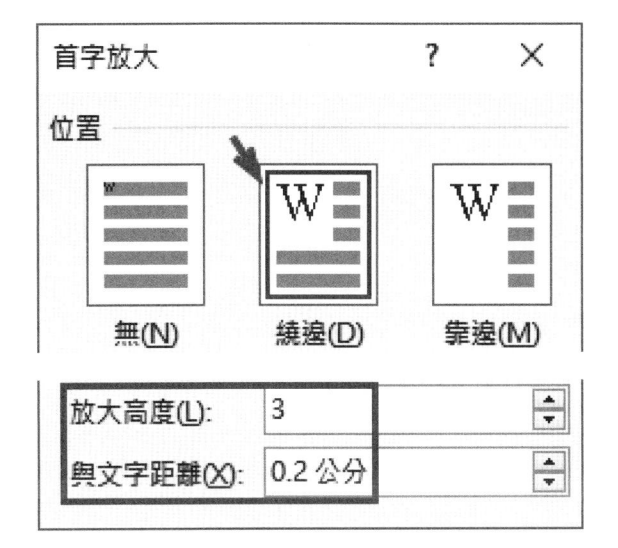

- 選取第 2 段第 1 個字「微」，按 F4 快捷鍵 (重複字首放大)

第 2 段設定

- 選取第 2 個字到最後一個字，設定：斜體

項目符號●

- 選取第 1 個「●」，設定字體：新細明體
  選取第 2 個「●」，設定字體：新細明體

> **解說** 原始文字檔內的項目符號黑點較小是因為被視為英文數字而套上「Arial」字型，更改字體為「新細明體」後，項目符號黑點就會變大。

- 選取 4 個項目符號段落

  設定段落：左邊界→0.85 公分(2 字元)、凸排→0.425 公分(1 字元)

  > 洞到底有哪些？且看「WWW Browser Security & Privacy Flaws」所做的大公開
  > ●1997 年 10 月 17 日，德國 Jabadoo Communications 公司的 Ralf Huskes 先生發現微軟 IE 4.0 版中的 JavaScript 存有安全漏洞，當使用者瀏覽含有「惡意」的網站時會遭到網站伺服器操作員存取已知名稱的文字、HTML 及

- 選取第 3、4 項目符號段落，設定：中文字型→標楷體

  > ●1997 年 8 月 28 日，法國的 Fernand Portela 先生宣稱 Netscape Communicator for Windows 95/NT 4.03 版以前的軟體出現兩個 JavaScript 的嚴重缺陷，當使用者配置 Netscape 記憶電子郵件 POP 所需的密碼時，

第 3 段設定

- 設定：斜體

  > *在短短不到半年時間之內，微軟與 Netscape 的瀏覽器就走樣了這麼多次，所影響的平台從 Windows 95/NT 到 Unix，即使有防火牆的屏障也不能免疫，這樣的瀏覽器叫人如何能夠放心？難道這種狀況的發生，與兩家公司拼命釋出新版軟體*

第 4 段設定

- 設定：段落網底

  > 在過去 6 個月中並沒有 Cookie 的安全漏洞新聞，頻頻出現的反而是 Java 與 JavaScript 的問題，看來喝「爪哇」牌咖啡（Java）雖然是跟著流行走，卻一樣沒法令人安心。雖然 Cookie 的安全威脅大致已經事過境遷，但其發生的原因仍然值

第 5 段設定

- 設定：底線

  > Cookie 的原始構想其實並不差，對使用者而言確實也很方便，但是問題在誰曉得伺服器會給使用者什麼樣的 Cookie 呢？舉例來說，一個駭客網站就可以輕而易舉地將電腦病毒送給吃 Cookie 的使用者。對於這種安全漏洞，連著名的電腦雜

E. 分欄設定

- 選取第 4 段落
  版面配置→其他欄
  二欄
  選取：分隔線
  間距：1.5 公分

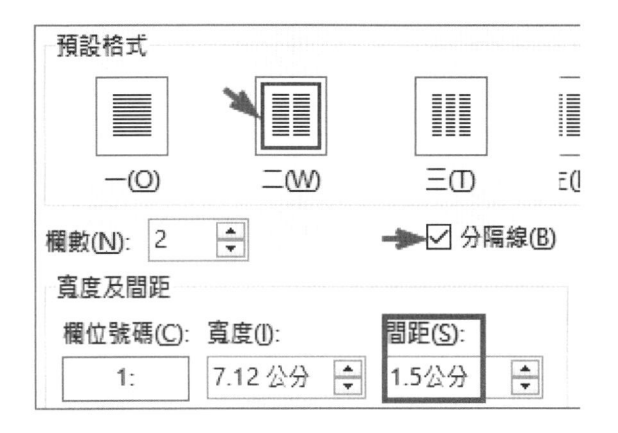

F. 圖片

1. 插入點置於第 6 段，插入→圖片→...\題組 06\920306.gif

2. 設定圖片：版面配置→矩形
   框線：黑色
   寬度：3 點

3. 拖曳圖片位置：上邊線貼齊第 2 段上邊緣、
   右邊線貼齊頁面右邊緣
   調整圖片大小：寬 7 字、高 5 列

G. 表格

1. 在第 4 段落下方按 Enter 鍵 2 下
   插入→表格→2 欄 x 5 列
   在表格內按右鍵
   點選：選項鈕
   左：0 公分、右：0 公分

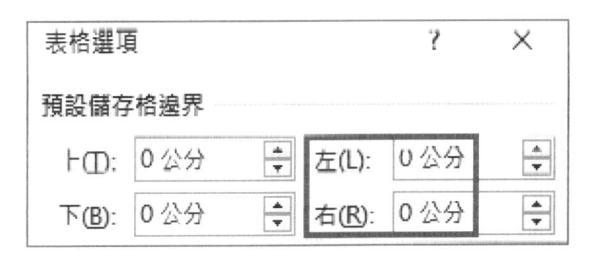

4-79

2. 將插入點置於第 5 列第 2 欄，按右鍵→分割儲存格：3 欄 x 1 列

   據參考答案，以表格下方第一列文字為依據，拖曳調整個欄欄寬：

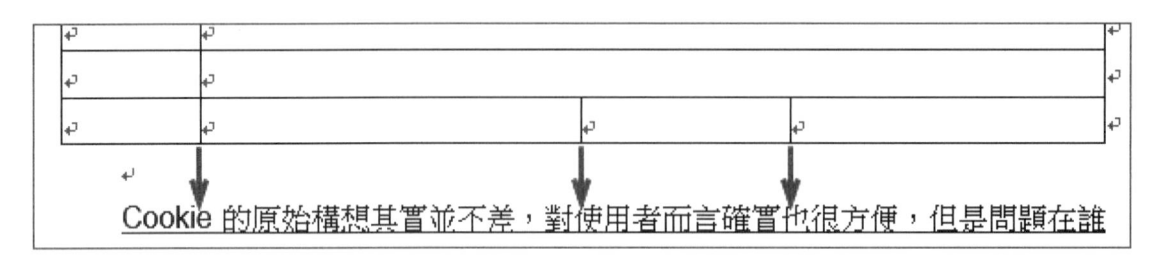

3. 根據參考答案，設定網底、輸入文字

   刪除表格上方列首行縮排 (Backspace)，設定：置中對齊

   選取：「檔案名稱：」，設定：中文字型→標楷體

   選取：「組成：」，按 F4 快捷鍵，選取：「說明：」，按 F4 快捷鍵

   選取：「學籍檔」，按 F4 快捷鍵，選取：「按學號…」，按 F4 快捷鍵

   選取：「備註：」，按 F4 快捷鍵，如下圖：

差異說明

本題完成答案第 1 頁與參考答案第 1 頁有 1 列高的差異，列高設定差異所造成，沒有違反題目規定不需調整。

題組六　參考答案

1997 年 9 月 30 日，微軟在其網站上宣稱，使用者的瀏覽器接受「Cookie」並不會讓網站有機會存取個人電腦，或是有關使用者的其他資訊；除非使用者自己另外做了多餘的設定，此舉，說明了微軟對其瀏覽器 IE 4.0 版安全性的信心。在過去的幾個月當中，使用者對於有免費的餅乾（Cookie）可吃，一直抱持著懷疑的態度，深怕提供餅乾的人會變成芝麻街裡的餅乾怪獸，而此一聲明的目的無非就是要使用者「放輕鬆」。事實上，使用者真的可以高枕無憂嗎？看起來好像並非如此！

微軟與 Netscape 兩大瀏覽器公司，到目前為止不斷地在功能上相互較勁，新版出得快到令人眼花撩亂；對於不斷地製造瀏覽器的安全漏洞，兩家公司也有志一同不遑多讓。貝爾實驗室(Bell Lab)的科學家 Vinod Anupam 先生愷切地指出，「只是應急地修正安全的漏洞是不夠的，瀏覽器的開發必需做全盤瞭解，而不是像救火隊到處防堵。」至於最近一年發生的瀏覽器安全漏洞到底有哪些？且看「WWW Browser Security & Privacy Flaws」所做的大公開。

- 1997 年 10 月 17 日，德國 Jabadoo Communications 公司的 Ralf Huskes 先生發現微軟 IE 4.0 版中的 JavaScript 存有安全漏洞，當使用者瀏覽含有「惡意」的網站時會遭到網站伺服器操作員存取已知名稱的文字、HTML 及影像檔。微軟已緊急推出軟體補強以修正此一問題，相關文件可以查詢微軟 Fix Now Available for "Freiburg" Text—Viewing Issue 一文。在未安裝該份軟體補強之前，微軟 IE 4.0 的使用者被建議取消 Active Scripting 的功能使用，除非對瀏覽的網站具有相當程度的信任。
- 1997 年 9 月 8 日，MIT 的 Tim Macinta 先生指出，微軟 IE 中的 Java 配置有缺陷，此一缺陷將導致惡意網站的操作員直接摧毀使用者硬碟上的資料。微軟 IE 3.0 及 4.0 的使用者只要是自微軟下載 Java（SDK 2.0 beta），並使用於 Windows 95 或 NT 的平台均會受到威脅；Macintosh 與 Windows 3.1 的使用者則不受影響。
- 1997 年 8 月 28 日，法國的 Fernand Portela 先生宣稱 Netscape Communicator for Windows 95/NT 4.03 版以前的軟體出現兩個 JavaScript 的嚴重缺陷，當使用者配置 Netscape 記憶電子郵件 POP 所需的密碼時，惡意的網站伺服器操作員即可劫取該密碼。是項安全漏洞已經告知 Netscape 並被立刻修正。
- 1997 年 8 月 7 日，Ben Mesander 先生證實了微軟 IE 的 Java 安全漏洞。

該漏洞可以讓網站伺服器的操作員用以竊取使用者的檔案，即使使用者有防火牆的安全防護亦不能倖免。這一個問題波及微軟 IE 3.0 與 4.0 的版本，Macintosh 不受影響；Netscape 瀏覽器如果設置 HTTP Proxy Server 也會受到影響。使用者可以取消 Java 的方式加以防堵。

在短短不到半年時間之內，微軟與 Netscape 的瀏覽器就走樣了這麼多次，所影響的平台從 Windows 95/NT 到 Unix，即使有防火牆的屏障也不能免疫，這樣的瀏覽器叫人如何能夠放心？難道這種其況的發生，與兩家公司拼命釋出新版軟體有關？

在過去 6 個月中並沒有 Cookie 的安全漏洞新聞，頻頻出現的反而是 Java 與 JavaScript 的問題，看來喝「爪哇」牌咖啡（Java）雖然是跟著流行走，卻一樣沒法令人安心。雖然 Cookie 的安全威脅大致已經事過境遷，但其發生的原因仍然值得我們回顧。話說電子商務一直是微軟無法忘情的賺錢好地方，雖然其他廠商如 IBM 與 HP 併購的 Veri Fone 動作頻頻，微軟仍力拱自己的「Merchant Server」軟體，企圖在這個市場上分得一杯羹，而 Cookie 就扮演了重要的角色。這一塊小 Cookie 約佔 4K 的檔案大小，由伺服器產生並儲存在使用者的 PC 上，當使用者使用提供 Cookie 功能的瀏覽器瀏覽網站時，Merchant Server 就會賦予一個「Shopper ID」，並更新使用者的 Cookie 資訊內容。如果網站容許使用者自行訂定自己的喜好，例如新聞論壇的項目，那麼這些喜好的資訊也會儲存到 cookie.txt（或 cookies.txt）檔案內。當下一次使用者再度光臨該網站時，伺服器藉著 Cookie 檔的資訊紀錄，就可以知道使用者是誰、其設定為何，甚至最後使用者的使用環境等。

資訊與電腦　提供

檔案名稱：	學員基本資料檔		
別名：	學籍檔		
組成：	學號+姓名+班別+學業成績+群育成績+德育成績		
組織：	按學號遞增順序排列		
說明：	（無）	備註：	

Cookie 的原始構想其實並不差，對使用者而言確實也很方便，但是問題在誰曉得伺服器會給使用者什麼樣的 Cookie 呢？舉例來說，一個駭客網站就可以輕而易舉地將電腦病毒送給吃 Cookie 的使用者。對於這種安全漏洞，連著名的電腦雜誌公司 ZDNet 也不禁手癢，推出了 CookieMaster 軟體以協助網友們拒吃餅乾。

題組七

【動作要求】

★ 本題以「直向」列印，使用文書檔「920307.odt」，表格檔「920307.tab」，圖形檔「920307.gif」，答案列印結果共二頁。

● 使用 A4 尺寸報表紙，以「左右對齊」的方式列印，且上、下、左、右的邊界設為「3 公分」。

【頁首頁尾要求】

● 中文字型為「細明體」或「新細明體」，英文及數字字型為「Times New Roman」，且均設定為 10 點字型大小。

● 頁首左側為應檢日期，格式為「yyyy/mm/dd」，其中 yyyy 為西元年，中間為「您的准考證號碼」，右側為「您的座號」。

● 頁尾左側為「Pg. x」，其中 x 為順序頁碼，x 為半形字，右側為「您的姓名」。

【本文要求】

△ 所有的中文字型除了特別要求之外 (請參照「參考答案」)，其餘一律設定為「細明體」或「新細明體」，字體大小設定為 12 點。

△ 所有的英文及數字除了特別要求之外 (請參照「參考答案」)，其餘一律設定為「Arial」字型，字體大小設定為 12 點。

∧ 每段落的格式設定 (含縮排、框線、斜體、底線、網底等)，請參照「參考答案」。每一段落的格式設定必須完全與「參考答案」對應之段落的格式相同，但避頭尾的設定不列入評分項目，且每列字數與每頁列數沒有限制。

● 本題答案共分為四個段落，另含一個表格及一張圖片。

※ 標題：「題組七　參考答案」。

● 標題字為 16 點「標楷體」字型，置中且整列加上框線及及網底。

※ 文書檔中之【】處，表示應檢人員須自行輸入文字，本文中的資料不可無故增加資料、刪除資料或任意修改資料，且符號【】本身必須刪除。

● 文書檔中自行輸入的文字，中文字型設定為「標楷體」，英數字型設為「Arial」，請參照「參考答案」。

● 文中所有的半型「()」皆以全型「（　）」取代。

● 第二段落中的三個項目：項目符號「●」皆設定上邊縮排「2 個 12 點全形字」，項目內容皆設定上邊縮排「4 個 12 點全形字」。

● 第三段分為上下兩欄，欄間距為 3 字元。

● 標題與段落，段落與段落，段落與表格之間以 18 點的空白列間隔。

4-83

【圖形要求】

- 圖形以「文繞圖」方式插入第二段下方、圖形右側與第一行文字右側對齊，高度及寬度分別設為 6 個中文字及 4 行。
- △ 圖形須加 1.5 點粗細的外框。

【表格要求】

- 表格置於第四段後，左右邊界與文字對齊，請參照「參考答案」。
- 表格中的中、英文字型、字型大小及全型/半型，請參照「參考答案」。
- 表格的格式(含斜體、底線、對齊、網底、直書/橫書等)，請參照「參考答案」。
- 表格的欄數與列數，請參照「參考答案」。
- ※ 表格內不可無故增加資料、刪除資料或任意修改資料，結果請參照「參考答案」。

題組七解題

A. 版面設定

1. 開啟空白文件，命名為：01-5
2. 版面配置→邊界→自訂邊界
   邊界：上、下、左、右均為 3 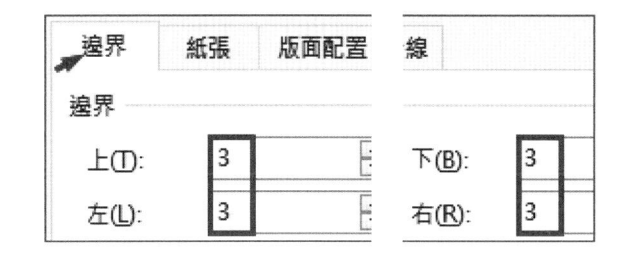
3. 插入→頁首→空白 (三欄)，輸入資料
   設定字型：中文字型→新細明體、字型：Times New Roman

   2019/06/06 → 99999999 → 99

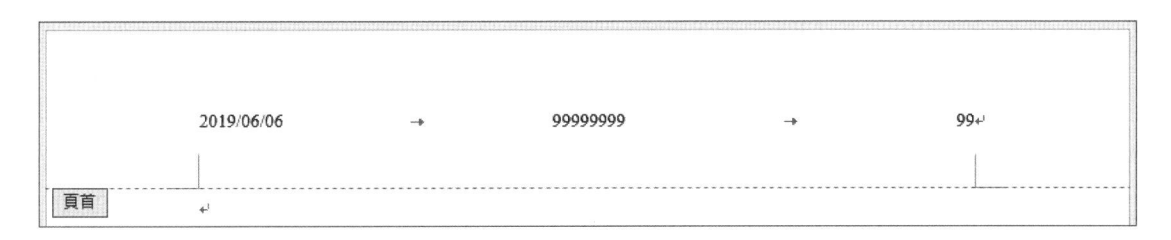

4. 插入→頁尾→空白 (三欄)，輸入資料
   設定字型：中文字型→新細明體、字型：Times New Roman

   Pg.1 → → 林文恭

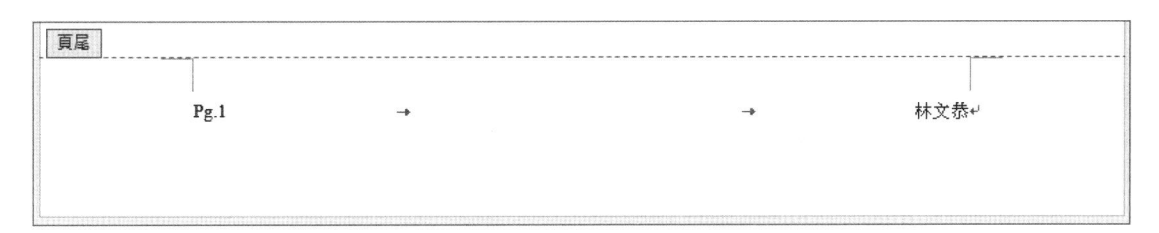

B. 內文處理

1. 在頁面內連點滑鼠 2 下
2. 插入→物件→文字檔，檔案：…\題組 07\920307.odt
3. 根據參考答案：
   - 在文件最上方補打文字：「題組七　參考答案」
   - 在【 】內補打文字如下：

   > 在全美各地大規模的測試實驗計畫中，有部分區域已進入商用階段，並且有巨額投資將現有網路升級成雙向 HFC 網路，用戶每月只要付 US$40 左右就可以快速連上網際網路。而在國內除了有寶福有線電視公司在台北萬華、中正區從事相關的實驗計畫，實驗規模為一百戶，採用的是 3Com、Hybrid 以及 West End 的有線電視數據機外，新竹的竹視有線電視公司在科學園區亦有實驗計畫，採用的是 3Com、Hybrid 以及 LAN city 的產品。這兩個實驗計畫都是由 T1 連上 HiNet，以提供網際網路存取服務。

- 在 4 個段落前方輸入##：

段落	1	##在全美各地大規模的測試實驗計畫中，有部…
段落	2	##目前有線電視數據機技術發展的重點仍在…
項目符號	•	#•ATM Forum。 #•DAVIC(Digital Audio Visual Council)，… #•MCNS(Multimedia Cable Network… #•SCTE(Society of Cable Telecommunications …
項目		#其中 ATM Forum 主導了 MAC 之 Framing…
段落	3	##另一個主要制定互通性標準的機構是 MCNS…
段落	4	##IEEE 802.14 與 MCNS 訂定的規格基本上有…

4. 段落處理：
   常用→取代
   尋找目標：^p (段落標記)
   取代為：　　　 (無任何資料)
   點選：全部取代鈕

   尋找目標：#
   取代為：^p (段落標記)
   點選：全部取代鈕

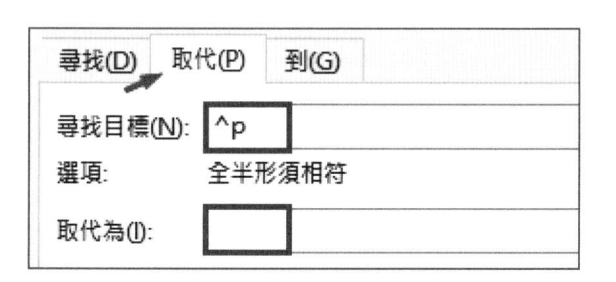

5. 半形「(」全部置換為全形「（」，半形「)」全部置換為全形「）」

C. 整體格式設定

1. Ctrl + A (選取所有內容)

2. 常用→字型
   中文字型：新細明體、字型：Arial

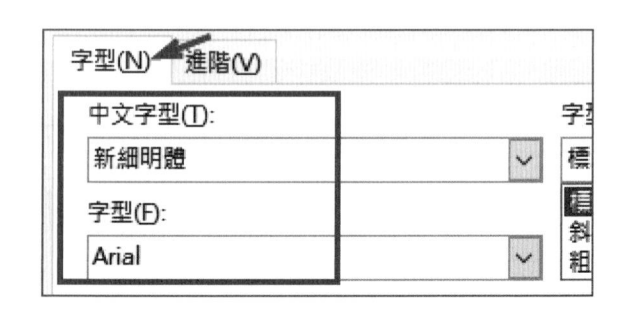

3. 常用→段落
   縮排與行距：
   對齊方式：左右對齊
   第一行→0.85 公分(2 字元)
   固定行高→18 點

   中文印刷樣式：
   取消：所有分行符號設定

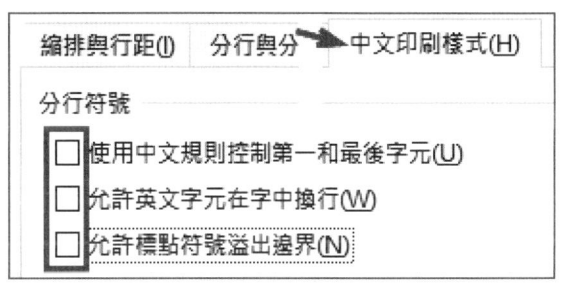

D. 個別格式設定

標題設定

- 刪除行首縮排 (按 Backspace)
- 設定：置中對齊、16 pt、中文字型→標楷體、段落網底、段落框線

第 1 段設定

- 設定中文字型：標楷體

4-87

第 2 段設定

- 在每一個項目符號●後方按一下 Tab 鍵
- 設定 4 個項目段落格式：左邊界：0.85 公分(2 字元)、凸排：0.85 公分(2 字元)

> 以及 Scrambler 也擬訂好了。基本上來說，IEEE 802.14 受到四個標準單位影響：
> - ATM Forum。
> - DAVIC（Digital Audio Visual Council），即 Set-Top-Box 標準。
> - MCNS（Multimedia Cable Network System），即 CableLabs 之建議標準。

- 將插入點置於「其中 ATM…」之前，刪除行首縮排 (Backspace)

> - SCTE（Society of Cable Telecommunications Engineers），即 ANSI 之標準。
>
> 其中 ATM Forum 主導了 MAC 之 Framing，DAVIC 主導了 PHY，IBM 及 Zenith 主導 MAC 規格制定。

第 4 段設定

- 刪除行首縮排 (Backspace)，設定：底線

> <u>IEEE 802.14 與 MCNS 訂定的規格基本上有三點差異：一是用戶端與頭端同步的方式，二是頭端分配頻寬以及將頻寬分配結果通知給各用戶的方法不同，三是碰撞</u>
>
> Pg.1   →   →   林文恭

E. 分欄設定

- 選取第 3 段落
  版面配置→其他欄
  二欄
  間距：3 字元

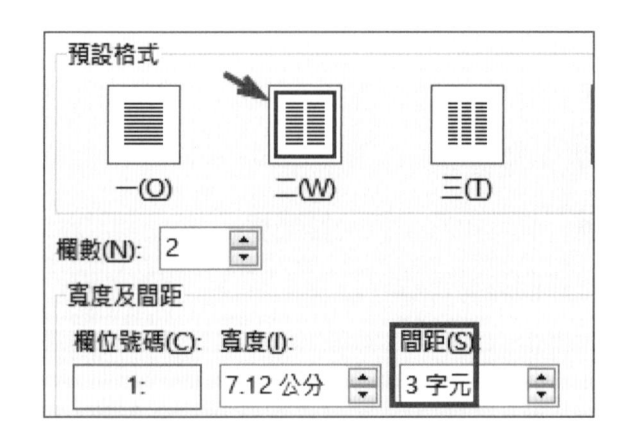

> ------分節符號 (接續本頁)------
>
> 另一個主要制定互通性標準的機構是 MCNS，主要的成員多為有線電含的項目有 RF 介面、資料介面、運作支援系統介面、電話線路返回介面（
>
> MCNS 提供 HFC 或電話線兩種上行頻道介面）以及安全管理介面，預計今 Cable Data Network）的規格製訂。

F. 圖片

1. 選取所有內容 (按 Ctrl + A)
   版面配置→文字方向→垂直，版面配置→方向→直向

   > **解說** 1. 進入圖片設定、中式表格之前，必須轉換為「直向文字」。
   > 2. 若沒有選取所有內容，垂直文件將只會套在某一節，會產生一份文件有直向紙張又有橫向紙張的情況。

2. 插入點置於第 3 段，插入→圖片→...\題組 07\920307.gif

3. 設定圖片：
   版面配置→矩形
   框線→黑色、寬度→1.5 pt

4. 曳圖片位置：下邊線貼齊頁面下邊緣，右邊線貼齊第 2 段右邊緣

5. 調整圖片大小：寬 4 列、高 6 字

6. 在圖片上按右鍵→大小及位置
   文繞圖標籤：
   與文字距離→上、下、左、右：0.2 公分

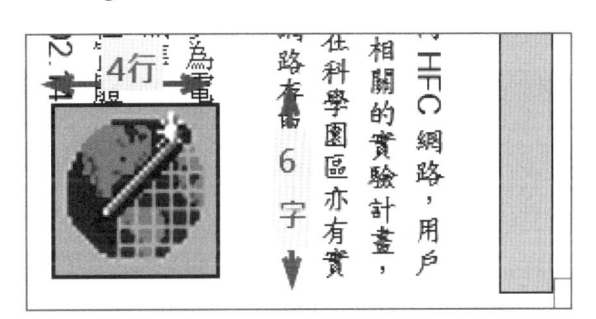

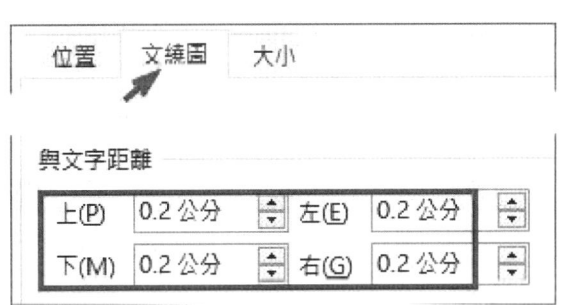

   > **解說** 原本只需設定圖片上方與文字距離即可，但為了方便考生好記，因此乾脆全部都設；0.2 公分是筆者建議較為合理的設定，題目無此要求。

G. 表格

1. 在第 4 段落後方
   插入→文字方塊→繪製文字方塊
   繪製一文字方塊如右圖：

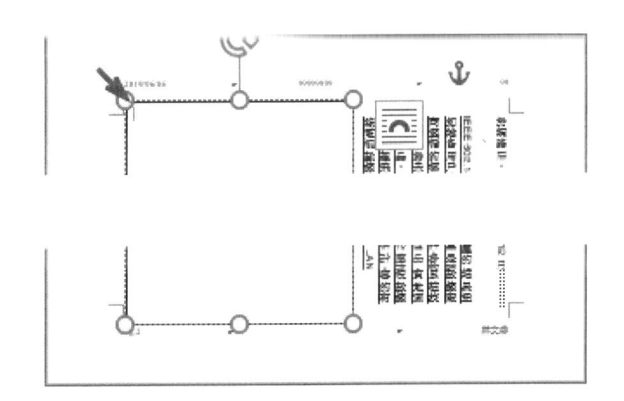

2. 在文字方塊內，插入→表格→插入表格
   欄數：8、列數：3

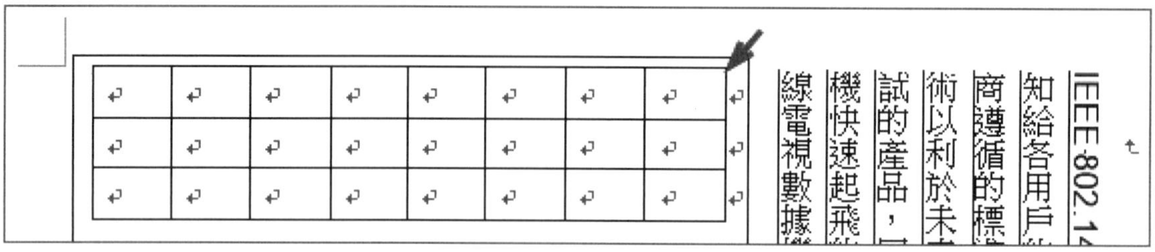

3. 在表格內按右鍵→表格內容
   表格標籤：
   點選：選項鈕
   左：0 公分、右：0 公分

4. 選取所有欄
   表格工具→版面配置
   文字方向：直書
   對齊：置中上下對齊

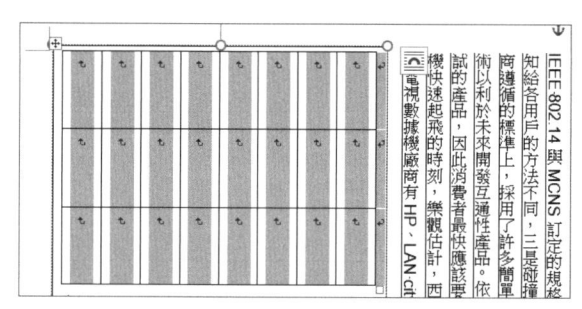

5. 選取：第 1、2 列
   表格→版面配置
   高度：7 公分
   選取：第 2 列
   列高：5.5 公分
   選取：第 3 列
   列高：11.2 公分

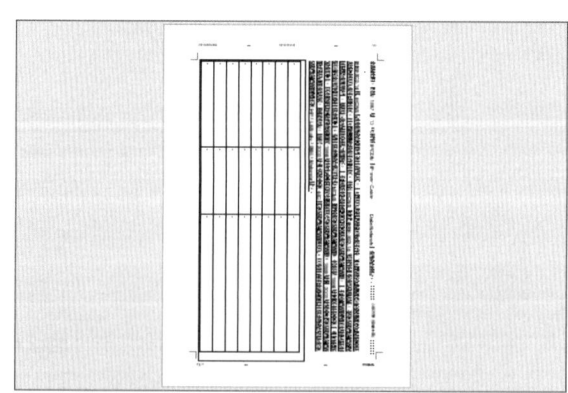

解說　第 1、2、3 列高度數據純粹是目測法後選取比較容易記住的數字，考生不必死記數據，對照參考答案調整高度即可。

6. 根據參考答案：
   合併儲存格
   設定網底
   輸入文字
   如右圖：

7. 選取：第 1 欄
   設定：無框線→左框線

8. 選取：第 2 欄
   設定：置中對齊、斜體

9. 選取：第 1 列 3~8 欄
   設定：中文字型→標楷體、分散對齊

10. 選取：第 2 列 5~8 欄
    設定：分散對齊

11. 選取文字方塊
    圖形格式
    圖案填滿：無
    圖案外框：無

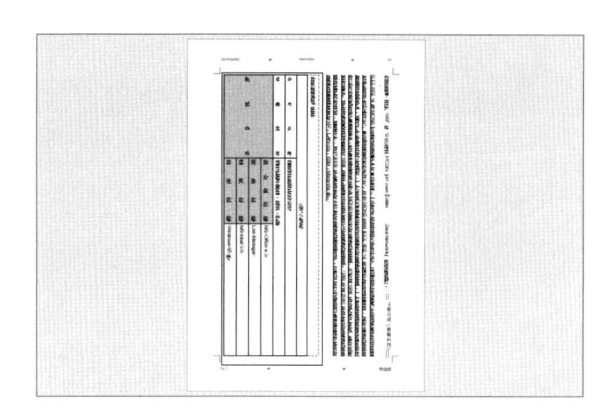

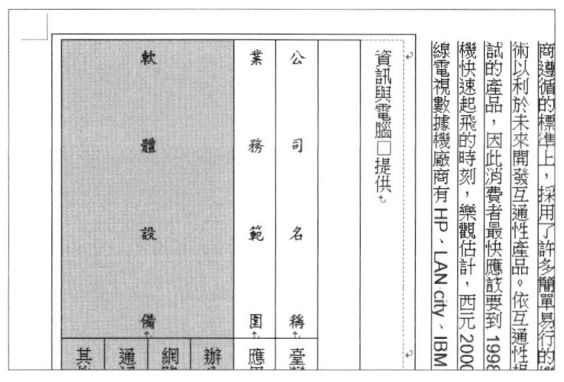

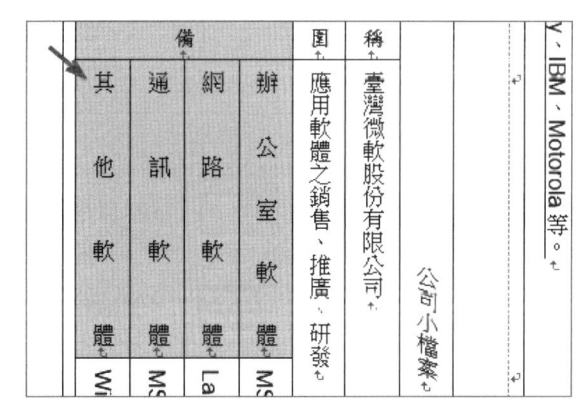

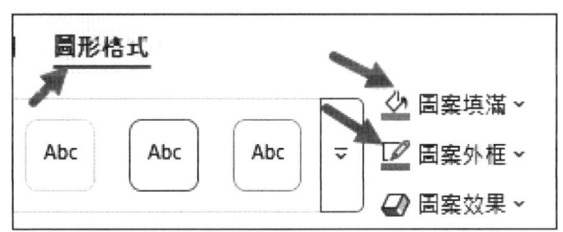

12. 移動文字方塊到適當位置(對照參考答案)

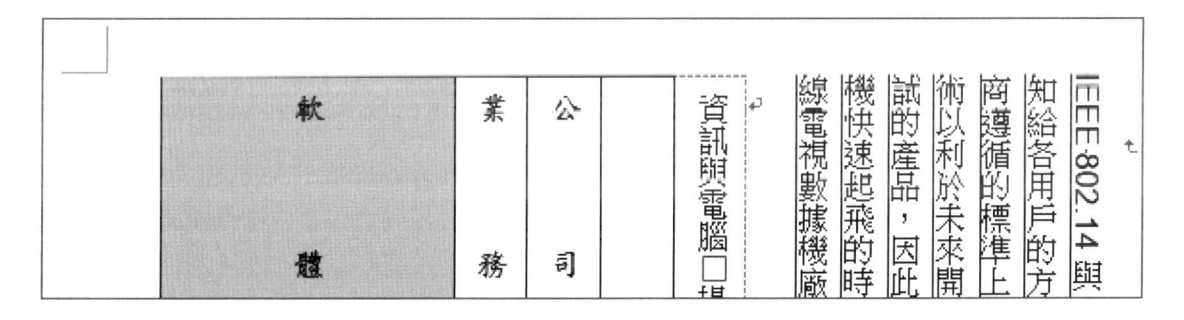

解說 由於題組五及題組七的垂直式表格,很多考生遇到表格不好調整及會跑到下一頁…等問題,因此題組五、題組七的表格我們在文字方塊中作可以解決以上問題。

差異說明

本題完成答案與參考答案無差異,不需做額外調整。

題組七 參考答案

在全美各地大規模的測試實驗計畫中，有部分區域已進入商用階段，並且有巨額投資將現有網路升級成雙向 HFC 網路，用戶每月只要付 US$40 左右就可以快速連上網際網路。而在國內除了有寶福有線電視公司在台北萬華、中正區從事相關的實驗計畫，實驗規模為一百戶，採用的是 3Com、Hybrid 以及 West End 的有線電視數據機外，新竹的竹視有線電視公司在科學園區亦有實驗計畫，採用的是 3Com、Hybrid 以及 LAN city 的產品。這兩個實驗計畫都是由 T1 連上 HiNet，以提供網際網路存取服務。

目前有線電視數據機技術發展的重點仍在標準制定方面，其中以 IEEE 制定的 802.14 為主流，參與成員多為電腦及電話公司，協定的主體已經確立，預計在今年十一月完成標準草案的制定，1998 年六月正式成為 IEEE 標準。目前為止媒介存取控制層（Media Access Control：MAC）的 Frame 架構大致完成，碰撞已有解決的方案，在實體層（Physical：PHY）的重要參數，如 64QAM、QPSK、CRC 以及 Scrambler 也擬訂好了。基本上來說，IEEE 802.14 受到四個標準單位影響：

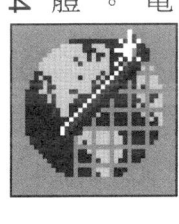

- ATM Forum。
- DAVIC（Digital Audio Visual Council），即 Set-Top-Box 標準。
- MCNS（Multimedia Cable Network System），即 CableLabs 之建議標準。
- SCTE（Society of Cable Telecommunications Engineers），即 ANSI 之標準。

其中 ATM Forum 主導了 MAC 之 Framing，DAVIC 主導了 PHY，IBM 及 Zenith 主導 MAC 規格制定。

另一個主要制定互通性標準的機構是 MCNS，主要的成員多為有線電視廠商，有 Comcast、Cox、TCI、CableLabs、Media One、Rogers Cable systems 以及 Time Warner。MCNS 制訂的規格為 DOCSIS（Data-Over-Cable Interface Specification），這套規格在今年六月已有草案，包含的項目有 RF 介面、資料介面、運作支援系統介面、電話線路返回介面

（MCNS 提供 HFC 或電話線兩種上行頻道介面）以及安全管理介面，預計今年年底可以完成全部草案。至於 Continental 公司主導的 SCTE 在這方面起步較晚，主要是安全系統方面。

另一組織 IETF（Internet Engineering Task Force）則專注於網路層，預計 1997 年 12 月完成 IPCDN（IP over Cable Data Network）的規格製訂。

IEEE 802.14 與 MCNS 訂定的規格基本上有三點差異：一是用戶端與頭端同步的方式，二是頭端分配頻寬以及將頻寬分配結果通知給各用戶的方法不同，三是碰撞解決的方式不同。由於 MCNS 算是 IEEE 802.14 未完成之前的過渡時期，在有線電視數據廠商遵循的標準上，採用了許多簡單易行的機制，一方面使大眾能先享受到高速的有線電視數據機，一方面數據機廠商也能累積技術以利於未來開發互通性產品。依互通性規格推出符合 MCNS 要求的有線電視數據機，大約在 1998 年夏季左右會有一些實地測試的產品，因此消費者最快應該要到 1998 年底才會購買到此類商用化有線電視數據機。1999 年至 2000 年將會是有線電視數據機快速起飛的時刻，樂觀估計，西元 2000 年全美將會有 440 萬有線電視數據機用戶。目前正致力於發展與互通性規格相容的有線電視數據機廠商有 HP、LAN city、IBM、Motorola 等。

資訊與電腦 提供

公司小檔案

公司名稱	臺灣微軟股份有限公司	
業務範圍	應用軟體之銷售、推廣、研發	
軟體設備	辦公室軟體	MS-Office 4.3
	網路軟體	Lan Manager
	通訊軟體	MS-Mail 3.0
	其他軟體	Windows 95 等

題組八

【動作要求】

★ 本題以「直向」列印，使用文書檔「920308.odt」，表格檔「920308.tab」，圖形檔「920308.gif」，答案列印結果共二頁。

● 使用 A4 尺寸報表紙，以「左右對齊」的方式列印，且上、下、左、右的邊界設為「3 公分」。

【頁首頁尾要求】

● 中文字型為「細明體」或「新細明體」，英文及數字字型為「Times New Roman」，且均設定為 10 點字型大小。

● 頁首左側為「您的准考證號碼」，中間為「第 x 頁」，其中 x 為順序頁碼，x 為半型字，右側為「您的座號」。

● 頁尾左側為「您的姓名」，右側應檢日期，格式為「yyyy/mm/dd」，其中 yyyy 為西元年。

【本文要求】

△ 所有的中文字型除了特別要求之外 (請參照「參考答案」)，其餘一律設定為「細明體」或「新細明體」，字體大小設定為 12 點。

△ 所有的英文及數字除了特別要求之外 (請參照「參考答案」)，其餘一律設定為「Arial」字型，字體大小設定為 12 點。

△ 每段落的格式設定 (含縮排、框線、斜體、底線、網底等)，請參照「參考答案」。每一段落的格式設定必須完全與「參考答案」對應之段落的格式相同，但避頭尾的設定不列入評分項目，且每列字數與每頁列數沒有限制。

● 本題答案共分為四個段落，另含一個表格及一張圖片。

※ 標題：「題組八　參考答案」。

● 標題字為 16 點「細明體」或「新細明體」字型，置中並加上框線及斜體。

※ 文書檔中之【】處，表示應檢人員須自行輸入文字，本文中的資料不可無故增加資料、刪除資料或任意修改資料，且符號【】本身必須刪除。

● 文書檔中自行輸入的文字，中文字型設定為「標楷體」，英數字型設為「Arial」，請參照「參考答案」。

● 文中所有的半型「()」及「〈〉」皆以全型「〈　〉」取代。

● 文中所有的「MBPS」皆以「Mbps」取代。

● 標題與段落，段落與段落，段落與表格之間以 18 點的空白列間隔。

- 第二段落中的四個項目：項目符號「●」皆設定左邊縮排「2 個 12 點全形字」，項目內容皆設定左邊編排「4 個 12 點全形字」。
- 第三段落中的三個項目：項目編號皆設定左邊縮排「2 個 12 點全形字」，項目內容皆設定左邊縮排「4 個 12 點全形字」，右邊縮排「3 個 12 點全形字」。
- 第三段落中的三個項目需加框線與網底。
- 第四段落分成二欄，欄間距為 2 字元，須加分隔線。

【圖形要求】

- 圖形以「文繞圖」方式插入第三段第三個項目編號第三行下面，置中對齊，高度及寬度分別設為 5 列及 8 個中文字。
- △ 圖形須加 1 點粗細的虛線外框。

【表格要求】

- 表格置於第三段後、第四段前，其左右邊界則與第四段之文字的左右邊界對齊，請參照「參考答案」。
- 表格中的中、英文字型、字型大小及全型/半型，請參照「參考答案」。
- 表格的格式(含斜體、底線、對齊、網底、直書/橫書等)，請參照「參考答案」。
- 表格的欄數與列數，請參照「參考答案」。
- ※ 表格內不可無故增加資料、刪除資料或任意修改資料，結果請參照「參考答案」。

題組八解題

A. 版面設定

1. 開啟空白文件，命名為：01-5
2. 版面配置→邊界→自訂邊界
   邊界：上、下、左、右均為 3 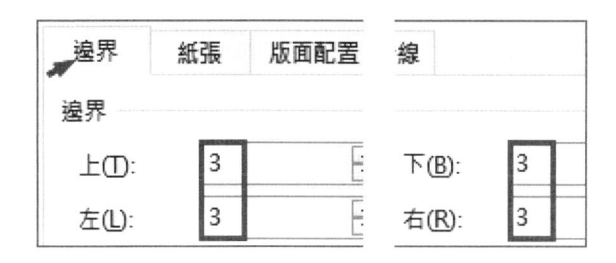
3. 插入→頁首→空白 (三欄)，輸入資料
   設定字型：中文字型→新細明體、字型：Times New Roman 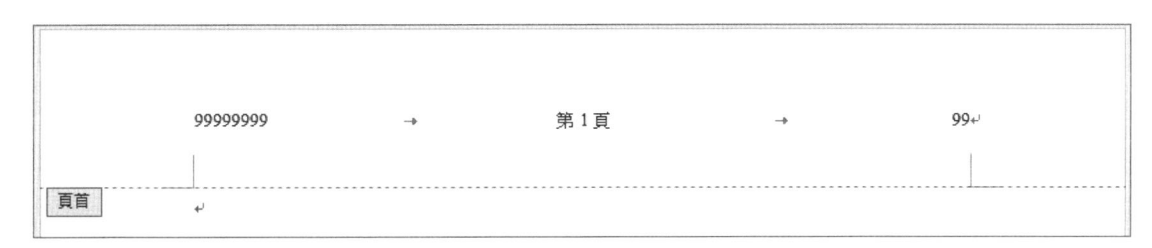
4. 插入→頁尾→空白 (三欄)，輸入資料
   設定字型：中文字型→新細明體、字型：Times New Roman

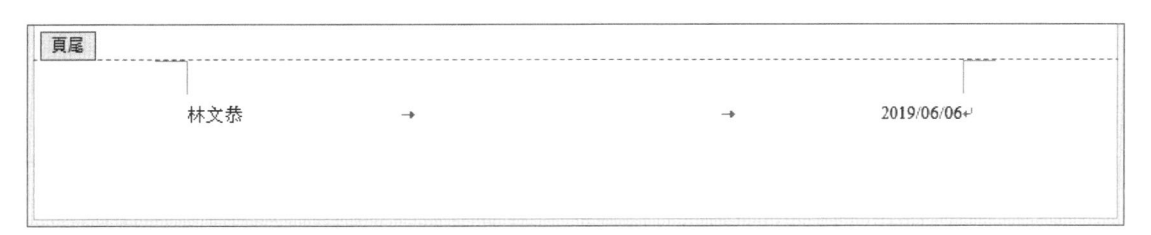

B. 內文處理

1. 在頁面內連點滑鼠 2 下
2. 插入→物件→文字檔，檔案：…\題組 08\920308.odt
3. 根據參考答案：
   - 在文件最上方補打文字：「題組八　參考答案」
   - 在【 】內補打文字如下：

> 有線電視網路系統就是提供頭端與用戶端之間雙向傳輸的功能，並將數位資料經過調變〈Modulation〉之後以類比訊號傳送。為了在此系統中提供雙向的資訊存取服務，頭端除了要配備光訊號接收器以接收用戶端在上行〈由用戶端至頭端〉頻道傳遞的訊號，且根據用戶需求分配合理的頻寬外，同時須具備解決碰撞的機制，並將相關控制資訊由下行〈頭端往用戶端〉頻道傳給用戶端。此外，在頭端架設路由器與網際網路相連，及設置 WWW 快取伺服器，可以使用戶端透過有線電視數據機進行網際網路存取，無需打電話撥接，也無連線時間過長的顧忌。

- 在 4 個段落前方輸入##，項目符號●、編號前方輸入#：

段落	1	##近幾年來網際網路(Internet)的蓬勃發展，已…
段落	2	##就目前浮現出來的服務型態來看，有線電視數據…
項目符號	●	#●網際網路存取：如電子郵件、檔案傳輸以… #●資訊服務：如線上購物、Internet Fax、網路銀行等。 #●工作：如視訊會議。 #●教育：如遠距教學。
段落	3	##首先有線電視數據機必須搭配有線電纜網路系…
項目符號		#一、頭端：傳統有線電視系統的頭端部分只提供… #二、網路：傳輸系統所採用的雙向HFC網路是指… #三、用戶端：再來看看用戶端設備，其中包含了…
段落	4	##寬頻服務需求的大量增加，為有線電視數據機製…

4. 段落處理：
   常用→取代
   尋找目標：^p (段落標記)
   取代為：　　(無任何資料)
   點選：全部取代鈕

   尋找目標：#
   取代為：^p (段落標記)
   點選：全部取代鈕

5. 半形「(」全部置換為全形「〈」，半形「)」全部置換為全形「〉」
   半形「<」全部置換為全形「〈」，半形「>」全部置換為全形「〉」
   「MBPS」全部置換為「Mbps」，選項：大小寫須相同

C. 整體格式設定

1. Ctrl + A (選取所有內容)

2. 常用→字型
   中文字型：新細明體、字型：Arial

3. 常用→段落
   縮排與行距：
   對齊方式：左右對齊
   第一行→0.85 公分(2 字元)
   固定行高→18 點

   中文印刷樣式：
   取消：所有分行符號設定

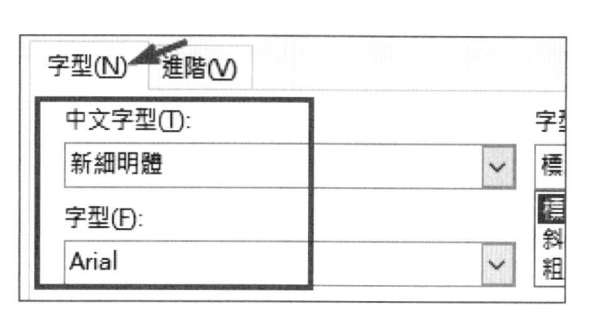

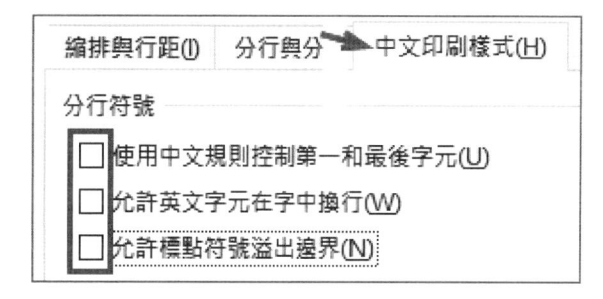

D. 個別格式設定

標題設定

- 刪除行首縮排 (按 Backspace)

- 設定：置中對齊、16 pt、斜體、字元框線

4-99

第 2 段設定

- 選取第 1 個項目符號「●」，設定字體：新細明體
  連點 2 下油漆刷 (複製格式)，刷過第 2、3、4 個項目符號 (4 個●都變大)

- 在 4 個項目符號●後方各按一下 Tab 鍵

- 設定 4 個項目符號段落格式：
  左邊界：0.85 公分(2 字元)
  凸排：0.85 公分(2 字元)

- 設定 4 個項目符號段落：斜體

第 3 段項目編號設定

- 設定 3 個項目編號段落格式：
  左邊界→0.85 公分(2 字元)
  右邊界→1.275 公分(3 字元)
  凸排→0.85 公分(2 字元)

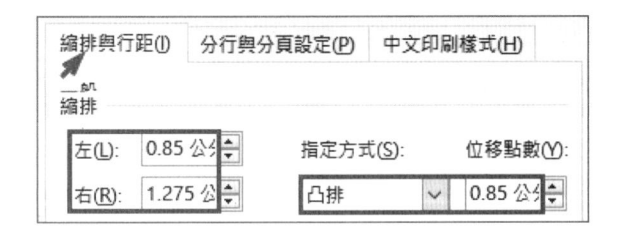

- 設定 3 個項目編號段落：段落框線、段落網底

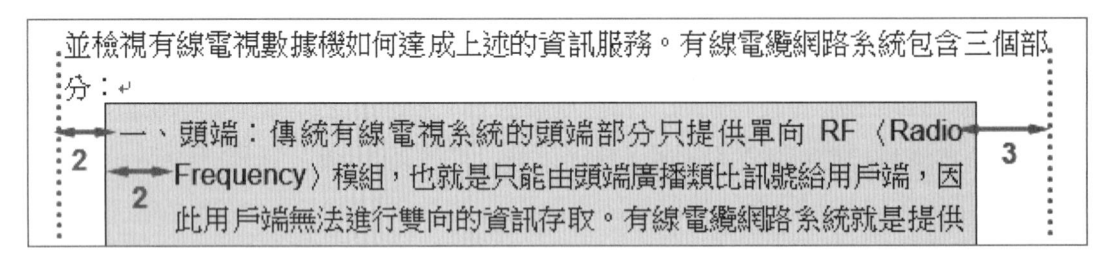

第 3 段項目編號部分內容設定

- 選取：「有線電纜…的顧忌。」，設定：中文字型→標楷體

- 選取:「傳輸系統…的影響。」,設定:斜體

第 4 段設定

- 刪除行首縮排 (Backspace)
- 設定:底線

E. 分欄設定

- 選取第 4 段落
  版面配置→其他欄
  二欄
  選取:分隔線
  間距:2 字元(0.85 公分)

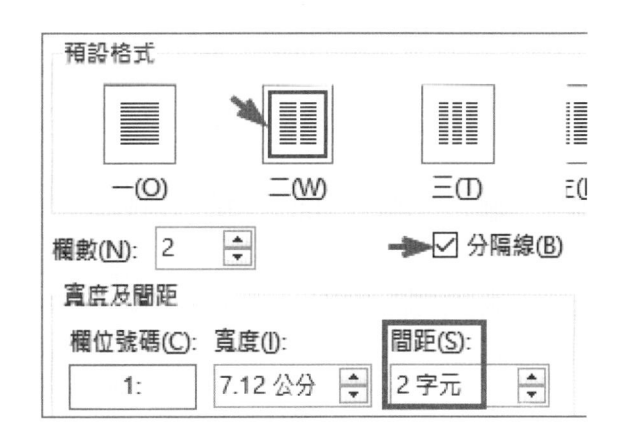

F. 圖片

1. 插入點置於項目編號三段落內,插入→圖片→…\題組 08\920308.gif

2. 設定圖片:版面配置→矩形
   圖片工具→格式→圖片框線→顏色:黑→寬度:1 pt、虛線:虛線 1

3. 拖曳圖片位置:上邊線貼齊「項目三」下方第 4 列上邊緣

4-101

4. 調整圖片寬度：
   向右拖曳圖片左邊線→圖片左邊 10 個字
   向右拖曳圖片右邊線→圖片右邊 10 個字

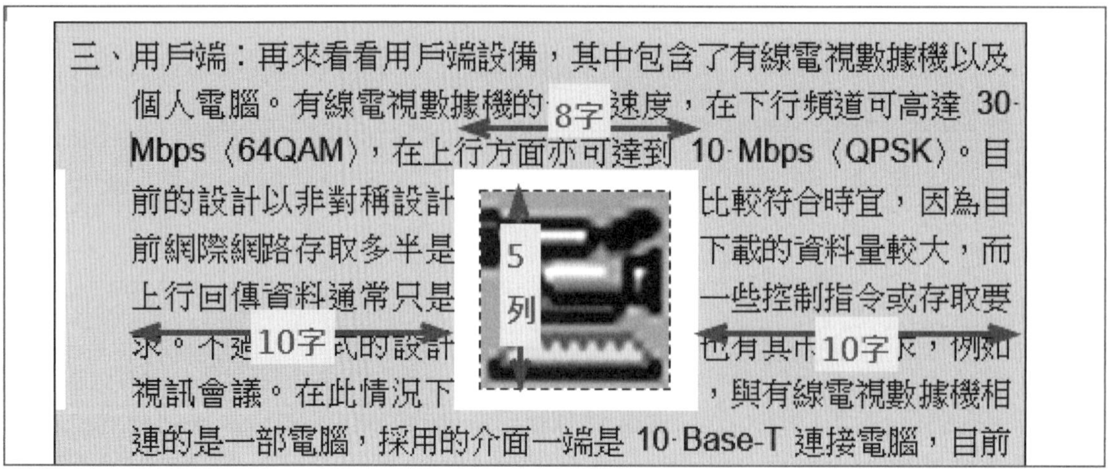

> **解說** 預設段落格式中，標點符號是被設定為「可壓縮」，在此情況下，圖片左右兩邊要控制都是 10 個字並不容易，因此建議取消：標點符號「可壓縮」的設定，如下：
>
> 常用→段落→中文印刷樣式
> 點選：選項鈕
> 點選：字元間距控制→不壓縮

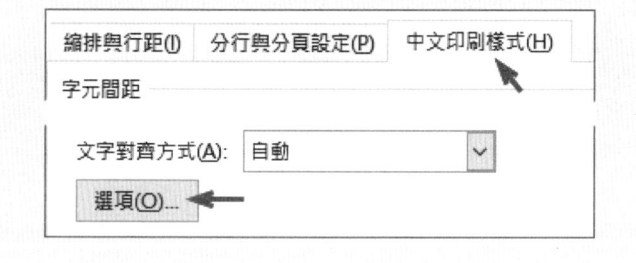

G. 表格

1. 在第 3 段落下方按 Enter 鍵
   插入→表格→6 欄 x 7 列
   在表格內按右鍵
   點選：選項鈕
   左：0 公分、右：0 公分

2. 根據參考答案，合併儲存格、設定網底、輸入文字，如下圖：

	匯入		匯出		備註
	筆數	金額	筆數	金額	
個人	500	50000	350	175000	198000
廠商	250	37500	765000	153	
團體	179	80550	458	250700	
其他機構	35	15750	127	98900	
合計	564	183800	1088	1289600	

3. 設定第 1 欄：分散對齊，中文字體→標楷體

    設定「匯入、匯出、筆數、金額、備註」：常用→分散對齊

    設定「備註」格：表格工具→版面配置→置中對齊

    設定「備註」格：常用→斜體

    設定第 3、5 欄「金額」及下方儲存格：網底

    設定所有數字儲存格：靠右對齊

	匯	入	匯	出	備 註
	筆 數	金 額	筆 數	金 額	
個　　　人	500	50000	350	175000	198000
廠　　　商	250	37500	765000	153	
團　　　體	179	80550	458	250700	
其 他 機 構	35	15750	127	98900	
合　　　計	564	183800	1088	1289600	

差異說明

本題完成答案第一頁與參考答案有 2 列文字的差異，列高設定所產生，不須額外調整。

題組八　參考答案

近幾年來網際網路〈Internet〉的蓬勃發展，已使得使用人口普及到各個層面，連帶地，存取資訊型態也面臨了革命性的異動。面對這樣充滿商機的環境，ISP〈Internet Service Provider〉業者、公司行號、政府機構、學校團體甚至個人都紛紛投入，不但存取資訊由文字導向轉變成圖文語音並茂，提供的服務也由單純的資訊存取擴展到視訊會議、遠距教學以及各式電子交易。本文即是針對有線電視數據機的原理、標準、產品市場概況以及未來發展策略一一作說明。

就目前浮現出來的服務型態來看，有線電視數據機至少可應用於下列四個層面：

- 網際網路存取：如電子郵件、檔案傳輸以及全資訊網〈WWW〉。
- 資訊服務：如線上購物、Internet Fax、網路銀行等。
- 工作：如視訊會議。
- 教育：如遠距教學。

首先有線電視數據機必須搭配有線電纜網路系統，我們來看看這套網路系統，並檢視有線電視數據機如何達成上述的資訊服務。有線電纜網路系統包含三個部分：

一、頭端：傳統有線電視系統的頭端部分只提供單向 RF〈Radio Frequency〉模組，也就是只能由頭端廣播類比訊號給用戶端，因此用戶端無法進行雙向的資訊存取。有線電纜網路系統就是提供頭端與用戶端之間雙向傳輸的功能，並將數位資料經過調變〈Modulation〉之後以類比訊號傳送。為了在此系統中提供雙向的資訊存取服務，頭端除了要配備光訊號接收器以接收用戶端在上行〈由用戶端至頭端〉頻道傳遞的訊號，且根據用戶需求分配合理的頻寬外，同時須具備解決碰撞的機制，並將相關控制資訊由下行〈頭端往用戶端〉頻道傳給用戶端。此外，在頭端架設路由器與網際網路相連，及設置 WWW 快取伺服器，可以使用戶端透過有線電視數據機進行網際網路存取，無需打電話撥接，也無連線時間過長的顧忌。

二、網路：傳輸系統所採用的雙向 HFC 網路是指雙向混合式光纖同軸電纜〈Hybrid Fiber Coax：HFC〉。簡單來說，它的網路拓蹼呈樹狀分支，頭端位於根部、用戶端大部分分佈在末端，而其上的放大器及光電轉換器都是雙向的，所以能支援雙向傳輸。採用這

> 種傳輸系統主要是因為上行頻道上的雜訊會累積，若以光纖做為長距離主軸，能減低雜訊的影響。
>
> 三、用戶端：再來看看用戶端設備，其中包含了有線電視數據機以及個人電腦。有線電視數據機的傳輸速度，在下行頻道可高達 30 Mbps〈64QAM〉，在上行方面亦可達到 10 Mbps〈QPSK〉。目前的設計以非對稱設計比較符合時宜，因為目前網際網路存取多半是下載的資料量較大，而上行回傳資料通常只是一些控制指令或存取要求。不過對稱式的設計也有其市場需求，例如視訊會議。在此情況下，與有線電視數據機相連的是一部電腦，採用的介面一端是 10 Base-T 連接電腦，目前大部分的產品都採用 IEEE 802.3 CSMA/CD 協定，另一端是 HFC 的同軸電纜，頭端的路由器負責將封包轉送到網際網路。由於每個有線電視數據機都有 IP 位址，所以在相同的 HFC 網路中，有線電視數據機可以相互連結，只是必須上行至頭端，再下行至其他數據機。

	匯入 筆數	匯入 金額	匯出 筆數	匯出 金額	備註
個人	500	50000	350	175000	198000
廠商	250	37500	765000	153	
團體	179	80550	458	250700	
其他機構	35	15750	127	98900	
合計	564	183800	1088	1289600	

寬頻服務需求的大量增加，為有線電視數據機製造商提供了市場發展的利基，因此僅管互通性標準尚未制定，卻仍有相當多的業者推出適用的產品。這些規格不盡相同的商品，大致可歸為非對稱式及對稱式兩類，其中頻寬的單位是 Mbps，頻譜配置單位是 MHz，30/2.56 表示下行頻道頻寬為 30 Mbps、上行頻道頻寬為 2.56 Mbps，其餘依此類推。如前段所描述，非對稱式適用於一般網際網路存取，對稱式數據機則適用於視訊會議這類雙向資料量相當的服務。由表可知，採用 64QAM 作為上行傳輸的調變方式可以說是一個共識，各產品的頻譜配置也相去不遠。目前，日本大廠正積極研發此產品，約落後美國廠商兩季左右。國內則已經有交通大學電信工程系開發出雛型機。此外新竹科學園區的力宜科技〈前東怡科技〉及工研院電通所也正遵循 MCNS 所訂的規格開發數據機。

題組九

【動作要求】

★ 本題以「直向」列印，使用文書檔「920309.odt」，表格檔「920309.tab」，圖形檔「920309.gif」，答案列印結果共二頁。

● 使用 A4 尺寸報表紙，以「左右對齊」的方式列印，且上、下、左、右的邊界設為「3 公分」。

【頁首頁尾要求】

● 中文字型為「細明體」或「新細明體」，英文及數字字型為「Times New Roman」，且均設定為 10 點字型大小。

● 頁首左側為「您的座號」，中間為「您的准考證號碼」，右側應檢日期，格式為「中華民國一○一年一月一日」。

● 頁尾左側為「您的姓名」，右側為「第 x 頁」，其中 x 為順序頁碼，x 為半型字。

【本文要求】

△ 所有的中文字型除了特別要求之外 (請參照「參考答案」)，其餘一律設定為「細明體」或「新細明體」，字體大小設定為 12 點。

△ 所有的英文及數字除了特別要求之外 (請參照「參考答案」)，其餘一律設定為「Arial」字型，字體大小設定為 12 點。

△ 每段落的格式設定 (含縮排、框線、斜體、底線、網底等)，請參照「參考答案」。每一段落的格式設定必須完全與「參考答案」對應之段落的格式相同，但避頭尾的設定不列入評分項目，且每列字數與每頁列數沒有限制。

● 本題答案共分為七個段落，另含一個表格及一張圖片。

※ 標題：「題組九　參考答案」。

● 標題字為 16 點「細明體」或「新細明體」字型，置中並加上框線及網底。

※ 文書檔中之【】處，表示應檢人員須自行輸入文字，本文中的資料不可無故增加資料、刪除資料或任意修改資料，且符號【】本身必須刪除。

● 文書檔中自行輸入的文字，中文字型設定為「標楷體」，英數字型設為「Arial」，請參照「參考答案」。

● 文中所有的半型「()」及「〈〉」皆以全型「〈　〉」取代。

● 標題與段落，段落與段落，段落與表格之間以 18 點的空白列間隔。

● 頁面需加雙框線。

● 第一段落分成二欄，欄間距為 2 字元，須加分隔線。

4-106

- 第二段落設定左邊縮排「2 個 12 點全形字」，右邊縮排「2 個 12 點全形字」。
- 第六段落需加框線及網底。
- 第七段落中的四個項目：項目編號皆設定左邊縮排「2 個 12 點全形字」，項目內容皆設定左邊縮排「4 個 12 點全形字」，右邊縮排「3 個 12 點全形字」。

【圖形要求】

- 圖形以「文繞圖」插入第三段之左上側，高度及寬度分別設為 5 列及 10 個中文字。
- △ 圖形須加 2 點粗細的虛線外框。

【表格要求】

- 表格置於第六段後，第七段前，左右邊界與文字對齊，請參照「參考答案」。
- 平均分配表格的第二欄及第三欄的寬度。
- 表格中的中、英文字型、字型大小及全型/半型，請參照「參考答案」。
- 表格的格式(含斜體、底線、對齊、網底、直書/橫書等)，請參照「參考答案」。
- 表格的欄數與列數，請參照「參考答案」。
- ※ 表格內不可無故增加資料、刪除資料或任意修改資料，結果請參照「參考答案」。

▶ 題組九解題

A. 版面設定

1. 開啟空白文件，命名為：01-5
2. 版面配置→邊界→自訂邊界
   邊界：上、下、左、右均為 3

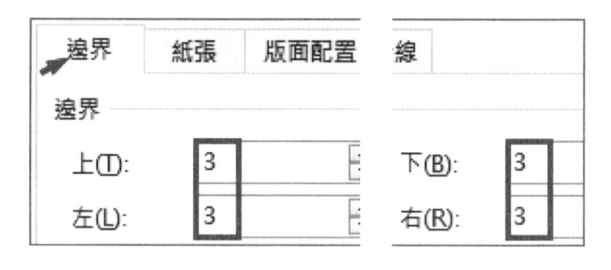

3. 插入→頁首→空白 (三欄)，輸入資料
   設定字型：中文字型→新細明體、字型：Times New Roman

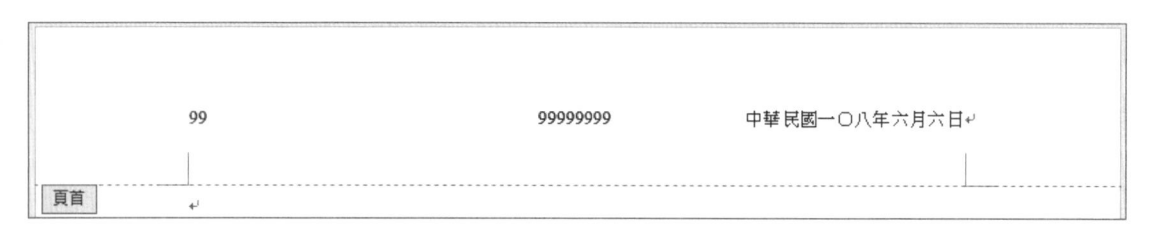

   99　　　　99999999　　　　中華民國一○八年六月六日

4. 插入→頁尾→空白 (三欄)，輸入資料
   設定字型：中文字型→新細明體、字型：Times New Roman

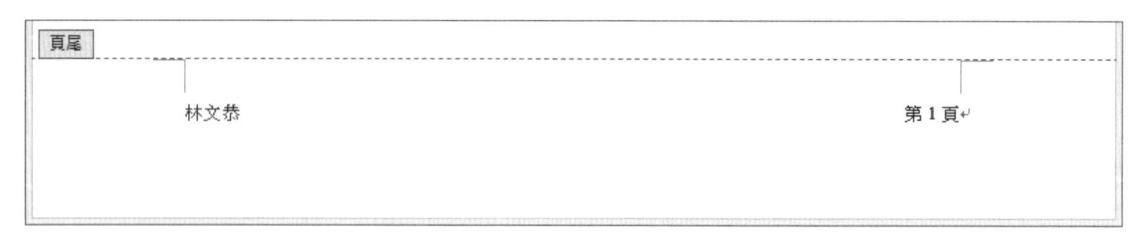

   林文恭　　　　第 1 頁

5. 在頁面內連點滑鼠 2 下
6. 常用→框線→框線及網底
   頁面框線標籤：
   選取：雙線

- 結果如右圖：

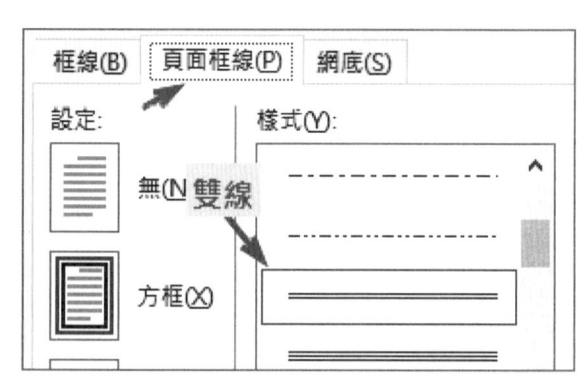

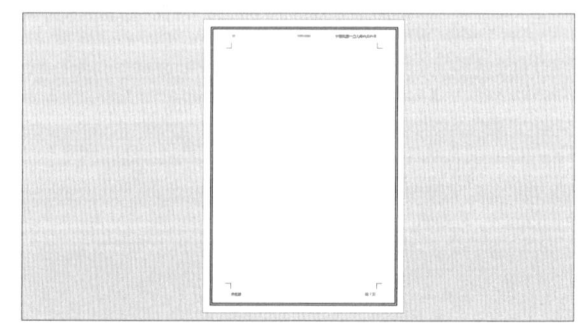

B. 內文處理

1. 插入→物件→文字檔，檔案：...\題組 09\920309.odt

2. 根據參考答案：
   - 在文件最上方補打文字：「題組九　參考答案」
   - 在【】內補打文字如下：

   > Internet Phone 的出現可以說是真正開始讓人感受到網際網路也可以提供原本通信網路的服務，而且成本低廉。比如在學術網路上的兩個使用者只要透過兩台連接於網際網路的電腦就可以進行交談，不論相隔多遠都只要付市內電話的錢即可，如果電腦是直接連上網際網路，而不是撥接上網，則連一毛錢都不用付，想聊多久就聊多久！這種利用分封技術為基礎的網路電話目前雖受限於頻寬的不足而影響語音的品質，但是網路技術的進步終將會克服這項瓶頸。目前許多廠商已看好這個新興的市場，而紛紛投入發展網路電信的相關技術。

   - 在 7 個段落前方輸入##，項目編號前方輸入#：

段落	1	##隨著個人電腦的處理速度進步神速，個人電腦...
段落	2	##Internet Phone 的出現可以說是真正開始讓...
段落	3	##什網路上提供的電信服務可以依其性質分成兩類...
段落	4	##相較於網際網路的新穎，電信網路發展的歷史...
段落	5	##由以上新的溝通模式可以發現網路正走向整合...
段落	6	##近來許多原本各自在不同網路提供服務的企業...
段落	7	##為了因應三大網路整合的趨勢，我們有必要...
項目編號		#壹、電子郵件傳真服務：允許 BBS/Web 使用者以... #貳、電子郵件傳呼服務：允許 BBS/Web 使用者以...

3. 段落處理：
   常用→取代
   尋找目標：^p (段落標記)
   取代為：　　　(無任何資料)
   點選：全部取代鈕

   尋找目標：#
   取代為：^p (段落標記)
   點選：全部取代鈕

> 題組九　參考答案
>
> 隨著個人電腦的處理速度進步神速，個人電腦已經足以做為通訊工具，只要具備一台數據機，電腦就可以透過電信網路與遠端連線。而網際網路的興起，藉由網網相連的方式，我們可以很容易地透過網際網路來連接到世界各個角落。個人電

4. 半形「(」全部置換為全形「〈」，半形「)」全部置換為全形「〉」
   半形「<」全部置換為全形「〈」，半形「>」全部置換為全形「〉」

> 在網路上提供的電信服務可以依其性質分成兩類：非即時性〈Non-Realtime〉和即時性〈Realtime〉。非即時性的服務就如同傳真，對方並不需要立即接收到訊息並做出反應，只要能在容許的時間內收到即可；而即時性的服務就像電話一樣，

C. 整體格式設定

1. Ctrl + A (選取所有內容)

2. 常用→字型
   中文字型：新細明體、字型：Arial

3. 常用→段落
   縮排與行距：
   對齊方式：左右對齊
   第一行→0.85 公分(2 字元)
   固定行高→18 點

   中文印刷樣式：
   取消：所有分行符號設定

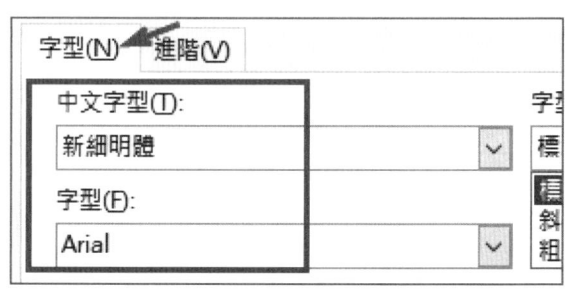

> →題組九　參考答案
>
> →隨著個人電腦的處理速度進步神速，個人電腦已經足以做為通訊工具，只要具備一台數據機，電腦就可以透過電信網路與遠端連線。而網際網路的興起，藉由網網相連的方式，我們可以很容易地透過網際網路來連接到世界各個角落。個人電腦

D. 個別格式設定

標題設定

- 刪除行首縮排 (Backspace)
- 設定：置中對齊、16 pt、字元框線、字元網底

> 題組九　參考答案
>
> 　　隨著個人電腦的處理速度進步神速，個人電腦已經足以做為通訊工具，只要具備一台數據機，電腦就可以透過電信網路與遠端連線。而網際網路的興起，藉由網

第 2 段設定

- 設定：中文字型→標楷體
- 設定段落格式：左邊界→0.85 公分(2 字元)、右邊界→0.85 公分(2 字元)

> 的長途通信費用，結合之前電腦已經發展出來的通訊技術，使得這個構想成為可行。
> 　　Internet Phone 的出現可以說是真正開始讓人感受到網際網路也可以提供原本通信網路的服務，而且成本低廉。比如在學術網路上的兩個使

第 5 段設定

- 刪除行首縮排 (Backspace)，設定：底線、中文字型→標楷體

> 由以上新的溝通模式可以發現網路正走向整合的趨勢，包括有線電視網路都將整合成為單一網路，而分別屬於不同網路的通訊服務其交集區域將越來越大，使用者不會再感受到不同的服務是分屬於不同的網路，所有的服務都是由一個單一網路

第 6 段設定

- 設定：斜體、段落框線、段落網底

> *近來許多原本各自在不同網路提供服務的企業，都感受到將來三大網路必定走向整合的趨勢，紛紛透過聯合、兼併等策略來跨足這三大市場，希望將來能透過單一網路來提供所有的服務，以因應消費者對這種整合式服務所衍生的需求，因此*

第 7 段部分內容設定

- 選取：「因此，…二大服務：」，設定：底線

第 7 段項目編號設定

- 設定：斜體
- 設定段落格式：
  左邊界→0.85 公分(2 字元)
  右邊界→1.275 公分(3 字元)
  凸排：0.85 公分(2 字元)

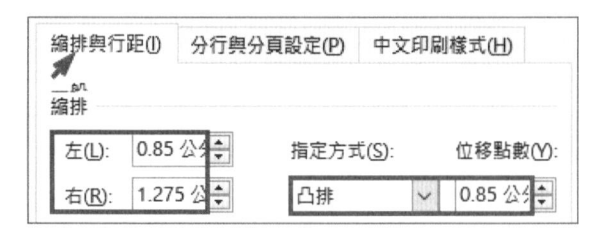

E. 分欄設定

- 選取：第 1 段落
  版面配置→其他欄
  二欄
  選取：分隔線
  間距：2 字元(0.85 公分)

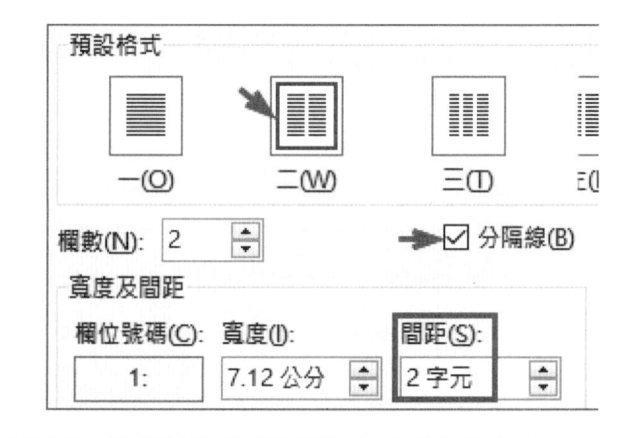

F. 圖片

1. 插入點置於第 3 段，插入→圖片→...\題組 09\920309.gif

2. 設定圖片：版面配置→矩形
   在圖片上按右鍵→設定圖片格式
   選取：填滿與線條→線條→實心線
   色彩：黑
   寬度：2 pt
   虛線類型：虛線 1

3. 拖曳圖片位置：第 3 段左上角

4. 調整圖片大小：高 5 列、寬 10 字

> **解說** 題目要求框線寬度 2pt，無法由功能表選單中選取設定。

G. 表格

1. 在第 6 段落下方按 Enter 鍵 2 下
   插入→表格→3 欄 x 7 列
   在表格內按右鍵
   點選：選項鈕
   左：0 公分、右：0 公分

2. 根據參考答案，調整第 1 欄欄寬如下圖：

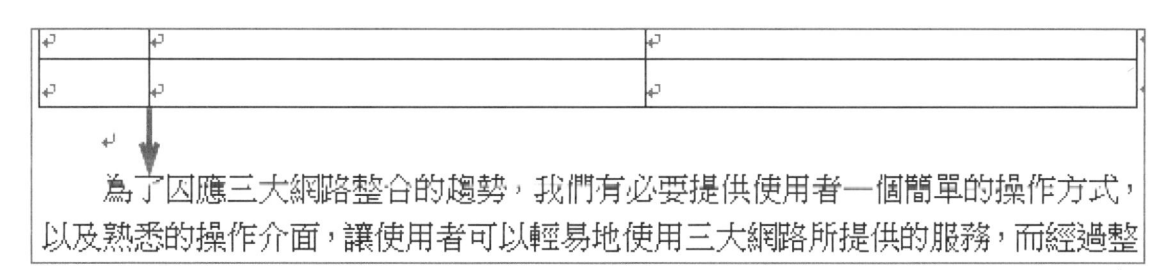

3. 選取：2~3 欄，按右鍵→平均分配欄寬

4. 根據參考答案，合併儲存格、設定框線、設定網底、輸入文字，如下圖：

表一□硬碟機發展歷程		
西元	產品發表	紀事
1956	IBM 首次推出第一部硬式磁碟機 RAM-AC350，記憶容量 4.4MB。	首次利用磁頭飛行技術及硬式磁碟片所發展的磁性記憶裝置。
1971	IBM 推出軟式磁碟機。	MemorexCop.等相繼推出軟式磁碟機。
1973	IBM 正式推出第一部 14 吋密封型磁碟機 3340 型，記憶容量 35MB。	
1976	IBM 推出較成熟之 14 吋密封型磁碟機 3350 型，記憶容量 317.5MB。	
1979	IBM首次推出八吋之密封型磁碟機。	MemorexCop.等相繼推出八吋之密封型磁碟機。
1980	SeagateTechnology 首次推出 5.25吋密封型磁碟機。	硬碟機廠家群雄並起，爾後陸續往更小尺寸及更高容量之硬碟機發展。

5. 刪除表格上方列首行縮排 (Backspace)，設定：置中對齊、字元框線

6. 設定第 1 列：分散對齊
   設定第 1 欄 2~7 列：表格工具→版面配置→置中對齊

差異說明

完成表格後發現答案總共為 3 頁，違反題目要求。

- 選取表格，常用→段落：
  縮排與行距標籤：
  行距：固定行高 17 點

表格內列高縮小後，完成答案恢復為 2 頁！

題組九　參考答案

隨著個人電腦的處理速度進步神速，個人電腦已經足以做為通訊工具，只要具備一台數據機，電腦就可以透過電信網路與遠端連線。而網際網路的興起，藉由網網相連的方式，我們可以很容易地透過網際網路來連接到世界各個角落。個人電腦具備通訊能力加上網際網路就能輕易連接世界各地的特性，開啟了一個新的應用領域，即網路電信。事實上，用電腦來傳送或接收傳真的技術早就發展出來了，但是並沒有為電信產業帶來很大的影響，原因很簡單，因為電腦只是取代了傳真機，基本上兩端還是透過電信網路來傳送傳真，對使用者而言並沒有明顯的好處，而且對不熟悉電腦的人而言，他一定認為還是原來的傳真機好用。然而網際網路的出現還是對電信服務產生了重大的影響，有人開始考慮透過網際網路來省去原本昂貴的長途通信費用，結合之前電腦已經發展出來的通訊技術，使得這個構想成為可行。

Internet Phone 的出現可以說是真正開始讓人感受到網際網路也可以提供原本通信網路的服務，而且成本低廉。比如在學術網路上的兩個使用者只要透過兩台連接於網際網路的電腦就可以進行交談，不論相隔多遠都只要付市內電話的錢即可，如果電腦是直接連上網際網路，而不是撥接上網，則連一毛錢都不用付，想聊多久就聊多久！這種利用分封技術為基礎的網路電話目前雖受限於頻寬的不足而影響語音的品質，但是網路技術的進步終將會克服這項瓶頸。目前許多廠商已看好這個新興的市場，而紛紛投入發展網路電信的相關技術。

在網路上提供的電信服務可以依其性質分成兩類：非即時性〈Non-Realtime〉和即時性〈Realtime〉。非即時性的服務就如同傳真，對方並不需要立即接收到訊息並做出反應，只要能在容許的時效內收到即可；而即時性的服務就像電話一樣，幾秒的延遲都無法被容許。目前非即時性服務的應用比較成熟，也比較能被廣泛接受，且真正具有實用性，尤其是對跨國的企業而言，所節省的成本非常可觀。隨著頻寬的增加，相信即時性的服務很快地也會被使用者接受，許多軟體業者對在網際網路上傳送即時語音抱有很大的期望而且深具信心，IBM、網景、微軟等公司也都陸續發表了具有網路電話功能的軟體。

相較於網際網路的新穎，電信網路發展的歷史已經相當長久了，不但技術成熟而且用戶群更是遍及各年齡層、各階層人士。所以，雖然網路電信具備了極大的成本優勢，但是其操作方式對許多不會電腦的人來講還是諸多不便，甚至帶有恐懼感，而無法迅速將網際網路所帶來的好處讓所有的人分享。對提供網路電信的廠商

而言這也代表了其客戶群有限，所以網路電信業者必須讓習慣於使用傳統電信裝置〈電話、傳真機〉的人，也能輕易地跟使用電腦的使用者溝通。

<u>由以上新的溝通模式可以發現網路正走向整合的趨勢，包括有線電視網路都將整合成為單一網路，而分別屬於不同網路的通訊服務其交集區域將越來越大，使用者不會再感受到不同的服務是分屬於不同的網路，所有的服務都是由一個單一網路所提供，不會有溝通上的問題。</u>

> *近來許多原本各自在不同網路提供服務的企業，都感受到將來三大網路必定走向整合的趨勢，紛紛透過聯合、兼併等策略來跨足這三大市場，希望將來能透過單一網路來提供所有的服務，以因應消費者對這種整合式服務所衍生的需求，因此許多通路商也開始建立所謂 3C 的據點。*

表一　硬碟機發展歷程

西元	產品發表	紀事
1956	IBM 首次推出第一部硬式磁碟機 RAM-AC 350，記憶容量 4.4 MB。	首次利用磁頭飛行技術及硬式磁碟片所發展的磁性記憶裝置。
1971	IBM 推出軟式磁碟機。	Memorex Cop.等相繼推出軟式磁碟機。
1973	IBM 正式推出第一部 14 吋密封型磁碟機 3340 型，記憶容量 35 MB。	
1976	IBM 推出較成熟之 14 吋密封型磁碟機 3350 型，記憶容量 317.5 MB。	
1979	IBM 首次推出八吋之密封型磁碟機。	Memorex Cop.等相繼推出八吋之密封型磁碟機。
1980-	Seagate Technology 首次推出 5.25 吋密封型磁碟機。	硬碟機廠家群雄並起，爾後陸續往更小尺寸及更高容量之硬碟機發展。

為了因應三大網路整合的趨勢，我們有必要提供使用者一個簡單的操作方式，以及熟悉的操作介面，讓使用者可以輕易地使用三大網路所提供的服務，而經過整合的服務所提供的功能將比傳統服務更具多元化。<u>因此，企業通訊家提供了以下的二大服務：</u>

　　壹、電子郵件傳真服務：允許 BBS/Web 使用者以 E-Mail 的方式傳送
　　　訊息到遠端的傳真機。
　　貳、電子郵件傳呼服務：允許 BBS/Web 使用者以 E-Mail 的方式呼叫
　　　遠端的呼叫器。

題組十

【動作要求】

- ★ 本題以「直向」列印，使用文書檔「920310.odt」，表格檔「920310.tab」，圖形檔「920310.gif」，答案列印結果共二頁。
- ● 使用 A4 尺寸報表紙，以「左右對齊」的方式列印，且上、下、左、右的邊界設為「3公分」。

【頁首頁尾要求】

- ● 中文字型為「細明體」或「新細明體」，英文及數字字型為「Times New Roman」，且均設定為 10 點字型大小。
- ● 頁首左側為「您的准考證號碼」、右側為「您的座號」，且英數字均以半形字表示。
- ● 頁尾左側為應檢日期，格式為「yyy/mm/dd」，其中 yyy 為民國年，mm 為月，dd 為日，且均以半形字表示，中間為「Page. x」，其中 x 為順序頁碼，x 為半型字，右側為「您的姓名」。

【本文要求】

- △ 所有的中文字型除了特別要求之外 (請參照「參考答案」)，其餘一律設定為「細明體」或「新細明體」，字體大小設定為 12 點。
- △ 所有的英文及數字除了特別要求之外 (請參照「參考答案」)，其餘一律設定為「Arial」字型，字體大小設定為 12 點。
- △ 每段落的格式設定 (含縮排、框線、斜體、底線、網底等)，請參照「參考答案」。每一段落的格式設定必須完全與「參考答案」對應之段落的格式相同，但避頭尾的設定不列入評分項目，且每列字數與每頁列數沒有限制。
- ● 本題答案共分為六個段落，另含一個表格及一張圖片。
- ※ 標題:「題組十　參考答案」。
- ● 標題字為 16 點「細明體」或「新細明體」字型，置中並加上斜體及一條粗底線。
- ※ 文書檔中之【 】處，表示應檢人員須自行輸入文字，本文中的資料不可無故增加資料、刪除資料或任意修改資料，且符號【 】本身必須刪除。
- ● 文書檔中自行輸入的文字，中文字型設定為「標楷體」，英數字型設為「Arial」，請參照「參考答案」。
- ● 文中所有的半型「()」皆以全型「（ ）」取代。
- ● 每段落首行須縮排二個中文字，但第一段之首字必須再放大二行的高度。
- ● 第二段平均分成二欄，第六段平均分成三欄，並加入分隔線。
- ● 標題與段落，段落與段落，段落與表格之間均以 18 點的空白列間隔。

【圖形要求】

- 圖形以「文繞圖」方式插入第二段第二欄第四列右側位置，高度及寬度分別設為 6 列及 8 個中文字，圖形右側與文字右側對齊。
- △ 圖形須加外框。

【表格要求】

- 表格置於第四段後，第五段前，請參照「參考答案」。
- 表格左右皆設定縮排「8 個 12 點全形字」。
- 表格中的中、英文字型、字型大小及全型/半型，請參照「參考答案」。
- 表格的格式(含斜體、底線、對齊、網底、直書/橫書等)，請參照「參考答案」。
- 表格的欄數與列數，請參照「參考答案」。
- ※ 表格內不可無故增加資料、刪除資料或任意修改資料，結果請參照「參考答案」。

▶ 題組十解題

A. 版面設定

1. 開啟空白文件，命名為：01-5
2. 版面配置→邊界→自訂邊界
   邊界：上、下、左、右均為 3 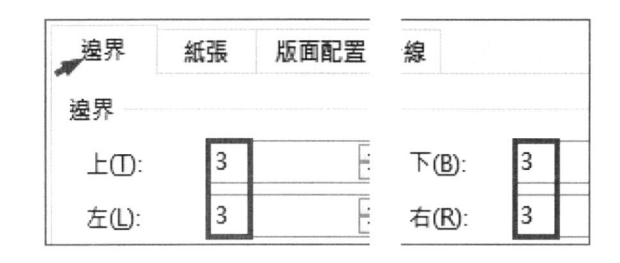
3. 插入→頁首→空白 (三欄)，輸入資料
   設定字型：中文字型→新細明體、字型：Times New Roman 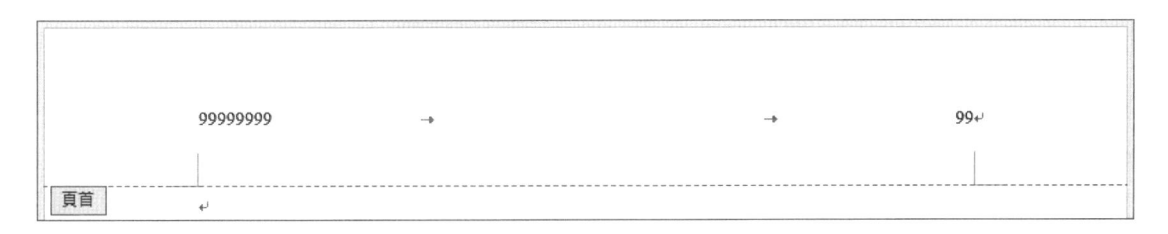
4. 插入→頁尾→空白 (三欄)，輸入資料
   設定字型：中文字型→新細明體、字型：Times New Roman

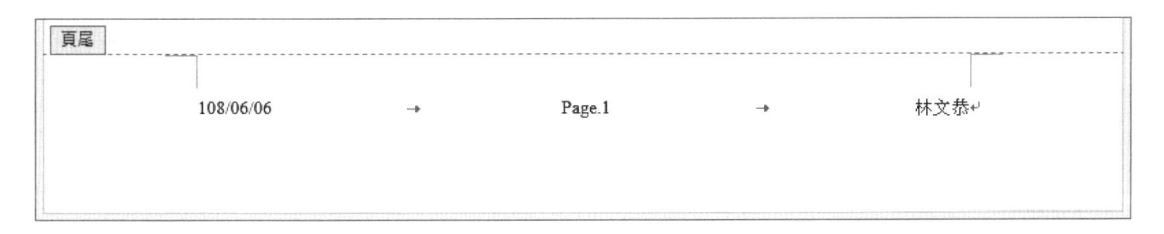

B. 內文處理

1. 在頁面內連點滑鼠 2 下
2. 插入→物件→文字檔，檔案：…\題組 10\920310.odt
3. 根據參考答案：
   - 在文件最上方補打文字：「題組十　參考答案」
   - 在【】內補打文字如下：

   > 當然使用此一方式，需要天時、地利、人和的配合，再加上駭客高超的技術，缺一不可，但並非人人皆有此能力可以截取到資料，因此筆者親自上網申請認證，在申請憑證的過程中，原想使用假 IP 攻擊法來試試，但此行為卻會觸犯法律範圍（別因小小的好奇而讓您深陷囹圄，畢竟 Hacker 與 Cracker 只有一線之隔），所以只能以正常程序申請，填寫各項資料，同時監控資料封包，這時發現了一個從以前就存在的有趣議題，只是許多人會忽略了它，所以在此提出與各位共同來討論。

- 在 6 個段落前方輸入##：

段落	1	##又到了報稅的日子，隨著電腦科技的進步，…
段落	2	##話說在 3 月初報稅的時期，接到網路通訊…
段落	3	##民眾使用網路報稅的上網環境不外乎，…
段落	4	##讓我們回到現實世界，Sniffer 原本…
段落	5	##此外驗證身分過程還可透過 HiNet 來進行…
段落	6	##那若是在家中使用撥接的用戶上線申請，…

4. 段落處理：
   常用→取代
   尋找目標：^p (段落標記)
   取代為：　　 (無任何資料)
   點選：全部取代鈕

   尋找目標：#
   取代為：^p (段落標記)
   點選：全部取代鈕

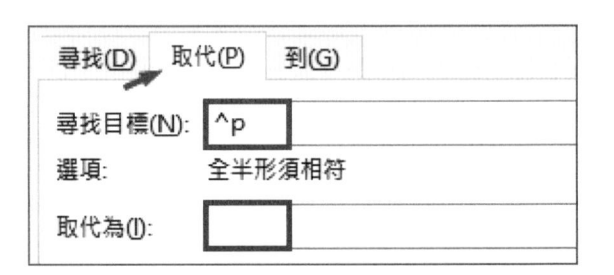

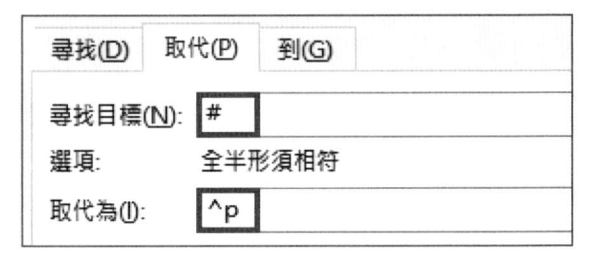

5. 半形「(」全部置換為全形「（」，半形「)」全部置換為全形「）」

C. 整體格式設定

1. Ctrl + A (選取所有內容)
2. 常用→字型
   中文字型：新細明體、字型：Arial

4-120

3. 常用→段落
   縮排與行距：
   對齊方式：左右對齊
   第一行→0.85 公分(2 字元)
   固定行高→18 點

   中文印刷樣式：
   取消：所有分行符號設定

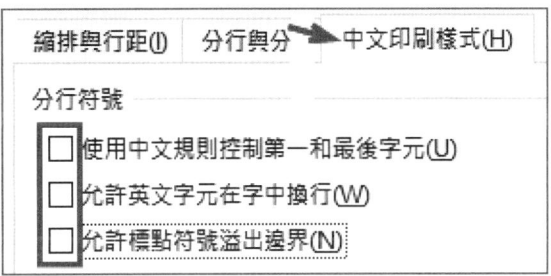

D. 個別格式設定

標題設定

- 刪除行首縮排 (按 Backspace)
- 設定：置中對齊、16 pt、斜體、粗底線

第 1 段：首字放大設定

- 選取第 1 段第 1 個字「又」
  插入→首字放大→首字放大選項
  位置：繞邊
  放大高度：2

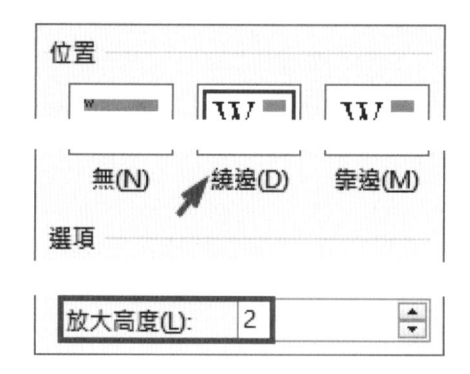

第 1 段部分字元設定

- 選取「直至 3 月…表格算了。」，設定：底線、字元網底

第 2 段部分字元設定

- 選取「當然使用…來討論。」，設定：中文字型→標楷體

第 3 段設定

- 設定：斜體、底線

4-122

第 5 段設定

- 設定：斜體、段落框線

> *此外驗證身分過程還可透過 HiNet 來進行，也就是說若您是 HiNet 的使用者，那麼在填了帳號與密碼，GCA 中心就會和 HiNet 連線，進行您的身分確認，在一個工作天後，便會以 E-Mail 通知您是否通過身分檢查，如此您就不用跑到中華*

E. 分欄設定

- 選取第 2 段落
  版面配置→其他欄
  二欄
  選取：分隔線

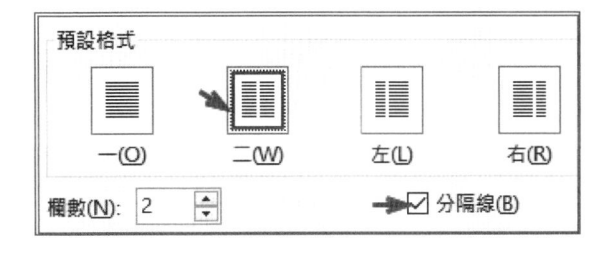

```
┌─────────────────────── 分節符號 (接續本頁) ───────────────────────┐
│   話說在 3 月初報稅的時期，接到網  │  資料，因此筆者親自上網申請認證，在  │
│                                    │                                      │
│ 銀行金庫鑰匙，可以為所欲為。當然使 │ 一個從以前就存在的有趣議題，只是許   │
│ 用此一方式，需要天時、地利、人和的 │ 多人會忽略了它，所以在此提出與各位   │
│ 配合，再加上駭客高超的技術，缺一不 │ 共同來討論。↵ ─── 分節符號 (接續本頁)│
│ 可，但並非人人皆有此能力可以截取到 │                                      │
└────────────────────────────────────┴──────────────────────────────────────┘
```

- 在第 6 段結尾處按 Enter 鍵，選取：第 6 段落(不包含最後一個段落)
  版面配置→其他欄、三欄、選取：分隔線

```
┌──────────────────── 分節符號 (接續本頁) ────────────────────┐
│  那若是在家中使用 │ 他也是撥接用戶的監視，│ 或 GCA 認證中心的網路│
│ 撥接的用戶上線申請，是│ 因為 Terminal Server 會│ 下手，突破安全系統，潛│
│ 否也會遭到竊聽？理論│ 過濾不該傳出的封包，但│ 伏在這兩段網路節點中│
│ 上若您使用 Modem 撥接│ 從 ISP 到 GCA 認證中心│ 攔截，資料同樣的也會落│
│ 到 ISP 的 Terminal  │ 這段的線路，可就不一定│ 到他人口袋，因此，還是│
│ Server，那別擔心會受其│ 囉！假若有人是從 ISP │「小心能駛萬年船」。↵ │
└────────────────────┴──────────────────────┴─────────────────────┘
```

F. 圖片

1. 插入點置於第 2 段，插入→圖片→...\題組 10\920310.gif

2. 設定圖片：
   版面配置→矩形、框線顏色→黑色

3. 拖曳圖片位置：
   上邊線貼齊第 2 段第 4 列上邊緣
   右邊線貼齊頁面右邊緣

4. 調整圖片大小：
   寬 8 字、高 6 列

G. 表格

1. 在第 4 段落下方按 Enter 鍵
   插入→表格→4 欄 x 4 列
   在表格內按右鍵
   點選：選項鈕
   左：0 公分、右：0 公分

2. 根據參考答案，以表格下方第一列文字為依據，拖曳表格 2 條邊界線：

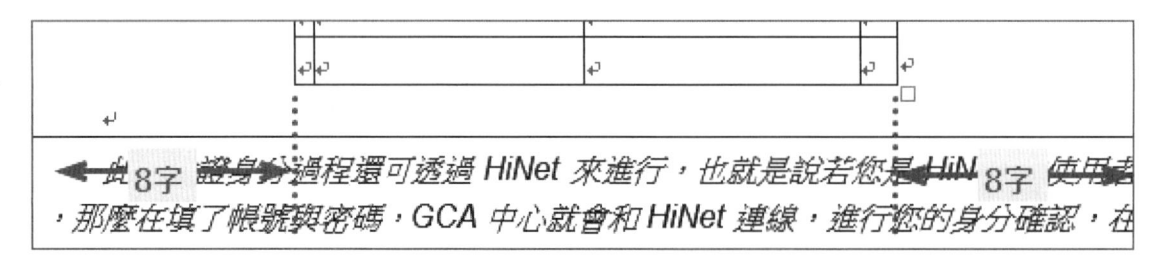

3. 選取 4 個欄位，按右鍵→平均分配欄寬
   表格工具→版面配置→直書，表格工具→版面配置→置中上下對齊

4. 根據參考答案，合併儲存格、設定網底、輸入文字

檔案名稱	組成	組織	說明
學員基本資料檔	學號＋姓名＋班別＋學業成績＋群育成績＋德育成績	按學號遞增順序排列	（無）
別名　學籍檔			備註

5. 選取：表格，設定：中文字型→標楷體

    在「檔案名稱」第 2 個字後面按 Enter 鍵

    設定所有網底儲存格：對齊→分散對齊、設定列高：1.5 公分

    設定第 2 列第 1、4 欄：列高→2.5 公分

解說 灰色網底儲存格設定列高 1.5 公分，第 2 列列高 2.5 公分，均為目測法決定較容易記憶的數字，考生可以目測拖曳列高解題。

檔案名稱	組成	組織	說明	
學員基本資料檔	學號＋姓名＋班別＋學業成績＋群育成績＋德育成績	按學號遞增順序排列	（無）	1.5公分 / 2.5公分
別名　學籍檔			備註	1.5公分

差異說明

本題完成答案與參考答案無明顯差異，不需調整。

題組十　參考答案

又到了報稅的日子，隨著電腦科技的進步，報稅的方式也從傳統的表格到網路申請認證申報，尤其今年國稅局更在各媒體上宣導網路申報的好處，製作報稅軟體光碟免費贈送、網路報稅抽獎、配合 HiNet 贈送使用時數等各種方式，就是要吸引民眾使用此管道來完成報稅手續。<mark>直至 3 月 31 日止，完成網路報稅的民眾也已突破萬人次，對國稅局而言，此小小的成績算令人欣慰，不過在辦理認證的過程中，程序繁複，造成許多有心配合政府政策的民眾不小的困擾，如：若非 HiNet 的使用者申請認證，得跑中華電信窗口好幾次，既然要跑，乾脆填寫傳統表格算了。</mark>還有贈送的光碟中，內附的二維條碼程式所列印出的稅單申報報表，只能在北區國稅局使用，中區及南區不接受此報表格式，真可謂「一局兩制」！筆者雖是個每天活在網路上的人，但也受不了此一擾民程序，決定還是填寫傳統表格報稅，輕鬆完成此一年度大事。

話說在 3 月初報稅的時期，接到網路通訊編輯傳來的一篇傳真，希望筆者能提供些意見，該篇文章是另一名作者所寫有關此次網路報稅安全漏洞的探討，該作者提出一個很有趣的題目，假設有駭客以假 IP 冒用使用者，取得其安全憑證資料，那駭客真的是有如取得銀行金庫鑰匙，可以為所欲為。當然使用此一方式，需要天時、地利、人和的配合，再加上駭客高超的技術，缺一不可，但並非人人皆有此能力可以截取到資料，因此筆者親自上網申請認證，在申請憑證的過程中，原想使用假 IP 攻擊法來試試，但此行為卻會觸犯法律範圍（別因小小的好奇而讓您深陷囹圄，畢竟 Hacker 與 Cracker 只有一線之隔），所以只能以正常程序申請，填寫各項資料，同時監控資料封包，這時發現了一個從以前就存在的有趣議題，只是許多人會忽略了它，所以在此提出與各位共同來討論。

民眾使用網路報稅的上網環境不外乎，在家中使用電話撥接至 ISP，然後連至 GCA 認證中心的網址，此外就是使用公司或公眾區域網路，上線申請。現在我們假設一位守法納稅的民眾（我們就稱他為小張），在公司透過區域網路連上 Internet，到 GCA 認證中心的網頁填寫資料，看看其取得憑證鑰匙的過程中會有什麼狀況。

讓我們回到現實世界，Sniffer 原本是協助網管人員或程式設計師，分析封包資料，解決網路 Traffic 問題的軟體，但用在駭客手中，卻成為最佳入侵工具。如 Dan Farmer 與 Wietse Venema 所設計之 SATAN 軟體，可以掃瞄電腦系統與網路的安全漏洞，發現可能遭人入侵的途徑，網管人員可以防堵此一安全弱點，不過對

駭客而言，它是個能搜集偵查目標系統資料，用準備計畫來進行入侵的理想軟體。如果今天您有 Sniffer 類的軟體，只要您鎖定特定的 IP 位址及所要 Listen 的封包格式，然後像漁夫般的撒網出去，等待鎖定的目標完成整個填表註冊動作後，您就可以收網截取到這頁表格的資料。

檔案名稱	組成	組織	說明
學員基本資料檔	學號＋姓名＋班別＋學業成績＋群育成績＋德育成績	按學號遞增順序排列	（無）
別名			備註
學籍檔			

> 此外驗證身分過程還可透過 HiNet 來進行，也就是說若您是 HiNet 的使用者，那麼在填了帳號與密碼，GCA 中心就會和 HiNet 連線，進行您的身分確認，在一個工作天後，便會以 E-Mail 通知您是否通過身分檢查，如此您就不用跑到中華電信窗口辦理身分驗證。雖然這是便民的措施，但好玩的漏洞就在這兒，您也可以看到HiNet 的撥接識別碼變數isp_name 為 abcdetg，密碼isp_passwd 為 yesismee，電子郵件位址 E-Mail 為 abcdefg@ms9.hinet.net，而這些封包資料，透過網路傳送給 GCA 認證中心的過程，很有可能會被有心人士從中截取，然後駭客就很高興的用您的 HiNet 帳號與密碼，準備下次的入侵行動，哪天您突然發現您 HiNet 的帳單費用高的離譜，這可不是 HiNet 記錯帳喔！或者調查局要求您到案說明，為何您的網路帳號侵入某家銀行系統，造成嚴重破壞，這時您才發現，原來您的網路鑰匙已被人複製一份了。

那若是在家中使用撥接的用戶上線申請，是否也會遭到竊聽？理論上若您使用 Modem 撥接到 ISP 的 Terminal Server，那別擔心會受其他也是撥接用戶的監視，因為 Terminal Server 會過濾不該傳出的封包，但從 ISP 到 GCA 認證中心這段的線路，可就不一定囉！假若有人是從 ISP 或 GCA 認證中心的網路下手，突破安全系統，潛伏在這兩段網路節點中攔截，資料同樣的也會落到他人口袋，因此，還是「小心能駛萬年船」。

題組十一

【動作要求】

★ 本題以「直向」列印，使用文書檔「920311.odt」，表格檔「920311.tab」，圖形檔「920311.gif」，答案列印結果共二頁。

● 使用 A4 尺寸報表紙，以「左右對齊」的方式列印，且上、下、左、右的邊界設為「3公分」。

【頁首頁尾要求】

● 中文字型為「細明體」或「新細明體」，英文及數字字型為「Times New Roman」，且均設定為 10 點字型大小。

● 頁首左側為「您的座號」、中間為「您的姓名」、右側為「您的准考證號碼」，且英數字均以半形字表示。

● 頁尾中間為「-x-」，其中 x 為順序頁碼，x 為半型字，右側為應檢日期，格式為「yyy年 mm 月 dd 日」，其中 yyy 為民國年，mm 為月，dd 為日，且均以半型字表示。

【本文要求】

△ 所有的中文字型除了特別要求之外 (請參照「參考答案」)，其餘一律設定為「細明體」或「新細明體」，字體大小設定為 12 點。

△ 所有的英文及數字除了特別要求之外 (請參照「參考答案」)，其餘一律設定為「Arial」字型，字體大小設定為 12 點。

△ 每段落的格式設定 (含縮排、框線、斜體、底線、網底等)，請參照「參考答案」。每一段落的格式設定必須完全與「參考答案」對應之段落的格式相同，但避頭尾的設定不列入評分項目，且每列字數與每頁列數沒有限制。

● 本題答案共分為五個段落（其中項目符號不另計一段），另含一個表格及一張圖片。

※ 標題:「題組十一　參考答案」。

● 標題字為 16 點「細明體」或「新細明體」字型，置中並整列加上框線及斜體。

※ 文書檔中之【 】處，表示應檢人員須自行輸入文字，本文中的資料不可無故增加資料、刪除資料或任意修改資料，且符號【 】本身必須刪除。

● 文書檔中自行輸入的文字，中文字型設定為「標楷體」，英數字型設為「Arial」，請參照「參考答案」。

● 文中所有的半型「()」皆以全型「（）」取代。

● 文中所有的半型「,」皆以全型「，」取代。

● 第四段中的四個項目：項目符號「一、二、三、四」皆設定縮排「2 個 12 點全形字」，項目內容皆設定縮排「4 個 12 點全形字」。

- 標題與段落，段落與段落，段落與表格之間均以 18 點的空白列間隔。

【圖形要求】

- 圖形以「文繞圖」方式插入第二段右上側，高度及寬度分別設為 6 列及 8 個中文字，右邊界與文字對齊。
- △ 圖形須加外框。

【表格要求】

- 表格置於第二段後，第三段前，請參照「參考答案」。
- 表格左右皆設定縮排「2 個 12 點全形字」。
- 表格中的中、英文字型、字型大小及全型/半型，請參照「參考答案」。
- 表格的格式(含斜體、底線、對齊、網底、直書/橫書等)，請參照「參考答案」。
- 表格的欄數與列數，請參照「參考答案」。
- ※ 表格內不可無故增加資料、刪除資料或任意修改資料，結果請參照「參考答案」。

題組十一解題

A. 版面設定

1. 開啟空白文件，命名為：10-5
2. 版面配置→邊界→自訂邊界
   邊界：上、下、左、右均為 3

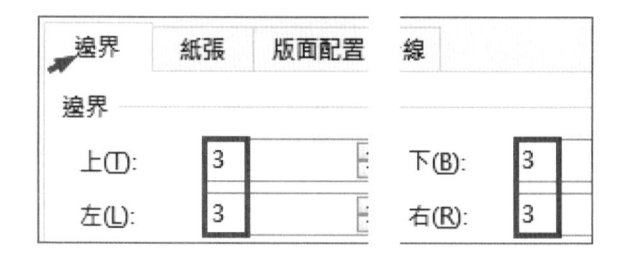

3. 插入→頁首→空白 (三欄)，輸入資料
   設定字型：中文字型→新細明體、字型：Times New Roman

4. 插入→頁尾→空白 (三欄)，輸入資料
   設定字型：中文字型→新細明體、字型：Times New Roman

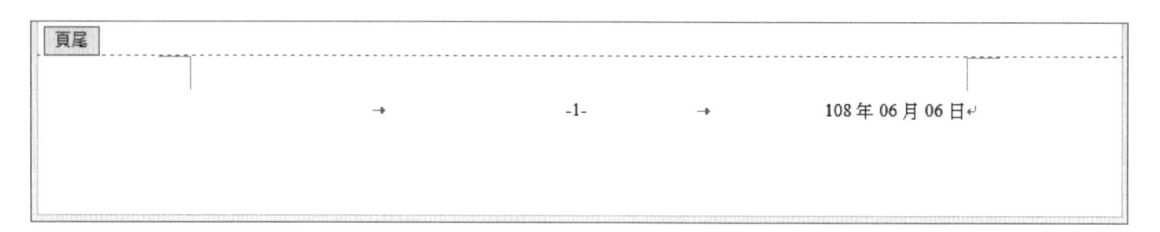

B. 內文處理

1. 在頁面內連點滑鼠 2 下
2. 插入→物件→文字檔，檔案：...\題組 11\920311.odt
3. 根據參考答案：
   - 在文件最上方補打文字：「題組十一　參考答案」
   - 在【】內補打文字如下：

> 隨著公司業務的成長，辦公室擴張，公司內部的網路系統也像小樹苗漸漸成長茁壯一樣越來越大，到了一定的程度後，還會開花結果，分株形成另外一顆樹，也就是產生了分枝辦公室（Branch Office）。兩個辦公室相隔了一段距離，分屬兩棟辦公大樓，如何讓兩個辦公室內的網路互通有無，就是隨之而來的挑戰。經過一段時間的嘗試後，筆者在此提供一個花費不多的方式，讓您不用購買昂貴的路由器，大費周章地再佈線連結兩個辦公室。如果您用的網路作業系統是 Windows NT 的話，只要使用數據機，透過電話線，就可以連接兩個網路。

- 在 5 個段落前方輸入##，項目編號前方輸入#：

段落	1	##隨著公司業務的成長，辦公室擴張，公司內部的…
段落	2	##在展開討論前,我們先來點輕鬆的開胃小菜。…
段落	3	##這個鐵頭據說是 Microsoft 和網路設備…
段落	4	##RRAS 的系統要求是 Windows NT 4.0 版…
項目編號		#一、安裝數據機提供 WAN 連結介面：這個步驟… #二、在 Routing and Remote Access Service… #三、在每個 NT Router 中增加靜態路由… #四、安裝並設定 DHCP Relay Agent,安裝 WINS…
段落	5	##經過以上四個步驟,在我們的例子裡就算是將…

4. 段落處理：
   常用→取代
   尋找目標：^p (段落標記)
   取代為：　　　(無任何資料)
   點選：全部取代鈕

   尋找目標：#
   取代為：^p (段落標記)
   點選：全部取代鈕

5. 半形「(」全部置換為全形「（」，半形「)」全部置換為全形「）」
   半形「,」全部置換為全形「，」

C. 整體格式設定

1. Ctrl + A (選取所有內容)

2. 常用→字型
   中文字型：新細明體、字型：Arial

3. 常用→段落
   縮排與行距：
   對齊方式：左右對齊
   第一行→0.85 公分(2 字元)
   固定行高→18 點

   中文印刷樣式：
   取消：所有分行符號設定

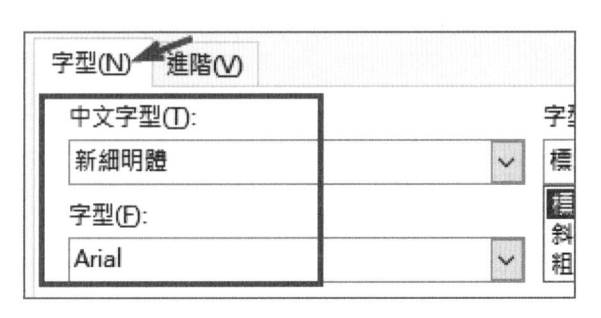

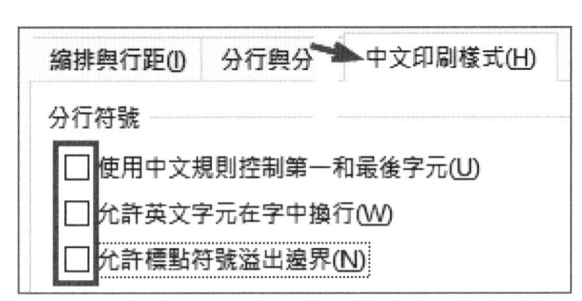

D. 個別格式設定

標題設定

- 刪除行首縮排 (按 Backspace)
- 設定：置中對齊、16 pt、斜體、段落框線

第 1 段設定

- 設定：中文字型→標楷體

> 題組十一‧參考答案
>
> 　　隨著公司業務的成長，辦公室擴張，公司內部的網路系統也像小樹苗漸漸成長茁壯一樣越來越大，到了一定的程度後，還會開花結果，分株形成另外一顆樹，也就是產生了分枝辦公室（Branch Office）。兩個辦公室相隔了一段距離，分屬兩棟

第 4 段項目編號設定

- 設定 4 個項目段落段落：左邊界→2 字(0.85 公分)、凸排→2 字(0.85 公分)

第 4 段部分內容設定

- 選取：「安裝數據機提供 WAN 連結介面」，設定：斜體、底線、字元網底

> Service Pack3 存在，安裝完後會取代原有的 RAS 服務。在使用 RRAS 時的架構，連接兩個網路的步驟如下：
> 一、*安裝數據機提供 WAN 連結介面*：這個步驟和以往的 RAS 類似，是在控制台→網路→服務→Routing And Remote Access Service 中設定。要注

- 選取：「在 Routing and ...路由器使用」，設定：斜體、底線、字元網底

> 二、*在 Routing and Remote Access Service 中新增介面供路由器使用*：在 RRAS 中已經有一個現成的動態撥接精靈（Demand-Dial Wizard）方便

- 選取：「在每個 NT ...（Static Routes）」，設定：斜體、底線、字元網底

> 三、*在每個 NT Router 中增加靜態路由（Static Routes）*：在我們的例子中，由於只在兩個網路間互通有無，兩個網路也各只有一個對外的窗口，所以

- 選取：「安裝並設定... Server」，設定：斜體、底線、字元網底

> 四、*安裝並設定 DHCP Relay Agent，安裝 WINS 或 DNS Server*：這些步驟是為了在兩個網路連接之後，提供動態位址分派（DHCP）及名稱解析（

E. 分欄設定

- 本題無分欄設定要求。

F. 圖片

1. 插入點置於第 2 段，插入→圖片→...\題組 11\920311.gif

2. 設定圖片：版面配置→矩形、圖片框線→黑色

3. 拖曳圖片位置：
   上邊線貼齊第 2 段上邊緣
   右邊線貼齊頁面右邊緣

4. 調整圖片大小：
   寬 8 字、高 6 列

解說　參考範例上的圖片看起來好像是「雙線」，但題目沒有要求，因此不需特別設定。

G. 表格

1. 在第 2 段落下方按 Enter 鍵 2 下
   插入→表格→4 欄 x 6 列
   在表格內按右鍵
   點選：選項鈕
   左：0 公分、右：0 公分

2. 根據參考答案，拖曳調整表格左右邊線 (左右離頁面邊界 2 字)如下圖：

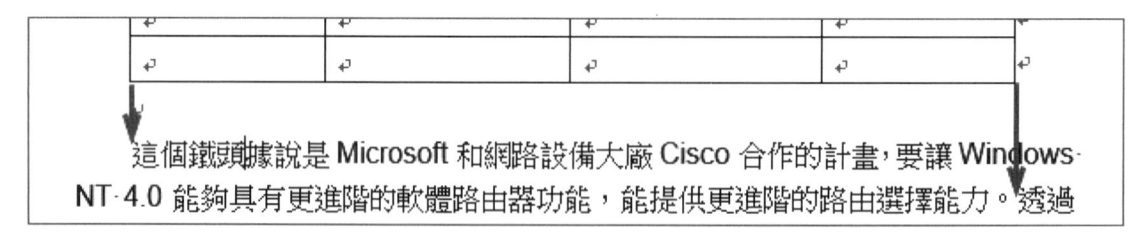

解說　表格上方、下方的文字列都不適合作為調整欄寬參考點，題目也沒規定欄寬，因此等文字輸入後再以目測法調整。

3. 在第 1 列第 1~3 格各按一下 Enter 鍵

   根據參考答案，合併儲存格、設定框線、設定網底、輸入文字，如下圖：

表一□佔有率			
產品區隔 廠商	大型會議室 系統	小型移動式 系統	桌上型 系統
CompressionLab.	49%	35%	36%
PictureTel	23%	45%	55%
VTEL	5%	7%	—
GPT	11%	5%	—
Others	12%	8%	9%

4. 選取：表格上方文字列，取消：首行縮排，設定：底線、置中對齊

5. 選取：表格，設定：中文字型→標楷體

6. 拖曳調整第 1 欄寬度→欄寬比「Compression Lab.」多 0.5 公分

   選取：2~4 欄，按右鍵→平均分配欄寬

7. 設定第 1 列第 1 格：

   第 1 段落→靠右、第 2 段落→靠左，表格工具→設計→框線→左斜框線

8. 設定第 1 列第 2~4 格：表格工具→版面配置→置中對齊

	表一□佔有率		
產品區隔 廠商	大型會議室 系統	小型移動式 系統	桌上型系統
CompressionLab.	49%	35%	36%

9. 選取所有數字儲存格，設定段落：靠右對齊、右縮排→2.5 字元(1.06 公分)

廠商	系統	系統	桌上型系統
CompressionLab.	49%	35%	36%
PictureTel	23%	45%	55%
VTEL	5%	7%	—

> **解說** 請注意！數字欄位儲存格並非置中對齊，右縮排 2.5 字元(1.06 公分)為目測值。

差異說明

完成答案與參考答案只有一列高度差異，不需做額外調整。

題組十一　參考答案

　　隨著公司業務的成長，辦公室擴張，公司內部的網路系統也像小樹苗漸漸成長茁壯一樣越來越大，到了一定的程度後，還會開花結果，分株形成另外一棵樹，也就是產生了分枝辦公室（Branch Office）。兩個辦公室相隔了一段距離，分屬兩棟辦公大樓，如何讓兩個辦公室內的網路互通有無，就是隨之而來的挑戰。經過一段時間的嘗試後，筆者在此提供一個花費不多的方式，讓您不用購買昂貴的路由器，大費周章地再佈線連結兩個辦公室。如果您用的網路作業系統是 Windows NT 的話，只要使用數據機，透過電話線，就可以連接兩個網路。

　　在展開討論前，我們先來點輕鬆的開胃小菜。不知道是哪個擅長行銷宣傳的公司先帶頭，資訊界總喜歡把研發中的產品取個奇特的代號，然後讓一堆死忠的「專家」互相以這些代號來溝通。好像武俠小說中的「切口」、「暗語」一樣，以凸顯其「專業」性。你想的是不是和我一樣？沒錯，就是 Microsoft；從 Chicago→Windows95、Memphis→Windows98、Carlo→Windows NT 5.0 等等，讓一堆人滿口行話，好像非這樣不足以顯示功力深厚一樣。在此風氣之下，筆者總不能讓人小看，於是搜尋了一下，找出 RRAS 的代號，咦？真好玩，這的代號竟然叫做「鐵頭」？不曉得是筆者才疏學淺還是孤陋寡聞，硬是覺得這個代號實在是好笑。如果有讀者大人知道這代號的來由，還望請不吝賜告。

表一　佔有率

廠商 \ 產品區隔	大型會議室系統	小型移動式系統	桌上型系統
Compression Lab.	49%	35%	36%
PictureTel	23%	45%	55%
VTEL	5%	7%	─
GPT	11%	5%	─
Others	12%	8%	9%

　　這個鐵頭據說是 Microsoft 和網路設備大廠 Cisco 合作的計畫，要讓 Windows NT 4.0 能夠具有更進階的軟體路由器功能，能提供更進階的路由選擇能力。透過 RRAS，可讓執行 Windows NT 4.0 的機器也具有路由器的功能。但這可不是 Microsoft 獨創而獲見的構想，其實在 Novell Intranet Ware 中早已內含這項功能，稱之為 MPR，而且已經發展到 3.X 版了。

RRAS 的系統要求是 Windows NT 4.0 版以上，且必須安裝 Service Pack 3。可以從 Microsoft 網站中下載，檔案大約是 5 MB 左右。安裝之前會先檢查有沒有 Service Pack 3 存在，安裝完後會取代原有的 RAS 服務。在使用 RRAS 時的架構，連接兩個網路的步驟如下：

一、*安裝數據機提供 WAN 連結介面*：這個步驟和以往的 RAS 類似，是在控制台→網路→服務→Routing And Remote Access Service 中設定。要注意的是如果需要較大的頻寬，可以在 Network 選項中選擇 Multi Link 選項。Multi Link 可以把多個不同的通訊埠視為一個邏輯上的硬體通訊埠，目前的個人電腦或是所謂的 PC Server 大都有兩個序列埠，這樣就可以同時連接兩個數據機提供 33.6 Kbps*2 的頻寬。另外如果對於路由觀念還不清楚的，建議一開始通訊協定只選用 IPX 或 IP 一項就好，先選擇一個自己比較熟悉的通訊協定，才不會被一堆名詞搞的昏頭轉向。因為筆者的環境是使用 TCP/IP 通訊堆疊，所以在安裝數據機時就只選擇了 TCP/IP 這個通訊協定。

二、*在 Routing and Remote Access Service 中新增介面供路由器使用*：在 RRAS 中已經有一個現成的動態撥接精靈（Demand-Dial Wizard）方便使用者設定介面給路由器使用。在 NT Router 中要注意連線的兩端各需要有所謂的印信（Credentials），也就是使用者名稱和密碼。NT Router 規定，如果撥號端連接到撥入端（例如由 WINNT1 撥號到 WINNT2），則撥號端印信的使用者名稱要和撥入端的介面名稱相同。

三、*在每個 NT Router 中增加靜態路由（Static Routes）*：在我們的例子中，由於只在兩個網路間互通有無，兩個網路也各只有一個對外的窗口，所以不需要動用到 NT Router 中的動態路由選擇能力，只要使用靜態路由表（Add Static Router）即可。

四、*安裝並設定 DHCP Relay Agent，安裝 WINS 或 DNS Server*：這些步驟是為了在兩個網路連接之後，提供動態位址分派（DHCP）及名稱解析（WINS，DNS）之用，詳細的設定及作用請參考相關的文獻，筆者在此不多贅言。

經過以上四個步驟，在我們的例子裡就算是將 RRAS 設定完成了。接下來在安裝設定完 RRAS 之後，只要在設定好的介面上按右鍵，選擇 Connect，經過數據機的連接，就可以讓兩個網路由老死不相往來變成雞犬相聞。您可以選擇需要時才動態撥接兩端，也可以透過電話線作固態的連接。

題組十二

【動作要求】

★ 本題以「橫向」列印，使用文書檔「920312.odt」，表格檔「920312.tab」，圖形檔「920312.gif」，答案列印結果共二頁。

● 使用 A4 尺寸報表紙，以「左右對齊」的方式列印，且上、下、左、右的邊界設為「3 公分」。

【頁首頁尾要求】

● 中文字型為「細明體」或「新細明體」，英文及數字字型為「Times New Roman」，且均設定為 10 點字型大小。

● 頁首左側為應檢日期，格式為「二○○○年一月一日」，右側為「第 x 頁」，其中 x 為順序頁碼，x 為半型字。

● 頁尾左側為「您的准考證號碼」、中間為「您的姓名」、右側為「您的座號」，且英數字均以半形字表示。

【本文要求】

△ 所有的中文字型除了特別要求之外 (請參照「參考答案」)，其餘一律設定為「細明體」或「新細明體」，字體大小設定為 12 點。

△ 所有的英文及數字除了特別要求之外 (請參照「參考答案」)，其餘一律設定為「Arial」字型，字體大小設定為 12 點。

△ 每段落的格式設定 (含縮排、框線、斜體、底線、網底等)，請參照「參考答案」。每一段落的格式設定必須完全與「參考答案」對應之段落的格式相同，但避頭尾的設定不列入評分項目，且每列字數與每頁列數沒有限制。

● 本題答案共分為七個段落，另含一個表格及一張圖片。

※ 標題：「題組十二　參考答案」。

● 標題字為 16 點「細明體」或「新細明體」字型，置中並加上斜體及網底。

※ 文書檔中之【】處，表示應檢人員須自行輸入文字，本文中的資料不可無故增加資料、刪除資料或任意修改資料，且符號【】本身必須刪除。

● 文書檔中自行輸入的文字，中文字型設定為「標楷體」，英數字型設為「Arial」，請參照「參考答案」。

● 文中所有的半型「()」皆以全型「（）」取代。

● 第五段及第七段，平均分成二欄，並加入分隔線。

● 標題與段落，段落與段落，段落與表格之間均以 18 點的空白列間隔。

【圖形要求】

- 圖形以「文繞圖」方式插入第二段，高度與第二段等高，寬度為七個中文字，與左側文字距離也為七個中文字。
- △ 圖形須加框線。

【表格要求】

- 表格以「文繞圖」方式插入第六段，表格之上邊界與第六段上邊界切齊，左側與文字距離為 22 個中文字，右邊界與文字對齊，高度則為六列，請參照「參考答案」。
- 表格中的中、英文字型、字型大小及全型/半型，請參照「參考答案」。
- 表格的格式(含斜體、底線、對齊、網底、直書/橫書等)，請參照「參考答案」。
- 表格的欄數與列數，請參照「參考答案」。

※ 表格內不可無故增加資料、刪除資料或任意修改資料，結果請參照「參考答案」。

▶ 題組十二解題

A. 版面設定

1. 開啟空白文件，命名為：01-5

2. 版面配置→邊界→自訂邊界
   邊界：上、下、左、右均為 3
   版面配置→方向→橫向

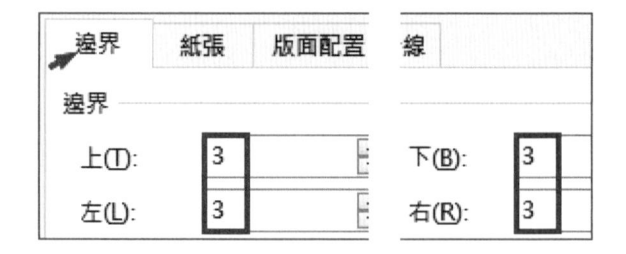

3. 插入→頁首→空白 (三欄)，輸入資料
   設定字型：中文字型→新細明體、字型：Times New Roman

   | 二〇一九年六月六日 | → | → | 第1頁 |

4. 插入→頁尾→空白 (三欄)，輸入資料
   設定字型：中文字型→新細明體、字型：Times New Roman

   | 99999999 | → | 林文恭 | → | 99 |

B. 內文處理

1. 在頁面內連點滑鼠 2 下

2. 插入→物件→文字檔，檔案：...\題組 12\920312.odt

3. 根據參考答案：

   - 在文件最上方補打文字：「題組十二　參考答案」
   - 在【 】內補打文字如下：

   > 一般而言，一個區域內所需考慮的頻寬需求有幾類。以下將從問題考量為出發點，再針對問題做分析與解答，以進一步有效的規劃出頻寬的需求與擴充的能量。特殊與一般的應用程式：一般的文字、檔案的更新、刪除、增加並不需要特別的頻寬，Ethernet 的 10Mbps 或 token Ring 的 16Mbps 應綽綽有餘，只要在一個網路區段的 node 數不要太多（一般以不超過 30 個 node 為限）。然而特殊應用的軟體，如汽車風動、航太工業、氣象預報等則很有可能在一個網路區段中只有一到二個 nodes。

- 在 7 個段落前方輸入##，項目編號前方輸入#：

段落	1	##網路的規劃在頻寬(bandwidth)的考量上是…
段落	2	##一般而言，一個區域內所需考慮的頻寬需求…
段落	3	##主從架構或主機密集集中式架構：主機…
段落	4	##通訊設備本身的頻寬限制：通訊設備所提供…
段落	5	##通訊軟體、協定支援的最大頻寬及多餘負載狀況…
項目編號		#甲、語音、影像是否整合，其彼此… #乙、應用程度、時間如何 #丙、資料流的整合狀況如何
段落	6	##這幾個問題除了牽涉到公司政策的取向還…
段落	7	##一般而言，在頻寬的管理上以 Lan Probe 架在…
項目編號		#一、通訊協定的分析(使用率) #二、統計報表 #三、事件分析 #四、效能監控 #五、錯誤事件分析 #六、頻寬容量分析 #七、專線(如 64K、T1)錯誤秒數 #八、頻道使用率 #九、PVC 使用狀況 #十、例外報表警示

4. 段落處理：
   常用→取代
   尋找目標：^p (段落標記)
   取代為：　　(無任何資料)
   點選：全部取代鈕

   尋找目標：#
   取代為：^p (段落標記)
   點選：全部取代鈕

5. 半形「(」全部置換為全形「（」，半形「)」全部置換為全形「）」

> 題組十二‧參考答案
>
> 網路的規劃在頻寬(bandwidth)的考量上是重要且影響深遠的。頻寬本身的需求分析頗為複雜，如同容納水的水管一樣，有大有小；水流就像資料流一樣，當它要通過水管時，除非水流的速度夠快，否則必須水管的口徑要夠大，才足夠吸納水的流量。
> 而水管之於水流就誠如頻寬之於資料流量一般。當然，現在所謂的資料流，除了資料(data)以外，往往還有語音(voice)型態

C. 整體格式設定

1. Ctrl + A (選取所有內容)

2. 常用→字型
   中文字型：新細明體、字型：Arial

3. 常用→段落
   縮排與行距：
   對齊方式：左右對齊
   第一行→0.85 公分(2 字元)
   固定行高→18 點

   中文印刷樣式：
   取消：所有分行符號設定

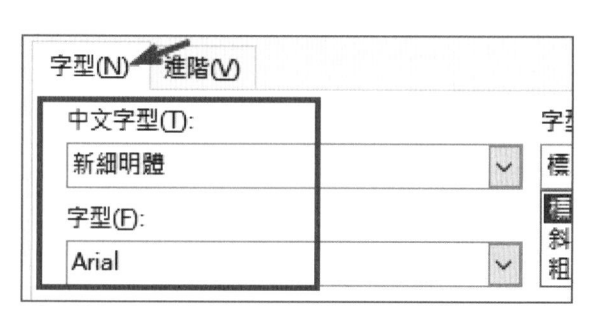

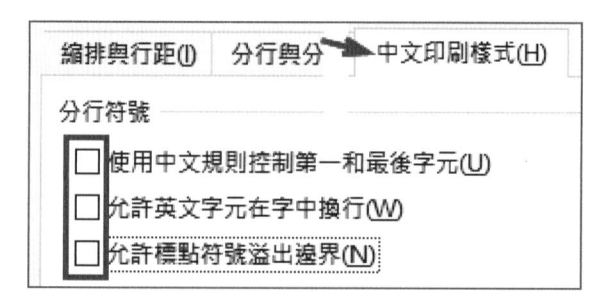

> ➔題組十二‧參考答案
>
> ➔網路的規劃在頻寬（bandwidth）的考量上是重要且影響深遠的。頻寬本身的需求分析頗為複雜，如同容納水的水管一樣，有大有小；水流就像資料流一樣，當它要通過水管時，除非水流的速度夠快，否則必須水管的口徑要夠大，才足夠吸納水的流量。而水管之於水流就誠如頻寬之於資料流量一般。當然，現在所謂的資料流，除了資料（data）以外，往往還有語音（voice）型態

D. 個別格式設定

標題設定

- 刪除行首縮排 (按 Backspace)
- 設定：置中對齊、16 pt、斜體、字元網底

> *題組十二‧‧參考答案*
>
> 　　網路的規劃在頻寬（bandwidth）的考量上是重要且影響深遠的。頻寬本身的需求分析頗為複雜，如同容納水的水管一樣，有大有小；水流就像資料流一樣，當它要通過水管時，除非水流的速度夠快，否則必須水管的口徑要夠大，才足夠吸納水的流量。

第 2 段設定

- 設定：中文字型→標楷體

> 　　一般而言，一個區域內所需考慮的頻寬需求有幾類。以下將從問題考量為出發點，再針對問題做分析與解答，以進一步有效的規劃出頻寬的需求與擴充的能量。特殊與一般的應用程式：一般的文字、檔案的更新、刪除、增加並不需要特別的頻寬，Ethernet 的 10Mbps 或 token Ring 的 16Mbps 應綽綽有餘，只要在一個網路區段的 node 數不要太多（一般以不超過 30 個 node 為限）。

第 4 段設定

- 設定：斜體、底線

> 　　*通訊設備本身的頻寬限制：通訊設備所提供的頻寬與擴充，成本與機會是必須考慮的因素。近年來，Switch 的設備普遍運用，為了整合舊有的低速設備以自動偵測頻寬的通訊設備開始盛行，越來越多的 10 或 100 Mbps Auto detection 的設備或模組也納入規劃的領域了。*

第 5 段項目編號設定

- 設定：斜體、中文字型→標楷體
- 段落格式：左縮排→0.85 公分(2 字元)、凸排→0.85 公分(2 字元)

> *甲、語音、影像是否整合，其彼此之間的運作關係及優先次序如何*
> *乙、應用程度、時間如何*
> *丙、資料流的整合狀況如何*

> **解說** 完成欄位設定後，才能看到凸排效果。

第 7 段項目編號設定

- 複製第 5 段「項目甲」段落格式，在第 7 段 10 個項目編號上刷過去

> 　　網管系統即可監管至頻寬的資源。頻寬的管理可以透過適當的網管工具看到：
> 　　*一、通訊協定的分析（使用率）*
> 　　*二、統計報表*
> 　　⋮
> 　　*八、頻道使用率*
> 　　*九、PVC 使用狀況*

E. 分欄設定

- 選取第 5 段落
  版面配置→其他欄
  二欄
  選取：分隔線

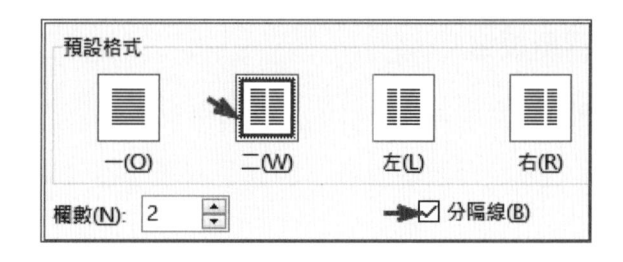

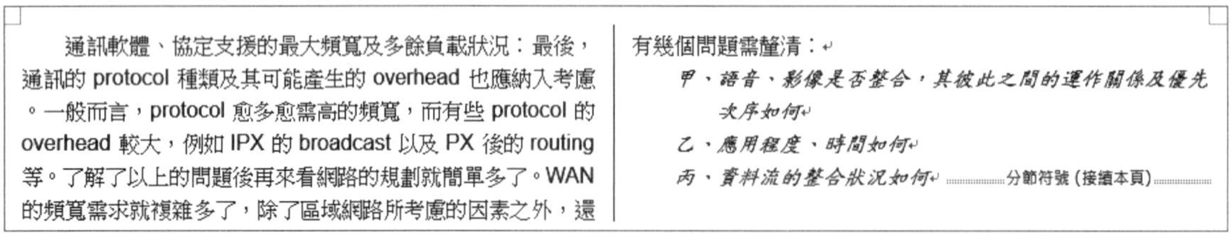

- 在第 7 段最後方按 Enter 鍵，選取第 7 段落 (不包含最後一個段落符號)
  版面配置→其他欄、二欄、選取：分隔線

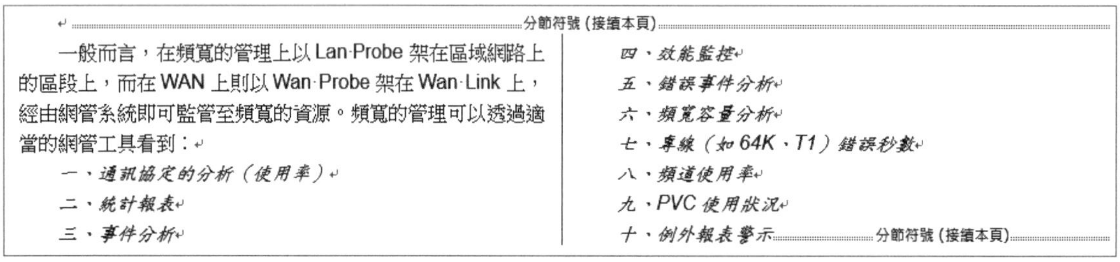

F. 圖片

1. 插入點置於第 2 段，插入→圖片→...\題組 12\920312.gif

2. 設定圖片：版面配置□
   矩形、框線顏色→黑色

3. 拖曳圖片位置：
   上邊線貼齊第 2 段上邊緣
   左邊線距離頁面左邊緣 7 字

4. 調整圖片大小：
   寬 7 字、高→與第 2 段落等高

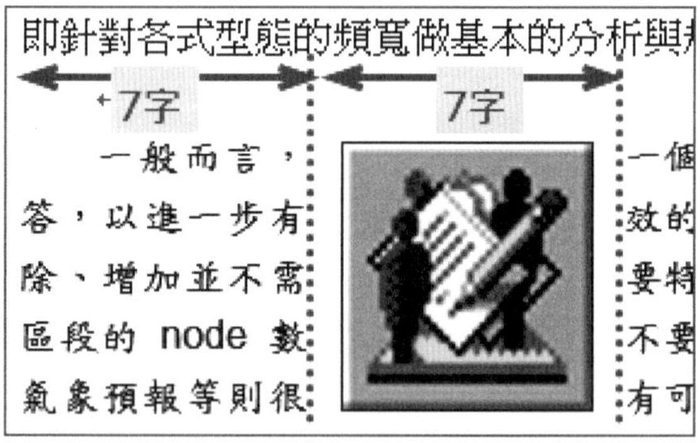

G. 表格

1. 將插入點置於第 5 段下方
   插入→表格→插入表格
   欄數：5、列數：5
   固定欄寬：3 公分

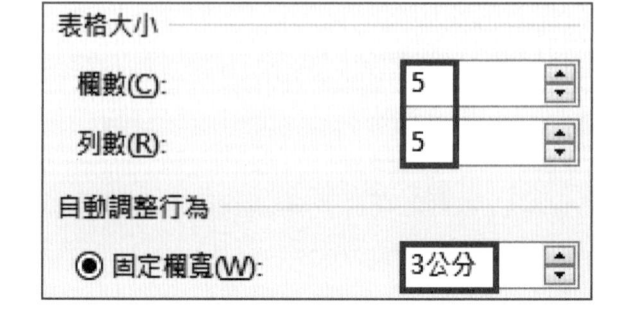

> **解說** 欄寬 3 公分為大約估計值，後面步驟還會進一步調整。

2. 在表格內按右鍵
   點選：選項鈕
   左：0 公分、右：0 公分

3. 拖曳表格至第 6 段右上方：
   表格上邊線與第 6 段上邊線貼齊，表格左邊線與「包括」貼齊
   向左拖曳表格右邊線→表格右邊線與頁面右邊線貼齊，請參考下圖：

4. 根據參考答案輸入文字
   選取：表格，設定：中文字型→標楷體，表格工具→版面配置→置中對齊

期數	訂戶		單期售零價	備註
	新訂戶	續訂戶		
一年 12 期	NT$1,800	NT$980	NT$180	平寄
二年 24 期	NT$3,500	NT$1,500	NT$180	平寄
三年 36 期	NT$5,000	NT$2,200	NT$180	平寄

> **解說** 上圖箭號標示處需要做調整，題目並沒有任何規範。

5. 在「期數」、「訂戶」、「備註」、「平寄」、中間輸入 1 個全型空白字元
   在「980」前方輸入 2 個半形空白字元
   選取「新訂戶」及「續訂戶」，設定段落→分散對齊

期　數	訂　戶		單期售零價	備　註
	新　　訂　　戶	續　　訂　　戶		
一年 12 期	NT$1,800	NT$‥980	NT$180	平　寄
二年 24 期	NT$3,500	NT$1,500	NT$180	平　寄
三年 36 期	NT$5,000	NT$2,200	NT$180	平　寄

解說　「980」的解法是最低階卻是最簡單的解法，因為參考答案也是如此作的，請仔細觀察參考答案！

差異說明

本題完成答案與參考答案無明顯差異，不需調整。

題組十二 參考答案

網路的規劃在頻寬（bandwidth）的考量上是重要且影響深遠的。頻寬本身的需求分析頗為複雜，如同容納水的水管一樣，有大有小；水流就像資料流一樣，當它要通過水管時，除非水流的速度夠快，否則必須水管的口徑要夠大，才足夠吸納水的流量。而水管之於水流就試如頻寬之於資料流量一般。當然，現在所謂的資料流，除了資料（data）以外，往往還有語音（voice）型態的「資料」，以及影像（mage）型態的「資料」。網路本身的型態也有區域性的以及混合型式的拓樸（topology）。本文即針對各式型態的頻寬做基本的分析與規劃，並對頻寬的管理做一說明。

一般而言，一個區域內所需考慮的頻寬需求有幾類。以下將從問題考量為出發點，再針對問題做分析與解答，以進一步有效的規劃出所需的能量。特殊與一般的應用程式：一般的文字、檔案的更新、刪除、增加並不需要特別的頻寬，Ethernet 的 10 Mbps 或 :oken Ring 的 16 Mbps 應綽綽有餘，只要在一個網路區段的 node 數不要太多（一般以不超過 30 個 node 為限）。然而特殊應用的軟體，如汽車風動、航太工業、氣象預報等則很有可能在一個網路區段中只有一到二個 nodes。

主從架構或主機密集集中式架構：主機或(同)服器則應考量在應用上需分擔多少個 nodes 的存取以決定頻寬的需求。一般應用上的規劃，亦即在主機上去規劃以較高速的連線。也可以以另一種方式規劃，即在主機上有多重路徑（multiple paths）連線，以尋求更高的頻寬輸出（bandwidth throughput）。然而集中式與分散式主機的頻寬需求程度並不相同，例如在集中存取於台北主機和分散在台北、台中的主機存取所需的頻寬就不相同。當然，分散的主機必須也能「分擔」一些存取資料的負載。在應用上，台中的主機可以利用離峰時間更新台北主機的頻寬在離峰時間貫質的資料庫（如果有必要的話）。

通訊設備本身的頻寬限制：通訊設備所提供的頻寬跟擴充，成本與的機會是必須考慮的因素。近年來，Switch 的設備普遍運用，為了整合舊有的低速設備以便以自動偵測頻寬的通訊設備開始盛行，越來截多的 10 或 100 Mbps Auto detection 的設備或模組也納入規劃的領域了。

通訊軟體、協定支援的最大頻寬及多餘負載狀況；最後，通訊的 protocol 種類及其可能產生的 overhead 也應納入考慮。一般而言，protocol 愈多愈需高的頻寬，而有些 protocol 的 overhead 較大，例如 IPX 的 broadcast 以及 PX 後的 routing 等。了解了以上的問題後再來看網路的規劃就簡單多了。WAN 的頻寬需求就複雜多了，除了區域網路所考慮的因素之外，還

這幾個問題除了牽涉到公司政策的取向還包括通訊設備容量，希望達到的通訊品質等考慮因素。例如有些視訊需有 384K 以上頻寬才有 30 個 Frame per second 的品質，又例如點對點、點對多點、多點對多點的頻寬亦有不同，以及是否需特定人物或 AP 進入優先權最高等考慮，當這幾種因素加進來時，網路的規劃則牽涉到路數以及品質等考慮。而語音規劃的複雜性及選擇性亦增加。

一般而言，在頻寬的管理上以 Lan Probe 架在區域網路上的區段上，而在 WAN 上則以 Wan Probe 架在 Wan Link 上，經由網管系統即可監管至頻覓的資源。頻寬的管理可以透過適當的網管工具看到：

一、通訊協定的分析
二、統計報表
三、事件分析

有幾個問題需釐清：

甲、語音、影像是否整合，其彼此之間的運作關係及優先次序如何
乙、應用程度、時間如何
丙、資料流的整合狀況如何

期數	訂戶		單期售零價	備註
	新訂	續訂戶		
一年 12 期	NT$1,800	NT$ 980	NT$180	平寄
二年 24 期	NT$3,500	NT$1,500	NT$180	平寄
三年 36 期	NT$5,000	NT$2,200	NT$180	平寄

四、效能監控
五、錯誤事件分析
六、頻寬容量分析
七、專線（如 64K、T1）錯誤秒數
八、頻道使用率
九、PVC 使用狀況
十、例外報表警示

題組十三

【動作要求】

★ 本題以「直向」列印，使用文書檔「920313.odt」，表格檔「920313.tab」，圖形檔「920313.gif」，答案列印結果共二頁。

● 使用 A4 尺寸報表紙，以「左右對齊」的方式列印，且上、下、左、右的邊界設為「3公分」。

【頁首頁尾要求】

● 中文字型為「細明體」或「新細明體」，英文及數字字型為「Times New Roman」，且均設定為 10 點字型大小。

● 頁首左側為「您的准考證號碼」、中間為「您的姓名」、右側為「您的座號」。

● 頁尾左側為應檢日期，格式為「yyyy/mm/dd」其中 yyyy 為西元年，中間為「第 x 頁」，其中 x 為順序頁碼，x 為半型字。

【本文要求】

△ 所有的中文字型除了特別要求之外 (請參照「參考答案」)，其餘一律設定為「細明體」或「新細明體」，字體大小設定為 12 點。

△ 所有的英文及數字除了特別要求之外 (請參照「參考答案」)，其餘一律設定為「Arial」字型，字體大小設定為 12 點。

△ 每段落的格式設定 (含縮排、框線、斜體、底線、網底等)，請參照「參考答案」。每一段落的格式設定必須完全與「參考答案」對應之段落的格式相同，但避頭尾的設定不列入評分項目，且每列字數與每頁列數沒有限制。

● 本題答案共分為五個段落，另含一個表格及一張圖片。

※ 標題：「題組十三　參考答案」。

● 標題字為 16 點「細明體」或「新細明體」字型，置中並整列加上斜體及網底。

※ 文書檔中之【】處，表示應檢人員須自行輸入文字，本文中的資料不可無故增加資料、刪除資料或任意修改資料，且符號【】本身必須刪除。

● 文書檔中自行輸入的文字，中文字型設定為「標楷體」，英數字型設為「Arial」，請參照「參考答案」。

● 文中所有的半型「()」皆以全型「（）」取代。

● 文中所有的「bss」皆以「BSS」取代。

● 第五段中的三個項目：項目編號皆設定左邊縮排二個中文字，項目內容皆設定左邊縮排四個中文字。

● 標題與段落，段落與段落，段落與表格之間均以 18 點的空白列間隔。

【圖形要求】

- 圖形以「文繞圖」方式插入第三段第五列，高度及寬度分別設為 4 列及 7 個中文字，與左側文字距離則為十四個中文字。
- △ 圖形不加外框。

【表格要求】

- 表格置於第三段後，第四段前，左右邊界與文字對齊，請參照「參考答案」。
- 表格中的中、英文字型、字型大小及全型/半型，請參照「參考答案」。
- 表格的格式(含斜體、底線、對齊、網底、直書/橫書等)，請參照「參考答案」。
- 表格的欄數與列數，請參照「參考答案」。
- ※ 表格內不可無故增加資料、刪除資料或任意修改資料，結果請參照「參考答案」。

題組十三解題

A. 版面設定

1. 開啟空白文件，命名為：01-5

2. 版面配置→邊界→自訂邊界
   邊界：上、下、左、右均為 3

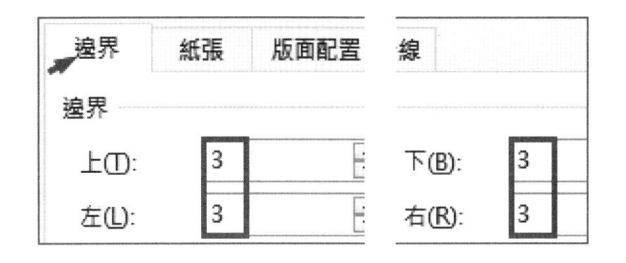

3. 插入→頁首→空白 (三欄)，輸入資料
   設定字型：中文字型→新細明體、字型：Times New Roman

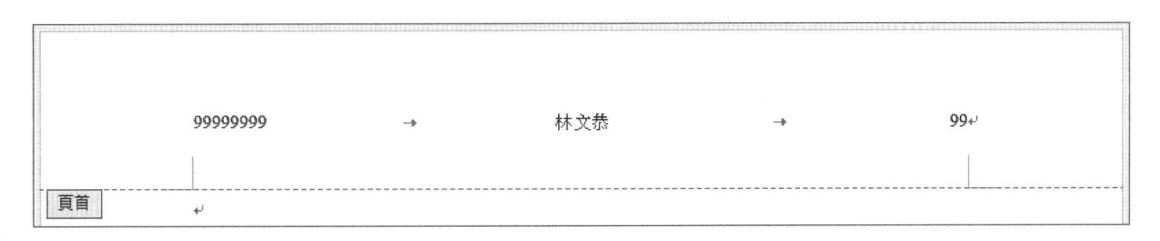

4. 插入→頁尾→空白 (三欄)，輸入資料
   設定字型：中文字型→新細明體、字型：Times New Roman

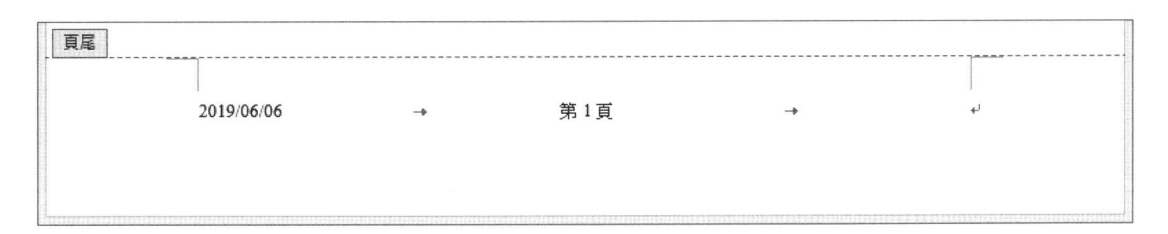

B. 內文處理

1. 在頁面內連點滑鼠 2 下

2. 插入→物件→文字檔，檔案：…\題組 13\920313.odt

3. 根據參考答案：

   - 在文件最上方補打文字：「題組十三　參考答案」
   - 在【 】內補打文字如下：

   > 整合服務（Integration）的主要工作，是要使分散系統與現有的有線網路能作訊息交換，即作傳輸媒介與位址的轉換。此工作主角，便落在埠接器（Portal）上。分送服務（Distribution）的主要工作，是將分散系統內的資料送至正確的位址上。在 IEEE 802.11 標準上，並未訂出此服務要如何將分散系統內的資料送至正確的位址上，但說明了要達成此工作所需必要資訊，這些資訊將由聯結服務（Association）、取消聯結服務（Disassociation）、重新聯結服務（Reassociation）等來提供。

- 在 5 個段落前方輸入##，在項目編號前輸入#：

段落	1	##在個人通訊急遽發展的環境中，無線通訊…
段落	2	##Adhoc Network 架構分為兩種，其中 STA…
段落	3	## Infrastructure Network 架構比 Adhoc…
段落	4	##整合服務（Integration）的主要工作，是要…
段落	5	##在說明聯結服務之前，先了解在 IEEE…
項目編號		#一、無變動的移動(No-transition)… #二、跨基本服務區的移動(bss-Transition)… #三、跨延展服務區的移動(ESS-Transition)…

4. 段落處理：
   常用→取代
   尋找目標：^p (段落標記)
   取代為：　　　(無任何資料)
   點選：全部取代鈕

   尋找目標：#
   取代為：^p (段落標記)
   點選：全部取代鈕

5. 半形「(」全部置換為全形「（」，半形「)」全部置換為全形「）」
   「bss」全部置換為「BSS」

C. 整體格式設定

1. Ctrl + A (選取所有內容)

2. 常用→字型
   中文字型：新細明體、字型：Arial

3. 常用→段落
   縮排與行距：
   對齊方式：左右對齊
   第一行→0.85 公分(2 字元)
   固定行高→18 點

   中文印刷樣式：
   取消：所有分行符號設定

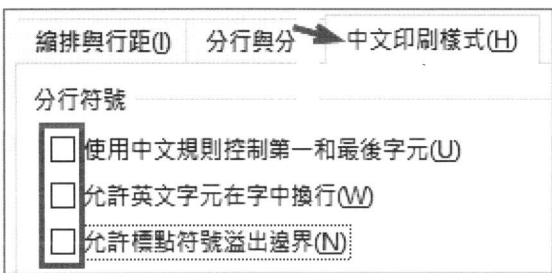

D. 個別格式設定

標題設定

- 刪除行首縮排（按 Backspace）
- 設定：置中對齊、16 pt、斜體、段落網底

第 1 段設定

- 斜體

第 2 段設定

- 設定：段落框線、段落網底

> 　　Adhoc Network 架構分為兩種，其中 STA 為一工作站，工作站與工作站之間，藉由無線媒介（Wireless Medium；WM）在工作站的功率所及區域來收送資訊。而這些工作站的功率區域便形成無線網路的基本服務區（Basic Service Set；

第 4 段設定

- 設定中文字型：標楷體

> 　　整合服務（Integration）的主要工作，是要使分散系統與現有的有線網路能作訊息交換，即作傳輸媒介與位址的轉換。此工作主角，便落在埠接器（Portal）上

第 5 段項目編號設定

- 段落格式：左邊界→0.85 公分(2 字元)、凸排→0.85 公分(2 字元)

> 　　在說明聯結服務之前,先了解在 IEEE 802.11 移動性的定義是需要的。在 IEEE 802.11 標準中,規範了三種工作站的移動性,分述如下：
> 一、無變動的移動（No-transition）：在此性質上,可區分成兩種形式,一為靜止形式（static）,即工作站是靜止不移動,像使用個人電腦一樣,只在固

E. 分欄設定

- 本題無分欄格式要求。

F. 圖片

1. 插入點置於第 3 段，插入→圖片→...\題組 13\920313.gif
2. 設定圖片：版面配置→矩形
3. 拖曳圖片位置：
   上邊線貼齊第 3 段第 5 列上邊緣，左邊線距離頁面左邊緣 14 個中文字
4. 調整圖片大小：寬 7 字、高 4 列

G. 表格

1. 在第 3 段落下方按 Enter 鍵
   插入→表格→3 欄 x 2 列
   在表格內按右鍵
   點選：選項鈕
   左：0 公分、右：0 公分

   > **解說** 插入表格的第 1 列會卡在第 1 頁最下方，這是違反一般文件編輯原則的！
   > 建議調整文件標題列高：固定行高 18 點→單行間距。如此表格就會完整移至第 2 頁。

2. 根據參考答案，以表格下方第一列文字為依據，調整欄位寬度：

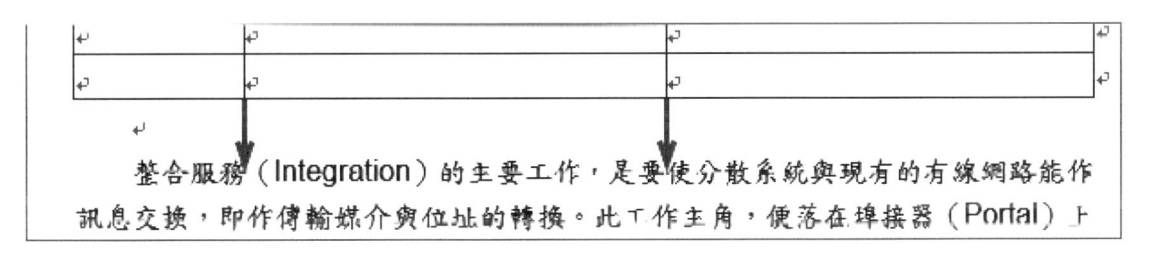

3. 根據參考答案，設定網底
   設定第 1 列：置中對齊
   設定第 2 列第 1 欄：表格工具→版面配置→置中對齊
   設定第 2 列第 1~3 欄：表格工具→版面配置→文字方向：直書
   設定第 2 列第 2~3 欄：表格工具→版面配置→置中上下對齊

4. 在第 2 列第 2 欄按 3 下 Enter 鍵、在第 2 列第 3 欄按 3 下 Enter 鍵

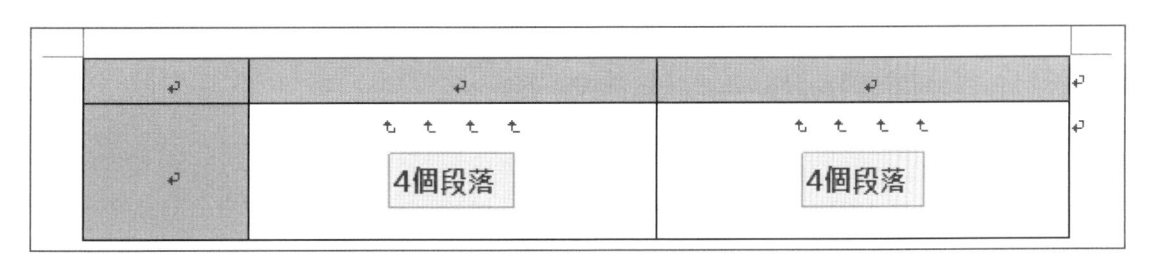

4-155

5. 根據參考答案，輸入文字、調整第 2 列高度

	必備證件	申辦護照
旅遊證件	一、護照 二、身分證影本 三、二吋近照一張 四、公司及住家地址、電話	一、身分證正本 二、二吋近照三張 三、戶口名簿 四、男性需附退伍令

差異說明

本題完成答案與參考答案無明顯差異，不需調整。

題組十三　參考答案

在個人通訊急遽發展的環境中，無線通訊已成為一重要的技術。在無線網路上，使用者不再被網路線所限制，而能帶著筆記型電腦四處遊走，並可連上網路來收送資訊。IEEE 802.11 是因應此類需求而訂定出的無線區域網路標準，各廠商依據此標準所生產出的無線產品，便可達到彼此的相容性，而無線網路的使用區域及應用，將會因此更加廣泛和便利。IEEE 802.11 訂定了 OSI 七層通訊架構中的實體層及資料連結層中的媒介存取控制（Medium Address Control；MAC）子層之規範。在 IEEE 802.11 的無線區域網路架構有兩種：Adhoc Network 與 Infrastructure Network。

> Adhoc Network 架構分為兩種，其中 STA 為一工作站，工作站與工作站之間，藉由無線媒介（Wireless Medium；WM）在工作站的功率所及區域來收送資訊。而這些工作站的功率區域便形成無線網路的基本服務區（Basic Service Set；BSS），每一個 BSS，都給予一個具唯一性的識別碼（BSS ID）。如此，具有相同 BSS ID 的工作站便屬於同一個基本服務區。在此架構之下，一個基本服務區就是一個 Adhoc Network。工作站只能藉以無線媒介來收送訊息，無法進入其他類型的網路，其延展性較小。

Infrastructure Network 架構比 Adhoc Network 的架構上多了兩個元件，一為擷取點（Access Point；AP），另一為分散系統（Distribution System；DS）。擷取點本身亦為一工作站再加上一些額外的功能，其功率所及區域便成了一個基本服務區且亦擁有唯一性的 BSS ID。擷取點能將工作站的資訊透過無線媒介取得，並將其資訊轉送至分散系統，且亦能從分散系統得到的資訊，藉由無線媒介轉送至工作站。所以工作站收送資訊範圍不再是被侷限於自己所在的基本服務區內，而是藉由擷取點和分散系統把收送資訊範圍給擴展開來。多台擷取點接上分散系統後，在一基本服務區內的工作站便可與其他基本服務區內的工作站交換訊息，所以這些基本服務區便成了一個較大的服務區，稱為延展服務區（Extended Service Set；ESS），同樣地，我們給予一個具唯一性的識別碼（ESS ID）。然而 IEEE 802.11 並未對分散系統作詳細的規範，完全要看使用者如何去規劃它。而藉著 Infrastructure Network 的架構，可將無線網路與目前現有的有線網路（如乙太網路）作連結。利用埠接器（Portal）將分散系統與 IEEE 802.X 網路相連，因此分散系統可視為 IEEE 802.X 網路與無線網路間的界面。無線區域網路也因有此架構與功能，使得無線區域網路能作最大的延展及應用。

	必備證件	申辦護照
旅遊證件	一、護照 二、身分證影本 三、二吋近照一張 四、公司及住家地址、電話	一、身分證正本 二、二吋近照三張 三、戶口名簿 四、男性需附退伍令

　　整合服務（Integration）的主要工作，是要使分散系統與現有的有線網路能作訊息交換，即作傳輸媒介與位址的轉換。此工作主角，使落在埠接器（Portal）上。分送服務（Distribution）的主要工作，是將分散系統內的資料送至正確的位址上。在 IEEE 802.11 標準上，並未訂出此服務要如何將分散系統內的資料送至正確的位址上，但說明了要達成此工作所需必要資訊，這些資訊將由聯結服務（Association）、取消聯結服務（Disassociation）、重新聯結服務（Reassociation）等來提供。

　　在說明聯結服務之前，先了解在 IEEE 802.11 移動性的定義是需要的。在 IEEE 802.11 標準中，規範了三種工作站的移動性，分述如下：
　　一、無變動的移動（No-transition）：在此性質上，可區分成兩種形式，一為靜止形式（static），即工作站是靜止不移動，像使用個人電腦一樣，只在固定地點使用；一為基本服務區內的移動（Local Movement），即工作站只在一基本服務區內移動。
　　二、跨基本服務區的移動（BSS-Transition）：工作站由一基本服務區移動至另一基本服務區，而這兩個基本服務區仍屬於同一個延展服務區。
　　三、跨延展服務區的移動（ESS-Transition）：工作站由一基本服務區移動至另一基本服務區，而這兩個基本服務區是屬於不同的延展服務區。

題組十四

【動作要求】

★ 本題以「橫向」列印，使用文書檔「920314.odt」，表格檔「920314.tab」，圖形檔「920314.gif」，答案列印結果共二頁。

● 使用 A4 尺寸報表紙，以「左右對齊」的方式列印，且上、下、左、右的邊界設為「3公分」。

【頁首頁尾要求】

● 中文字型為「細明體」或「新細明體」，英文及數字字型為「Times New Roman」，且均設定為 10 點字型大小。

● 頁首左側為「您的准考證號碼」、中間為「您的姓名」、右側為「您的座號」。

● 頁尾左側為應檢日期，格式為「yyyy/mm/dd」其中 yyyy 為西元年，中間為「第 x 頁」，其中 x 為順序頁碼，x 為半型字。

【本文要求】

∧ 所有的中文字型除了特別要求之外 (請參照「參考答案」)，其餘一律設定為「細明體」或「新細明體」，字體大小設定為 12 點。

△ 所有的英文及數字除了特別要求之外 (請參照「參考答案」)，其餘一律設定為「Arial」字型，字體大小設定為 12 點。

△ 每段落的格式設定 (含縮排、框線、斜體、底線、網底等)，請參照「參考答案」。每一段落的格式設定必須完全與「參考答案」對應之段落的格式相同，但避頭尾的設定不列入評分項目，且每列字數與每頁列數沒有限制。

● 本題答案共分為五個段落，另含一個表格及一張圖片。

※ 標題：「題組十四　參考答案」。

● 標題字為 16 點「細明體」或「新細明體」字型，置中並加上斜體及網底。

※ 文書檔中之【】處，表示應檢人員須自行輸入文字，本文中的資料不可無故增加資料、刪除資料或任意修改資料，且符號【】本身必須刪除。

● 文書檔中自行輸入的文字，中文字型設定為「標楷體」，英數字型設為「Arial」，請參照「參考答案」。

● 文中所有的半型「()」皆以全型「（　）」取代。

● 文中所有的「JAVA」皆以「Java」取代。

● 第一段左右邊界各縮排 2 個中文字的寬度。

● 第五段平均分成二欄，欄間距為 1 公分，並設有分隔線將 2 欄分開。

- 標題與段落，段落與段落，段落與表格之間均以 18 點的空白列間隔。

【圖形要求】

- 圖形以「文繞圖」方式插入第二段左上側，高度及寬度分別設為 5 列及 10 個中文字。
- △ 圖形須加細外框。

【表格要求】

- 表格置於第四段後，第五段前，左右邊界與文字對齊，請參照「參考答案」。
- 表格中的中、英文字型、字型大小及全型/半型，請參照「參考答案」。
- 表格的格式(含斜體、底線、對齊、網底、直書/橫書等)，請參照「參考答案」。
- 表格的欄數與列數，請參照「參考答案」。
- ※ 表格內不可無故增加資料、刪除資料或任意修改資料，結果請參照「參考答案」。

▶ 題組十四解題

A. 版面設定

1. 開啟空白文件，命名為：01-5
2. 版面配置→邊界→自訂邊界
   邊界：上、下、左、右均為 3
   版面配置→方向→橫向

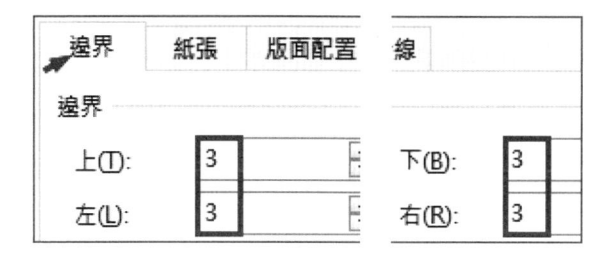

3. 插入→頁首→空白 (三欄)，輸入資料
   設定字型：中文字型→新細明體、字型：Times New Roman

4. 插入→頁尾→空白 (三欄)，輸入資料
   設定字型：中文字型→新細明體、字型：Times New Roman

B. 內文處理

1. 在頁面內連點滑鼠 2 下
2. 插入→物件→文字檔，檔案：…\題組 14\920314.odt
3. 根據參考答案：
   - 在文件最上方補打文字：「題組十四　參考答案」
   - 在【 】內補打文字如下：

   > 一般大眾認為，傳統的企業運算環境，往往有以下缺點：太過於複雜、安全性及穩定性不夠、應用軟體的特性、功能、以及應用系統並不能被每一個使用者所運用、對於桌上型系統的管理及升級的費用過高、要開發並且佈署一個應用系統所需的時間過長。這些缺點都可在 Java 的運算環境中獲得解決！這不但是 Java 被採用為佈署應用系統最新方式的原因之一，更重要的是，由於 Java 具有跨工作平臺作業的特性，因此已成為企業採用的最佳考慮因素，使用者也不致浪費了原本在軟硬體上的投資。

- 在 5 個段落前方輸入##：

段落	1	##簡單來說，JAVA 本身是一種語言，JAVA…
段落	2	##由於 JAVA 擁有極大的彈性，企業透過 JAVA…
段落	3	##一般大眾認為，傳統的企業運算環境，往往…
段落	4	##另外，JAVA 的特性是能夠讓用戶既享有 PC…
段落	5	##在企業級用戶 MIS 主管心中最關心的…

4. 段落處理：
   常用→取代
   尋找目標：^p (段落標記)
   取代為：　　　(無任何資料)
   點選：全部取代鈕

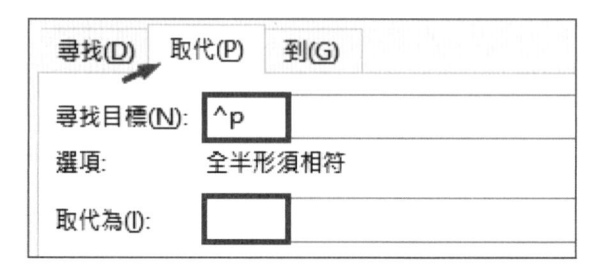

   尋找目標：#
   取代為：^p (段落標記)
   點選：全部取代鈕

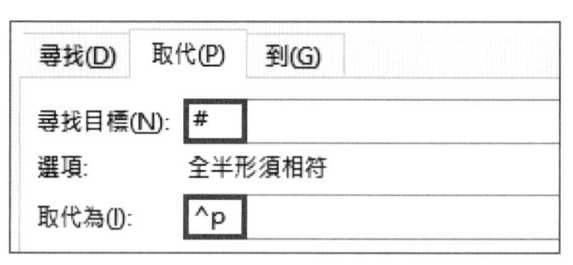

5. 半形「(」全部置換為全形「（」，半形「)」全部置換為全形「）」
   「JAVA」全部置換為「Java」→ 選項：大小寫須相同

C. 整體格式設定

1. Ctrl + A (選取所有內容)
2. 常用→字型
   中文字型：新細明體、字型：Arial

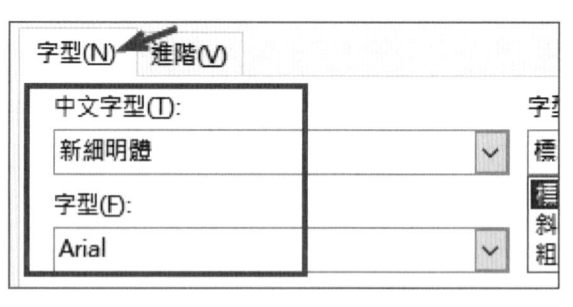

3. 常用→段落
   縮排與行距：
   對齊方式：左右對齊
   第一行→0.85 公分(2 字元)
   固定行高→18 點

中文印刷樣式：
取消：所有分行符號設定

> ➔ 題組十四·參考答案
>
> ➔ 簡單來說，Java 本身是一種語言，Java 環境讓應用程式的開發，可以在任何運算平台上執行，在程式設計師的眼中 Java 是一個容易使用、且產生可靠程式碼的語言。其本身是一個物件導向程式語言，同時，Java 本身所提供的一些可重複使用的程式，不僅節省了開發時間，也強化了應用軟體的可靠性。另外，Java 可以跨越 Internet 在任何不同的硬體平台執行，包括各種平台的

D. 個別格式設定

標題設定

- 刪除行首縮排 (按 Backspace)
- 設定：置中對齊、16 pt、斜體、字元網底

第 1 段設定

- 設定：段落框線
- 段落格式：左縮排➔0.85 公分(2 字元)、右縮排➔0.85 公分(2 字元)

> *題組十四·參考答案*
>
> 簡單來說，Java 本身是一種語言，Java 環境讓應用程式的開發，可以在任何運算平台上執行，在程式設計師的眼中 Java 是一個容易使用、且產生可靠程式碼的語言。其本身是一個物件導向程式語言，同時，Java 本身所提供的一些可重複使用的程式，不僅節省了開發時間，也強化了應用軟體的可靠性。另外，Java 可以跨越 Internet 在任何不同的硬體平台執行，包括各種平台的伺服器、PC、Mac 或工作站。

第 2 段設定

- 設定：斜體

> *由於 Java 擁有極大的彈性，企業透過 Java 這個強力的語言，可以輕鬆建立自己的 Intranet。程式設計者只要利用 Java 設計一些小型應用程式（applet），就能跨越 Internet 執行文書處理器、試算表或從企業資料庫下載資料等。在昇陽所提出的網路運算架構中，依然遵循著主從架構（client/server）運算的大方向，基本上利用 applet 串連起主從架構的主體，它可以依需求即時由伺*

第 3 段設定

- 設定中文字型：標楷體

> 一般大眾認為，傳統的企業運算環境，往往有以下缺點：太過於複雜、安全性及穩定性不夠、應用軟體的特性、功能、以及應用系統並不能被每一個使用者所運用、對於桌上型系統的管理及升級的費用過高、要開發並且佈署一個應用系統所需的時間過長。這些缺點都可在 Java 的運算環境中獲得解決！這不但是 Java 被採用為佈署應用系統最新方式的原因之一，更重要的是，由

第 4 段設定

- 選取:「目前的…應用程式。」,設定:底線

> 另外,Java 的特性是能夠讓用戶既享有 PC 的使用權同時又具備大型主機系統的安全性。目前的資訊應用環境中,大多數 PC 使用者也許只用到 PC 整體能力的 15%,而網路 PC 的維護、新軟體的更新與部署、檔案備份、系統組態設定等,對企業組織而言都相當耗費成本。相對於 Java 正快速成為世界性的運算語言,它能夠建立任何電腦都能執行的應用程式。許多公司因使用 Java 而有重大的收獲,相信採用 Java 的網路終端機不僅可以簡化繁瑣的系統管理程序,更能大幅降低成本的支出。

E. 分欄設定

- 在第 5 段最後按 Enter 鍵
  選取:第 5 段落
  (不包含最後一個段落符號)
  版面配置→其他欄
  二欄
  選取:分隔線、間距:1 公分

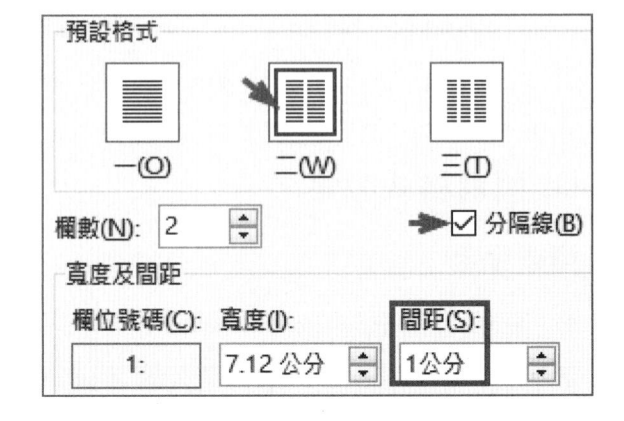

> 在企業級用戶 MIS 主管心中最關心的一件事,莫過於無時無刻必須考量軟、硬體升級的成本,Java 技術可以解決企業日益上昇的應用程式開發、維護、版本更新的成本;就硬體面而言,昇陽在 1996 年底推出首部名為 Java-Station 的網路電腦,其中主要元件包括 8 MB 記憶體以及 85-MHz Micro-SPARC 晶片,售價自 742 美元起跳,已於去年十二月份正式與用戶見面,在國內的上市時間,因率涉到中文化的軟、硬體環境及應用程式的修正,將等到今年下半年問世。同時,昇陽亦推出命名為 Netra J、以 Unix 為主的 Netra 伺服器系列產品。該產品係專門設計執行 JavaStation 網路功能,昇陽並計畫增強 Solaris 作業系統與 Solstice 網路管理軟體的效率。

F. 圖片

1. 插入點置於第 1 段,插入→圖片→…\題組 14\920314.gif

2. 設定圖片:版面配置→矩形,框線顏色→黑色

3. 拖曳圖片位置:
   上邊線貼齊第 2 段上邊緣
   左邊線貼齊頁面左邊緣

4. 設定圖片大小:
   高 5 列、寬 10 字

G. 表格

1. 在第 4 段落下方按 Enter 鍵
   插入→表格→5 欄 x 6 列
   在表格內按右鍵
   點選：選項鈕
   左：0 公分、右：0 公分

2. 根據參考答案，以表格下方第一列文字為依據，調整欄位寬度：

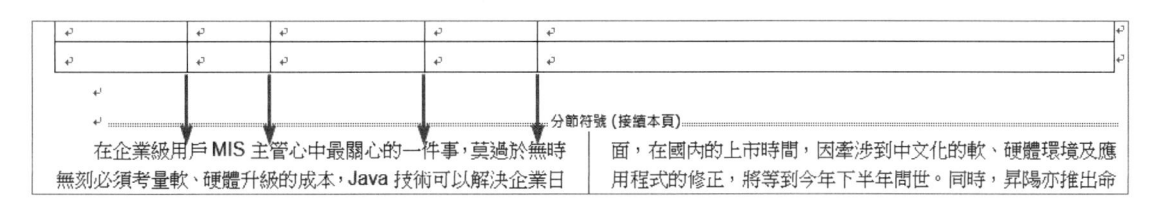

3. 根據參考答案，合併儲存格、設定框線、設定網底，如下圖：

4. 根據參考答案，輸入資料，如下圖：

5. 選取：表格，表格工具→版面配置→置中對齊，常用→分散對齊

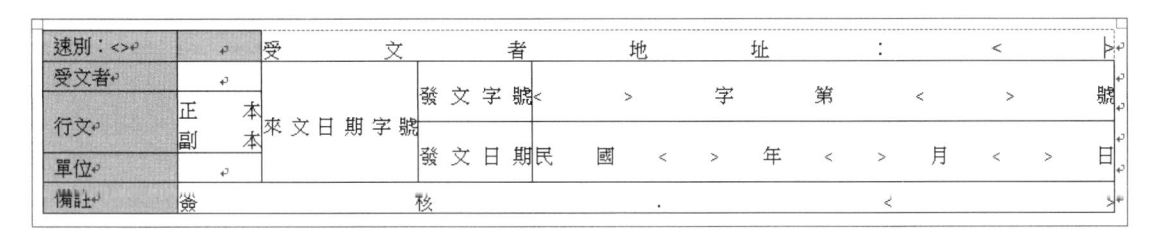

6. 根據參考答案，在<>之間輸入空白字元，結果如下圖：

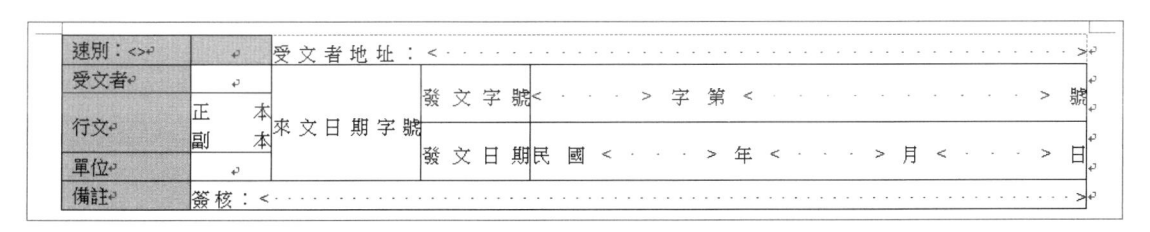

4-165

> **解說** 第一欄 2~5 儲存格舊版本有作分散對齊，新版沒有。筆者認為是命題委員忘了，但我們依然要以現行參考答案為依據作題。

差異說明

本題完成答案與參考答案只有一列高度的差異，無須調整。

題組十四 參考答案

簡單來說，Java 本身是一種語言，Java 環境讓應用程式的開發，可以在任何運算平台上執行，在程式設計師的眼中 Java 是一個容易使用、且產生可靠可攜的程式的語言。其本身是一個物件導向程式語言，同時，Java 本身所提供的一些可重複使用的程式，不僅節省了開發時間，也強化了應用軟體的可靠性。另外，Java 可以跨越 Internet 在任何不同的硬體平台執行，包括各種平台的伺服器、PC、Mac 或工作站。

由於 Java 擁有極大的彈性，企業透過 Java 這個強力的語言，可以輕鬆建立自己的 Intranet。程式設計者只要利用 Java 設計一些小型應用程式（applet），就能跨越 Internet 執行文書處理器、試算表或從企業資料庫下載資料等。在昇陽所提出的網路運算架構中，依然遵循著主從架構（client/server）運算的大方向，基本上利用 applet 串連起主從架構的主體，它可以依需求即時由伺服器下載到 client 端，applet 可以在任何裝置有 Java 虛擬機器軟體的機器上執行。換言之，Java applet 可以在任何支援 Java 程式的瀏覽器上執行。這是一項關鍵性的特性，可以將大型主機上的運算工作，漸進轉換到較易管理的 Java 網路電腦上工作。

一般大眾認為，傳統的企業運算環境，往往有以下缺點：太過於複雜、安全性及穩定性不夠、應用軟體的特性、功能、以及應用系統並不能每一個使用者所運用，對於桌上型系統的管理及升級的費用，要開發並且佈署一個應用系統所需的時間過長。這些缺點都可在 Java 的運算環境中獲得解決！這不但是 Java 被採用為佈署應用系統最新方式的原因之一，更重要的是，由於 Java 具有跨作業平台工作的特性，因此已成為企業採用的最佳考慮因素，使用者也不致浪費了原本在軟硬體上的投資。

另外，Java 的特性是能夠讓用戶能夠享用 PC 的使用權同時又具備大型主機系統的安全性。目前的資訊應用環境中，大多數 PC 使用者也許只用到 PC 整體能力的 15%，而網路 PC 的維護、新軟體的重新頒部署、系統組能設定等，對企業組織而言相當耗費成本。相對於 Java 正快速迅速為世界性的運算語言，它能夠建立任何電腦都能執行的應用程式。許多公司因

使用 Java 而有重大的收穫，相信採用 Java 的網路終端機不僅可以簡化繁瑣的系統管理程序，更能大幅降低成本的支出。

速別：〈 〉	受文者地址：〈 〉	
受文者	本	發文字號 〈 〉字第〈 〉號
行文	副本	發文日期 民國〈 〉年〈 〉月〈 〉日
單位		
備註：〈 〉		
簽核：〈 〉		

在企業級用戶 MIS 主管心中最關心的一件事，莫過於無時無刻必須考量軟、硬體升級的成本，Java 技術可以解決企業日益上昇的應用程式開發、維護、版本更新的成本；就硬體層面而言，昇陽在 1996 年底推出首部名為 Java Station 的網路電腦，其中主要零元件包括 8 MB 記憶體以及 85-MHz Micro-SPARC 晶片，售價自 742 美元起跳，已於去年十二月份正式與用戶見面，在國內的上市時間，因牽涉到中文化的軟、硬體環境及應用程式的修正，將等到今年下半年間世。同時，昇陽亦推出命名為 Netra J、以 Unix 為主的 Netra 伺服器系列產品。該產品係專門設計執行 Java Station 網路功能，昇陽並計畫增強 Solaris 作業系統暨 Solstice 網路管理軟體的效率。

題組十五

【動作要求】

★ 本題以「直向」列印，使用文書檔「920315.odt」，表格檔「920315.tab」，圖形檔「920315.gif」，答案列印結果共二頁。

● 使用 A4 尺寸報表紙，以「左右對齊」的方式列印，且上、下、左、右的邊界設為「3 公分」。

【頁首頁尾要求】

● 中文字型為「細明體」或「新細明體」，英文及數字字型為「Times New Roman」，且均設定為 10 點字型大小。

● 頁首左側為「您的准考證號碼」、中間為「您的姓名」、右側為「您的座號」。

● 頁尾左側為應檢日期，格式為「yyyy/mm/dd」其中 yyyy 為西元年，中間為「第 x 頁」，其中 x 為順序頁碼，x 為半型字。

【本文要求】

△ 所有的中文字型除了特別要求之外 (請參照「參考答案」)，其餘一律設定為「細明體」或「新細明體」，字體大小設定為 12 點。

△ 所有的英文及數字除了特別要求之外 (請參照「參考答案」)，其餘一律設定為「Arial」字型，字體大小設定為 12 點。

△ 每段落的格式設定 (含縮排、框線、斜體、底線、網底等)，請參照「參考答案」。每一段落的格式設定必須完全與「參考答案」對應之段落的格式相同，但避頭尾的設定不列入評分項目，且每列字數與每頁列數沒有限制。

● 本題答案共分為五個段落，另含一個表格及一張圖片。

※ 標題：「題組十五　參考答案」。

● 標題字為 16 點「細明體」或「新細明體」字型，置中並加上框線及網底。

※ 文書檔中之【】處，表示應檢人員須自行輸入文字，本文中的資料不可無故增加資料、刪除資料或任意修改資料，且符號【】本身必須刪除。

● 文書檔中自行輸入的文字，中文字型設定為「標楷體」，英數字型設為「Arial」，請參照「參考答案」。

● 文中所有的半型「()」皆以全型「（）」取代。

● 文中所有的「nt」皆以「NT」取代，但「client」內之「nt」除外。

● 第三段中的四個項目：項目編號皆設定左邊縮排二個中文字，項目內容皆設定左邊縮排五個中文字。

● 第四段平均分成二欄，欄間距為 1 公分，並設有分隔線將 2 欄分開。

- 標題與段落，段落與段落，段落與表格之間均以 18 點的空白列間隔。

【圖形要求】

- 圖形以「文繞圖」方式插入第一段右上側，高度及寬度分別設為 4 列及 6 個中文字。
△ 圖形須加細外框。

【表格要求】

- 表格置於第三段後，第四段前，左右邊界與文字對齊，請參照「參考答案」。
- 表格中的中、英文字型、字型大小及全型/半型，請參照「參考答案」。
- 表格的格式(含斜體、底線、對齊、網底、直書/橫書等)，請參照「參考答案」。
- 表格的欄數與列數，請參照「參考答案」。
※ 表格內不可無故增加資料、刪除資料或任意修改資料，結果請參照「參考答案」。

題組十五解題

A. 版面設定

1. 開啟空白文件，命名為：01-5
2. 版面配置→邊界→自訂邊界
   邊界：上、下、左、右均為 3 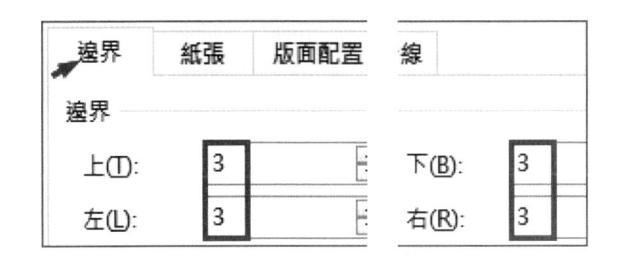
3. 插入→頁首→空白 (三欄)，輸入資料
   設定字型：中文字型→新細明體、字型：Times New Roman

   頁首：99999999　→　林文恭　→　99

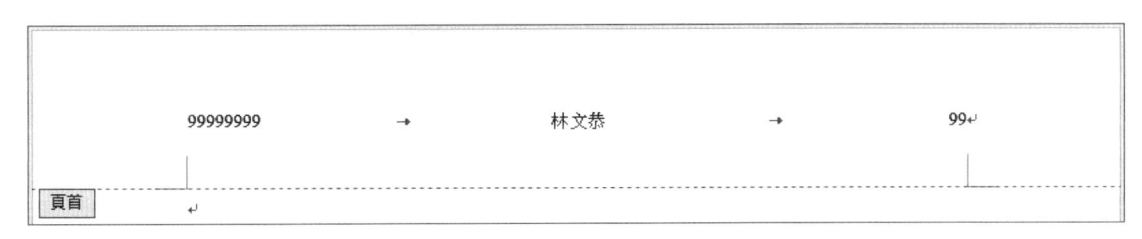

4. 插入→頁尾→空白 (三欄)，輸入資料
   設定字型：中文字型→新細明體、字型：Times New Roman

   頁尾：2019/06/06　→　第 1 頁　→

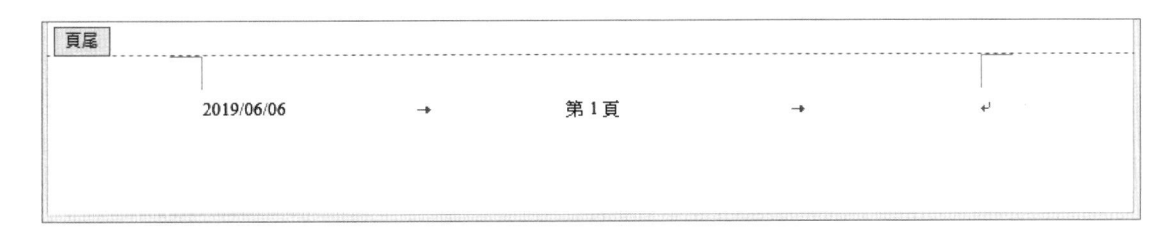

B. 內文處理

1. 在頁面內連點滑鼠 2 下
2. 插入→物件→文字檔，檔案：…\題組 15\920315.odt
3. 根據參考答案：
   - 在文件最上方補打文字：「題組十五　參考答案」
   - 在【 】內補打文字如下：

   > Microsoft for NetWare 目錄服務管理員是微軟 NT Server 上的外掛服務產品，它提供了 NT 網域上的主要網域去同步並管理 NetWare 3.x Bindery 為主的 Server 上的帳號資料庫，安裝後僅提供單向同步，也就是由 PDC 上去同步 NetWare，在 NetWare Server 上所建的帳號並不會同步到 NT 來。安裝 NT Server PDC 上須有 NWLink IPX/SPX 傳輸協定和 GSNW，且最好能安裝 NT 4.0 Service Pack 2 以上，安裝時出現的二個選項 DSMN 及 DSMN 的管理工具，說明了 DSMN 的管理工作可在網域的任一成員上安裝。而 DSMN 當然一定要在 PDC 上。

- 在 5 個段落前方輸入##，項目編號前方輸入#：

段落	1	##隨著微軟的桌面文書處理軟體及視窗作業…
段落	2	##微軟在全力強化各項功能的同時，基於對…
段落	3	##為什麼要把 NT Server 加到 NetWare 的…
項目編號		#一、結合各式功能強大的應用伺服器，… #二、提供一致的登入及使用環境，讓… #三、提供簡單方便的撥接網路功能，… #四、延伸檔案及列印服務至二種作業…
段落	4	##微軟的這三個階段及其搭配的產品，除 DSMN…
段落	5	##Microsoft for NetWare 目錄服務管理員…

4. 段落處理：
   常用→取代
   尋找目標：^p (段落標記)
   取代為：　　(無任何資料)
   點選：全部取代鈕

   尋找目標：#
   取代為：^p (段落標記)
   點選：全部取代鈕

5. 半形「(」全部置換為全形「（」，半形「)」全部置換為全形「）」
   「client」全部置換為「[客戶]」，「nt」全部置換為「NT」
   「[客戶]」全部置換為「client」

   題組十五‥參考答案

   nt
   隨著微軟的桌面文書處理軟體及視窗作業系統的全面滲透下，企業內部乃自然浮現出 NT 網路的影子，從而進一步逐漸取代了原本以 NetWare 為主軸的網路應用和管理。在這個百家爭鳴的資訊時代，市場衝突似乎是不可避免的，在區域網路

C. 整體格式設定

1. Ctrl + A (選取所有內容)

2. 常用→字型
   中文字型：新細明體、字型：Arial

3. 常用→段落
   縮排與行距：
   對齊方式：左右對齊
   第一行→0.85 公分(2 字元)
   固定行高→18 點

   中文印刷樣式：
   取消：所有分行符號設定

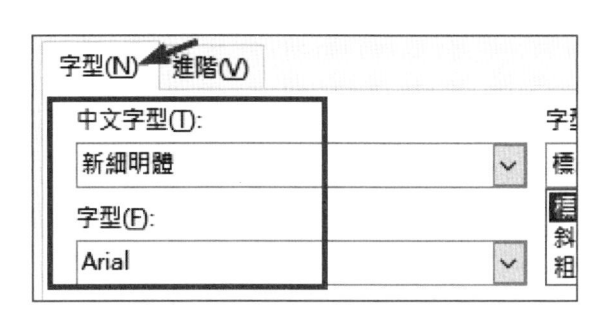

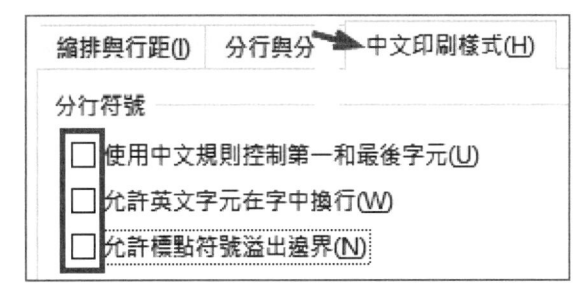

D. 個別格式設定

標題設定

- 刪除行首縮排 (按 Backspace)
- 設定：置中對齊、16 pt、字元框線、字元網底

第 2 段設定

- 設定：段落框線、段落網底

> 微軟在全力強化各項功能的同時，基於對使用者的需求尊重和策略上的考量，遂採取了循序漸進、逐步取代的整合方式，使得企業內部對作業平台的轉換，有一個較平順、自然的步驟和工具，可供具體實現於有此需要的區域網路環境。

第 3 段設定

- 設定：斜體

> *為什麼要把 NT Server 加到 NetWare 的網路環境中呢？NT Server 到底提供了怎麼樣的吸引力，讓公司內部打算採用或測試使用 NT 網路呢？其理由不外乎是：*

第 3 段項目編號設定

- 在 4 個項目編號後方各按一下 Tab 鍵
- 設定 4 個項目符號段落格式：
  左邊界：2 字元
  凸排：3 字元

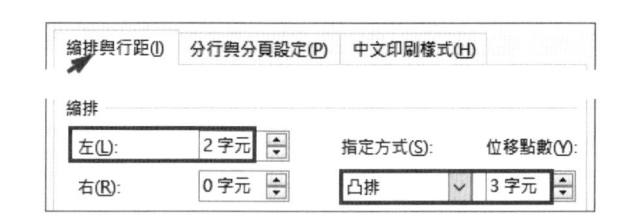

> 了怎麼樣的吸引力，讓公司內部打算採用或測試使用 NT 網路呢？其理由不外乎是
> 一、 結合各式功能強大的應用伺服器，而且可以很自然地把這些伺服器的安全、應用程式開發和管理等，透過 NT 管理工具來緊密結合，發揮網路的最大效益。

第 4 段設定

- 刪除行首縮排 (Backspace)，設定：底線

> 微軟的這三個階段及其搭配的產品，除 DSMN 和 FPNW 是 ADD-ON 外加須購置的軟體外，其餘都內含在 NT Server 的 O. S. 軟體光碟裏，以下我們就針對這些

第 5 段設定

- 設定：中文字型→標楷體

> Microsoft for NetWare 目錄服務管理員是微軟 NT Server 上的外掛服務產品，它提供了 NT 網域上的主要網域去同步並管理 NetWare 3.x Bindery 為主的 Server 上的帳號資料庫，安裝後僅提供單向同步，也就是由 PDC 上去同步

E. 分欄設定

- 選取第 4 段落
  版面配置→其他欄
  二欄
  選取：分隔線
  間距：1 公分

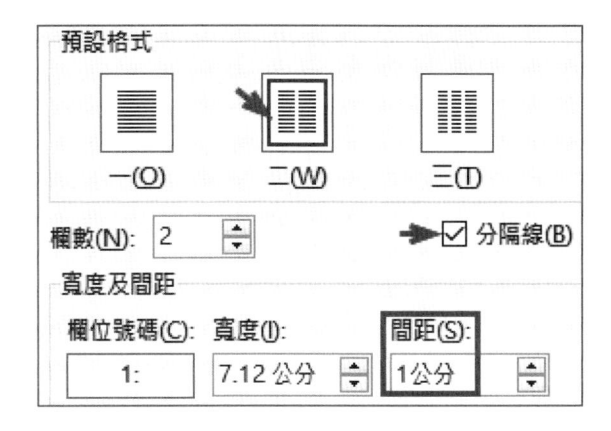

F. 圖片

1. 插入點置於第 1 段，插入→圖片→...\題組 15\920315.gif

2. 設定圖片：版面配置→矩形、圖片框線→黑色

3. 拖曳圖片位置：
   上邊線貼齊第 1 段第 1 列上邊緣
   右邊線貼齊頁面右邊線

4. 調整圖片大小：
   高 4 列、寬 6 字

G. 表格

1. 在第 3 段落下方按 Enter 鍵
   插入→表格→2 欄 x 6 列
   在表格內按右鍵
   點選：選項鈕
   左：0 公分、右：0 公分

解說 插入表格的第 1 列會卡在第 1 頁最下方，這是違反一般文件編輯原則的！
建議調整文件標題列高：固定行高 18 點→單行間距。如此表格就會完整移至第 2 頁。

4-175

2. 根據參考答案，合併儲存格、設定網底、輸入文字，如下圖：

旅遊證件	
必備證件	申辦護照
一、護照	一、身分證正本
二、身分證影本	二、二吋近照三張
三、二吋近照一張	三、戶口名簿
四、公司及住家地址、電話	四、男性需附退伍令

3. 設定第 1~2 列：置中對齊

   設定第 1 列：粗體，設定第 2 列：斜體

旅遊證件	
必備證件	*申辦護照*
一、護照	一、身分證正本
二、身分證影本	二、二吋近照三張
三、二吋近照一張	三、戶口名簿
四、公司及住家地址、電話	四、男性需附退伍令

差異說明

本題完成答案與參考答案無顯著差異。

題組十五　參考答案

隨著微軟的桌面文書處理軟體及視窗作業系統的全面滲透下，企業內部乃自然浮現出 NT 網路的影子，從而進一步逐漸取代了原本以 NetWare 為主軸的網路應用和管理。在這個百家爭鳴的資訊時代，市場衝突似乎是不可避免的，在區域網路作業平台上，一個力圖擺脫在此領域中的纏鬥，朝廣域網路跨平台網路作業開發；一個則盯住對手，緊咬 NT 作為對微軟的攻擊主力不放。

微軟在全力強化各項功能的同時，基於對使用者的需求尊重和策略上的考量，遂採取了循序漸進、逐步取代的整合方式，使得企業內部對作業平台的轉換，有一個較平順、自然的步驟和工具，可供具體實現於有此需要的區域網路環境。

為什麼要把 NT Server 加到 NetWare 的網路環境中呢？NT Server 到底提供了怎麼樣的吸引力，讓公司內部打算採用或測試使用 NT 網路呢？其理由不外乎是：

一、 結合各式功能強大的應用伺服器，而且可以很自然地把這些伺服器的安全、應用程式開發和管理等，透過 NT 管理工具來緊密結合，發揮網路的最大效益。

二、 提供一致的登入及使用環境，讓目前各式的微軟桌面作業系統可以集中帳號管理、資源管理，並維持高安全性、高容錯性的網路基礎環境及一致的視窗操作模式，方便使用者使用網路資源及共享設備。

三、 提供簡單方便的撥接網路功能，方便在外洽談商務。旅行者可隨時隨地經由電話網路，撥入公司網路或網際網路存取任何地方的訊息，而且 Microsoft RAS NetBios Gateway 的功能，讓使用者不必理會 RAS Server 所接之內部網路以何種傳輸協定（Transport Protocol）來相互溝通，依然可存取其上之任何資源，安全性自不在話下。其他如 callback 功能、加密的特性等，一般撥接網路該有的功能一應俱全，簡單方便的設定及操作方式更是令人讚賞。

四、 延伸檔案及列印服務至二種作業平台，使得用戶端（client）可以方便地使用到 NT 網路及 NetWare 網路的檔案和列印服務，兼具二者的各自優點，同時也疏通了二者的隔閡，共享資源。逐漸轉移至 NT 網路作業平台，讓用戶端不管是應用軟體、文書處理、系統管理等通通溶入同一家族的一致環境中，架構出共同的使用介面，以緊密結合視窗網路環境，充分利用其網路功能。

旅遊證件	
必備證件	*申辦護照*
一、護照	一、身分證正本
二、身分證影本	二、二吋近照三張
三、二吋近照一張	三、戶口名簿
四、公司及住家地址、電話	四、男性需附退伍令

<u>微軟的這三個階段及其搭配的產品，除 DSMN 和 FPNW 是 ADD-ON 外加須購買的軟體外，其餘都內含在 NT Server 的 O.S. 軟體光碟裏，以下我們就針對這些產品的安裝、設定及使用一一說明。</u>

　　Microsoft for NetWare 目錄服務管理員是微軟 NT Server 上的外掛服務產品，它提供了 NT 網域上的主要網域去同步並管理 NetWare 3.x Bindery 為主的 Server 上的帳號資料庫，安裝後僅提供單向同步，也就是由 PDC 上去同步 NetWare，在 NetWare Server 上所建的帳號並不會同步到 NT 來。安裝 NT Server PDC 上須有 NWLink IPX/SPX 傳輸協定和 GSNW，且最好能安裝 NT 4.0 Service Pack 2 以上，安裝時出現的二個選項 DSMN 及 DSMN 的管理工具，說明了 DSMN 的管理工作可在網域的任一成員上安裝，而 DSMN 當然一定要在 PDC 上。

技術士技能檢定電腦軟體應用丙級
術科解題教本｜Office 2021

作　　者：林文恭 / 葉冠君
企劃編輯：郭季柔
文字編輯：王雅雯
設計裝幀：張寶莉
發 行 人：廖文良

發 行 所：碁峰資訊股份有限公司
地　　址：台北市南港區三重路 66 號 7 樓之 6
電　　話：(02)2788-2408
傳　　真：(02)8192-4433
網　　站：www.gotop.com.tw
書　　號：AER062200
版　　次：2025 年 07 月初版
建議售價：NT$460

國家圖書館出版品預行編目資料

技術士技能檢定電腦軟體應用丙級術科解題教本｜Office 2021 /
林文恭, 葉冠君著. -- 初版. -- 臺北市：碁峰資訊, 2025.07
　　　面；　　公分
ISBN 978-626-425-116-7(平裝)

1.CST：OFFICE 2021(電腦程式)

312.49O4　　　　　　　　　　　　　　　　114008355

商標聲明：本書所引用之國內外公司各商標、商品名稱、網站畫面，其權利分屬合法註冊公司所有，絕無侵權之意，特此聲明。

版權聲明：本著作物內容僅授權合法持有本書之讀者學習所用，非經本書作者或碁峰資訊股份有限公司正式授權，不得以任何形式複製、抄襲、轉載或透過網路散佈其內容。
版權所有‧翻印必究

本書是根據寫作當時的資料撰寫而成，日後若因資料更新導致與書籍內容有所差異，敬請見諒。若是軟、硬體問題，請您直接與軟、硬體廠商聯絡。